关闭矿山地上/下空间资源定量评估与转型利用路径

Quantitative Assessment of Above/Underground Space Resources of Closed Mines and Their Transformation and Development Paths

董霁红　刘　峰　尚建选　黄　赳　黄艳利　张　华　著

科学出版社

北　京

内 容 简 介

本书是响应国家关闭矿山生态恢复与转型利用政策背景下企业迫切需求的一本理论融合实践的系统学术著作。以渭河流域陕西煤业化工集团有限责任公司所属五个矿务局的15对关闭矿井为例，针对关闭矿山地表土地资源整治利用、地下空间容量与残留资源、企业转型途径、关闭矿山管理系统等主要问题，进行煤矿企业的现场调查及数据资料搜集整理分析，研究比较国内外关闭矿山空间资源利用典型实践案例，定量评估矿井地上/下空间资源并提出相应的转型发展路径，基于全方位多源数据库构建 GIS 综合资源管理系统。

本书可为政府机构政策制定者、国家相关矿业管理人员、国内外科研院所及企业生产部门提供参考，也可供从事矿区生态、地下空间利用、遥感与地理信息系统应用、采矿科学、环境工程、矿山复垦等方面的本科生、研究生、现场工程技术人员参考与使用。

审图号：GS（2021）2507号

图书在版编目（CIP）数据

关闭矿山地上/下空间资源定量评估与转型利用路径/董霁红等著. —北京：科学出版社，2021.7

ISBN 978-7-03-069296-2

Ⅰ. ①关…　Ⅱ. ①董…　Ⅲ. ①矿山–资源利用–陕西②矿山–生态恢复–陕西　Ⅳ. ①X322.41

中国版本图书馆 CIP 数据核字（2021）第127343号

责任编辑：周　丹　黄　梅/责任校对：杨聪敏
责任印制：师艳茹/封面设计：许　瑞

科学出版社 出版
北京东黄城根北街16号
邮政编码：100717
http://www.sciencep.com
北京汇瑞嘉合文化发展有限公司 印刷
科学出版社发行　各地新华书店经销
*
2021年7月第　一　版　开本：787×1092　1/16
2021年7月第一次印刷　印张：21 3/4
字数：511 000

定价：269.00元
（如有印装质量问题，我社负责调换）

前　言

矿产资源是人类赖以生存的重要物质基础，开发利用矿产资源对人类社会的进步起到了巨大的推动作用。但同时，矿产开采也会带来地质地貌扰动、自然景观受损、生态环境与人居安全风险等负面影响，工业发达国家与地区高度重视这一问题，围绕关闭/废弃矿山的转型、机制、规范进行了大量研究与实践创新。

据统计，世界范围内关闭/废弃矿山有 100 多万座，20 世纪中叶，德国、美国、英国等开展了矿山关闭研究与实践应用，有效降低了矿山关闭带来的不利影响。在全球碳达峰（carbon peak）与碳中和（carbon neutrality）双碳目标、低碳绿色可持续发展、循环经济的时代背景下，如何科学开发利用关闭矿山资源、促进资源枯竭型矿区转型发展，已成为当今世界能源环境领域的重要议题。

黄河流域在我国经济社会发展和生态安全方面占据十分重要的地位，是我国重要的经济地带，又被称为“能源流域”，煤炭、石油、天然气和有色金属资源十分丰富，其中煤炭储量占全国一半以上，是国内重要的能源、化工、原材料和基础工业基地。而且，黄河流域生态保护和高质量发展是国家未来很长一段时期的特别关注与政策趋势，流域煤电基地的部分能源企业的关闭与转型发展得到了政府重视、社会关切，已成为当前的学术热点。

基于此，以渭河流域陕西煤业化工集团有限责任公司所属的 15 对关闭矿山为研究对象，提出了调查研究关闭矿山地上/下空间资源及转型发展路径这一理论与实践并重的课题。

陕西煤业化工集团有限责任公司（简称陕煤集团）于 2017 年下达了关于“陕煤集团转型矿山资源的开发利用调研评估”项目调研的通知，并于 2019 年传达了中国煤炭工业协会《关于开展 2019 年度全国煤炭经济运行形势和相关专题调研工作的通知》（中煤协会政研函〔2019〕2 号）。2019 年 3 月，中国煤炭学会刘峰理事长和陕煤集团科技研究院王苏健院长提议在陕煤集团立项科研课题，研究任务由中国矿业大学董霁红教授负责。课题研究提出了融合星/机载数据的煤矿区场地特征识别方法，自主研发了关闭矿山 GIS 综合数据库平台，划分了关闭矿山地上/下空间资源类型并构建了转型适宜性模型，提出了流域尺度关闭矿山的转型利用技术路径。研究解决了关闭矿山资源转型利用相关理论问题与现实需求，有效提高了矿山资源全生命周期利用效率，为我国关闭矿山转型发展提供新思路。

全书共有“关闭矿山调研资料汇总分析”“关闭矿山转型利用对比研究”“关闭矿山空间资源评估与利用路径”“关闭矿山 GIS 综合数据库平台”四部分，共分为 12 章。绪论部分包括关闭矿山问题和关闭矿山情况 2 章；第一部分包括关闭矿山基本数据 1 章；第二部分包括全球矿山运营情况、关闭矿山数据分析、关闭矿山利用案例、转型路径总结分析 4 章；第三部分包括陕煤集团关闭矿山井下资源评估、地上资源聚类分析、渭河流域关闭矿山利用路径、陕煤集团朱家河煤矿案例 4 章；第四部分包括关闭矿山 GIS 综合数据库平台 1 章。

参加撰写的人员及分工：第 1、2 章主要由刘峰、董霁红、尚建选完成，第 3 章主要由尚建选、王苏健、黄艳利完成，第 4～7 章主要由黄赳、董霁红、吉莉完成，第 8～11 章主要由董霁红、黄艳利、刘峰、王鹏、王蕾、闫庆武完成，第 12 章主要由张华、邹剑波完成。全书由董霁红、黄艳利统一修改定稿。

中国矿业大学卞正富教授、日本庆应大学严网林教授对书稿的总体思路、书名给出了意见，审阅了部分章节内容并提出修改建议，在此表示诚挚的感谢。中国煤炭工业协会、中国煤炭学会的刘峰、曹文君、王蕾审阅了本书的部分章节内容，陕煤集团的尚建选、王苏健、王鹏等对书中的现场调研、数据收集整理做出了重要贡献，特别是 15 对关闭矿井的煤炭企业负责人员，参与了具体现场取样、历年资料分类归档、低空影像数据采集等工作，在此谨致谢忱。

在撰写过程中，引用或参考了国内外许多专家学者的文献、研究成果，在此对文献的作者表示诚挚的敬意与衷心的感谢。中国矿业大学的博、硕士研究生吉莉、邹剑波、郭亚超、高华东、郭珊珊、杜芳、计楚柠、栗渊洁、王旭晨等承担了部分书稿的录入和资料的收集整理等工作，作者谨致谢意。

关闭矿山许多理论和实践尚处在研究和探索阶段，一些观点、问题需要进一步的研究探讨，由于作者水平有限，文中难免存在缺失和疏漏之处，敬请读者批评指正。本书作者联络电子邮箱：dongjihong@cumt.edu.cn。

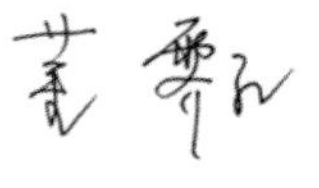

2021 年 6 月

目 录

关闭矿山转型利用对比研究

关闭矿山空间资源评估与利用路径

关闭矿山 GIS 综合数据库平台

第 1 章　关闭矿山问题的提出

1.1　关闭矿山议题

矿产资源是人类赖以生存的重要物质基础，开发利用矿产资源对人类社会的进步起到了巨大的推动作用[1]。但同时，矿产开采导致的地形地貌、自然景观、生态环境、土质水系、人居安全健康等方面的负面效应，已受到经济及工业发达的国家和地区的高度重视[2]，大量低效能、高污染的矿山企业被淘汰并引发了关闭矿山转型理念、机制、规范与实践的创新[3]。据统计，世界范围内关闭/废弃矿山的数量超过 100 万座[4]，主要分布在北美、欧洲、南非、大洋洲和东亚等国家和地区。仅以加拿大安大略省为例，约有 6000 座报废矿井和近 7000 座采空采石场和露天矿井[5]。自 20 世纪中叶开始，美国、加拿大、英国、德国等采矿业发达或地下空间开发技术相对先进的国家率先开展了矿山关闭研究与实践[6]，并有效地降低了矿山关闭带来的不利影响和冲击。进入 21 世纪，在全球关闭矿山数量急剧增加的现实压力以及可持续发展与绿色经济理念推动下，国际组织和相关学者针对废弃矿山与资源能源再生利用研究与实践逐步拓展，积累了大量废弃矿山转型模式、理论体系和法律规范的案例。针对关闭矿山引起资源浪费及严重的环境与社会问题，如何科学开发利用关闭矿山资源，促进资源枯竭型矿区转型，已成为当今世界能源环境领域的重要议题[7]。

中国是世界采矿大国之一，矿产资源丰富，已探明储量的矿产多达 148 种，各类大中型矿山企业 8 万余个[8]。随着我国经济社会的发展和煤炭资源的持续开发，部分矿井已到达其生命期限，也有部分落后产能矿井不符合安全生产的要求，或因开采成本高、亏损严重，面临关闭或废弃。尤其是近年来，国家相继出台了《关于全面整顿和规范矿产资源开发秩序的通知》《关于加强废弃矿井治理工作的通知》《关于深化煤矿整顿关闭工作的指导意见》等一系列资源整合及去产能政策，促使一批资源枯竭及落后产能矿井和露天矿坑加快关闭，形成大量的关闭/废弃矿井。据不完全统计，仅“十二五”期间就已在全国范围内淘汰落后煤矿 7100 处，淘汰落后产能达 5.5 亿 t/a [9]，预计到 2030 年，我国废弃矿井数量将达到 1.5 万处[10]。仅以陕西省为例，2010～2018 年，累计关闭退出矿山约 2655 处[11]。这些矿井在过去数十年的开采中，已然形成大体量的地下空间，一方面，传统的封井措施必然会造成巨大的地下空间资源浪费，致使井下上百亿的固定资产骤变为零[12]，另一方面，随着我国城市化进程的加快，大部分城市都出现了城市人口暴增、土地资源紧张、绿地面积减少、交通拥堵、环境污染等问题，形成一系列的“城市综合征”[13]，严重制约了社会经济的健康、可持续发展。

黄河流域是能源流域，兼具生态环境治理和经济社会发展的重任，一直以来受到国家的高度重视。2019 年 9 月 18 日，习近平总书记在郑州主持召开黄河流域生态保护和高质量发展座谈会并发表重要讲话，明确提出把黄河流域生态保护和高质量发展纳入国家重大战略[14]，坚持“绿水青山就是金山银山”的科学发展理念。据 2019 中国能源统计年鉴数据，2017 年黄河流域煤炭产量 27.6853 亿 t，占全国煤炭产量的 78%，而且煤种齐全，煤质好，地质赋存条件好，与经济生产区距离近，是我国煤炭资源最具经济价值和开发潜力的地区。黄河流域中上游的晋陕蒙宁甘地区（即山西、陕西、内蒙古、宁夏和甘肃 5 省区）的煤炭产业是该区域的主要经济支柱行业，分布有晋北、晋东、晋中、黄陇、陕北、神东和宁东 7 个国家大型煤炭基地。煤炭大规模开采加剧了水土流失和污染，导致沙漠化进程加速以及耕地生产力的持续下降。近年来，随着煤炭产业下行压力加大，大量的矿山企业纷纷关闭，仅陕西省就在过去 5 年间关闭矿山近 100 处。因此，在推进黄河流域生态环境保护与高质量发展国家战略背景下，亟须一套科学可行的关闭矿山转型理论体系和实践范例，指导黄河流域沿线矿山企业的顺利转型和废弃资源的有效利用。

陕西煤业化工集团作为黄河流域最重要的能源基地之一，对陕西省乃至全国的经济建设和社会发展举足轻重。依托黄河流域沿线陕北、黄陇、神东 3 大煤炭基地，陕煤集团已建成多个千万吨级现代化矿井群和煤炭配套转化基地。从 2014 年 10 月开始，陕煤集团陆续将煤质差、地质灾害严重、亏损大的王石凹、朱家河、桑树坪等 15 对矿井实施停产关闭。然而关闭后的矿山应如何发展，如何采用有效的模型方法与技术手段科学地评估与管理剩余资源，国内仍缺乏统一的理论框架与参考范例。因此，本书以陕煤集团 15 对关闭矿山为实践案例，综合分析关闭矿山地上/下空间资源化利用及转型升级路径，构建 GIS 平台资源管理系统，对响应国家黄河流域生态保护和高质量发展重大战略、示范关停矿山合理开发与资源利用，探索关停矿山劳动力转移以及和谐矿区建设，在陕西省乃至全国具有典型代表性及示范推广性，可为我国其他关闭/废弃矿山企业实现转型脱困和可持续发展提供切实可行的转型蓝本和参考范例。

1.1.1 国家（地区）关注与学术热点

1. 主要矿业国家（地区）文献信息数据

近年来，随着关闭矿山数量的快速增加，实现关闭矿山资源的科学开发利用不仅是国家（地区）实现可持续发展的现实需要和政策导向，相关学者和社会各界广泛关注的热点和难点，同时也是矿山企业解决当前发展困境的迫切需求。知识图谱能够显示知识单元或知识群之间网络、结构、互动、交叉、演化、衍生等诸多隐含的复杂关系，可以宏观地看到问题的关键，进而更加有针对性地进行文献研究，提升研究效率。本书所采用的 CiteSpace 可视化软件（版本号为 5.6.R1）能通过对作者、研究机构、国家（地区）、关键词等的共现分析、共被引分析呈现共词网络和引文网络图谱，可视化、多方位地展示发文数量、合作分布、研究热点等概况，帮助研究者筛选重要信息，科学全面的掌握国际研究主题的热点领域以及时间阶段特征。

科学索引数据库 *Web of Science*（WoS）数据信息　国际数据以科学引文索引（SCI）数据库 *Web of Science* 的核心数据库为检索平台，在高级检索中输入 TS=（(closed* mine OR abandoned* mine OR disused* mine OR shut-down* mine OR discarded* mine）AND (redevelopment OR cycling OR reutilization OR transformation OR transition)),语种为“English”,文献类型设定为“article”,检索年限为“全部年限(1985～2020 年)”,引文索引限定为“SCI-EXPANDED”“SSCI”,共检索出 1192 篇相关文献。为保证检索结果的科学性和全面性,依据以上步骤在 *Web of Science* 高级检索中再次输入 TS=((underground space resource) AND (redevelopment OR cycling OR reutilization OR transformation OR transition OR assessment)),检索出相关文献 111 篇。在“编辑检索式”中输入“OR”指令进行组配,最终得到关闭矿山文献 1299 篇。

为明确国际关闭矿山研究的发文情况与合作特征,在 CiteSpace 中新建工程(new),对 WoS 文献进行分析处理,将功能选择区的节点类型(node types)设置为国家(地区),得到主要矿业国家(地区)文献信息图谱(图 1-1)。节点越大表示发文量越大,节点间的连线越粗表示联系越紧密。

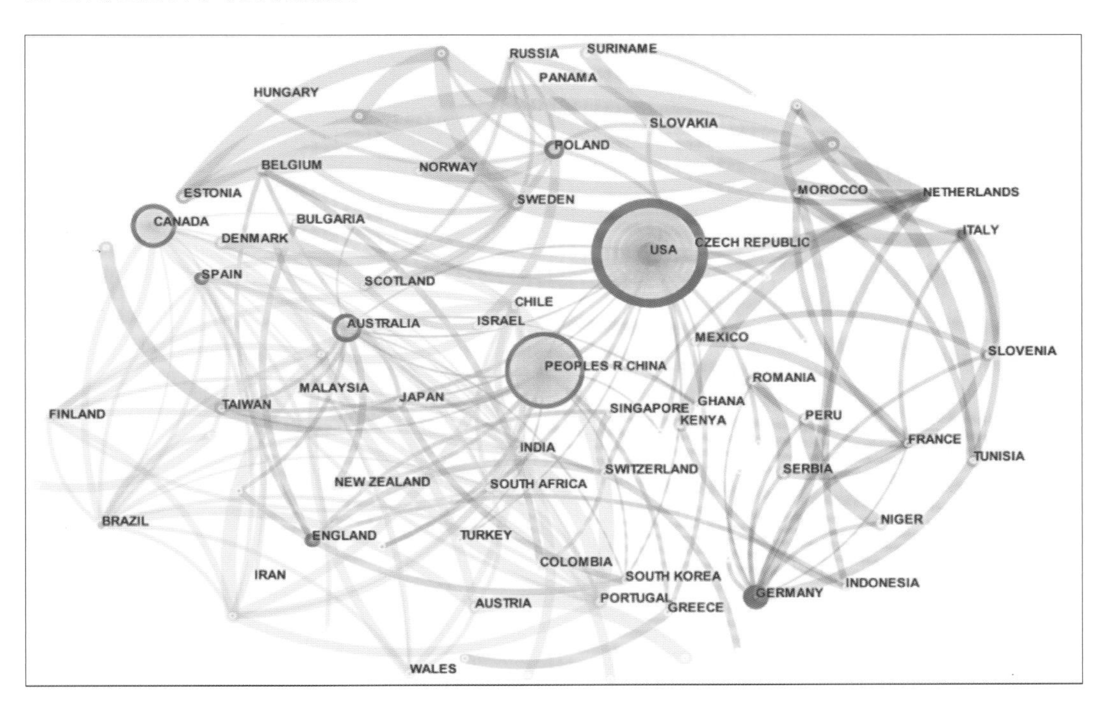

图 1-1　主要矿业国家(地区)文献信息图谱

从图 1-1 中可以看出,美国、中国是关闭/废弃矿山转型领域发文量最多的 2 个国家,分别发文 264、214 篇,其次为加拿大(143)、澳大利亚(81)、德国(79)、波兰(70)、西班牙(68)、英国(57),发文量均在 50 篇以上;意大利(41)、法国(40)、韩国(39)、印度(32)、俄罗斯(30)的发文量均不小于 30 篇。从合作关系来看,国家(地区)合作网络的密度为 0.1715,各国家(地区)间的连线较为紧密,尤其是美国、澳大利亚、中国、日本和德国之间联系最为明显,说明关闭/废弃矿山转型领域的国际合作较强。

2. 关闭矿山转型领域研究热点文献信息

基于 WoS 文献，将 CiteSpace 的节点类型设为关键词（keyword），采用图谱聚类算法进行时间尺度聚类（timeline view）提取聚类标签，得到国际关闭矿山转型研究关键词聚类图谱（图 1-2）。各个聚类包含的节点个数在 10～61 之间，轮廓值为 0.575～0.942 不等。一般情况下，轮廓值大于 0.5，聚类就是合理的，故聚类结果具有一定可取性[15]。从图中可以看到，国际关闭矿山转型领域的研究热点包含“using artificial stream”（#0）、“technogenic soil”（#1）、“mine closure”（#2）、“molecular diversity”（#3）、“benthic diatom assemblage”（#4）、“fluid fine tailing”（#5）、“abandoned bentonite mined land”（#6）、“life cycle”（#7）8 个方面。结合近 5 年高频被引文献，不难得出，国际关闭矿山转型研究主要涵盖了矿区水土污染、重金属和有毒气体泄露防治；闭矿后风险评估、金属矿山污染物泄露防治等估测方法与治理措施；矿山关闭后可持续发展路径、地面管理、地下空间资源利用与立体开发、商业开发评估与功能转变、生态修复标准框架制定等管理保护、开发利用，以及闭矿后的社会影响、新技术的应用等方面。

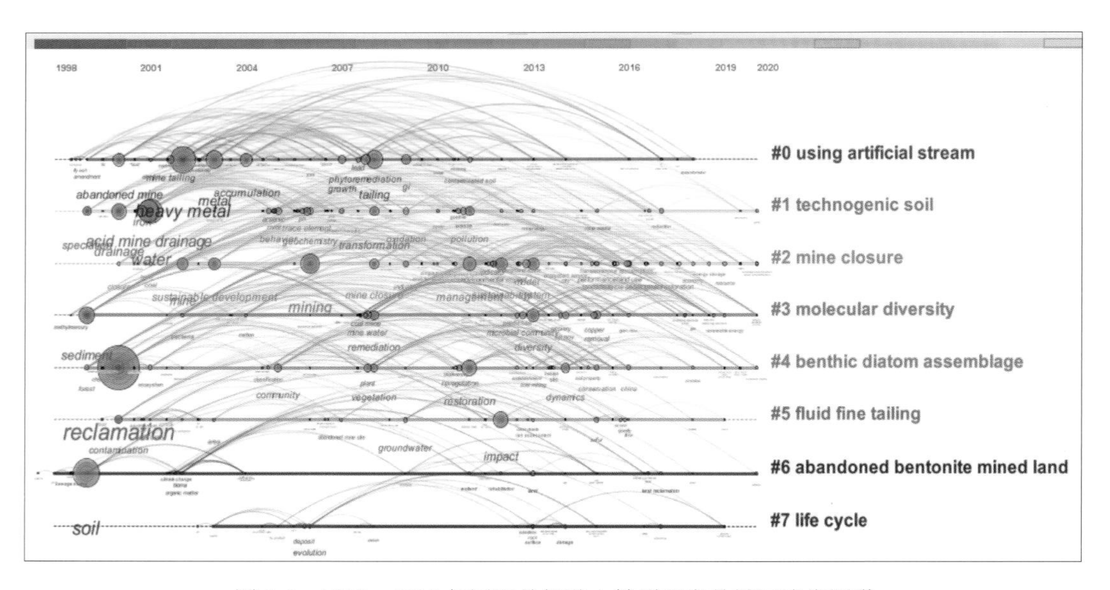

图 1-2　1985～2020 年国际关闭矿山转型研究关键词聚类图谱

由图 1-2 可知，关闭矿山转型相关文献成果产出高峰期集中在 1998～2013 年。从关键词出现的时间变化阶段可以看出，早期文献多集中于矿山修复（reclamation）（119）、土壤（soil）（84）、酸性矿山废水（acid mine drainage）（59）、废弃矿山（abandoned mine）（43）以及可持续发展（sustainable development）（33）研究，直至 2007 年左右矿山转型（transformation）（30）研究逐渐增多并成为热点领域，矿山关停后的英文释义也由“abandoned mine”向“mine closure”转变，说明矿山关闭后的剩余资源以及资源化利用已逐渐被人们重视，矿山关闭后不再以“废弃”资源的形式呈现；至 2013 年，“impact”（36）、“management”（32）、“restoration”（32）、“sustainability”（26）、“diversity”（26）

以及“coal mining”（13）作为关键词的相关文献逐渐增多，说明以煤矿为主的矿山关闭后多元化资源利用方式以及闭矿后带来的一系列环境、社会问题成为学者们关注的重点。2015 年前后，“China”作为高频关键词出现，体现了随着中国关停矿山数量扩大，国家机构和科研人员对关闭矿山资源化利用与转型发展相关研究的迫切需求。

3. 中国知网（CNKI）文献信息

国内数据以中国知网（CNKI）数据库为检索平台，以“关闭/废弃矿山”“关闭/废弃矿井”“闭坑矿山”“地下空间资源估算”“转型发展”“转型升级”“资源化利用”“二次开发”为主题进行检索，文献类型限定为期刊和硕博士论文，文献来源类别限定为“核心期刊”“CSSCI”“CSCD”，检索年限设置为 1985～2020 年，共检索出 728 条结果。通过人工筛选剔除了目录、访谈、征稿、通知等条件不符的文献，最终得到中文文献 692 篇。在 CiteSpace 中新建工程（new），对 CNKI 文献进行分析处理，将节点类型设置为关键词（keyword），分别采用对数似然法（log-likelihood）提取聚类标签和图谱聚类算法进行时间尺度聚类（timeline view），得到国内关闭矿山转型研究关键词聚类图谱（图 1-3）和关键词聚类趋势变化图谱（图 1-4）。

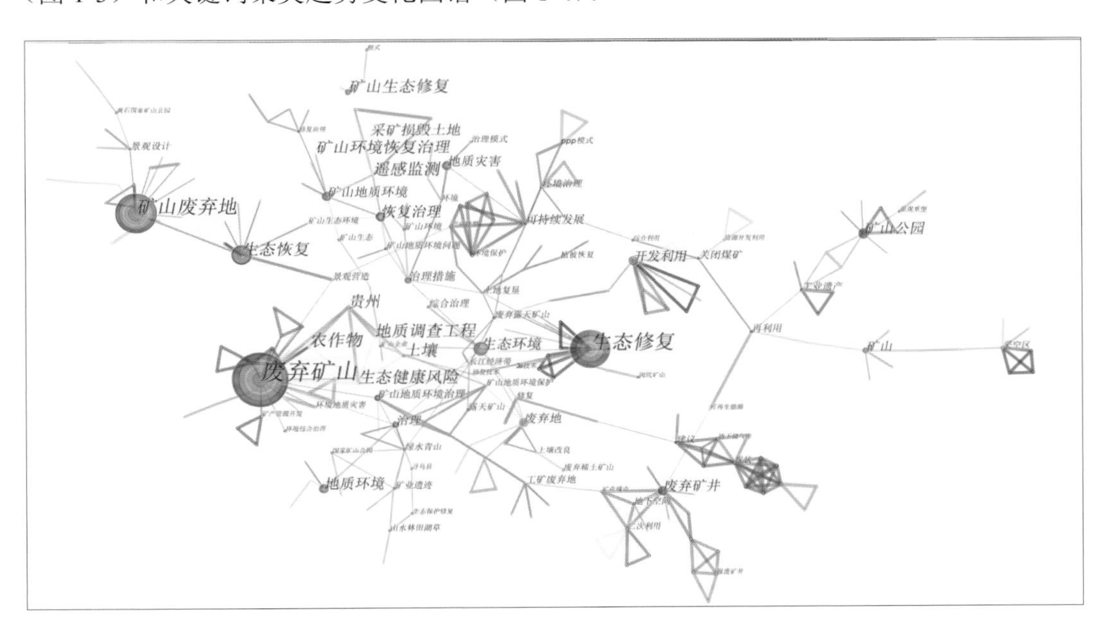

图 1-3　1985～2020 年中国关闭矿山转型研究关键词聚类图谱

由图 1-3 可知，国内关闭矿山转型研究内容主要包括废弃矿山生态修复、生态风险评价、废弃矿井开发利用、采矿损毁土地治理、地下空间二次利用；技术手段涉及遥感监测、3S 技术；转型模式主要集中于矿山地质公园开发。随着国内关闭矿井日益增多和相关技术的发展，国内对关闭矿井研究也逐渐重视，尤其是近两年对废弃矿井资源开发利用、关停矿井地下空间综合利用战略等进行了深入的研究。通过图1-3，结合这些学者的研究领域分析，一些学者专家致力于废弃矿井地下水污染风险评价方面的研究，提出了关闭矿井地下水污染与综合防控的技术思路[16]；提出了“废弃矿井资源”“关停矿井地下空间”相关建议[12]；分析了关闭矿井资源利用途径[17, 18]；提出了关闭矿井的转型升级策略[19, 20]；还有一些学者专家致力于废弃矿山生态修复与采煤塌陷区的二次开发利用研究等[21-23]。

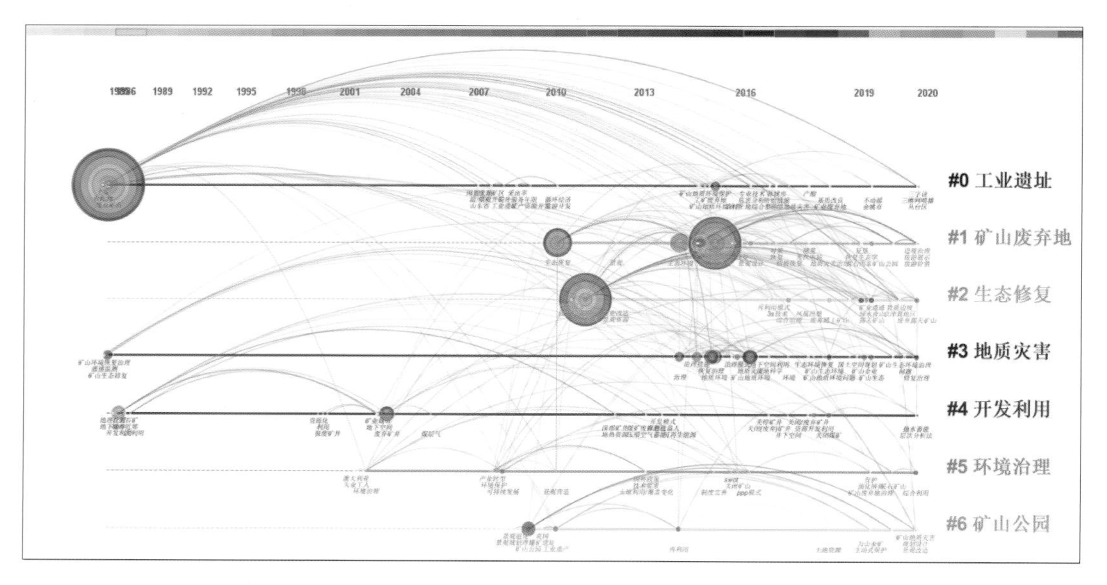

图 1-4 1985～2020 年中国关闭矿山转型研究关键词聚类趋势变化图谱

由图 1-4 可知，国内关闭矿山转型相关文献成果出现两个高峰期：第一个高峰期出现在 1986 年前后，但该时期研究领域相对比较单一，研究主题主要以“工业遗址”为关键词，以“农作物”（34）、“土壤污染修复”（33）、“可持续发展”（10）为主；第二个高峰期出现在 2010～2016 年，与国际相关领域研究成果差距较大，但是可以明显看出 2010 年之后，各学科之间的联系和交叉越来越紧密，“废弃矿山”（165）、“生态修复”（78）、“矿山生态修复”（32）、“矿山废弃地”（65）、“治理模式”（22）、“生态环境”（20）、“开发利用”（14）作为关键聚类词在这一时期发文量迅速上升。近年来，“3S 技术”（32）、“矿山公园”（25）、“矿业遗迹”（118）、“井下空间利用”（16）、“PPP 模式”（10）等作为热点词成为学者研究的重点领域（图 1-5）。说明我国目前关闭矿山转型模式单一，亟须利用先进的技术，探索新的开发模式和理论框架来解决我国当前面临的关停矿山资源化利用和转型发展问题。

根据矿业国家文献数据分析，国内外关于关闭矿山的研究主要包括以下几方面：①关闭矿山的含义；②关闭矿山资源评估；③关闭矿山转型发展；④关闭矿山研究理论、方法和模型；⑤关闭矿山转型技术途径；⑥关闭矿山管理模式；⑦矿业可持续研究。

我国对关闭矿山的研究程度与国外差距较小，但是实践程度远低于国外，缺少对关闭/废弃矿山资源进行统一和有效管理的政策，未开展关闭/废弃矿井资源的综合调查与评价，对关闭/废弃矿山矿产资源状况依然不清，尚未形成完善的矿井资源综合调查和地质评价的理论与技术体系。

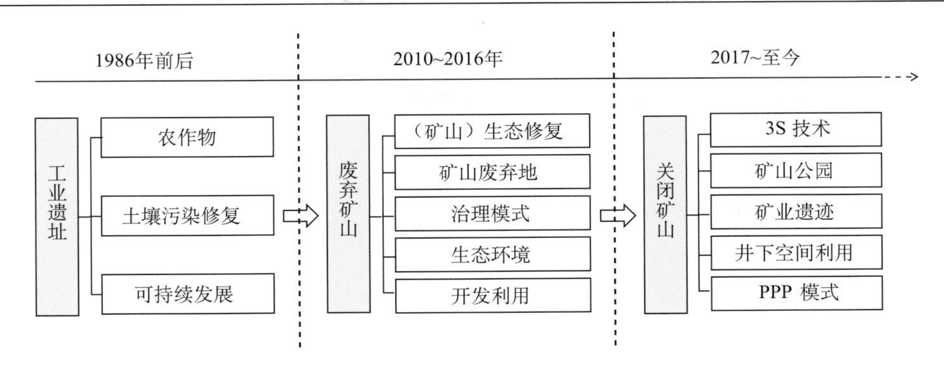

图 1-5　中国关闭矿山转型研究关键词变化阶段

1.1.2　社会关切与企业需求

煤矿的开采和关闭是煤矿城市发展不同阶段出现的不同行为，都会给矿山周边的企业和居民带来一系列的影响，同时也影响城市的可持续发展进程。矿山关闭涉及环境、生物、物理、化学、地理、地质、经济等多学科的问题，诸如废弃煤矿存在的地表建（构）筑物、道路、桥梁、水利设施、管线破坏问题，废弃煤矿工业场地、废弃公路铁路、建设用地、煤矿生产相关建筑设施、井下空间等原有设施处置或改用等问题[24]，以及污染与灾害防治、土地和生态环境恢复、人员安排、费用估算、资产处理和其他社会经济问题，在一定程度上影响了我国经济的发展和社会的稳定。

煤矿开采在陕西省有悠久的历史。在矿业发展初期，吸引了许多外地务工人员，这些人群的主要生活来源是在煤矿务工，并聚集在矿区社区。矿区社区的居民一般是煤矿企业的正式员工，户籍制度将其列为城镇居民范围，不分配农用地。矿区附近的非矿区社区居民多是由于农业生产收入低，利用农忙空闲时间在矿务工贴补家用。非矿区社区居民为农村居民，在矿务工的同时拥有农用地，一般为煤矿企业的临时工人[25]。矿山开采不仅是当地经济发展的主要推动力，也是矿企职工的主要收入来源，在这种情况下，关闭矿山不仅严重影响当地的经济收益，也会对企业职工产生很大冲击，如果处理不善，会逐渐滋生很多社会矛盾。因此，量化关停矿山剩余资源，协助矿山企业顺利转型不仅是国家政策和企业需求，更是当前解决矿业城市社会和经济发展矛盾的有效途径。

陕西煤业化工集团（以下简称“陕煤集团”）是中华人民共和国成立后，最早发展起来的煤炭工业企业之一。经过六十多年，尤其再组重建后近十多年的发展，形成了以煤炭、煤化工、燃煤发电、钢铁为 4 大主业，装备制造、建筑施工、物流、科技、金融服务产业等上下关联多点支撑的完整产业体系[26]。陕煤集团作为西部重要的能源基地，长期为国家提供了大量煤炭和以煤为主要原料的工业品，为陕西省及全国的经济建设和社会发展作出了巨大贡献。自 2013 年以来，受煤炭行业整体下滑的影响，陕煤集团积极响应国家“调结构”“去产能”号召，对 15 个煤质差、地质灾害严重、开采成本高、后续发展乏力的矿山企业逐步实施关停政策。矿井的报废和退出导致煤炭、煤层气（瓦斯）资源浪费，固定资产及土地资源闲置，巷道、硐室等可利用地下空间废弃，遗留有大量煤炭资源得不到有效利用，富余人员众多等一系列问题，严重阻碍了矿井企业的转型发展。因此，关闭矿山资源开发与转型路径研究也是企业解决当前发展困境，实现可持续发展的迫切需求。

1.1.3 关闭矿山转型的现实意义

目前陕煤集团的象山小井、朱家河煤矿、白水煤矿、王石凹煤矿等15对矿井均处于闭井状态，城市废弃矿山的综合开发利用仍在起步阶段，开发效率极为低下。长此以往，矿区就业、土地闲置等问题逐渐尖锐，不利于社会稳定与经济发展。这些关闭矿井如何破解现有难题、“因地制宜”地转型利用，实现可持续发展，已成为矿业领域科技攻关的难点和热点。

1. 为现有关闭矿山转型利用提供范例

以陕煤集团关闭矿井地上/下资源为研究对象，通过实地调研、已有数据成果分析，总结划分关闭矿井地上/下资源类型，对不同资源做出定量评估，研究矿井资源精准开发利用和矿区转型问题。研究结论不仅能够减少资源浪费、变废为宝，提高关闭/废弃矿井资源开发利用效率，而且可为我国其他关闭/废弃矿井企业提供转型脱困和可持续发展的参考范例。

2. 为土地再利用模式提供参考

全面、协调、可持续发展是中国经济社会发展的基本战略，核心是要实现经济发展与资源、人口、环境相协调。要想实现可持续发展的目标，就要更合理地使用资源，实现资源的永续利用。众所周知，中国的国情是：人口众多，但是资源不足，耕地资源尤为紧缺。人口的不断增长和社会经济发展对土地资源的需求日益增大，而土地资源的供给非常有限。因此，如何在解决土地资源需求的同时改善生态环境，如何通过盘活土地存量资源实现经济社会的可持续发展是当前中国土地利用规划面临的艰巨任务。研究关闭矿山的转型利用模式，对闲置土地再利用方式具有参考意义。

3. 为关闭矿山资源化利用提供信息化管理平台

建立陕煤集团关闭矿山基础信息数据库和GIS资源管理系统，将陕煤集团关闭矿山地上/下空间资源以及研究成果进行系统管理，可以有效提升集团内部数字化矿山建设、人员信息数据以及各类生产报告信息化管理水平，实现陕煤集团基础资料的信息共享和矿山3D立体空间资源可视化统一管理、便捷查询，为陕煤集团关闭矿山合理开发利用提供信息化管理平台和辅助决策支持。

1.2　关闭矿山转型相关问题

1.2.1　关闭矿山涵义与研究历程

1. *矿山*（mine）

“矿山”一词在《中国冶金百科全书（采矿卷）》（1999 年冶金出版社）中的解释为“开采矿产资源的生产经营单位”。《中国大百科全书》（2009 年中国大百科全书出版社）中将“矿山”定义为“有一定开采境界的采掘矿石的独立生产经营单位，包括一个或多个采矿车间（或称坑口、矿井、露天采场等）和一些辅助车间，大部分矿山还包括采矿场、洗煤厂”。《中华大字典》（2014 年商务印书馆）中，“矿山”指“开采矿物的场所或自然单位”。《现代汉语词典》（2016 年商务印书馆）中将“矿山”定义为“开采矿物的地方，包括矿井和露天采矿场”。《辞海》（2020 年上海辞书出版社）中“矿山是指有一定开采境界和完整生产系统的采掘矿石的独立生产单位”。

“矿山”的英文通常为“mine”。《美国传统词典》（*The American Heritage Dictionary*, 1982 年霍顿·米夫林出版公司）中对“mine”的解释为“The site of an excavation, which ore and minerals can be extracted from in the earth, with its surface buildings, elevator shafts and equipment”（可以开采出矿石、矿物的场所，包括表面建筑、升降机井和设备等）。《剑桥国际英语词典》（*Cambridge International Dictionary of English*, 2003 年上海外语教育出版社）中将“mine”定义为“A hole or system of holes in the ground made for the removing of coal, metal, salt etc., by digging”（通过采掘方式从地下获取煤炭、金属、食盐等矿物的坑口或坑口组系）。《牛津高阶英汉双解词典（第六版）》（*Oxford Advanced Learner's English-Chinese Dictionary*, 2004 年牛津大学出版社）将“mine”解释为“A deep hole or holes under the ground where minerals dug, such as coal, gold, etc.”（采掘煤炭、黄金等矿物的地下坑口）。

2. *关闭矿山*（mine closure/ abandoned mine）

关闭、停产和场地恢复这类概念最先是作为正式规定要求针对核设施提出的，不久又把铀矿开采业包括进来。如今，这一概念已包含了其余各种开采[27]。国内一般将“关闭矿山”定义为资源枯竭、地质条件复杂、宏观调控、市场影响、经营状况等造成的永久性停产矿山企业[25, 28]。此外，也有部分学者将“关闭矿山”与“废弃矿山”“关停矿山”概念等同，并将其定义为“因为采矿活动而导致的原地貌被破坏或者被占用，而产生的露天采矿场、塌陷区、排土场及尾矿库等无经济价值的土地”[29]。关闭矿山涉及的内容非常广泛，包括社会、经济、政策、工程技术、法律法规、管理、环境等多学科领域，是一门新的实用研究课题[25]，其研究内容主要涵盖：研究矿山开采过程中和结束后对整个矿区的全面（社会、政治、经济和生态环境）影响，从建立“绿色矿区”的战略角度出发，为决策者全程服务，趋利避害，以使决策结果达到最优化[30]。目标是科学“消费”，合理开发，使整个矿区始终处于“安详”的状态，实现矿区可持续发展。

关于“关闭矿山”这一概念，国外有数个术语来解释，简称闭矿，通常被译为 closed mine、mine closure、abandoned mine、disused mine、shut-down mine 以及 discarded mine 等，查阅相关文献资料，以 mine closure 和 abandoned mine 释义最为普遍。由于国外矿山企业多为露天矿，因此国外的矿山关闭研究主要针对环境恢复与土地复垦问题，如由 Springer 出版的专著 *Ecorestoration of the Coalmine Degraded Lands*[31]中关于“关闭矿山”的定义是“Mine closure as a process refers to the period of time when the operational stage of a mine is ending or has ended and the final decommissioning and mine rehabilitation is being undertaken”（关闭矿山指的是矿山的运行阶段正在结束或已经结束，同时正在进行矿山修复的一个阶段）；美国《矿产保护与开发规则》（*Mineral Conservation and Development Rules*, MCDR）[32]中关于“关闭矿山”的定义是“Mine closure means steps taken for reclamation, rehabilitation measures taken in respect of a mine or part thereof commencing from cessation of mining or processing operations in a mine or part thereof”（关闭矿山是指自矿山或其部分停止采矿或加工作业开始，对矿山或其部分采取的复垦、修复措施）；而澳大利亚相关学者[33, 34]中关于“关闭矿山”的定义是“Abandoned mine refers to the permanent termination of the production activities and termination of the lease at the mine or dressing plant after completion of the disposal procedures for the cessation of production”（闭矿系指一座矿山或选矿厂区在完成停产善后处理程序之后永久性中止生产活动并以解除租约为标志）。

3. 国外关闭矿山相关文件

德国、美国、加拿大、澳大利亚、英国等国家已经历了煤矿大规模开发和关闭的过程，这些国家非常重视关闭煤矿的管理，制定了相关的法律法规，明确了政府监管、利益相关方参与的闭矿管理制度，积累了大量废弃矿山环境管理的经验。

德国矿区土地复垦起步早，颁布了《联邦矿业法》（*Federal Mining Act*）（2013）、《联邦矿业条例》（*Federal General Mining Ordinance*）（1995）、《联邦环境影响评价法》（*Federal German Environmental Impact Assessment Act*）（1990，2001 年修订），并针对关闭矿山治理颁布了《废弃淹水矿井的水资源管理》（*Water Management at Abandoned Flooded Underground Mines*）（2008），阐明了德国在废弃矿井地下水监测、排水管理、排水处理等方面遵循的原则和技术途径。

美国针对废弃矿山制定了《矿山废弃地清查及其风险评价手册》（*Abandoned Mine Land Inventory and Hazard Evaluation Handbook*）（1994）、《矿山废弃地初步评估手册》（*Abandoned Mine Lands Preliminary Assessment Handbook*）（1998）、《酸性矿井水防治技术手册》（*Handbook of Technologies for Avoidance and Remediation of Acid Mine Drainage*）（1998）、《加利福尼亚废弃矿山》（*California's Abandoned Mines*）（2000）、《矿山废弃地界定和治理手册》（*Abandoned Mine Site Characterization and Cleanup Handbook*）（2000）等一系列的关闭矿山管理法规和技术指南，对矿山关闭及环境管理提出了明确的要求，采矿企业在采矿前必须对矿山自然环境作详细调查，提交开采计划，标明将受采矿影响的地区范围，为了得到采矿许可，企业必须提交土地复垦计划并组织实施，矿山关闭后必须对废弃地开展生态恢复，矿业局、土地局和环境保护署等部门协助监督管理。

加拿大针对关闭矿山颁布了《矿产开发和关闭》（*Mine Development and Closure*）（1991）和《加拿大关闭矿山政策框架》（*The Policy Framework in Canada for Mine Closure*）（2010）等文件，对关闭矿山环境管理提出了明确的要求，矿区复垦是加拿大推行矿业可持续发展的重点。

澳大利亚联邦及地方政府针对关闭矿山出台了《闭矿战略框架》（*Strategic Framework for Mine Closure*）（2000）、《昆士兰州矿山关闭规划指南》（*Guidelines for Mine Closure Planning in Queensland*）（2001）、《矿山修复》（*Mine Rehabilitation*）（2006）、《矿山关闭管理手册》（*Mine Closure and Completion Handbook*）（2006）、《矿产行业废弃矿山管理战略框架》（*Strategic Framework for Managing Abandoned Mines in the Minerals Industry*）（2010）、《澳大利亚废弃矿山管理》（*Abandoned Mine Management in Australia*）（2010）、《西澳闭矿规划指南》（*Guidelines for Preparing Mine Closure Plans in Western Australia*）（2011）、《矿山修复与关闭计划》（*Mine Rehabilitation and Closure Planning*）（2013）等文件，要求任何矿山经济活动必须遵守国家生态可持续发展战略，复垦应贯穿于矿业项目规划、实施和闭矿的全过程。

4. 中国关闭矿山相关文件

近年来，随着中国对地下空间开发需求的快速增长，国家部委和地方政府纷纷出台相关文件（表 1-1），鼓励相关学者和科研机构广泛开展关闭/废弃矿井资源综合利用“政产学研”模式研究，积极探索关闭矿山资源化利用和转型发展创新模式，切实解决矿山关闭后遗留的一系列社会、经济和生态环境问题。

1998 年，国务院颁布了国内最早针对关闭矿山的文件《关闭非法和布局不合理煤矿有关问题的通知》，明确提出了对“盲目发展、低水平重复建设、非法生产、乱采滥挖、破坏和浪费资源以及伤亡事故多”的小煤矿予以关闭。

2006 年，国务院安全生产委员会办公室《关于制定煤矿整顿关闭工作三年规划的指导意见》提出了“争取用三年左右时间，基本解决小煤矿发展过程中存在的数量多、规模小、办矿水平和安全保障能力低、破坏和浪费资源严重、事故多发等突出问题”的总体目标。

2008 年，原国土资源部、原环境保护部等部门联合印发了《关于加强废弃矿井治理工作的通知》，要求抓紧建立健全并落实好矿山环境治理和生态恢复责任机制，避免造成新的遗留问题。

2009 年，国家安全监管总局、国家煤矿安监局、发展改革委等联合颁布《关于深化煤矿整顿关闭工作的指导意见》（安监总煤监〔2009〕157 号），强调要加大对关闭煤矿的扶持。意见指出应关闭的煤矿已经向国家缴纳了采矿权价款的，地方可从分成的采矿权价款中安排资金用于支持解决该煤矿关闭后的遗留问题，经国土资源管理部门认定仍有利用价值的剩余资源，需重新进行核实备案并对采矿权价款重新进行评估确认。各地要研究制定关闭小煤矿有关经济政策和配套措施，确保社会稳定。

表 1-1　国内关闭矿山主要相关文件/课题

印发单位	文件/课题	印发时间	主要内容
国务院	《关闭非法和布局不合理煤矿有关问题的通知》	1998 年	关闭盲目发展、低水平重复建设、非法生产、乱采滥挖、破坏和浪费资源及伤亡事故多的小煤矿
国务院	《关于制定煤矿整顿关闭工作三年规划的指导意见》	2006 年	用三年左右时间，基本解决小煤矿发展过程中存在的数量多、规模小、办矿水平和安全保障能力低、破坏和浪费资源严重、事故多发等突出问题
原国土资源部、原环境保护部等	《关于加强废弃矿井治理工作的通知》	2008 年	抓紧建立健全并落实好矿山环境治理和生态恢复责任机制，避免造成新的遗留问题
国家安全监管总局、国家煤矿安监局、发展改革委等	《关于深化煤矿整顿关闭工作的指导意见》	2009 年	应关闭的煤矿已经向国家缴纳了采矿权价款的，地方可从分成的采矿权价款中安排资金用于支持解决该煤矿关闭后的遗留问题
国务院	《全国资源型城市可持续发展规划（2013－2020 年）》	2014 年	到 2020 年，资源枯竭城市历史遗留问题基本解决，可持续发展能力显著增强，转型任务基本完成，强化废弃物综合利用
国家能源局	《煤层气（煤矿瓦斯）开发利用“十三五”规划》	2016 年	完善废弃矿井残存瓦斯开发政策，建设一批废弃矿井残余瓦斯抽采利用示范工程
	关闭矿井各类资源综合利用研究	2018 年	分析关闭矿井各类剩余资源的利用潜力、发展重点，提出推动关闭矿井各类资源综合利用的政策措施建议
中国地质调查局	《重要矿产资源开发利用情况通报》	2017 年	涵盖重要矿产资源采矿行业集中度、选矿行业集中度、产能利用率、开采回采率、选矿回收率、共伴生综合利用率、综合利用率等内容
国家安全监管总局	《非煤矿山安全生产“十三五”规划》	2017 年	建立非煤矿山安全生产和职业健康一体化管理机制，建立非煤矿山安全专业执法信息平台和责任追究数据库
中共中央办公厅、国务院办公厅	《关于创新政府配置资源方式的指导意见》	2017 年	创新政府配置资源方式；建立健全自然资源产权制度，发挥空间规划对自然资源配置的引导约束作用；加强城市地质工作，探索形成城市地下空间资源系统化、产业化、绿色化开发利用模式
国务院	《关于做好关闭不具备安全生产条件非煤矿山工作的通知》	2019 年	构建全国非煤矿山安全生产基础情况数据库；关闭相邻小型露天采石场开采范围之间最小距离达不到 300 米的矿山
国务院	《全国安全生产专项整治三年行动计划》	2020 年	煤矿安全专项整治三年行动将用三年时间，持续整治“五假五超三瞒三不”、重大灾害治理措施不落实等煤矿安全生产严重违法违规行为，抓住推进煤矿安全法规标准建设等关键着力点，扎实推进煤矿安全治理体系和治理能力现代化

2014 年，国务院印发《全国资源型城市可持续发展规划（2013－2020 年）》，规划目标是“到 2020 年，资源枯竭城市历史遗留问题基本解决，可持续发展能力显著增强，转型任务基本完成”。同时指出“强化废弃物综合利用”“要因地制宜发展综合利用产业，积极消纳遗存废弃物。森工城市要提高林木采伐、造材、加工剩余物及废旧木质材料的综合利用水平，实现林木资源的多环节加工增值。支持资源型城市建设资源综合利用示范工程（基地）”。

2016 年，国家能源局发布《煤层气（煤矿瓦斯）开发利用“十三五”规划》，提出完善废弃矿井残存瓦斯开发政策，建设一批废弃矿井残余瓦斯抽采利用示范工程。2018 年又设立课题“关闭矿井各类资源综合利用研究”，主要是总结国内外矿井关闭后对剩余煤炭、煤层气、矿井水、地热、地面土地、地下空间等资源开展综合利用的案例，分析我国关闭矿井各类剩余资源的利用潜力、发展重点，梳理实际工作中存在的问题、面临的障碍，提出推动关闭矿井各类资源综合利用的政策措施建议[35]。

2017 年，中国地质调查局矿产资源节约与综合利用调查工程项目组编写了《重要矿产资源开发利用情况通报》，内容涵盖了重要矿产资源采矿行业集中度、选矿行业集中度、产能利用率、开采回采率、选矿回收率、共伴生综合利用率、综合利用率、废石排放强度与循环利用、尾矿排放强度与循环利用等内容。

2017 年，国家安全监管总局发布的《非煤矿山安全生产“十三五”规划》指出，到 2020 年将淘汰关闭非煤矿山 6000 座，并推动建立非煤矿山安全生产和职业健康一体化管理机制，建立非煤矿山安全专业执法信息平台和责任追究数据库，完善“黑名单”制度。

同年，中共中央办公厅、国务院印发《关于创新政府配置资源方式的指导意见》，要求创新政府配置资源方式；建立健全自然资源产权制度，发挥空间规划对自然资源配置的引导约束作用；加强城市地质工作，探索形成城市地下空间资源系统化、产业化、绿色化开发利用模式；建立矿业权出让收益制度和矿业权占用费制度，将矿山地质环境治理恢复保证金调整为管理规范、责权统一、使用便利的矿山地质环境治理恢复基金。

2019 年，国务院安全生产委员会办公室印发的《关于做好关闭不具备安全生产条件非煤矿山工作的通知》（安委办〔2019〕9 号）指出，构建“全国非煤矿山安全生产基础情况数据库”，关闭“相邻小型露天采石场开采范围之间最小距离达不到 300 米的”矿山，“确保完成 2019 年关闭 1000 处以上不具备安全生产条件非煤矿山（含尾矿库）任务”。

2020 年 4 月，国务院安委会印发《全国安全生产专项整治三年行动计划》，在全国部署开展安全生产专项整治三年行动。专项整治三年行动从 2020 年 4 月启动至 2022 年 12 月结束。《全国安全生产专项整治三年行动计划》包括总方案和 11 个专项实施方案，分别为 2 个专题、9 个专项。煤矿安全专项整治三年行动是 9 个专项之一。煤矿安全专项整治三年行动将用三年时间，持续整治“五假五超三瞒三不”、重大灾害治理措施不落实等煤矿安全生产严重违法违规行为，抓住推进煤矿安全法规标准建设等关键着力点，扎实推进煤矿安全治理体系和治理能力现代化。

1.2.2　关闭矿山理论方法与技术体系

国外矿山多为露天矿，因此国外的矿山关闭主要指环境恢复与土地复垦，主要涉及环境保护问题、管理问题和社会公众问题等，其中矿区土地恢复是其核心内容。另外，社会公众磋商和参与也被认为是一项需要给予足够重视的问题。美国、英国、加拿大、澳大利亚、德国等国家已经历了煤矿大规模开发和关闭的过程，这些国家非常重视关闭煤矿理论研究和管理模式的创新，并已形成了相对完善的关闭矿山修复理论框架和技术体系[36]，包括闭矿计划、利益相关方参与、财经保障、闭坑方法及标准、采后监测及维护、责任交接等核心要素，且矿山关闭理念贯穿于矿业项目全生命周期，如图 1-6 所示。

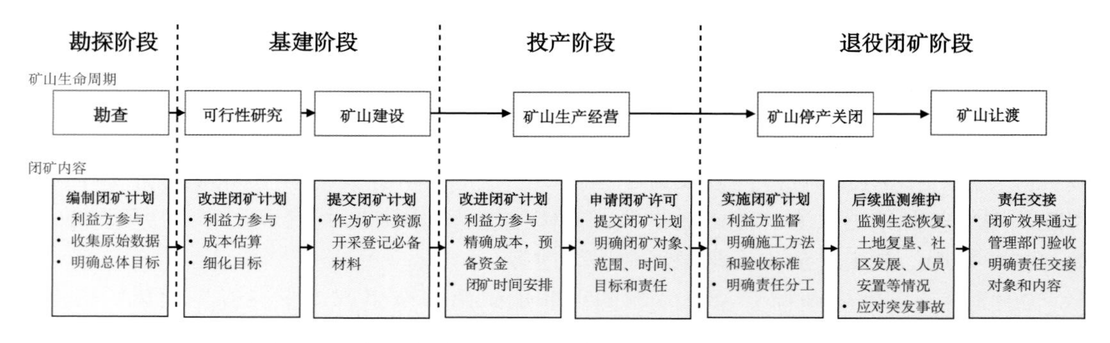

图 1-6　国外面向矿业项目全生命周期的关闭矿山框架体系

国内针对关闭矿山理论与技术体系研究起步较晚，但是发展迅速，涉及的内容包括废水治理规划、固体废弃物治理规划、排土场治理规划、气体灾害和粉尘防治规划、采矿塌陷防治规划、矿区土地复垦规划、闭矿景观生态规划等。在长期的探索过程中，国内科研机构和相关学者针对关闭矿山地上/下空间资源化利用理论框架和技术体系（图 1-7）也进行了初步探索和研究：首先应提出关闭矿山评价标准并明确责任体系，然后对采空区覆岩长期沉陷规律和采空区水、气与污染物质的多场耦合与迁移规律进行研究；基于此，制定关闭矿山地上/下空间长期稳定性评价标准，并指明关闭矿山地上/下空间利用

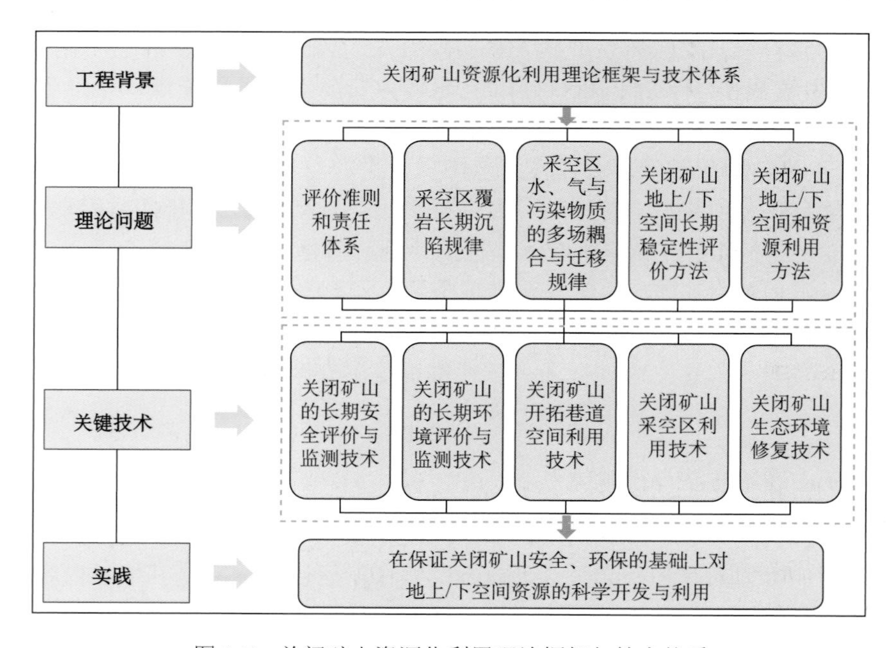

图 1-7　关闭矿山资源化利用理论框架与技术体系

方法。在此基础上，明确关闭矿山资源化利用关键技术，包括关闭矿山的长期安全评价与监测技术、长期环境评价与监测技术、开拓巷道空间利用技术、采空区利用技术、生态环境修复技术等。

1.2.3　国内外关闭矿山利用方案

国外废弃矿井地下空间开发已有较长的历史，有大量的实践案例，主要集中在德国、芬兰、荷兰、俄罗斯、美国、加拿大、瑞典、澳大利亚等国家。经过长期的理论研究和实践探索，这些国家积累了矿山旅游开发、地下空间开发、伴生资源开发、遗留资源开发、特殊实验或疗养场所开发、养殖产业、土地复垦、新能源开发等实践经验[37]，开拓了关闭矿井资源化利用的模式，取得了一些成功案例。如在美国南达科他州一处废弃金矿，由于其开采深度达到 1500 m，其地下空间被斯坦福大学用来进行极深地实验，用于提供粒子物理前沿领域的暗物质直接探测实验等重大研究课题所需要的深地低辐射环境[38]；在美国得克萨斯州 Carl 盐矿，通过将废弃采矿坑道改造为地下仓库，用于收藏珍贵物品和文件资料[18]；比利时在 Anderlues 建成废弃煤炭矿井地下储气库，拥有 1.8 亿 m^3 的储气能力[18]；罗马尼亚的图尔达（Turda）盐矿（图 1-8（a）[39]）及波兰的维利奇卡（Wieliczka）盐矿（图 1-8（b）[40]）将盐矿废弃地作为养生矿洞的核心吸引物，同时配置以相应的医疗、娱乐设施，起到健体养生的效果[41]；德国鲁尔（Ruhr）矿区（图 1-8（c）[42]）采用对废弃工业场地和设施采取工业遗产保护和再利用的策略带动废弃矿区的旅游资源开发，建设博物馆，开展地下旅游和文娱活动，实现矿区转型发展；英国 Birmingham 矿区是著名的“黑乡”，将煤矿工业遗产与旅游产业相结合对其进行保护再利用。把观光旅游作为转型目标的煤矿工业遗产保护实践，如今已成为包括英国、法国、德国在内的欧洲大陆经济发展最快的领域之一[43]。

(a) 图尔达盐矿

(b) 维利奇卡盐矿

(c) 鲁尔矿区

图 1-8　国外关闭矿山开发利用案例

此外，一些国家还在废弃矿井区域开展风能、太阳能的开发利用。德国鲁尔矿区内许多废弃排土场上已实施了连续风力发电项目[44]；韩国开展了在 7 个废弃矿井区域内建设光伏发电系统潜力的相关研究，并且进一步研究了在酸性废弃矿井排水处理设施上和露天矿坑口建立小规模光伏系统的可行性[45-47]；美国环保局和国家可再生能源实验室联合实施了“重振美国土地项目”，评估在美国废弃矿区土地上开发光伏与风电系统的可能性[48]。国外典型的关闭矿山开发模式与现状分析如表 1-2 所示。

表 1-2 国外关闭矿山开发利用案例

国家及位置	关闭矿山类型	开发模式
德国波鸿市鲁尔区[49]	煤矿	集矿井生产系统、采矿机械设备、工人用品等的矿业博物馆
德国劳西茨县[50]	煤矿	利用抽水将矿区建设为 70 km^2 的湖泊群，形成生态和文化工业旅游景点
芬兰奥陶克恩普[51]	煤矿	原位再现采矿过程，演示采矿工具使用方法，开发出矿井乐园和博物馆
荷兰林堡省海尔伦[19]	煤矿	建成利用关停矿井地热资源的新型地热发电站，从地下 800 m 处泵出热水产生蒸汽，推动涡轮机转动发电，并将热水输往附近 300 多处民宅、商店、图书馆和大型办公楼以调解室温，待水冷却后再输回矿井深处以循环加热
波兰克拉科夫市郊区维利奇卡[52]	盐矿	1744 年利用废弃巷道修建古盐矿博物馆，保留盐湖、祈祷堂和矿工们劳动场面等工业遗迹，用于展示盐矿工业遗迹及盐雕艺术，并利用岩盐坑道治理呼吸道疾病，被联合国教科文组织列为 0 级（最高级）世界文化遗产名录
德国拉莫斯贝格矿[53]	有色金属矿	地面、地下一体化开发，转型升级原有矿山设施，形成原位采矿史博物馆
美国南达科他州布莱克山[54]	金矿	深地实验室，用于提供粒子物理前沿领域实验所需的深地环境
俄罗斯乌达奇纳亚[55]	钻石矿井	利用矿井奇观特征，开发露天钻石矿井（深 600 m，顶部直径 1200 m）
美国科罗拉多州[55]	大理石矿井	矿井特色旅游区
南斯拉夫[55]	水晶矿井	开发成旅游区。由于其水晶的独特外观，被誉为“水晶宫”旅游景区
瑞典瓦德斯特曼兰德郡撒拉镇[55]	银矿	综合矿井观光设施及宜人温度，建成五星级“地宫酒店”
澳大利亚澳宝镇[56]	蛋白石矿	世界著名旅游胜地，充分发挥关停矿井空间优势，建成住宿、教堂、高尔夫球场等活动场所

近年来，由于环境保护和资源能源转型升级的新要求，关闭矿井资源综合转型利用被越来越多的国家所重视，综合利用技术、措施和手段不断更新，信息化、科技化、产业化和商业化模式不断创新，一些资源枯竭型城市资源再利用的典型案例增多，为我国关闭矿山的综合转型利用提供了经验。

当前，我国关闭/废弃矿井资源化利用整体上仍处于试验阶段[12]，转型模式相对比较单一，主要是将关闭矿井的生态重建、旅游等多重目标相结合，建设成综合性矿山公园、科普教育与教学实践基地、地下水库、地下储气库，开展重点采空区资源的综合利用[35]。2019 年，我国已有 34 处矿山公园被正式命名为国家矿山公园[57]；2020 年，全国已有 61 处国家矿山公园建成。其典型案例包括：河北唐山开滦煤矿国家矿山公园[图 1-9（a）]、四川乐山嘉阳国家矿山公园[图 1-9（b）]、江西太原西山国家矿山公园[图 1-9（c）]等。

其他关闭矿山成功转型模式主要包括：安徽含山石膏矿计划利用废弃矿山采空区改建储油库，建成后预计可形成 500 万 m^3 的储油量[58]；神东矿区利用关闭矿山已建设地下水库 32 座，储水总量达到 3000 万 m^3[59]；大柳塔煤矿建成分布式地下水库，水库面积约 70.1×10^4 m^2、水库库容 210×10^4 m^3、污水处理量 350.4×10^4 m^3/a、清水供应量 245.3×10^4 m^3/a，节省费用 5550 万元/a[59-61]；山东省原枣庄煤矿废弃矿井水经过生化深度处理，达到生活“饮用水”标准，该项目可为全国关闭煤矿的水资源开发利用提供借鉴；2018 年徐州市进行了新河矿、卧牛山矿、青山泉矿、韩桥矿、大黄山矿的采空区构建地下水库的可行性评价，开辟了应急供水新途径[35]。

(a) 河北唐山国家矿山公园

(b) 四川乐山嘉阳小火车

(c) 太原西山国家矿山公园

(d) 浙江紫金山影视基地

(e) 宁波北仑国际赛车场

(f) 上海松江深坑酒店

图 1-9　国内关闭矿山开发利用案例

晋城、淮南、铁法、阜新等矿区开展了老采空区地面钻孔煤层气抽采工作，取得了良好的抽采效果，为关闭煤矿煤层气资源评价及勘探开发积累了丰富的经验。例如山西晋城煤业集团已施工 10 口关闭煤矿地面井，其中 7 口井成功产气，每口井平均日产气量可达到 2000 m^3，瓦斯浓度约 90%[62]，初步显现了晋城矿区关闭煤矿瓦斯开发的潜力。此外，江苏常州金坛盐矿成功改造 3 口地下储气库，形成近 5000 万 m^3 的工作气量，而云应、淮安、平顶山等盐矿废弃溶腔改造储气库工作正在开展[63]。

抚顺矿务局近年来利用煤矸石填埋塌陷地后，在其上覆土还田，直接种植农作物，带来了一定的经济、社会和生态效益，复垦塌陷地 44 hm^2，利用煤矸石 1.2×10^6 t，作物产量较高，蔬菜生产良好[64]；鹤岗矿务局采用林业复垦治理煤矸石山，平整覆土后在上面种植樟子松、落叶松，单株生长发育正常，1985～1991 年，鹤岗市煤矸石复垦造林已达 24 hm^2，成活率达到 94%[65]。

此外，还有一些废弃矿山成功转型的商用娱乐案例，产生了更大的经济和社会效益：浙江漱浦镇紫金山矿区废弃后被改造成影视基地[图 1-9（d）]，宁波市的北仑区春晓镇将废弃矿山改建成了全球唯一的高山台地赛车场[图 1-9（e）]，并在 2017 年举办了多项锦标赛；上海市松江区废弃采石场蜕变为“世界上海拔最低五星级酒店”[图 1-9（f）]等[66]。

总体而言，我国目前对关闭矿山的研究程度与国外差距较小，但是实践程度明显低于国外[18]。国内外开发出的废弃矿井综合利用模式由于适用条件差异也存在不同程度的限制性。如旅游、地下储库、养殖等开发模式已具有较成熟的开发技术经验。区位条件是废弃矿井地下空间开发的主要限制条件，受区位条件的限制，废弃矿井地下空间一般不适合地下商业中心开发；地下储库型、废弃物处置场地型、伴生资源开发型以及具有一定危险性的试验型开发模式，一般适合位于城市建成区边缘或建成区之外的矿井；旅游、疗养、养殖等开发模式受区位条件的限制较小，可位于濒临城市中心区或城市边缘地带[67]。地下空间埋深对废弃矿井开发模式的限制主要体现在深层地下空间的安全防护和环境维护费用大幅度提高。遗留资源开采方面，煤炭地下气化[68, 69]、老采空区瓦斯抽采[70, 71]都已经具备较成熟的技术体系，尤其是煤炭地下气化技术已具备产业化条件，在地质条件允许的情况下可推广应用。

陕西省作为我国重要的煤炭生产基地，开采历史悠久，废弃矿井众多，尽管近年来在关闭矿山转型利用试验探索中积累了一部分实践经验，但废弃矿井资源再利用率极其低下，关闭矿井尚未有实质性的利用等问题依然存在，与国内外关闭矿山资源再利用实践仍存在较大差距（表 1-3）。因此，如何因地制宜地采取合理的治理模式，最大限度地发挥废弃矿井的利用价值，达到最佳的生态效益及经济效益仍需要相关学者和机构进行深入的理论研究和实证分析。

表 1-3　陕西省与国内外关闭矿山资源再利用情况比较

开发模式		国外	国内	陕西省
地下空间开发		种类多	种类较多，部分尚未实践	起步
旅游开发		开发早，案例多，经验成熟	起步晚，案例较多	起步
养殖开发		较多，技术要求简单	较多，技术要求简单	起步
复垦造田		制度完善，执行力度大，复垦率高	制度较完善，执行困难，复垦率较低	起步
新能源开发		示范项目少	技术成熟，示范项目多	起步
伴生资源开发		地热资源利用	矿井水、地热资源利用	起步
遗留资源	煤炭地下气化	应用早，有间断，技术落后	应用较晚，持续研发，技术先进，现已具备示范项目建设的技术条件	起步
	采空区瓦斯抽采	研发早，应用多	研发晚，应用少	起步
特殊实验场所		有案例	尚无案例	尚无基础

1.2.4　关闭矿山问题总结

由于我国矿山企业和一些地区对关闭/废弃矿山再利用意识不强，综合利用支撑条件不足，多数矿井直接关闭或废弃，未开展关闭/废弃矿井资源的综合调查与评价，造成资源的巨大浪费，一定程度上还会引发环境、生态及安全问题[60, 72]。面对逐年增多的关闭/废弃矿山，其累积的可供再利用资源总量也逐年增加，但到目前为止，我国对关闭/废弃矿山资源缺少统一和有效管理的政策，对全国关闭/废弃矿山矿产资源状况依然不清，尚未形成完善的矿井资源综合调查和地质评价的理论与技术体系[35]。主要问题如下：

（1）国外关闭矿山框架体系贯穿于矿山勘探→投产→关闭全生命周期，期间须根据实际情况进行多次修改矫正，而国内关闭矿山方案往往是在矿企经营困难，面临破产的情况下才开始制定上报，技术方案滞后，指导作用有限。

（2）目前在对关闭矿山危害与剩余资源评估、勘查、设计、监测、开发利用等方面，尚没有形成一套相对成熟的指导性标准和评价、验收体系；所采用监测、治理手段和方法相对单一，对于新技术、新方法、新理论的应用不够，关闭矿山开发利用的专业技术队伍建设进展缓慢。

（3）尚未出台全国及各地矿山关闭退出总体规划、专项规划和细化方案，关闭矿山退出机制不完善。

（4）当前我国关闭矿山退出主要借鉴与环境保护相关的法律规范，地方在执行关闭矿山监管、治理和开发利用时，缺乏针对关闭矿山的法律依据和标准。

（5）矿山退出后人员安置、资产债务处置和环境修复缺乏统一的参考标准，且关闭后的矿山多处于废弃状态，后续的人员管理缺乏。

（6）废弃矿井土地及相关资源综合利用投资动力缺乏，开发利用方式方法不多，资金来源不足，资本市场通道未打通。相比于国际上矿业发达国家，我国关闭/废弃矿山土地利用资金主要来源于政府，这种模式难以满足关闭矿山资源综合利用的资金需求。

1.3 多源数据角度的转型构想

1.3.1 多源数据采集

1. 多源数据采集与利用构想

借助RS和GIS技术，运用ENVI 5.3遥感影像处理软件解译研究区多源遥感影像数据，明确陕煤集团15对关闭矿山生态环境本底特征。并在此基础上，运用文献分析法系统研究全球主要矿业国家矿山运营情况、矿业生命周期、关闭矿山转型利用案例，总结国内外关闭矿山转型发展路径的异同点，探讨国外关闭矿山地上/下资源利用路径，提出中国关闭矿山地上/下空间资源利用构想。

2. 资源定量评估与转型路径

基于实地调研数据和多源遥感数据，遵循科学、实用、全面的原则，构建关闭矿山地上/下资源评估指标体系，引入聚类分析法和最小二乘回归模型划分陕煤集团15对关闭矿山资源类型，明晰各类矿山转型模式使用条件，提出不同资源类型矿山地上/下空间资源主要转型模式及在转型过程中可选择的具体方案。

3. 15矿转型与朱家河方案

参考国内外各研究机构和相关学者的研究成果以及陕煤集团15对关闭矿山社会经济发展实际状况，基于生态效益、经济效益、社会效益3个层面构建矿山转型综合效益评估指标体系，采用层次分析法确定指标权重综合评估15对矿不同转型方案综合效益，通过对比分析最终得出陕煤集团15对关闭矿山地上/下空间资源最优转型路径。

4. GIS资源管理系统构建

系统采用C/S架构模型，应用面向对象的程序设计，引用ArcGIS Engine 10.1类库，以Visual Studio 2010为平台进行二次开发。通过采集、处理陕煤集团15对关闭矿山数字正射影像（DOM）、GPS定位、数字高程模型（DEM）、关停矿山地面建筑、采矿设备、道路、农田等空间数据和属性数据，建立系统数据库。实现系统中文件管理、地理处理、关闭矿山资源查询、地上/下剩余资源评估、系统帮助几大核心功能模块的实践操作演示和“一张图”综合查询分析。

1.3.2　定量评估方法

1. 指数分析法

指数分析法是利用指数体系分析各影响因素变动对总指数的影响方向和程度，及各因素对总指标影响的一种分析方法。包含模糊综合评价法、AHP 层次分析法等多种分析方法，这里以模糊综合评价法和层次分析法为例进行介绍[73, 74]。

1）模糊综合评价法

模糊综合评价法是一种基于模糊数学的综合评价方法，依据模糊数学的隶属度理论，将定性评价转为定量评价，即利用模糊数学对受到多种因素制约的事物或者对象做出一个总体的评价。一般步骤是：

（1）构建模糊综合评价指标体系；

（2）构建权重向量；

（3）构建评价矩阵；

（4）评价矩阵和指标的合成。

在资源评价的实际操作过程中，模糊综合评价法应用实例较多。基于模糊综合评价法，建立区域生态安全评价指标体系，通过客观赋权的方法计算各级指标的权重，最终得到评价结果[75]。

其中，利用 AHP 法确定指标权重，在一定程度上有助于消减因主观因素带来的不利影响，提高指标权重的可信度；模糊综合评价能够在一定程度上消减不确定性和模糊性对评价结果造成的不利影响，提高评价结果的真实性和客观性。

2）层次分析法

层次分析法是一种多标准决策方法[76]，是将与决策相关的元素分解成目标、准则、方案等层次，进行定性和定量分析的决策方法[77]。层次分析法将决策问题根据总目标、各层子目标、评价准则及具体备选方案的顺序分解为不同的层次结构，通过求解判断矩阵特征向量的办法，求得每一层次各元素对上一层次某元素的优先权重，最后使用加权和的方法递阶各备选方案对总目标的最终权重，最终权重最大的方案即为最优方案。

2. 生态足迹法

生态足迹法评价范围较广，可涉及许多方面。生态足迹是指需要维持一个人、国家或地区的生存所需要的或者能够容纳人类所排放的废物，具有生物生产力的地域面积。生态足迹法是通过测定人类为了维持自身发展而利用的自然的量来评估人类对生态系统的影响[78]，其计算方法基于两个事实：①可以保留大部分消费的资源，及大部分产生的废物；②这些资源及其大部分都可以转化成提供功能的生物生产性土地[79]。

在生态足迹的计算过程中，各种资源和能源消费项目被折算为耕地、草地、林地、建筑用地、化石能源用地和海洋（水域）6 种生物生产面积类型。生态足迹的计算公

式为

$$EF = N \times ef = N \times r_j \times \sum_{i=1}^{n} aa_i \tag{1-1}$$

$$EC = N \times ec = N \times \sum_{i=1}^{6} (a_n \times r_j \times y_j) \tag{1-2}$$

$$ED = EC - EF \tag{1-3}$$

其中，EF 为区域生态足迹；EC 为区域生态承载力；ED 为生态盈余或赤字；N 为人口数量；ef 为人均生态足迹；ec 为人均生态承载力；j 为消费的商品与其投入类型；r_j 为均衡因子；aa_i 为第 i 种消费项目人均所占有的生物生产面积；n 为生物生产性土地类型；a_n 为各类人均生物生存性土地面积；y_j 为产量因子。

在生态承载力的计算过程中，各种资源和能源消费项目也被折算为耕地、草地、林地、建筑用地、化石能源用地和海洋（水域）6 种生物生产面积类型。地区差异通过产量因子来进行标准化，对由于不同地类之间生态生产力的不同引起的差异通过乘以一个均衡因子来进行统一。其中，产量因子是某个地方某类土地的产量因子，等于其平均生产力与世界同类土地的平均生产力的比。同时出于严谨性考虑，在计算时需要扣除 12% 的生物多样性保护面积[80]。均衡因子指数如表 1-4 所示。

表 1-4　均衡因子指数表

地类	耕地	林地	草地	水域	建设用地	化石能源
均衡因子	2.8	1.1	0.5	0.2	2.8	1.1

区域生态足迹如果超过了区域所能承载的生态承载力，就表现为生态赤字；如果小于区域的生态承载力，则表现为生态盈余。区域的生态赤字或生态盈余反映了区域人口对自然资源的利用状况。

在实际运用中，生态足迹法的评价范围比较广泛，应用实例多，如程艳妹[81]将生态足迹法运用于煤炭资源型城市生态承载力研究中，基于净初级生产力法测算国内各区域产量因子与均衡因子，具体如表 1-5 所示。

表 1-5　均衡因子、产量因子指数表

地类	耕地	林地	草地	水域	建设用地	化石能源
均衡因子	1.74	0.44	1.41	0.35	1.74	1.41
产量因子	1.02	1.68	0.95	1.68	1.74	0

生态足迹法为不同地方之间的生态状况提供了可比性，但是传统的生态足迹法也存在着一定的缺陷。传统方法不能对生态自然资本的存量和流量进行很好的区分，由于计算数据是基于现状数据，不具有较好的动态性，且均衡因子和产量因子的计算也是一个难点。基于该问题，有专家和学者做出了改进，例如，Odum[82]将生态足迹和能值结合

起来，形成了一种新的方法——能值生态足迹法，这种新的方法易于在全球范围内使用，也可以说明用于生产产品和服务的直接和间接能源。

相较于其他方法，生态足迹法的均衡因子和等价因子为不同地方的各类生态土地建立了一个可比的基础，并对生态足迹进行纵向或横向的比较，能在时间尺度和空间尺度上进行综合评判。

3. 状态空间法

状态空间法是一种基于解答空间的问题表示和求解方法，一般情况下由一个表示系统各因素状态向量的三维状态空间轴组成，通常为人口经济、社会活动和该地区的区域资源环境[83]。

三维状态空间图中任意一点，即表示该状态下区域的承载状况，如在图 1-10 中，*A*、*B*、*C* 点表示一定条件下的区域承载力，将代表区域承载力的点标出之后，可构成承载力曲面，若是某一点高于力曲面（如 *A* 点）则显示该状态已经超出区域承载力，若低于；力曲面（如 *C* 点），则表示还尚在区域承载力范围之内，因此可以用该点所构成的矢量模来表示该点在不同因素下的承载力情况[80]。具体公式可以表示为

$$\mathrm{RCC}=\left|M\right|=\sqrt{\sum_{i=1}^{n} w_i {x_{ir}}^2} \tag{1-4}$$

其中，RCC 是区域资源环境承载力值的大小；$\left|M\right|$ 是代表区域承载力矢量的模；${x_{ir}}^2$ 是区域人类活动与资源环境处于理想状态时在状态空间中的坐标值（$i=1,2,\cdots,n$，n 为状态空间的模数）；w_i 是 x_i 轴的权重。

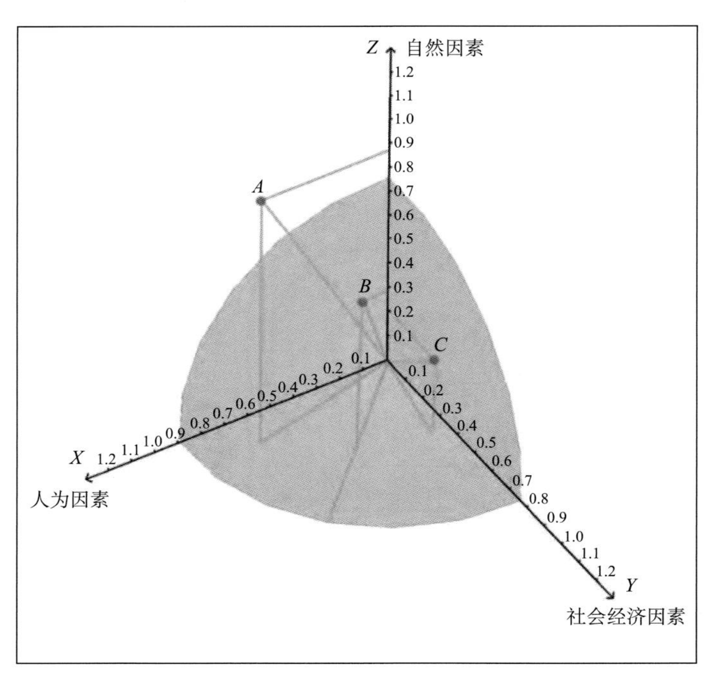

图 1-10　状态空间法最大供给规模曲面三维状态空间

但是考虑到现实的区域承载状况与状态空间中理想的区域承载力并不完全一致，会存在一定的偏差，存在一个夹角 θ[84]，所以在实际使用过程中，区域承载力的计算公式会进行一定的矫正。

现实中，区域资源环境承载能力状况通常有 3 种：超载、临界超载和不超载。其中，人类的活动主要涉及对承载体的施压，但人类的主观能动性是一个非常大的影响因素，因此，在实际工作中，必须将人类活动区分为压力类活动与潜力类活动两类，并设计相应的指标，才能确保研究成果的科学性。

4. 承载力评价法

承载力评价法也是现在较为流行的一种资源环境承载力评价的方法。该种方法是通过计算环境承载力来评价资源环境承载力的大小[85]。承载力（承载力饱和度）是指区域资源环境承载量（环境承载力指标体系中各项指标的现实取值）与该区域资源环境承载量阈值（各项指标的上限值）的比值，资源环境承载量阈值可以是容易得到的理论最佳值或是预期要达到的目标值（标准值）。

熵值法是一种客观赋权法，根据各项指标观测值所提供的信息的大小来确定指标权重，可以避免人为因素带来的误差[86]。

设 m 个样本，n 个指标，构成原数据矩阵 $x_{ij}=m\times n$，x_{ij} 表示第 i 个样本内第 j 个指标的值。步骤是：

（1）采用极差标准法对原数据进行归一化，将所有数据转换为均是正值的标准化指标。

对正向指标：

$$y_{ij}=\frac{x_{ij}-\min x_{ij}}{\max x_{ij}-\min x_{ij}} \tag{1-5}$$

对逆向指标：

$$y_{ij}=\frac{\min x_{ij}-x_{ij}}{\max x_{ij}-\min x_{ij}} \tag{1-6}$$

（2）计算第 j 项指标下第 i 个方案指标值的比重 p_{ij}。

$$p_{ij}=\frac{y_{ij}}{\sum_{i=1}^{m} y_{ij}} \tag{1-7}$$

（3）计算第 j 项指标的熵值 e_j。

$$e_j=-k\sum_{i=1}^{m} p_{ij}\ln p_{ij} \tag{1-8}$$

其中，k>0，ln 为自然对数，0≤ p_{ij} ≤1。（注意：当 p_{ij}=0 时，用 0.000001 代替，避免计算时出现 ln0 的错误）。

（4）计算第 j 项指标的差异性系数 g_j。

$$g_j = 1 - e_j \tag{1-9}$$

对给定的j，若x_{ij}的差异性越小，则g_j越小。

（5）对差异性系数进行归一化，计算出权重w_j。

$$w_j = \frac{g_j}{\sum_{j=1}^{n} w_j} \tag{1-10}$$

（6）计算综合得分，即承载力指数v_i。

$$v_i = \sum_{j=1}^{n} (w_i \times p_{ij}) \quad (i = 1, 2, 3, \cdots, m) \tag{1-11}$$

5. *系统动力学方法*

系统动力学方法是目前使用的一种重要的资源环境承载力评价的量化方法，这种方法最初用于分析生产管理及库存管理等企业问题，是一门分析研究信息反馈系统的学科[87]，同时也是一门交叉性和综合性的学科，根据结构、功能和行为之间的相互关系，解决复杂的结构动态系统问题[88]。系统动力学的原理是将系统作为反馈整体来分析，复杂的系统由多个变量组成，由一系列非线性关系联系在一起。系统动力学可以建立现实系统的结构模型，先用定性方法分析内部结构，绘制因果关系图，然后根据系统特点进行定量分析，绘制流量图，最后建立系统动力学方程，借助计算机软件仿真，预测复杂系统的未来发展趋势[89]。在系统动力学中，相互作用的反馈回路构成了系统动力学模型结构，可用于研究结构-功能-行为之间的相互关系。系统动力学模型包括速率变量、状态变量、辅助变量、外生变量和流。系统动力学能够分析系统内部因果关系、内部子系统联结及优化规则，通过改变参数对内部各变量之间相互影响的动态性进行仿真，以此来找到最优方案[90]。

在实际资源环境承载能力的评价过程中，首先分析系统内部因素，构建系统动力学模型，通过模型仿真、模型验证、风险分析，得到方案优选结果。其中，要注意将资源环境系统和社会经济系统有机结合。通过建立DYNAMO模型并借助于计算机仿真，定量地研究高阶次、非线性、多重反馈、复杂时变系统的系统分析技术。

水平（状态）变量与方程：

LEVEL.K=LEVEL.J+DT×(INFLOW.JK–OUTFLOW.JK)　（1-12）

其中，LEVEL为水平（状态）变量；INFLOW为输入速率（变化率）；OUTFLOW为输出速率（变化率）；DT为计算间隔（从J时刻到K时刻）。

6. *聚类分析法*

聚类分析又被称为群分析，是根据“物以类聚”的原理，对样本或指标进行分类的一种多变量统计分析方法。聚类分析法讨论的对象是大量的样品，并要求根据各自的特点来进行合理的分类。聚类是将数据分类到不同类或者簇的一个过程，因此同一个簇中的对象具有很大的相似性，而不同簇间的对象差异很大。聚类分析的目标就是在相似的基础上收集数据来分类，是一种基于变量域之间的相似性而逐渐将组归为类的方法，可以客观地反映这些变量或区域之间的内在组合关系[91]。

在聚类分析中，根据其分类的对象不同通常可以分为两大类：Q 型聚类分析和 R 型聚类分析[92]。其中，Q 型聚类是以相似的特征为判别基础，将具有相似特征的样本进行聚集，而将存在明显差异的样本进行分离；R 型聚类则是针对变量来进行分类处理。

1）Q 型聚类

当聚类把所有的观测记录（cases）进行分类时，性质相似的观测分在同一个类，性质差异较大的观测分在不同的类。Q 型聚类常用相似系数来测度样品之间的亲疏程度。

设样品 $x_i=(x_1,x_2,\cdots,x_p)$，$x_j=(x_1,x_2,\cdots,x_p)$ 是第 i 和 j 个样品之间的观测值，则二者之间的距离为

$$d_{ij}=\left(\sum_{k=1}^{p}\left|x_{ik}-x_{jk}\right|^{q}\right)^{\frac{1}{q}} \tag{1-13}$$

当 q=1 时，

$$d_{ij}=\sum_{k=1}^{p}\left|x_{ik}-x_{jk}\right| \tag{1-14}$$

当 q=2 时，

$$d_{ij}=\sqrt{\sum_{k=1}^{p}(x_{ik}-x_{jk})^2} \tag{1-15}$$

当 q=∞时，

$$d=\max_{1\leqslant k\leqslant p}\left|x_{ik}-x_{jk}\right| \tag{1-16}$$

2）R 型聚类

将变量（variables）作为分类对象。这种聚类用在变量数目比较多且相关性比较强的情形，目的是将性质相近的变量聚类为同一个类，并从中找出代表变量，从而减少变量个数以达到降维的效果[93]。变量之间的聚类分析，常用相似系数来测度变量之间的亲疏程度。R 型聚类统计量——相似系数。

设样品 $x_i=(x_1,x_2,\cdots,x_p)$，$x_j=(x_1,x_2,\cdots,x_p)$ 是第 i 和 j 个样品之间的观测值，则二者之间的相似测度为

$$\gamma_{ij}=\frac{\sum_{k=1}^{p}(x_{ik}-\overline{x_i})(x_{jk}-\overline{x_j})}{\sqrt{[\sum_{k=1}^{p}(x_{ik}-\overline{x_i})^2][\sum_{k=1}^{p}(x_{jk}-\overline{x_j})^2]}} \tag{1-17}$$

R 型聚类统计量——夹角余弦，夹角余弦是从向量集合的角度所定义的一种测度变量之间亲疏程度的相似系数。设样品 $x_i=(x_1, x_2,\cdots, x_p)$，$x_j=(x_1, x_2,\cdots, x_p)$：

$$c_{ij} = \cos\alpha_{ij} = \frac{\sum_{k=1}^{n} x_{ki}x_{kj}}{\sqrt{\sum_{k=1}^{n} x_{ki}^2 \sum_{k=1}^{n} x_{kj}^2}} \tag{1-18}$$

1.4　关闭矿山转型思路框架

本书研究的对象是陕煤集团15对关闭矿山，通过已有资料对废弃矿山资源进行分析、评估，并基于聚类分析法和最小二乘回归分析对矿井资源进行分类，得到各类矿井资源的利用方向。采用层次分析法对关闭矿井的可利用方式进行分析，以求得各个矿井的最

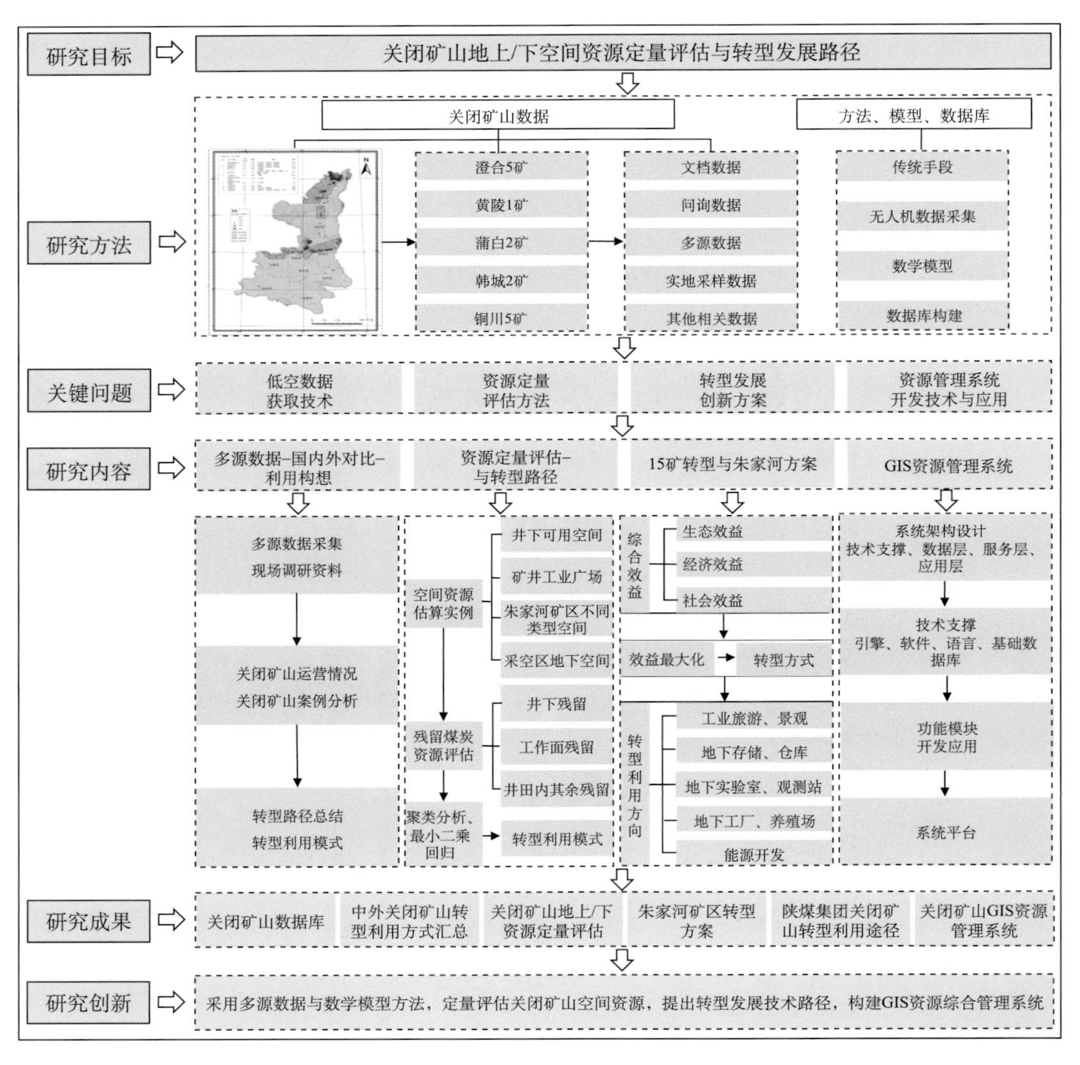

图1-11　关闭矿山转型思路框架

佳转型利用方案。首先阐述陕西省范围内的矿产资源分布情况；其次是对陕煤集团 15 对关闭矿山的情况分析，并对其地下和地上资源进行分别评估，划分其资源类型；进一步利用聚类分析和层次分析模型筛选各类矿山的最佳转型利用方式。本书结构包括：关闭矿山问题的提出、矿区概况与多源数据、地下资源评估与利用构想、地上资源评估、15 对矿山转型路径、朱家河煤矿详细方案以及 CIS 资源管理系统构建。关闭矿山转型思路框架如图 1-11 所示。

参 考 文 献

[1] Bainton N, Holcombe S. A critical review of the social aspects of mine closure[J]. Resources Policy, 2018, 59: 468-478.

[2] 王波, 鹿爱莉, 李仲学, 等. 矿山闭坑机制认识与思考[J]. 中国矿业, 2015, 24(03): 54-59.

[3] Getty R, Morrison-Saunders A. Evaluating the effectiveness of integrating the environmental impact assessment and mine closure planning processes[J]. Environmental Impact Assessment Review, 2020, 82: 106366.

[4] 霍冉, 徐向阳, 姜耀东. 国外废弃矿井可再生能源开发利用现状及展望[J]. 煤炭科学技术, 2019, 47(10): 267-273.

[5] 俞佳. 远离废弃矿井[J]. 当代矿工, 2004, 12: 17.

[6] 何皓, 郭二民, 路平, 等. 国外关闭矿山环境管理策略研究与启示[J]. 环境保护, 2018, 46(19): 71-73.

[7] 付梅臣, 吴淦国, 周伟. 矿山关闭及其生态环境恢复分析[J]. 中国矿业, 2005, 14(04): 28-31.

[8] 孟鹏飞. 废弃矿井资源二次利用的研究[J]. 中国矿业, 2011, 20(7): 62-65.

[9] 国家发改委. 煤炭工业发展“十三五”规划[R]. 2016.

[10] 袁亮. 我国煤炭资源高效回收及节能战略研究[M]. 北京: 科学出版社, 2017.

[11] 张凌云. 矿山关闭现状与思考[J]. 华北国土资源, 2009, (3): 29-30.

[12] 袁亮, 姜耀东, 王凯, 等. 我国关闭/废弃矿井资源精准开发利用的科学思考[J]. 煤炭学报, 2018, 43(01): 14-20.

[13] 范剑才, 赵坚, 赵志业. 新加坡 NTU 深层地下空间规划探讨[J]. 地下空间与工程学报, 2016, 12(03): 600-606.

[14] 习近平. 在黄河流域生态保护和高质量发展座谈会上的讲话[J]. 求是, 2019, (20): 4-11.

[15] 李杰, 陈超美. CiteSpace: 科技文本挖掘及可视化[M]. 北京: 首都经济贸易大学出版社, 2017.

[16] 冯启言, 周来. 废弃矿井地下水污染风险评价与控制[M]. 北京: 中国环境出版社, 2016.

[17] 任辉, 吴国强, 宁树正, 等. 关闭煤矿的资源开发利用与地质保障[J]. 中国煤炭地质, 2018, 30(06): 1-9.

[18] 常春勤, 邹友峰. 国内外废弃矿井资源化开发模式述评[J]. 资源开发与市场, 2014, 30(04): 425-429.

[19] 谢和平, 高明忠, 高峰, 等. 关停矿井转型升级战略构想与关键技术[J]. 煤炭学报, 2017, 42(06): 1355-1365.

[20] 常江, 张凯, 冯姗姗. 煤炭独立工矿区转型策略思考——以磁县申家庄煤矿为例[J]. 资源与产业, 2017, 19(05): 23-30.

[21] 胡振琪, 肖武, 赵艳玲. 再论煤矿区生态环境“边采边复”[J]. 煤炭学报, 2020, 45(01): 351-359.

[22] 胡振琪. 再论土地复垦学[J]. 中国土地科学, 2019, 33(05): 1-8.

[23] Bian Z, Miao X, Lei S, et al. The challenges of reusing mining and mineral processing wastes[J]. Science, 2012, 337: 702-703.

[24] 李全生，李瑞峰，张广军，等. 我国废弃矿井可再生能源开发利用战略[J]. 煤炭经济研究，2019, 39(5): 9-14.

[25] 胡振琪，鲍艳，孙庆先. 矿山关闭的若干问题研究[J]. 资源·产业, 2005, (03): 84-86.

[26] 赵东波. 基于互联网嵌入的煤炭产业升级研究——以陕西煤化业公司为例[D]. 西安：西北农林科技大学, 2018.

[27] 利马 H M，沃瑟恩 P，冀湘，等. 矿山关闭问题浅析[J]. 国外金属矿山, 2000, (04): 25-30.

[28] 朱琳，卞正富，曹海涛. 资源型城市矿山关闭对社会、经济和环境的影响——以徐州市贾汪区为例[J]. 城市问题, 2013, (03): 16-19.

[29] 林岗，王一鸣，马晓河，等. 中国经济改革与发展研究报告——创新：引领发展的第一动力[M]. 北京：中国人民大学出版社, 2018.

[30] 刘喜韬，鲍艳，胡振琪，等. 闭矿后矿区土地复垦生态安全评价研究[J]. 农业工程学报，2007, 23(08): 102-106.

[31] Maiti S K. Ecorestoration of the Coalmine Degraded Lands[M]. India: Springer, 2012.

[32] 宋蕾. 美国土地复垦基金对中国废弃矿山修复治理的启示[J]. 经济问题探索, 2010, (04): 87-90.

[33] 兹韦季基 T，冀湘，边伟. 矿山关闭规划方略(二)[J]. 国外金属矿山, 2002, (04): 19-24.

[34] 兹韦季基 T，冀湘，边伟. 矿山关闭规划方略(一)[J]. 国外金属矿山, 2002, (03): 18-21.

[35] 任辉，吴国强，张谷春，等. 我国关闭/废弃矿井资源综合利用形势分析与对策研究[J]. 中国煤炭地质, 2019, 31(02): 1-6.

[36] Debnath A K, Shekhar S, Ranjan R. Mine closure- World Bank approach vis-à-vis Indian context[J]. Journal of Mines, Metals and Fuels, 2011, 59(9): 274-278.

[37] 刘文革，韩甲业，于雷，等. 欧洲废弃矿井资源开发利用现状及对我国的启示[J]. 中国煤炭，2018, 44(06): 138-141.

[38] Acciarri R, Acero M A, Adamowski M. Long-baseline neutrino facility(LBNF)and deep underground neutrino experiment(DUNE): The LBNF and DUNE projects[R], 2016.

[39] Calin M R, Calin M A, Simionca G, et al. Indoor radon levels and natural radioactivity in Turda salt mine, Romania[J]. Journal of Radioanalytical & Nuclear Chemistry, 2012, 292(1): 193-201.

[40] Krakowiak B. Museums in cultural tourism in poland[J]. Tourism, 2013, 23(2): 23-32.

[41] Sandu I, Alexianu M, Curcă R G, et al. Halotherapy: from ethnoscience to scientific explanations[J]. Environmental Engineering & Management Journal, 2009, 8(6): 1331-1338.

[42] 李玲. 鲁尔区工业废弃地再利用规划研究[D]. 徐州：中国矿业大学, 2014.

[43] 矿区改造——看英国最丑城镇逆袭之路[EB/OL]. (2020-08-21)[2020-09-10]. http://www.360doc.com/content/ 20/0821/19/62044800_931510245. shtml.

[44] Christian M, Peter G M, Laura H. Experiences with mine closure in the European coal mining in dustry-suggestions for reducing closure risks[J]. Mining Report, 2016, 52(3): 212-220.

[45] Song J, Choi Y, Yoon S H. Analysis of photovoltaic potential at abandoned mine promotion districts in Korea[J]. Geosystem Engineering, 2015, 18(3): 1-5.

[46] Song J, Choi Y. Analysis of wind power potentials at abandoned mine promotion districts in Korea[J].

Geosystem Engineering, 2016, 19(2): 77-82.
[47] Song J, Choi Y. Design of photovoltaic systems to power aerators for natural purification of acid mine drainage[J]. Renewable Energy, 2015, 83: 759-766.
[48] 陈捷. 美国环保局带头使用可再生能源[J]. 能量转换利用研究动态, 2002, 000(004): 1-2.
[49] Keil A. Use and Perception of Post-industrial Urban Landscapes in the Ruhr[M]. Wild Urban Woodlands: Springer, 2005: 117-130.
[50] Beutler D, Wolf K. Planning of the post-mining landscape in the Lusatian mining region[J]. Energieanwendung Energie-und Umwelttechnik, 1994, 43(8): 279-294.
[51] 姜玉松. 矿业城市废弃矿井地下工程二次利用[J]. 中国矿业, 2003, (02): 61-64.
[52] 里维兹. 波兰的地下“盐城”维利奇卡盐矿博物馆[J]. 文明, 2009, (04): 86-103.
[53] Ramos E P, Falcone G. Recovery of the Geothermal Energy Stored in Abandoned Mines[M]. Berlin Heidelberg: Springer, 2013.
[54] Cowen R. Mining for missing matter: In underground lairs, physicists look for the dark stuff[J]. Science News, 2010, 178(5): 22-27.
[55] 央视网. 废物利用的奇葩：世界各地的“废矿景点”[EB/OL]. (2012-01-23)[2020-11-12]. http://news.cntv.cn/20120123/115122.shtml.
[56] Frost W. The financial viability of heritage tourism attractions: three cases from rural Australia[J]. Tourism Review International, 2003, 7(1): 13-22.
[57] 韩博, 王婉洁. 中国国家矿山公园建设的现状与展望[J]. 煤炭经济研究, 2019, 39(10): 64-69.
[58] 彭振华, 李俊彦, 杨森, 等. 利用废弃石膏矿储存原油可行性分析[J]. 工程地质学报, 2013, (03): 136-141.
[59] 神东煤炭利用矿井水建 32 座地下水库，相当于两个西湖[EB/OL]. (2016-07-20)[2020-12-03]. http://www.sasac.gov.cn/n2588025/n2588124/c3825294/content.html
[60] 刘峰, 李树志. 我国转型煤矿井下空间资源开发利用新方向探讨[J]. 煤炭学报, 2017, 42(09): 2205-2213.
[61] 顾大钊. 探索煤炭与水资源协调开发新道路[N]. 中国国土资源报, 2017-05-22.
[62] 闫志强. 废弃煤矿瓦斯抽采资源可观[N]. 中国能源报, 2014-12-26.
[63] 杨春和, 梁卫国, 魏东吼, 等. 中国盐岩能源地下储存可行性研究[J]. 岩石力学与工程学报, 2005, 24(24): 4409.
[64] 刘景双, 王金达, 张学林, 等. 煤矿塌陷地复垦还田生态重建研究——以抚顺煤矿为例[J]. 地理科学, 2000, (02): 189-192.
[65] 刘汝海, 王起超, 刘景双. 东北地区煤矸石环境危害及对策[J]. 地理科学, 2002, 22(01): 110-113.
[66] 白彦光, 庞有超, 翟金明. 上海世茂天马深坑酒店深坑边坡支护设计[C]//中国岩土锚固工程协会. 中国岩土锚固工程协会第二十一次全国岩土锚固工程学术研讨会论文集. 北京：人民交通出版社, 2012: 295-301.
[67] 段中会, 田涛, 杨甫, 等. “渭北老矿区”煤炭去产能后资源利用与转型发展对策[J]. 陕西煤炭, 2018, 37(05): 1-6.
[68] 余力, 梁杰, 余学东. 煤炭资源开发与利用新方法——煤炭地下气化技术[J]. 科技导报, 1999, (04): 33-35.
[69] 余力. 中国煤炭资源的开发和利用——对如何节能减排的思考[J]. 中国煤炭, 2008, (06): 27-31.

[70] 朱大志, 陈志平, 徐宏. 封闭采空区瓦斯抽放地面钻井技术在大隆矿的初步应用[J]. 煤矿安全, 2009, 40(08): 20-22.

[71] 秦跃平, 姚有利, 刘长久. 铁法矿区地面钻孔抽放采空区瓦斯技术及应用[J]. 辽宁工程技术大学学报(自然科学版), 2008, (01): 5-8.

[72] 童林旭. 地下空间与未来城市[J]. 地下空间与工程学报, 2005, (03): 323-328.

[73] 何福艳, 王亮. 格网化区域生态安全模糊综合评价方法[J]. 遥感信息, 2016, 31(01): 25-30.

[74] Melese E, Pickel D, Soon D, et al. Analytical hierarchy process as dust palliative selection tool[J]. International Journal of Pavement Engineering, 2020, 21(7): 908-918.

[75] Sait K, Nilufer K, Shokrullah H, et al. Selection of an appropriate acid type for the recovery of zinc from a flotation tailing by the analytic hierarchy process[J]. Journal of Cleaner Production, 2020(prepublish).

[76] 朱茵, 孟志勇, 阚叔愚. 用层次分析法计算权重[J]. 北方交通大学学报, 1999(05): 119-122.

[77] Sharma R, Sinha A, Kautish P. Does renewable energy consumption reduce ecological footprint? Evidence from eight developing countries of Asia[J]. Journal of Cleaner Production, 2021, 285: 124867.

[78] Li M, Zhou Y, Wang Y, et al. An ecological footprint approach for cropland use sustainability based on multi-objective optimization modelling[J]. Journal of Environmental Management, 2020, 273.

[79] 梁雪石, 贾利, 郭文栋, 等. 基于生态足迹法的黑龙江省生态承载力动态变化研究[J]. 国土资源情报, 2020, (12): 32-38.

[80] 刘亚亚. 宁夏中部干旱带综合承载力研究[D]. 银川: 宁夏大学, 2016.

[81] 程艳妹. 基于生态足迹法的煤炭资源型城市生态承载力研究[D]. 合肥: 安徽大学, 2018.

[82] Yan M C, Odum H T. Eco-economic evolution, emergy evaluation and policy options for the sustainable development of Tibet[J]. Journal of Geographical Sciences, 2000, 10(01): 1-27.

[83] 王静, 袁昕怡, 陈晔, 等. 面向可持续城市生态系统管理的资源环境承载力评价方法与实践应用——以烟台市为例[J]. 自然资源学报, 2020, 35(10): 2371-2384.

[84] 李兆磊, 吴群琪. 基于状态空间法的物流枢纽承载能力模型[J]. 中国流通经济, 2014, 28(06): 36-40.

[85] Schmitt U. Systems dynamics and activity-based modeling to blueprint generative knowledge management systems[J]. International Journal of Modeling and Optimization, 2020, 10(6).

[86] Gamal S D, Emad E, Mohamed E, et al. Sustainable building materials assessment and selection using system dynamics[J]. Journal of Building Engineering, 2020, 35(4): 101978.

[87] 仲颖佳, 陈晓欣, 朱林. 系统动力学与创新: 文献综述及研究展望[J]. 经贸实践, 2018, (08): 18-19.

[88] 韩福顺. 集成星地观测与动力学模型的煤矿区资源环境承载状态评价和仿真预测[D]. 徐州: 中国矿业大学, 2018.

[89] 陈守煜. 系统模糊决策理论与应用[M]. 大连: 大连理工大学出版社, 2004.

[90] Wierzchoń S, Kłopotek M. Modern Algorithms of Cluster Analysis[M]. Cham: Springer, 2018.

[91] 马秀麟, 姚自明, 邬彤, 等. 数据分析方法及应用——基于 SPSS 和 EXCEL 环境[M]. 北京: 人民邮电出版社, 2015.

[92] 唐雯. 陕西省能源、矿产开发与环境保护协调关系研究[D]. 西安: 西北大学, 2014.

[93] 张彦艳, 王建新, 赵志, 等. R 型聚类分析在成矿阶段划分中的应用——以桦甸大庙子—菜抢子金矿区为例[J]. 世界地质, 2006, 25(01): 29-38.

第 2 章　陕煤集团关闭矿山情况

2.1　陕煤集团矿业生产总体情况

陕西省地处黄河中游，是我国中西结合部，具有承东启西的区位优势。省内矿产资源丰富，是我国资源大省之一，许多矿种在全国占有重要地位。陕西省矿产资源的主要特点是：资源分布广泛，但相对集中，矿产资源种类齐全，但结构不尽理想；资源丰富，但开发利用难度大，经济开采储量小；中小型矿多，富矿少，中低品位矿多，单一矿少，共伴生矿多[1]。其中，煤炭资源以成煤时代及煤系既集中又独立，成片煤层近水平，埋藏浅、煤种齐全、开采条件好而闻名全国。煤炭资源分布面积约 5.7 万 km^2，占全省面积的 27.7%。2016 年，陕西省原煤产量为 5.15 亿 t，约占全国煤炭产量的 15.1%，为我国第三大产煤省。省内五大煤田主要包括陕北石炭三叠纪煤田、陕北侏罗纪煤田、陕北石炭二叠纪煤田、黄陇侏罗纪煤田、渭北石炭二叠纪煤田[2]。其中陕北石炭二叠纪煤田和陕北侏罗纪煤田的资源量最多，分别占全省资源量的 31%和 52%[3]，主要由神华集团和陕煤集团负责开采。陕西省矿区矿井分布如图 2-1 所示。

陕煤集团成立 16 年来，依托国家陕北、黄陇、神东 3 大煤炭基地，建成了多个千万吨级现代化矿井群和煤炭配套转化基地，形成了“煤炭开采、煤化工”两大主业和“燃煤发电、钢铁冶炼、机械制造、建筑施工、铁路投资、科技、金融、现代服务”等相关产业多元互补、协调发展的产业格局。目前，陕煤集团正在构建以内接“神南、榆神、彬黄、关中”四矿区、外连“浩吉、包西、太中银、神朔、瓦日、大秦”六干线的铁路集疏运系统，构建入江通道和长江中游的通江达海、铁公水多式联运和储配基地的物流大通道，最终实现集团产品的北上南下、东出西进，使陕煤集团成为长江经济带煤炭资源供应商和保障平台。同时陕西作为丝绸之路起点，陕煤集团的基础产业与“一带一路”主要欠发达国家资源禀赋高度匹配，能为其提供相应技术支持、输出与服务。陕煤集团旗下现有二级全资、控股、参股企业 60 多家，上市公司 4 家，员工总数 12 万余人，资产总额 5900 亿元，是陕西省唯一入选中国企业可持续发展百佳名单的企业。

2.2　关闭矿井情况介绍

2013 年煤炭市场爆冷，煤企进入“寒冬期”，面对煤炭市场持续低迷、亏损严重、行业经营严峻复杂的压力，陕西煤业化工集团提出将煤质差、地质灾害严重、开采成本高、亏损严重、产业链断裂的部分矿井稳步停产关闭，主要包括：澄合二矿、合阳一矿、权家河煤矿、王村煤矿、王村斜井、苍村煤矿、朱家河煤矿、白水煤矿、桑树坪煤矿平硐、象山小井、王石凹煤矿、金华山煤矿、鸭口煤矿、徐家沟煤矿和东坡煤矿。矿井主

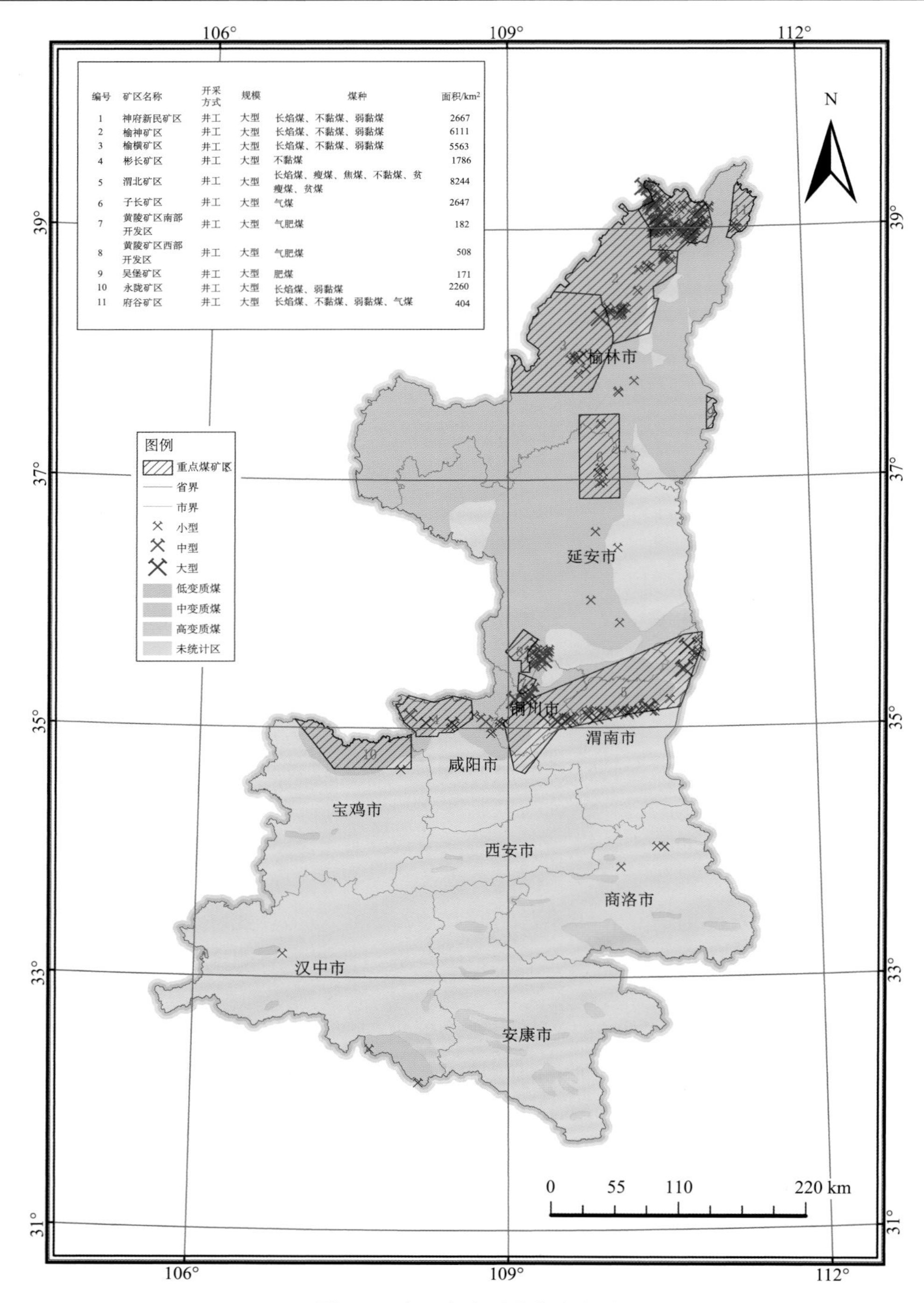

图 2-1　陕西省矿区矿井分布图

要位于陕西省中部偏北，集中分布在渭南市与铜川市（图 2-2）。陕煤集团关闭矿山地理位置具体分布如表 2-1 所示。

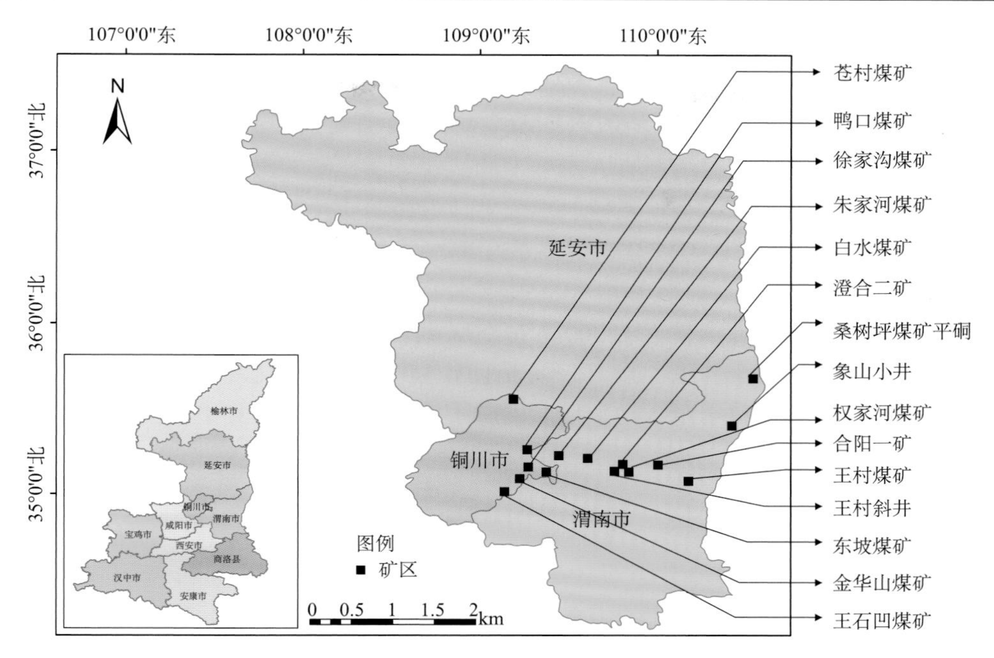

图 2-2　陕煤集团关闭矿山分布图

表 2-1　陕煤集团 15 对关闭矿井所处位置

位置（行政）		矿区
市	县（市、区）	
渭南市	韩城市	象山小井、桑树坪煤矿平硐
	白水县	朱家河煤矿、白水煤矿
	合阳县	合阳一矿、王村煤矿、王村斜井
	澄城县	澄合二矿、权家河煤矿
铜川市	印台区	王石凹煤矿、金华山煤矿、徐家沟煤矿、鸭口煤矿、东坡煤矿
延安市	黄陵县	苍村煤矿

1. *澄合二矿*

陕西澄合二矿有限责任公司成立于 1974 年，是大型国有煤炭企业，原隶属煤炭工业部，1998 年归入地方管理，2004 年并入陕西煤业化工集团有限责任公司。澄合二矿地处陕西省澄城县西南部，位于陕西渭北石炭二叠纪煤田中段，是国家规划的 13 个大型煤炭基地之一——黄陇基地渭北煤田中的一部分。矿井开采历史可追溯到 20 世纪 40 年代，经历多次改扩建发展至今，是省属国有重点煤矿之一[4]。矿井可采期 28 年，属优质动力贫瘦煤，原煤外运有铁路专线，公路运输道路畅通，方便快捷。

澄合二矿为一个老矿区，现井田范围内，段庄断层以南区域资源仅能正常开采 3 年，矿产资源开采量不足，资源储备量难以满足该矿区的可持续化发展，企业负担相对较重。2017 年 3 月 31 日，澄合二矿以二矿分公司所有井筒封闭为标志，正式宣布闭坑。

2. 合阳一矿

合阳一矿始建于 1968 年，采煤方法落后，生产能力不足，安全欠账大，为改变这一现状，合阳一矿宣布全矿停产整顿，对井下的运输系统、照明系统、通风系统、供电系统、排水系统、提升系统、调度系统、地面生活设施等进行全方位改造，使之能满足安全生产的要求[5]。合阳一矿经澄合矿务局整合后，更名为合阳矿区，于 2009 年 8 月 15 日正式成立。

矿区建设有一座设计规模为 12000 m^3/d 的矿井水处理站，矿井涌水经矿井水处理站处理达标后，一部分回于井下，一部分用于地面生产系统、绿化灌溉、消防系统等，剩余达标处理的矿井水排放于金水沟。地面生产系统的废水也汇集到矿井水处理站，经处理后进行回用。

3. 权家河煤矿

权家河煤矿创建于 1970 年，设计产量为 60 万 t/a，服务年限为 84 年。权家河煤矿位于澄合矿区中西部，矿井位于澄城县城西南 5 km 的硫磺沟东侧，行政区划属澄城县尧头镇管辖。西部矿区铁路专用线通过矿井工业广场，建有装煤线 0.8 km，交通十分便利。地面有工业广场、办公楼、调度楼、灯房、洗衣房、区队综合办公楼、4 号单身楼、机修车间、机电大院、坑木场、供销楼、供应库房和煤场选用装车系统。

2001 年，权家河煤矿因资源枯竭破产，为充分利用资源，该煤矿于 2002 年 3 月进行重组，隶属于澄城县地方国有企业，更名为权家河煤业有限公司。现已对煤矿井上/下的全部设施、材料和设备等进行拆除、回收和运输入库，井筒填封[6]。

4. 王村煤矿

王村煤矿地处陕西省渭南市合阳县王村镇，矿区占地面积 390 亩①。设计产量为 210 万 t/a[7]。2016 年 10 月 31 日，为响应国家落后产能退出机制，按照上级部门安排，王村煤矿正式完成矿井关停封闭任务并通过国家验收。矿区闭坑后建有两套独立的污水处理系统，包括矿井水处理系统和生活污水处理系统。

5. 王村斜井

王村斜井创建于 1997 年，位于陕西省澄城、合阳两县交界处，地处澄合矿区南部，行政区划隶属于合阳县王村镇和澄城县庄头镇管辖。根据国务院和陕西省委省政府关于化解过剩产能的部署要求，王村煤矿斜井 300 万 Nm^3/d 煤炭地下气化工业性试验项目顺利完成气化模拟试验，成为澄合治亏创效和转型发展的重点项目之一[8]。

6. 苍村煤矿

苍村煤矿始建于 1970 年，2015 年 3 月停止生产，封闭工作在 2015 年 12 月全部结

① 1 亩≈666.67 m^2。

束。2016 年，黄陵矿业已将部分升井设备调拨至生产服务分公司和瑞能煤业公司用于井下生产[9]。

人员安置情况：合同工已分流到黄陵矿业生产服务分公司和鑫桥公司工作，绝大部分农合工已办理了离矿清退手续。

环境保护方面：2016 年 12 月，经过恢复治理，矿井开采过程中造成的滑坡、地表塌陷、地下水、地形地貌等问题得到了遏制。

7. 朱家河煤矿

朱家河煤矿于 2016 年 8 月 15 日停止原煤生产，开始回撤，在 2016 年 11 月 30 日彻底关闭。朱家河煤矿有渭南—清涧二级公路经蒲城县城通过，罕（井）东（坡）铁路（运煤专线）横穿煤矿中部，并建有朱家河铁路车站，交通便利。

朱家河煤矿距白水县城 15 km，白水县历史文化底蕴深厚，是知名的“四圣”文明发源地[10]。朱家河矿西有白水县林皋湖慢城旅游区，北有万亩苹果种植基地。矿区内环境优美，建筑物较完整，采掘设备地面堆积较多。

8. 白水煤矿

白水煤矿距白水县城仅 4 km，渭南—清涧二级公路经蒲城、白水县城通过，白（水）—澄（城）公路（独宜路）横穿矿区，乡级公路四通八达[11]。

白水煤矿经过三次改扩建，1993 年 3 月投产，2014 年底停止原煤生产，2016 年 6 月 30 日彻底关闭。主要建筑物完好，部分需要维修，满足使用条件。采掘设备地面堆积较多。

在矸石堆积场治理方面，已完成的工作主要有：弃渣堆体进行整形、压实和覆盖，降水及地表水的控制和导排，填埋场堆体气体导排，封库覆盖系统设计，恢复植被，改善景观等。封场完后的场地可用作绿化场地，种花植树，不允许种植农作物及蔬菜。

9. 桑树坪煤矿平硐

桑树坪煤矿平硐位于韩城市北部的桑树坪镇，距市区 46.5 km，韩（城）宜（川）公路和韩（城）乡（宁）公路运煤专用线穿矿而过。煤矿于 1977 年 12 月 26 日建成投产[12]。

桑树坪平硐井口封闭工程自 2018 年 4 月 20 日实施，6 月 20 日结束，工业广场建筑物大部分已拆除。平硐为拱形，长宽高为 1500 m×4.5 m×3.5 m，平硐在 100 m 厚山体覆盖下，可考虑种蘑菇、储存文物及数据资料等。桑树坪斜井在生产中，可在斜井底打通密闭墙解决平硐通风问题。

10. 象山小井

象山小井位于韩城市区西 2 km，行政区划归属韩城市。井田总面积约 27.2 km^2，有韩宜公路、韩电铁路专线经过，交通便利[13]。因矿区距离韩城市较近，工业广场建筑保存较完好，有转型发展井下参观旅游的意向。

开采期间，井下奥灰水较大。闭井后，每日抽水量达 1000 m^3，水质检测显示污染较小，可用于农田灌溉、矿工洗浴等，矿区内有 2 个生活用水取水点。

11. 王石凹煤矿

王石凹煤矿位于距陕西省铜川市印台区东部郊区 12.5 km 的鳌背山下。作为典型的远郊型煤矿工业遗产，其最早为“一五”时期我国的“156”项目所建，1957 年 12 月依照苏联专家的设计进行建设，后因中苏两国关系恶化，后续设计由西安煤矿设计院自主进行，仅仅历时 4 年就让王石凹煤矿进行投产，它不仅是当年铜川地区的主力采矿矿区，还是西北地区最大的机械化矿井[14]。整个王石凹矿区井田东西长约 7.5 km，南北宽约 3.2 km，占地面积约 24.5 km^2，现内部有矿工俱乐部、职工公寓楼、办公大楼、苏式选煤楼等建筑物和构筑物。矿区内部有很多的铁路和公路线，也有煤炭运输的专用线，交通十分便利。

矿区建筑由苏联专家设计完成，直到现在依然保存完好，利用矿区的特有条件，王石凹煤矿以煤矿工业为特色，建设了煤矿工业遗址公园、小镇居住区、鳌背山生态文化区、现代农业示范区、特色旅游示范区等，打造集煤矿探秘娱乐、怀旧教育体验、工业科普教育、综合生态治理等多功能于一体的煤矿工业遗址公园。王石凹煤矿周边有很多景点，在半小时车程内就可以到达云梦鬼谷子庙、姜女祠、陈炉古镇、金锁关石林等景点。

12. 金华山煤矿

金华山煤矿位于陕西省铜川市印台区红土镇金华山村，于 1963 年 11 月投产，2016 年 9 月关闭[15]。土地、房屋闲置面积大，设备闲置量大。

存在问题主要有：留守人员年龄偏大、文化程度较低，重要岗位缺员；职工用水、用电、就医存在难题；闲置设备、厂房多，利用率低。矿职工家属生活用水主要靠王石凹水厂和矿山水源井，矿山水源井于 2019 年 3 月出现故障停用。现职工家属生活用水每天只有半小时供水时间，矿区居民生活非常不便。

转型发展意向：金华牌富锶矿泉水开发。通过对矿井主斜井腰泵房向上 15 m 处涌水的水质检测，确定该处水为富锶水，且水质符合饮用矿泉水标准。该处涌水量达 90 m^3/h，据调查红土镇目前人口需要的供水量仅为 30 m^3/h，剩 60 m^3/h 等待开发。现拟建立红土供水公司，创造利润的同时安置部分职工。

13. 鸭口煤矿

鸭口煤矿位于铜川矿区的东部，行政区域隶属铜川市印台区广阳镇，鸭口煤矿曾经在铜川矿务局占有非常重要的地位。该煤矿从动工到建成历时 8 年，井田面积 21.905 km^2。矿井内设有老窑开采史展示，是典型的关中老矿，有着五十多年的光荣历史，这五十多年来原煤产量超过 2400 万 t。

2007 年由于资源枯竭和国家政策管控，鸭口煤矿破产。2014 年 10 月，应国家降产能、调结构政策的要求，鸭口煤矿有限责任公司开始关闭、回收矿井，并于 2016 年 3 月完成矿井关停工作[16]。现在鸭口煤矿已经成为著名景区，区内有众多原始煤矿的遗址、生产工人生活的遗迹以及路遥文化展览馆，其中，路遥文化展馆分为两大部分：企业文化和路遥文化。在这里游客可以非常全面具体地了解到作家路遥当时的创作历程，每年来到路遥文化展览馆的游客达到上万人次。

14. 徐家沟煤矿

徐家沟煤矿东接鸭口煤矿，西临金华山煤矿，交通非常便利。该煤矿在 1966 年建成投产，2015 年开始进行关闭，历时 9 个月的时间结束回收工作。

2017 年，为建设美丽矿区和改善矿区的环境，徐家沟煤矿通过与印台区政府和社区管理中心联系，争取到 300 多万元的资金来进行矿区环境的改善工作：设立医疗中心及客户服务中心以方便人们的生活；植树、种花、种草等措施对东西部的棚户区和危房区进行绿化改造，改造后绿化的总面积已经达到 2.5 万 m^2。此外，为更加方便人们的生活，矿区设立了娱乐设施，如：建立休闲馆，安装休闲座椅，配备健身器材等[17]。

15. 东坡煤矿

东坡煤矿于 1970 年投产，2016 年 12 月井口封闭。东坡煤矿西邻铜川矿业心口煤矿，东邻蒲白矿业朱家河煤矿。井田内有铁路运煤专线及铜蒲、铜白公路经过，井田北部紧邻 305 省道，交通十分便利[18]。矿区北邻井勿幕故居，东邻林皋湖国际慢城景区，南邻阳河小溪。近年来，按照硬化、绿化、净化、美化、亮化五化要求，建成东坡瓜果蔬菜采摘园、矿部大院凝翠园、长廊亭榭怡心园、二号风井桃花园及健身娱乐的欣悦广场。矿区对矸石山上平台 30 亩土地面积进行综合治理，种植了柳树、花椒树、香槐、葡萄、油菜、格桑花等树木花草及农作物。

矿井关停以后，污水处理厂主要处理生活区和办公区产生的生活污水，日处理量为 200 m^3 左右，处理后的污水少部分达标排放，剩余的水经深度处理后复用于矸石山综合治理。矿区一半以上土地处于闲置状态，大量地面建筑闲置，特别是建于 2014 年 12 月的钢混结构信息化办公大楼，面积达 13899 m^2，净值 3000 多万元，造成了极大浪费。井下设备大部分已盘活出售，剩余小部分需合理处置。

陕煤集团关闭矿山概况如表 2-2 所示。

表 2-2　陕煤集团关闭矿山概况

矿山	投产时间	关闭时间	位置	产量/（万 t/a）
澄合二矿	1974	2017.03.31	渭南市澄城县	69
合阳一矿	1968	2016	渭南市合阳县	13
权家河煤业	1970.04	2016.03.31	渭南市澄城县	15
王村煤矿	1988.12.24	2016.10.31	渭南市合阳县	210
王村斜井	2002.10	2015	渭南市合阳县	150
苍村煤矿	1970	2015.03	延安市黄陵县	60
朱家河煤矿	1992.12.28	2016.11.30	渭南市白水县	180
白水煤矿	1993.03	2016.06.30	渭南市白水县	90
桑树坪煤矿平硐	1977.12	2018.06.20	渭南市韩城市	165
象山小井	1970	2019	渭南市韩城市	240

续表

矿山	投产时间	关闭时间	位置	产量/（万 t/a）
王石凹煤矿	1961.11.20	2015.10	铜川市印台区	120
金华山煤矿	1963.11	2016.09	铜川市印台区	150
鸭口煤矿	1966.12.28	2016.03	铜川市印台区	90
徐家沟煤矿	1966	2015.09	铜川市印台区	90
东坡煤矿	1970	2016.12	铜川市印台区	105

数据来源：参考文献[19]。

2.3 响应国家策略及示范引领

2.3.1 在产贡献

陕煤集团是陕西省能源化工企业的重要支柱企业，作为陕西省的龙头企业，现阶段员工数量已超过 12 万人，总公司位于古城西安，注册资金超过 100 亿元。目前，陕煤集团的主要经营业务有：煤田勘探，化工制品的研发制作、生产以及销售，供电，铁路运输煤炭等。2014 年 1 月 28 日，陕西煤业股份有限公司在上交所正式挂牌上市，跻身中国煤炭行业的第三大上市公司。2018 年，陕煤集团以 2017 年销售收入达 2600.89 亿元，位列世界 500 强榜单第 294 位。2018 年，企业完成营业收入 2805.67 亿元，同比增长 7.87%；实现利润高达 134.96 亿元，同比增长 23.85%。2019 年，陕煤集团全年煤炭产量 1.76 亿 t，化工产品产量 1770 万 t，粗钢产量 1240 万 t，水泥产量 740 万 t；实现营业收入 3025 亿元，利润总额 155 亿元。2020 年完成煤炭产量 16190 万 t、化工产品产量 1700 万 t、钢铁产量 1100 万 t、水泥产量 560 万 t，发电 329.5 亿 kW • h；实现销售收入 3400 亿元、利润 168 亿元，投资 306 亿元，多项经营指标和实物量指标创陕煤集团成立以来的最高水平。从 2015 年首次进入《财富》世界 500 强，连续 6 年入榜，排名稳步提升，2020 年位列世界 500 强榜单 273 位。在陕西省属企业稳增长排名中位列第一，中国煤炭企业核心竞争力排名位列第二，也是陕西省唯一入选中国企业可持续发展百佳名单的企业。

2.3.2 转型示范引领

国内相关学者和科研机构对关闭矿山地上/下空间资源的开发模式进行了很多理论探讨。然而，目前关闭矿山资源化利用的相关理论研究尚较缺乏，实践模式比较单一，大量废弃的矿井地下空间开发利用率仍很低。陕煤集团作为西部最重要的能源基地之一，对陕西省乃至全国的经济建设和社会发展举足轻重。在国家“去产能、去库存、去杠杆、降成本、补短板”政策号召之下，陕煤集团在全国范围内率先实施了对煤质差、地质灾害严重、开采成本高、后续发展乏力的矿井企业关停政策。然而关停后的矿山企业该如何发展，矿山剩余资源如何量化，如何实现地上/下空间资源的有效利用，成为陕煤集团解决当前发展困境的关键性难题，同时国内其他关停矿企也迫切需求有效的转型蓝本。因此，研究陕煤集团 15 对关闭矿山地上/下空间资源化利用和转型升级路径对引领煤炭去产能化转型革命，示范关停矿山合理开发与环境保护，探索资源枯竭矿区劳动力转移以及和谐矿区建设在陕西省乃至全国具有典型代表性及示范推广性，可为我国其他关闭/废弃矿井企业实现转型脱困和可持续发展提供切实可行的参考范例。

2.3.3　响应策略

2016 年 2 月 1 日，国务院针对煤炭行业的过剩产能发布《国务院关于煤炭行业化解过剩产能实现脱困发展的意见》（国发〔2016〕7 号），要求从 2016 年开始，用 3～5 年的时间，再退出产能 5 亿 t 左右、减量重组 5 亿 t 左右。随后，各省市纷纷响应该项政策。在此背景下，陕西省也积极响应，2016 年陕西省已有 62 处煤矿化解过剩产能，陕煤集团旗下的澄合二矿、合阳一矿、权家河煤矿、王村煤矿、王村斜井、苍村煤矿、朱家河煤矿、白水煤矿、桑树坪煤矿平硐、象山小井、王石凹煤矿、金华山煤矿、鸭口煤矿、徐家沟煤矿和东坡煤矿一共 15 对矿山也被陆续关停，集团公司内部也采取多项措施助推关闭矿山工作顺利开展。

澄合矿业公司为了确保矿井关闭工作平稳有序推进，成立了矿井关闭与缓建工作领导小组，对关闭回撤矿井进行系统谋划和统筹安排，以“安全有序推进矿井关闭，积极稳妥分流富余人员”为目标，逐矿制定了《矿井关闭实施方案》《矿井关闭回撤资产管理办法》《矿井关闭回撤考核办法》，各矿井分别按照公司（局）制定的方案编制形成了《矿井关闭回撤实施方案和保障措施》。澄合二矿分公司针对矿井关停情况制定下发了《澄合矿业公司（局）关闭矿井安全管理工作特别规定》，要求加强组织领导，制定工作方案，细化单项工程，加强回撤期间现场过程管控和零散作业岗位安全管理；王村斜井加强媒体宣传力度，利用广播、电子屏、宣传栏等载体，开办多个形势教育专栏专题进行立体式宣传，引导干部、职工对当前煤炭市场和企业发展现状有一个全面客观的认识，增强大家应对煤市“严冬”的信心；王村煤矿加强了现场管理，严格按照作业程序施工，加大运输环节管控，加强运输设施的检查维护。

黄陵矿业公司闭矿后成立了关闭矿井管理处，系在原陕西煤炭建设公司苍村煤业、石炭沟煤矿收缩关闭的基础上成立的新单位，该部门成立以来，相继制定了《信访接待制度》《员工请销假制度》《门卫管理制度》《处务工作例会制度》《资产调拨管理办法》等多项内控制度，主要负责矿井关闭后大量的历史遗留问题、收缩关闭矿井的资产监管、债权债务、后勤服务以及工伤职业病等人员的管理工作。

韩城矿业公司的象山煤矿小井因资源枯竭闭矿后，按照公司战略规划，将其打造成以煤矿为主题的工业旅游项目——象山国家煤矿公园。在封堵井下+280 旧排矸石门内 300 m 的两处奥灰岩突水点时，韩城矿业公司大胆采用新材料、新工艺，首次进行了机械式伞状堵水器试验并获得成功，优化了矿井系统巷道，积累了新的堵水经验。

蒲白矿业公司朱家河煤矿关闭后，致力于打造现代化生态农业：一方面充分利用矿区闲置资源，有针对性地开展招商引资，盘活闲置资产，争取政府在具体项目上的政策支持。另一方面，他们在矿业公司的指导下，全面转型发展。矿区投资 300 万元发展绿色农业，承包周边农田建立了种植基地，先后种植了 23 亩黄花菜和 55 亩血麦，实现纯利润几十万元。2018 年 1 月，又自建了 3 个长 118 m 的彩钢标准大棚，种植 6000 多棵瓜苗，经过科学种植管理，现已实现市场批量供应。

铜川矿务局有限公司王石凹煤矿关闭后，以6500万元的总投资，采取注浆灭火、配制土壤、植草复绿等工艺对矸石山进行系统治理，先后注浆灭火22.3万m^3、拌和黄土36.1万m^3、土方开挖39.4万m^3、回填63.6万m^3、覆土37.7万m^3，栽植油松、红叶李13600棵、植草复绿16.8万m^2。同时，充分利用“一五”苏联援建矿井的历史背景，结合具有苏式风格及特色的工业遗迹，着力打造集文化传承、工业遗产保护、休闲体育、科普教育、培训研学等为一体的全国知名5A级综合性景区。

参考文献

[1] 唐雯. 陕西省能源、矿产开发与环境保护协调关系研究[D]. 西安: 西北大学, 2014.

[2] 申建文. 陕西省煤炭行业产能状况调查[J]. 陕西综合经济, 2006, (04): 9-12.

[3] 武强, 李松营. 闭坑矿山的正负生态环境效应与对策[J]. 煤炭学报, 2018, 43(01): 21-32.

[4] 杨秦钊. 写在渭北高原上的辉煌篇章——陕西陕煤澄合矿业有限公司五十年发展纪实[J]. 中国煤炭工业, 2020, (04): 22-27.

[5] 澄合网. 合阳公司[EB/OL]. (2010-01-05)[2020-09-10]. http://www.chkygs.com/html/chzl/dwjj/201708/26766. html.

[6] 陕煤澄合陕西权家河煤业有限公司安全生产工作纪实[EB/OL]. (2013-04-15)[2020-12-21]. http://www.cwestc.com/newshtml/2013-4-15/285237.shtml.

[7] 李宏斌. 陕西省渭北石炭二叠纪煤田澄合矿区王村(扩大)井田资源储量核查报告[EB/OL]. http://www.ngac.cn/dzzlfw_sjgl/d2d/dse/category/detail.do?method=cdetail&_id=102_167077&tableCode=ty_qgg_edmk_t_ajxx&categoryCode=dzzlk.

[8] 渭北明珠——陕西陕煤澄合矿业公司王村斜井发展掠影[J]. 陕西煤炭, 2011, 30(04): 6-7.

[9] 王保林. 资源枯竭型煤矿关闭维稳问题研究——来自陕煤化集团黄陵矿业苍村煤业公司的调查和思考[EB/OL]. (2016-10-19)[2020-10-21]. http: //www. zgkyb. com/llts/20161019_35118. htm.

[10] 徐鑫. 陕西省渭北石炭二叠纪煤田蒲白矿区朱家河井田资源储量核查报告[EB/OL]. http: //www.ngac.cn/dzzlfw_sjgl/d2d/dse/category/detail.do?method=cdetail&_id=102_167058&tableCode=ty_qgg_edmk_t_ajxx&categoryCode=dzzlk.

[11] 白水县人民政府. 陕西省渭南市白水县矿山地质环境保护与治理规划[EB/OL]. (2018-06-27)[2020-12-30]. http://www.baishui.gov.cn/gk/gk13/59279.htm.

[12] 韩城矿业有限公司. 桑树坪矿简介[EB/OL]. (2010-06-24)[2020-10-21]. http://www.hckwj.com/info/1014/3244. htm.

[13] 王纪平. 韩城北区构造发育规律及对煤矿安全因素影响的研究[D]. 西安: 西安科技大学, 2011.

[14] 铜川矿业(局)有限公司. 王石凹煤矿[EB/OL]. (2018-10-10)[2020-10-21]. http://www.tckwj.com/ info/1026/54950. htm.

[15] 铜川矿业(局)有限公司. 金华山煤矿[EB/OL]. (2018-10-10)[2020-10-21]. http://www.tckwj.com/info/1026/30691. htm.

[16] 铜川矿业(局)有限公司. 鸭口煤矿[EB/OL]. (2018-10-10)[2020-10-21]. http://www.tckwj.com/info/1026/30693. htm.

[17] 铜川矿业(局)有限公司. 徐家沟煤矿[EB/OL]. (2018-10-10)[2020-10-21].http://www.tckwj.com/info/1026/

30692.htm.

[18] 铜川矿业(局)有限公司. 东坡煤矿[EB/OL]. (2018-10-10)[2020-10-21].http://www.tckwj.com/info/1026/30694. htm.

[19] 煤炭安全网. 陕西省 2016 年退出煤矿名单公示（第一批）[EB/OL]. （2016-09-16）[2020-12-12]. http://www.mkaq.org/Item/390833. aspx.

关闭矿山调研资料汇总分析

第3章　关闭矿山数据收集与汇总分析

2019年5月～2020年10月对陕西煤业化工集团有限责任公司近年关闭的矿山资源现状进行现场调研，共调研矿业公司5个，分别是澄合矿业有限公司、黄陵矿业集团有限公司、蒲白矿业有限公司、韩城矿业有限公司、铜川矿业有限公司。调研关闭矿井15对，包括澄合二矿、合阳一矿、权家河煤矿、王村煤矿、王村斜井、苍村煤矿、朱家河煤矿、白水煤矿、桑树坪煤矿平硐、象山小井、王石凹煤矿、金华山煤矿、鸭口煤矿、徐家沟煤矿和东坡煤矿。调研矿井及其隶属关系如图3-1所示。

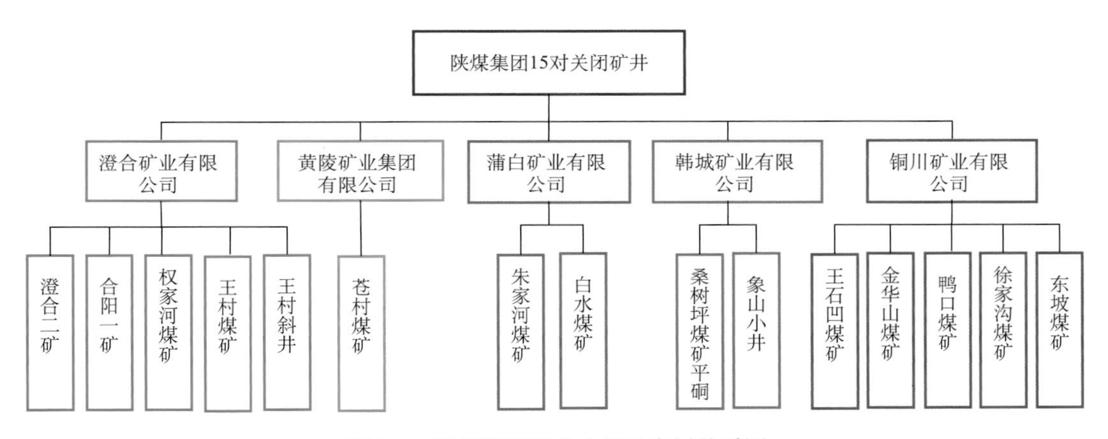

图3-1　陕煤调研矿业公司及隶属关系图

2019年5月～2020年10月，进行了三次实地调研与现场数据收集。第一次是初步调研阶段（2019年5月19日～2019年5月26日），主要调研了陕西陕煤澄合矿业有限公司5对关闭矿井，包括澄合二矿、合阳一矿、权家河煤业、王村煤矿和王村斜井的煤层开采、水文地质、土地利用、地面装备及建筑物、地下空间、灾害防控、生态修复、在矿人员、区域经济等情况。第二次是全面调研阶段（2019年7月24日～2019年7月31日），调研了10对关闭矿井的原始资料数据，包括苍村煤矿、朱家河煤矿、白水煤矿、桑树坪煤矿平硐、象山小井、王石凹煤矿、金华山煤矿、鸭口煤矿、徐家沟煤矿和东坡煤矿，无人机航拍王村煤矿、朱家河煤矿，对象山小井和苍村煤矿进行水土采样。第三次是现场调研数据补充完善阶段（2020年10月18日～2020年10月23日），无人机航拍王村煤矿、王村斜井、朱家河煤矿、白水煤矿、金华山煤矿、东坡煤矿、王石凹煤矿，汇报了关闭矿井转型发展路径初步方案，征求企业建议。

调研数据包括5个方面，即现场文档数据、现场问询数据、多源遥感数据、实地水土采样数据、其他相关数据。①现场文档数据。原始资料电子、纸质、图形、表格数据、采掘设备数据、井上/下残余资源数据等。②现场问询数据。关闭矿山转型意向思路、矿井关闭现状问题、矿区人员安置问题等相关数据。③多源遥感数据。遥感影像、无人机数据、地面实测与实拍数据等。数据收集所使用的无人机型号及其参数信息如图 3-2 所示。④实地水土采样数据。矿井水采样、矿区土壤采样、矿区植被多样性数据等。⑤其他相关数据。企业已有规划方案、企业所在区域主流发展产业、区域经济地理数据等。

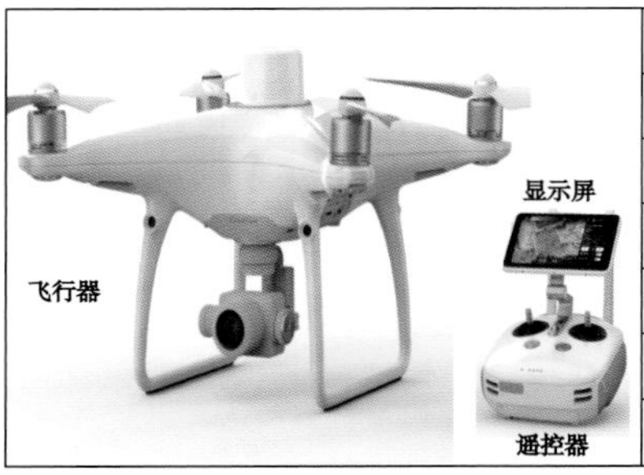

指标	参数	指标	参数	指标	参数
重量	1391 g	最大起飞海拔高度	6000 m	飞行时间	30 min
工作环境温度	0~40℃	工作频率	5.725~5.850 GHz（中国，美国）	障碍物感知范围	0.2~7 m
可控转动范围	俯仰：−90°~+30°	速度测量范围	飞行速度≤14 m/s（高度2 m，光照充足）	高度测量范围	0~10 m
精确悬停范围	0~10 m	影像传感器	1英寸[①]CMOS；有效像素2000万（总像素2048万）	机械快门	8~1/2000 s
电子快门	8~1/8000 s	照片最大分辨率	4864×3648（4:3） 5472×3648（3:2）	录像分辨率	H.264，4K： 3840×2160 30p
照片格式	JPEG	视频格式	MOV	支持存储卡类型	写入速度≥15 MB/s 最大支持128 GB容量

(a) 大疆精灵 PHANTOM 4 RTK及参数

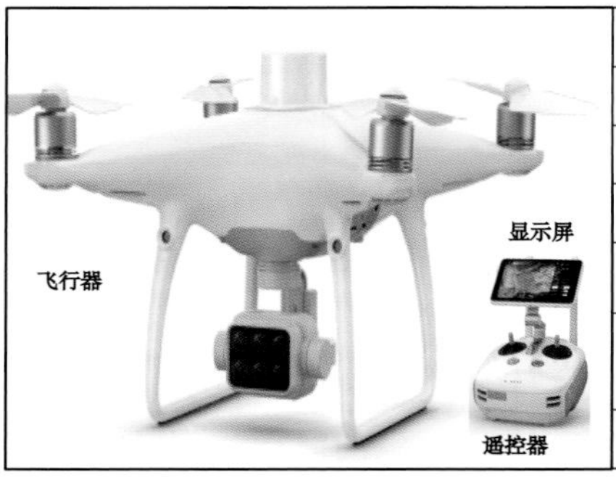

指标	参数	指标	参数	指标	参数
重量	1487 g	最大起飞海拔高度	6000 m	飞行时间	27 min
工作环境温度	0~40℃	工作频率	5.725~5.850 GHz（中国，美国）	障碍物感知范围	0.2~7 m
可控转动范围	俯仰：−90°~+30°	速度测量范围	飞行速度≤14 m/s（高度2 m，光照充足）	高度测量范围	0~10 m
精确悬停范围	0~10 m	影像传感器	6个1/2.9英寸CMOS；有效像素208万（总像素212万）	单色传感器增益	1~8倍
电子全局快门	1/100~1/20000 s（可见光成像） 1/100~1/10000 s（多光谱成像）	照片最大分辨率	4864×3648（4:3） 5472×3648（3:2）	彩色传感器ISO范围	200~800
照片格式	JPEG+TIFF	视频格式	MOV	支持存储卡类型	写入速度≥15 MB/s 最大支持128 GB容量

(b) 大疆精灵 PHANTOM 4多光谱版及参数

图 3-2　数据收集所使用的无人机及参数

陕西省煤炭资源主要分布在中部和北部，陕西煤业化工集团的生产主要分布在 3 大区域：渭北矿区、彬黄矿区（彬长、黄陵矿区）、陕北矿区（神府、榆横矿区），如图 3-3 所示。

陕煤集团近年关闭的 15 对矿井中 14 对位于渭北矿区，1 对矿井位于黄陵矿区与渭北矿区交界处，渭北矿区石炭二叠纪煤田被称为陕西第一“黑腰带”，处于渭河北岸、关中平原东北部，东部以黄河为界，西至嵯峨山—凤凰山一线，南以嵯峨山、将军山、尧山、露井一线的上石炭统太原组地层露头线为界，北至太原组底界 5 号煤层−1300 m 等高线，即宜川、寿峰、黄龙、宜君、马栏一线，大体沿东北走向呈条带状分布，煤田走向长约 300 km，南北宽 30～50 km，从东北往西南分别分布着韩城、澄合、蒲白、铜川 4 个矿区，从 20 世纪 50 年代以来就已成为陕西省重要能源基地，如图 3-4 所示。

① 1 英寸＝0.0254 m。

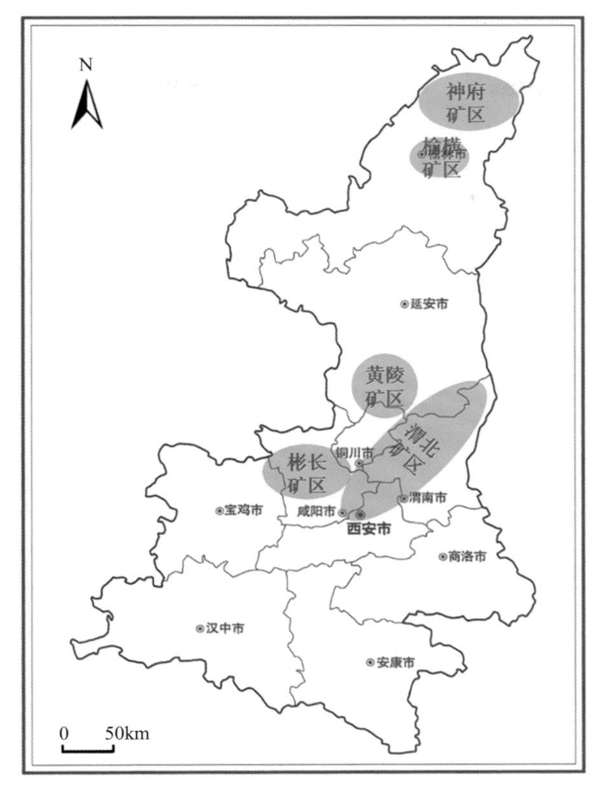

图 3-3　陕西煤炭资源区域分布

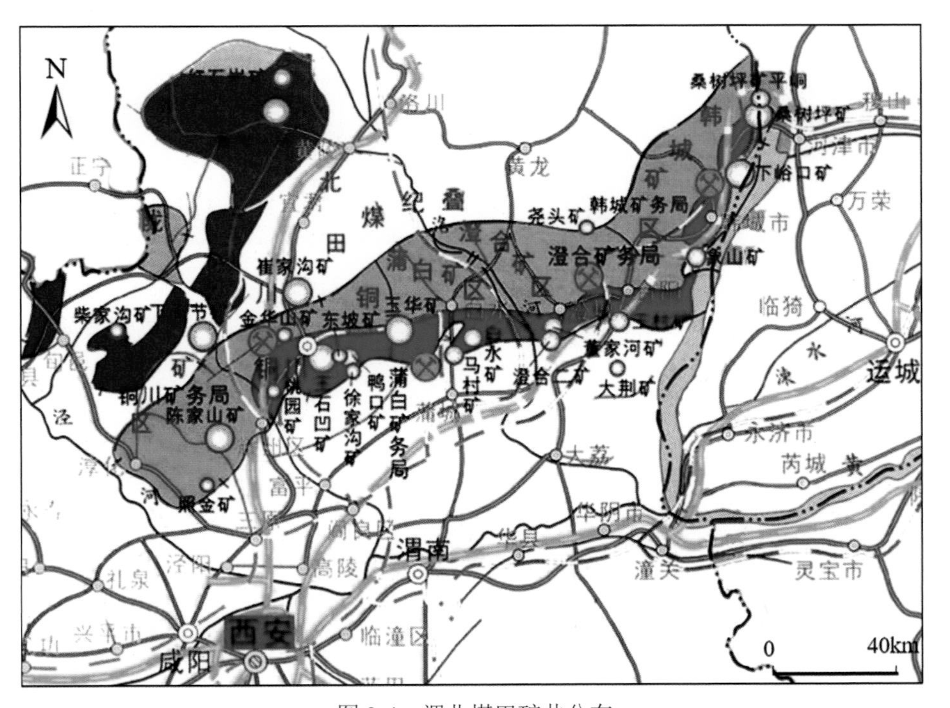

图 3-4　渭北煤田矿井分布

3.1　澄合矿业公司 5 对关闭矿井数据分析

设计调研方案，按照调研路径的合理性安排，分别调研澄合二矿、合阳一矿、权家河煤业、王村煤矿、王村斜井，如图 3-5 所示。收集澄合二矿文档数据，包括矿井概况、矿井现状、矿井关闭回撤组织机构及分工、矿井关闭回撤方案；收集合阳一矿文档数据，包括安阳井田勘探地质报告、合阳煤矿工作面作业规程；收集权家河煤业文档数据，包括矿井关闭回撤方案、矿山地质环境保护与治理恢复方案、井田保有储量说明；收集王村煤矿文档数据，包括王村煤矿工业广场平面图、王村煤矿矿井回撤关闭实施方案、煤矿污水处理情况说明；收集王村斜井文档数据，包括王村斜井工业广场平面图、王斜煤矿水文地质类型划分报告、王村斜井煤矿系统图。

(a) 澄合二矿

(b) 合阳一矿

(c) 权家河煤业

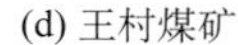

(d) 王村煤矿

(e) 王村斜井

图 3-5　陕西陕煤澄合矿业有限公司 5 对关闭矿井

3.1.1　澄合 5 对关闭矿井数据资源

澄合 5 对关闭矿井的调研现场文档数据有澄合二矿矿井回撤关闭方案、二矿地质勘探报告、二矿矿山地质环境保护与治理恢复方案等；合阳煤炭开发有限责任公司 1505 综放工作面作业规程、合阳煤矿矿井通风与安全（矿井瓦斯、煤层等）、合阳一矿矿井地面井下供电系统设计以及现状等；权家河煤业公司矿井关闭回撤方案、权家河煤矿矿山地质环境保护与治理恢复方案，权家河煤业储量报告等；王村煤矿基本情况简介、王村煤矿工业广场平面图、王村煤矿矿井关闭回撤方案等；王村斜井工业广场平面图、王村煤矿斜井矿井地质报告、王斜 10 号煤系统图等。依据以上数据资源，分析澄合二矿、合阳一矿、权家河煤业、王村煤矿和王村斜井5对关闭矿井。

具体数据资源陈列：

（1）陕西陕煤澄合矿业有限公司二矿分公司矿井回撤关闭实施方案 2016年1月

（2）《陕西陕煤澄合二矿公司煤炭资源开发整合初步设计（修改）概算书》 2015年3月

（3）《陕西陕煤澄合矿业有限公司二矿分公司矿井水文地质类型划分报告》 2014年12月

（4）2014二矿矿井水文地质类型划分综合成果图 DWG

（5）陕西陕煤澄合矿业有限公司二矿分公司生产接续2013.6～2015.12 2013年6月

（6）澄合二矿矿山地质环境保护与治理恢复方案 2011年9月

（7）《陕西澄合二矿有限责任公司生产矿井地质报告》2009年

（8）陕西陕煤澄合矿业有限公司二矿分公司扩大区矿建工程、土建工程及安装工程接续汇报

（9）陕西澄合二矿有限责任公司关于三水平矿建工程、安装工程及土建工程排序的汇报

（10）澄合矿业关闭矿井资产盘点表（二矿分公司）

（11）土地、房屋闲置情况及盘活情况统计表（二矿分公司）

（12）二矿闭井后人员情况

（13）二矿综合柱状图 JPG

（14）澄合合阳煤炭开发有限责任公司1505综放工作面作业规程 2013年2月

（15）《陕西省澄合矿区安阳井田精查补充勘探地质报告》1982年10月

（16）澄合矿业关闭矿井资产盘点表

（17）合阳一矿闭井后工业广场建筑信息

（18）合阳一矿工业广场平面图（老区）DWG

（19）合阳公司人员概况

（20）权煤公司2020年10月底在册人员情况

（21）陕西权家河煤业有限公司矿井关闭回撤方案 2015年8月

（22）权家河煤矿矿山地质环境保护与治理恢复方案 2011年9月

（23）《陕西省澄城县权家河井田保有储量说明书》2002年10年

（24）权煤公司关闭矿井资产处置明细表

（25）权煤闭井后人员情况

（26）权煤公司采掘工程平面图 JPG

（27）权煤工业广场布置图 JPG

（28）权煤公司综合柱状图 JPG

（29）陕西陕煤澄合矿业有限公司王村煤矿矿井回撤关闭实施方案 2016年

（30）《陕西陕煤澄合矿业有限公司王村煤矿斜井矿井水文地质类型划分报告》2014年9月

（31）《陕西陕煤澄合矿业有限公司王村煤矿斜井矿井地质报告》2011年8月

（32）王村煤矿基本情况简介

（33）王村煤矿工业广场平面图 DWG

（34）王村煤矿污水处理情况说明

（35）王村斜井工业广场平面图 2013 年 11 月

（36）王斜 5 号煤系统图 DWG

（37）王斜 10 号煤系统图 DWG

（38）全矿井井下供电系统图——王斜 DWG

（39）王村斜井工业广场平面图修改版（2013.11）DWG

（40）陕西煤业化工集团有限责任公司科技发展部关于《陕煤集团转型矿山资源的开发利用调研评估》项目调研的通知

（41）中国煤炭工业协会（中煤协会政研函〔2019〕2 号）《关于开展 2019 年度全国煤炭经济运行形势和相关专题调研工作的通知》

3.1.2 澄合二矿

1. 煤炭生产与矿井情况

陕西澄合矿业有限公司二矿分公司前身为澄合矿务局二矿，开采历史可追溯到 20 世纪 40 年代，经历多次改扩建发展至今，是省属国有重点煤矿之一。2011 年 12 月底陕煤化工集团成立上市公司，将二矿纳入上市公司，矿井更名为陕西陕煤澄合矿业有限公司二矿分公司。该矿属生产兼技改矿井，目前在两个水平组织生产。

2. 机构与人员构成

截至 2017 年 5 月末，全矿在册职工共计 1872 人，具体分布情况如表 3-1 所示。

表 3-1　澄合二矿机构与人员构成

部门	部门组成	人数	总人数
采掘区队	综一队	176	449
	掘一队	91	
	掘二队	93	
	掘三队	89	
井下辅助单位	运输	173	438
	通风	80	
	机运	71	
	井下	55	
	安监科	44	
	调度室	15	
地面辅助单位	运行	31	873
	车间	45	
	供应	45	
	销售科	170	
	综合科	533	
	综合公司	49	

续表

部门	部门组成	人数	总人数
机关科室	生产科	5	112
	机电科	12	
	调度室	5	
	地测科	9	
	安监科	6	
	劳人科	17	
	财务科	8	
	计划科	4	
	党政办	21	
	党群工作部	8	
	纪委	2	
	监察科	1	
	工会	6	
	人武部	1	
	结算中心	7	
合计			1872

3. 关闭矿井时间、回撤、措施

1）闭坑时间

2017年3月31日，二矿分公司所属所有井筒封闭为标志。

2）回撤内容

矿井井下全部设施、设备、材料。工程量：井筒6个。井下巷道按采区划分为4个系统。

3）安全措施

澄合二矿回撤安全措施

1. 所有回撤项目必须编制专门的安全技术措施，参加施工人员必须学习该措施，并经过签字、考试合格后方可参加施工。作业地点的所有指挥人员、操作人员必须严格执行《煤矿安全规程》《煤矿安全技术操作规程》。牢固树立安全第一的思想，杜绝三违现象的发生，发现安全隐患，必须立即处理，坚决做到不安全不生产。

2. 各岗位工种人员必须持证上岗，严禁无证上岗操作。

3. 每班各施工小组必须明确一名安全负责人，专门排查安全隐患，安全负责人确认无安全隐患后，方可批准施工。工作人员要精力集中，注意安全，做好自我保安工作。

4. 所有工作人员进入回撤现场，首先检查工作范围内的顶板支护情况及隐患情况，并看好安全退路，严禁空顶作业，做到隐患不排除不施工。回撤过程中要保护好通风设施，过风门后随手关门，不得同时敞开两道风门。

5. 跟班干部、安监员要全面负责运输系统的安全施工检查，负责施工地点的支护情况检查，发现问题必须立即整改，确认安全后方可施工。当工作面因事故停风或有害气体超限时，要立即停止工作，将人员撤至安全地带，清点人数，并汇报调度室及区队，未经瓦斯检查员、安监员同意不准进入工作地点。若工作面发生灾害时，必须迅速按各种灾害的避灾路线组织人员撤离，并清点人数，发生煤尘、瓦斯爆炸必须及时戴好自救器，并汇报矿调度室及各区队。

6. 回收材料运输过程中，严格执行“行车不行人，行人不行车”制度。

7. 所有下井人员应严格执行矿上的各种规章制度，并对工作地点坚持敲帮问顶制度，发现安全隐患，立即处理。

8. 回撤电气设备时必须执行“停送电制度”，严禁“约时停送电”。做好自保、互保和联保工作，回撤多人协同工作时，要明确专人负责、专人指挥，相互协调好拖、拉、抬、扛、撬，要相互照应好，防止意外事故发生。

4. 关闭矿井地上资源情况

1）地形地貌

二矿井田为渭北黄土台塬的一部分，井田地形北高南低，黄土深沟地貌，沟深 40～80 m，沟谷发育，地形复杂，相对高差 150～200 m，地面海拔标高+500～+700 m。井田内仅浴子河和马家沟内有少量泉水，并形成地表小溪流。县西河于井田东南流过，历史最高洪水位高出河床 3.5 m。该区为大陆性气候，日温差变化较大。最高气温为 40.3 ℃，最低气温为–17.8 ℃。最冷月份为十二月及次年一月，最大冻土深度 1.0 m。平均年蒸发量 2091 mm，平均年降雨量 550 mm，雨量多集中于七、八、九 3 个月，特别是八月份。

2）工业广场建筑

澄合二矿工业广场建筑包括厂房、办公区建筑和生活设施，如图 3-6 所示。

(a) 厂房

(b) 办公大楼

(c) 生活设施

图 3-6　澄合二矿地面主要建筑物

澄合二矿工业广场建筑详细内容如表 3-2 所示。

表 3-2　二矿地面主要建(构)筑物

类型	名称	面积/m^2	总和/m^2
厂房	综采车间	1101.96	7638.44
	生产车间	900	
	机电车间	2754	
	准备车间	246	
	机修车间	2636.48	
办公区建筑	办公楼	3470.23	21523.65
	区队综合楼	6334.1	
	调度楼	7297	
	供应库房	3500.89	
	综合公司	452.4	
	机电油库	69.53	
	汽车库	326.04	
	小车库	73.46	
生活设施	职工食堂	1924	5761
	浴室楼	3800	
	锅炉房	37	
	合计		34923.09

3）矿区专用铁路支线

矿区专用铁路支线至坡底村与西（安）延（安）铁路接轨，与铁路接轨点（坡底村车站）距离约 10 km；矿区至澄城县城有公路相通。澄城至蒲城、韩城、渭南、西安等地均有主干公路相通；矿区地面变电所为双回路进线，电源来自公司（局）西区 35 kV 变电所，电压为 6 kV，采用分列运行方式，正常使用一回路，热备用一回路。竖井工业广场生产、生活及办公用电分别由地面变电所控制的 630 kVA、560 kVA 油浸式变压器承担。斜井变电所电源来自地面变电所，安装 560 kVA 变压器一台，承担斜井工业广场供电。生产用电电压等级为 380 V、生活办公用电电压等级为 220 V。

4）土地资源

二矿土地资源包括工业场地、社区土地，总占地面积 42.59 hm^2，具体内容如表 3-3 所示。目前，以上土地没有出租、转让、废弃以及塌陷现象，地面各类附着物保存完好，生活、生产设施齐全。

表 3-3　澄合二矿不同土地资源占地面积

土地资源类型	面积/ hm^2	总面积/ hm^2
工业场地	31.54	965.47
社区	11.05	
沉陷区土地	922.88	

5. 关闭矿井地下资源情况

1）矿产

澄城县境内矿藏资源丰富，地下已探明矿藏 9 种，煤炭、硫铁矿、石灰石、高岭土、铝土矿、380 奥灰岩矿泉水等储量大、品位高，其中煤炭储量 40 亿 t 以上，是全国重点产煤县。

2）含水层

澄合二矿水文地质条件及充水类型，按其岩性及充水空间性质不同，可划分为孔隙水、裂隙水及岩溶水 3 种类型。孔隙水主要储存于新近系、第四系底部半胶结的粉砂、细至粗粒砂砾石层中，含水层厚度变化较大，由数米至数十米不等，一般厚 3～63 m，一般属富水性弱的含水层组。裂隙水主要赋存于下三叠统至上石炭统的细至粗粒砂岩中，裂隙的发育程度与地层、构造及岩性组合有密切联系。一般在上部地层和基岩风化带以及构造、断裂位置附近，裂隙发育较普遍，且多张口性，富水性也较强；下部随着地层的不断延深，裂隙发育程度逐渐变差，且大多闭合，富水性亦随之逐步转弱。由于各含水层之间均有厚度较大的砂质泥岩、粉砂岩和泥岩组成隔水性能良好的相对隔水层，故含水层之间一般均无直接水力联系。岩溶水主要赋存于中下奥陶统峰峰组（O_2f），岩溶类型以古岩溶、空溶洞以及溶蚀裂隙为主。古岩溶充填程度较完全，空溶洞主要分布于奥灰区域水位高程以上，溶蚀裂隙在空间的分布规律受地质构造控制。

3）地层

二矿位于澄合矿区西北部，井田大部分被广厚的第四系黄土层覆盖，仅在井田西部马家沟、浴子河至尧头谷两侧以及洛河两岸见到砂岩露头，出露地层为上石盒子组地层和石千峰组地层。根据钻孔资料，区内地层由老到新分别为：奥陶系中下统马家沟组（$O_{1\text{-}2}m$）、奥陶系中统峰峰组（O_2f）、石炭系上统太原组（C_3t）、二叠系下统山西组（P_1s）、二叠系下统下石盒子组（P_1x）、二叠系上统上石盒子组（P_2s）、二叠系上统石千峰组（P_2sh）、新生界第四系（Q）。该区煤系地层为二叠系下统山西组和石炭系上统太原组。二叠系下统山西组（P_1s）含煤 5 层、自上而下编号为 1、2、3、4、5 号，该组地层平均厚度 45.67 m。石炭系上统太原组含煤 6 层，自上而下编号 6、7、8、9、10、11 号，在井田范围内 6、10 号煤层局部可采，该组地层平均厚度 22.15 m。

4）井巷特征

二矿采用立井、斜井综合开拓，即主斜井、副立井、东立井及回风立井。封闭工作已经完成，在井口正面位置已设置了醒目的煤矿关闭标识牌，巷道已按照要求进行了封闭，井巷特征详细内容如表 3-4 所示。

表 3-4　澄合二矿井下巷道特征

名称	位置	性质	长度/m	断面/m^2	空间/m^3	支护方式	状态
二水平煤柱采区							
集中回风巷	中部	准备巷道	880	9.76	8588.8	工字钢棚	全部完好
集中进风巷	中部	准备巷道	900	9.76	8784	工字钢棚	全部完好

续表

名称	位置	性质	长度/m	断面/m²	空间/m³	支护方式	状态
二水平四采区							
轨道巷	西部	准备巷道	600	11.84	7104	锚网索喷	全部完好
皮带巷	西部	准备巷道	900	11.84	10656	锚网索喷	全部完好
回风巷	西部	准备巷道	990	11.84	11721.6	锚网索喷	全部完好
变电所	西部	准备巷道	36.5	20.06	732.19	锚网索喷	全部完好
泵房	西部	准备巷道	35.5	16.4	582.2	锚网索喷	全部完好
轨道上山	西部	准备巷道	750	11.84	8880	锚网索喷	全部完好
皮带上山	西部	准备巷道	880	9.76	8588.8	工字钢棚	全部完好
轨道下山	西部	准备巷道	510	11.84	6038.4	锚网索喷	全部完好
皮带下山	西部	准备巷道	555	11.84	6571.2	锚网索喷	全部完好
三水平一采区							
南北轨道大巷		开拓巷道	1100	16.4	18040	锚网索喷	全部完好
南北胶带大巷		开拓巷道	1123	14.1	15834.3	锚网索喷	全部完好
回风大巷		开拓巷道	1036	17.8	18440.8	锚网索喷	全部完好
东西胶带大巷		开拓巷道	2036	17.8	36240.8	锚网索喷	全部完好
东西轨道大巷		开拓巷道	2200	16.4	36080	锚网索喷	全部完好
系统大巷							
皮带主斜井		开拓巷道	675	11.84	7992	砌碹支护、锚网索喷支护	无失修
副斜井		开拓巷道	448	8.8	3942.4	砌碹支护、锚网索喷支护	无失修
副立井		开拓巷道	200	12.56	2512	砌碹支护、锚网索喷支护	无失修
380 主石门		开拓巷道	3050	11.84	36112	锚网索喷支护	无失修
380 回风石门		开拓巷道	2661	11.84	31506.24	锚网索喷支护	无失修
西北大巷		开拓巷道	1465	11.84	17345.6	锚网索喷支护	无失修
安里回风立井		开拓巷道	458	28.26	12943.08	锚网索喷支护	无失修
轨道暗斜井		开拓巷道	455.7	11.84	5395.488	锚网索喷支护	无失修
胶带暗斜井		开拓巷道	695	18.88	13121.6	锚网索喷支护	无失修
总和			24639.7		333753.498		

6. 采掘设备

二矿地面设备按照有关要求进行了封存。提升、采掘、运输等主要设备设施按照矿业公司有关要求进行了回收，如图 3-7 所示。

(a) 提升设备

(b) 采掘设备

(c) 运输设备

图 3-7　澄合二矿回收设备

7. 矿山环境与区域发展

1）矸石排放与治理

煤矸石由澄合矿业集团公司的煤矸石电厂直接消化处理。

2）废水的排放与治理

矿区生产生活污水通过水沟流至污水处理站，经过处理站处理后排出。污水处理站设计采用以 A^2O 法为主的污水处理工艺和混凝沉淀+过滤为辅的深度回用处理工艺，工程规模为 1080 m^3/d。二矿一水平涌水排入中央水仓，经过水仓沉淀后，由副立井底泵房经副立井排至地面沉淀池；二水平涌水经二水平水仓沉淀后，由副立井底泵房经副立井排至地面沉淀池，矿井水经过暴晒沉淀处理后，排入段庄坡，供农业灌溉使用。

3）区域规划

矿区距国家 4A 级旅游景区尧头窑仅 3 km 左右，2015 年澄城县按照打造“中国慢游第一县”旅游产业发展新理念，以尧头窑文化生态景区为龙头，投资 1.5 亿元着力打造 4A 级景区，完善景区内、外部以及周边吃、住、行、游、购、娱等多方面的综合配套服务体系。

3.1.3　合阳一矿

1. 煤炭生产与矿井现状

1）巷道布置

X506 工作面位于西盘区井田边界，东为 X502 与 X506 之间的煤柱，西为井田边界，南为南渠西村保安煤柱，北为中渠西村保安煤柱。该工作面走向长度 560.9 m，煤层厚度平均 3.0 m，煤层倾角平均 5°，按走向长壁布置，工作面两巷沿煤层底板掘进。

2）工作面机电设备布置

工作面机电设备配备如表 3-5 所示。

表 3-5　合阳一矿工作面机电设备配备

名称	型号	单位	数量	备注
支架	ZYZ2000/15/23	架	47	
过渡支架	ZFG2800/16/24	架	28	
乳化液泵	BRW250/31.5	台	2	
乳化液箱	XRXTA	台	1	
采煤机	MG150/368-WD	台	1	
工作溜	SGZ-630/264	部	1	93.7 m
转载机	SGB-620/2×55	部	1	100 m
隔爆型移动变电站	KBSGZY630/6	台	1	
胶带输送机	DSJ80/10/75	部	3	
回柱绞车	JH-14	部	2	
真空磁力启动器	QBZ-80N	台	8	

续表

名称	型号	单位	数量	备注
真空磁力启动器	QBZ-200	台	2	
真空馈电开关	KBZ-400	台	3	
电缆	MY 3×1	m		1600 m
电缆	MY 3×16+1×6	m		330 m
电缆	MCP3×50+1×10+3×6	m		750 m
电缆	MCP3×70+1×16+3×6	m		240 m
电缆	MY 3×70+1×25	m		1700 m
电缆	MYPTJ6000-3×70+1×25	m		710 m
潜水泵	BQS20-50-7.5N	台	6	
潜水泵	BQS120-50-30N	台	2	

2. 关闭矿井时间、措施

1）关闭矿井时间

合阳一矿于2016年关闭矿井。

2）矿井安全措施

合阳一矿矿井通风与安全措施

1. 瓦斯防治：工作面设专职瓦斯检查员巡回检查，采煤机割煤时每30 min检查1次，其他测点每班至少检查2次，进行现场交接班。专职瓦检员负责对工作面及回风流、上隅角、采煤机前后、支架之间风流吹不到的地点进行瓦斯检查，若发现瓦斯浓度达到1%时，立即停止割煤，停电撤人，进行处理。瓦斯检查牌板应设置在X506回风顺槽距工作面50 m以内，检查结果要及时填写。班（组）长、副队长、采煤机司机及电钳工必须携带便携式甲烷检测报警仪，以便随时检查瓦斯浓度。

加强对工作面瓦斯的监测，在距工作面回风顺槽内不大于5 m处安装瓦斯监测仪一台，距回风联络巷口前15 m处安装瓦斯监测仪和一氧化碳测定仪各一台，瓦斯监测仪布置在巷道的上方垂直悬挂，距顶板不得大于300 mm，距巷帮不得小于200 mm，瓦斯报警浓度≥1.0%，断电浓度≥1.5%，复电浓度<1.0%。回风测风站设风速传感器一台。

2. 防尘系统：工作面各转载点有完善的喷雾洒水装置，喷雾洒水装置灵敏可靠，使用正常。进、回风两顺槽距工作面30～50 m以内各安装一道净化水幕，净化水幕要能封闭巷道全断面，且雾化良好。巷道内不得有厚度大于2 mm、连续长度超过5 m的煤尘堆积，巷道必须定期冲刷煤尘。两巷超前50 m外每天由通风区冲洗一次，50 m以内由采一队每班冲洗一次，每班跟班队长落实。工作面必须每8台支架安装一套移架自动同步喷雾，并保持雾化良好。工作面煤机使用好内、外喷雾，开机前先打开喷雾，移架时必须有可靠的喷雾装置，保证正常使用。工作面进风顺槽洒水管路每隔 100 m 设一个洒水节门，回风顺槽洒水管路每隔 50 m 设一个洒水节门。

3. 隔爆设施的设置地点和要求：距工作面 60～200 m，隔爆水袋采取集中式布置，水量不小于 200 L/m^3。隔爆水袋的安设质量必须符合有关标准，定期加水维护。

4. 安全监测系统：安设两台甲烷传感器，分别吊挂在工作面上隅角和风巷距工作面 5 m 范围内，距上帮煤壁不小于 0.2 m，距顶板不大于 0.3 m。断电值为 0.8%，复电值小于 0.8%，报警值为 0.8%，传感器控制的断电范围为工作面及其进、回风巷内全部非本质安全型电气设备的电源。上隅角甲烷传感器吊挂于回风正头上帮距顶板不大于 0.3 m、距上帮不小于 0.2 m，且与迎头切顶线齐。在工作面回风测风站（点）内安设风速传感器一个；在距工作面回风顺槽口 10～15 m 内安设一氧化碳传感器一个；并在工作面配电点安设断电器，所有安全监控设施的安装必须符合《煤矿安全规程》及“规范”标准要求和年安全监控管理制度的要求。

3. 关闭矿井地下资源情况

1）煤层

煤层详细情况如表 3-6 所示。

表 3-6　合阳一矿煤层情况

<table>
<tr><td colspan="2">煤层厚度/m</td><td colspan="2">3.0</td><td>煤层结构</td><td>3</td><td>煤层倾角</td><td>1°～12°，平均 5°</td></tr>
<tr><td>开采煤层</td><td>1</td><td>硬度</td><td>松软</td><td>煤种</td><td>贫煤</td><td>稳定程度</td><td>稳定</td></tr>
<tr><td colspan="2">煤层情况描述</td><td colspan="6">该面煤层赋存稳定，平均厚度 3.0 m。根据工作面开拓时两顺槽揭露资料，煤层断面呈大小不等的扁平透镜状及鳞片状，滑面发育，块度不好多呈粉末状，具玻璃-金刚光泽，参差状断口。煤岩类型为半亮-半暗型，属贫煤</td></tr>
</table>

煤层顶底板情况如表 3-7 所示。

表 3-7　合阳一矿煤层顶底板情况

顶底板名称	岩石名称	厚度/m	岩石特性
老顶	K4 中粒砂岩	5.05	灰白色，中厚层状，泥钙质胶结，富含云母片，较坚硬；垂直裂隙发育，裂隙面被铁质浸染
直接顶	粉砂岩、砂质泥岩（含 4#煤）	2.69	灰黑色，薄层状，较坚硬，裂隙发育，层面可见云母碎片
伪顶	碳质泥岩	0.34	灰色，缓波状层理
直接底	砂质泥岩	0.67	黑灰色，较松软，遇水膨胀
老底	粉砂岩或石英砂岩	3.69	石英砂岩，灰白色，致密坚硬；粉砂岩，黑灰色，较坚硬

2）地质构造

断层情况及对回采的影响如表3-8所示。

表3-8　合阳一矿断层情况及对回采的影响

构造名称	走向	倾向	倾角	性质	落差	对回采影响程度
DF3	29°	119°	55°	正断层	0 m	无影响

4. *矿山环境与管理*

1）矿井水处理

矿区建设有一座设计规模为12000 m^3/d的矿井水处理站，日常的矿井涌水量为3000～4000 m^3，矿井涌水经矿井水处理站达标处理后，一部分回用于井下，一部分回用于地面生产系统、绿化灌溉、消防系统等，剩余达标处理的矿井水排放于金水沟。地面生产系统的废水也汇集到矿井水处理站，经处理后进行回用。

2）生活污水处理

矿井建设有两座生活污水处理站，生活区污水站设计规模为360 m^3/d，日常污水站进水量为10～15 m^3；生产区污水站设计规模为480 m^3/d，日常污水站进水量200～280 m^3；日常对生活污水全部进行达标处理，全部进行回用，不外排。

3.1.4　权家河煤业

1. *煤炭生产与矿井情况*

陕西权家河煤业有限公司前身为澄合矿务局权家河煤矿，2001年因资源枯竭破产，2002年3月为利用有效资源重组，隶属于澄城县地方国有企业。根据《渭南市人民政府专项问题会议纪要》（第58次）和陕煤化司发〔2010〕482号文件规定，陕西权家河煤业有限公司归属于陕西陕煤澄合矿业有限公司管理。陕西权家河煤业有限公司位于澄城县城西南5 km的硫磺沟东侧，西部矿区铁路专用线通过矿井工业广场，建有装煤线0.8 km，矿区公路通到广场，交通便利。该矿现有三个进风井和一个回风井，即副立井、主斜井、权家河风井、蔡家河回风井。

2. *关闭矿井时间、回撤、措施*

1）闭坑时间

2015年8月16日～2016年3月31日，工期228天。将煤矿井上、井下全部设施、设备、材料等拆除、回收及运输入库，井筒填封。

2）回撤内容

+384系统、+367系统、大巷系统、四个井筒（主斜井、副立井、蔡家河回风井、权家河风井）及地面建筑设施拆除。施工顺序：施工准备→确定回撤、回收方案→确定运输路线→准备回撤→回撤、回收→主斜井设施→权家河设施→蔡家河回风井设施→中央水仓→中央变电所→副立井设施→拆除地面设施设备→封闭回风井→封闭进风井。

3）安全措施

权家河煤业回撤安全措施

1. 所有回撤项目必须编制专门的安全技术措施，参加施工人员必须学习该措施，并经过签字、考试合格后方可参加施工。作业地点的所有指挥人员、操作人员必须严格执行《煤矿安全规程》《煤矿安全技术操作规程》。牢固树立安全第一的思想，杜绝三违现象的发生，发现安全隐患，必须立即处理，坚决做到不安全不生产。

2. 各岗位工种人员必须持证上岗，严禁无证上岗操作。开好班前会、班后会，对安全生产做到班前有布置，班中抓落实，班后有总结。

3. 每班各施工小组必须明确一名安全负责人，专门排查安全隐患，安全负责人确认无安全隐患后，方可批准施工。工作人员要精力集中，注意安全，做好自我保安工作。

4. 所有工作人员进入回撤现场，首先检查工作范围内的顶板支护情况及隐患情况，并看好安全退路，严禁空顶作业，做到隐患不排除不施工。回撤过程中要保护好通风设施，过风门后随手关门，不得同时敞开两道风门。

5. 跟班干部、安监员要全面负责运输系统的安全施工检查，负责施工地点的支护情况检查，发现问题必须立即整改，确认安全后方可施工。当工作面因事故停风或有害气体超限时，要立即停止工作，将人员撤至安全地带，清点人数，并汇报调度室及工区，未经瓦斯检查员、安监员同意不准进入工作地点。若工作面发生灾害时，必须迅速按各种灾害的避灾路线组织人员撤离，并清点人数，发生煤尘、瓦斯爆炸必须及时戴好自救器，并汇报矿调度室及工区。

6. 回收材料运输过程中，严格执行“行车不行人，行人不行车”制度。

7. 所有下井人员应严格执行矿上的各种规章制度，并对工作地点坚持敲帮问顶制度，发现安全隐患，立即处理。

8. 做好自主保安和互助保安，回撤多人协同工作时，要明确专人负责、专人指挥，相互协调好拖、拉、抬、扛、撬，要相互照应好，防止意外事故发生。

3. 关闭矿井地上资源情况

1）主要井口

地面现有副立井、主斜井、蔡家河风井、权家河风井 4 个井口，其中，副立井提升人员和材料，主斜井提升原煤，蔡家河风井为矿井回风井，权家河风井为矿井进风井。

2）办公及生产设施

地面有工业广场、办公楼、调度楼、灯房洗衣房、区队综合办公楼、4 号单身楼、机修铁柱车间、机电大院、坑木场、供销楼、供应库房、煤场选用装车系统、权矿医院。

部分建筑如图 3-8 所示。

(a) 综合楼

(b) 权矿医院

(c) 调度楼

图 3-8　权家河煤矿地面主要建筑

3）压风机房及变电所

权煤公司现有压风机房 1 个、主扇 2 台，通风方式为抽出式；地面有蔡家河变电所、副立井变电所、主斜井变电所 3 个变电所。

4. 关闭矿井地下资源情况

权家河煤矿井下系统详细内容如表 3-9 所示。

表 3-9　权家河煤矿井下巷道系统

巷道内容	名称	数量
进风井	副立井	1
	主斜井	1
	权家河风井	1
回风井	蔡家河风井	1
系统	+384 系统	1
	5208 系统	1
	+367 系统	1
	大巷系统	1
变电所	井底中央变电所	1
	208 变电所	1
	410 变电所	1
	384 变电所	1
运煤车	5208 下分层区域	6
	384 皮带巷	2
	208 仓上	2
	208 仓下	2

5. 采掘设备

权家河煤矿井下采掘设备如表3-10所示。

表3-10　权家河煤矿井下采掘设备

煤层	设备	数量/个	总数/个
5208下分层区域	运煤皮带	6	12
384皮带巷	运煤皮带	2	
208仓上	皮带	2	
208仓下	皮带	2	

3.1.5　王村煤矿

王村煤矿无人机飞行获取的全景图，如图3-9所示。

图3-9　王村煤矿无人机全景图

1. 煤炭生产与矿井情况

陕西陕煤澄合矿业有限公司王村煤矿位于合阳县王村镇南王村附近，行政区划隶属合阳县王村镇及澄城县庄头镇管辖。矿井东距合阳县城8 km，西距澄城县城16 km。西（安）—韩（城）铁路从井田中部南北向通过，合阳车站位于矿井东约2 km处。澄（城）—合（阳）公路紧邻矿井工业场地通过，矿区交通便利，如图3-10所示。王村矿井巷总长度为24706.75 m，井下主要巷道（开拓巷道和准备巷道）长21465 m。

井田地理坐标为东经110°01′19″～110°06′50″，北纬35°11′34″～35°14′35″。王村煤矿井田面积约27.24 km^2，如图3-11所示。

王村煤矿初步设计由西安煤矿设计研究院于1981年11月完成，经原煤炭工业部1982年1月31日〔82〕煤基字第64号文予以批准。在矿井建设中曾对初步设计进行两次较大修改，1986年10月，《王村矿井现代化设计》设计生产能力150万t/a，服务年限62年。

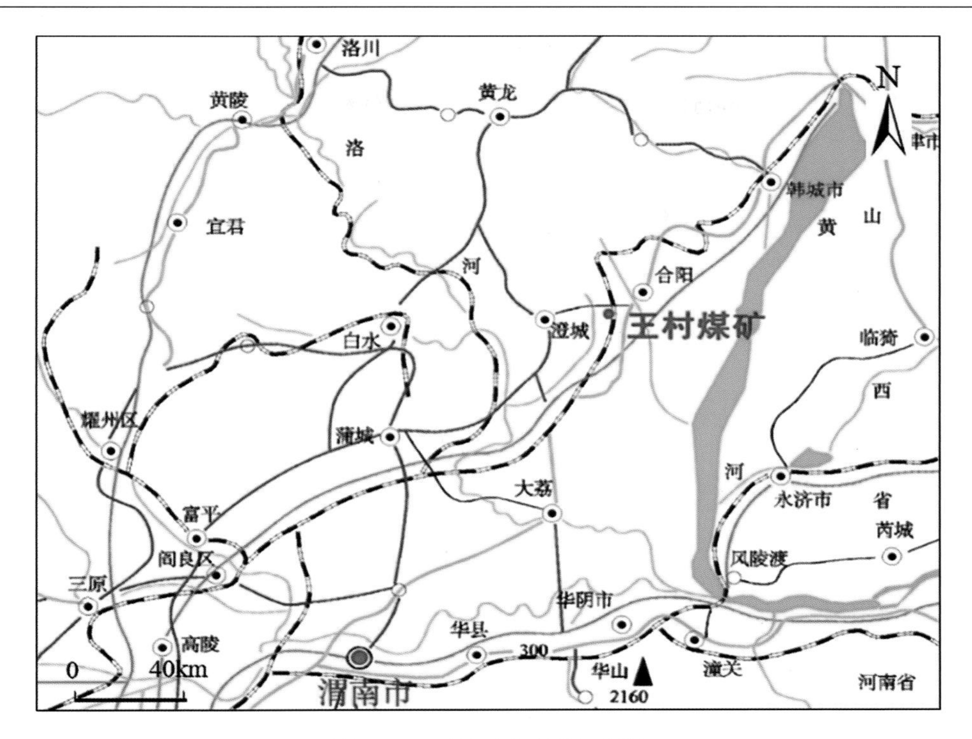

图 3-10　王村煤矿交通位置图

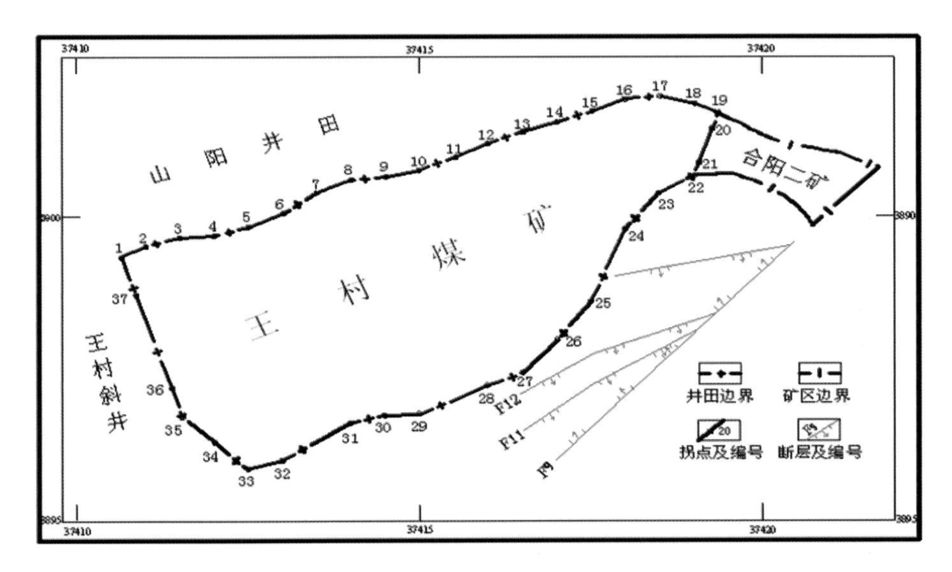

图 3-11　王村煤矿井田范围图

2. 关闭矿井时间、回撤、措施

1）闭坑时间

王村煤矿于 2016 年 10 月实施封井。

2）回撤内容

封闭 6 个井筒，包括东风一号、二号斜井，西风一号、二号斜井，主副立井。四个回风斜井采用密闭墙、黄土填充 30 m 并夯实，主副立井实施混凝土浇筑封闭。

3）安全措施

王村煤矿封井安全措施

主副井口封闭后用栅栏围挡，回风斜井封闭后，严禁在其周围 50 m 范围内进行大型施工活动，防止与斜井导通发生坍塌事故。在井口封堵处设立警示标志牌。

3. 关闭矿井地上资源情况

1）地形地貌

王村煤矿位于关中平原渭北黄土高原中东部，区内呈典型的黄土台塬侵蚀地貌。井田中部为黄土台塬地貌，塬面平整，黄土覆盖层厚达二百余米；东、西两侧以黄土侵蚀地貌为主，地表沟壑纵横，梁谷遍布，河床下切深度多在 150 m 左右；河谷整体呈南北向分布，两侧发育向北东、北西分叉的树枝状支沟；河谷和支沟谷（沟）底极为狭窄，为典型的黄土“V”形谷；谷内局部基岩裸露，大面积为冲洪积物和黄土所覆盖。沟谷中的高漫滩、阶地、残峁峁面以及黄土台塬塬面均为农耕地，土质肥沃，村庄密布。王村煤矿及其周边区域地势总体呈北高南低之势。井田内除东侧金水沟和西侧大峪河两条沟谷外，其余均较为平坦，地面标高一般在+ 720～+ 750 m。井田内最大标高为 755.2 m，最低标高为 562.5 m，相对高差 192.7 m。

2）水资源

流经王村煤矿井田范围的常年性地表流水有大峪河和金水沟两条溪流，均发源于北部黄龙山区并以大气降水及第四系潜水为补给，受季节影响较大，冬、春两季流量很小。其中大峪河自北而南流经井田西部，向西南注入洛河。金水沟自北向南流经井田东部，向东南注入黄河。

3）矿区铁路、公路、电力及管路设施

西（安）—韩（城）铁路从井田中部南北向通过，合阳车站位于矿井东约 2 km 处。澄（城）—合（阳）公路紧邻矿井工业场地通过，矿区交通便利。澄合矿业有限公司电力中心在王村煤矿工业场地东南角建有东区 110/35/6 kV 变电站，一回路 110 kV 供电电源引自西高明 330/110 kV 变电站，供电距离 23 km；二回路 110 kV 供电电源引自南蔡 110/35 kV 变电站，供电距离 2.7 km，一回路运行，另一回路带电备用。

4）工业广场建筑物

王村煤矿工业广场建筑主要位于主副井工业场地，东风井场地位于工业场地东南约 1 km 处，西风井场地位于工业场地西侧约 2 km 处。主副井工业场地总平面布置根据建筑物的功能、性质划分为生产区、辅助生产区和行政福利区。生产区位于工业场地西北部，由主立井、副立井、筛分系统等组成，主要布置有主立井及提升机房、副立井及提升机房、压风机房、筛分楼、锅炉房等。辅助生产区位于场地东北部，主要布置有机修车间机房、坑木加工房、机电设备材料棚、综采设备车间。行政福利区位于场地南部，布置有办公楼、职工食堂、调度楼、浴室灯房联合建筑、活动中心、井下消防洒水水池、水塔及泵房等。王村煤矿地面部分建筑如图 3-12 所示。

(a) 机电车间

(b) 煤矿展厅

(c) 运煤带

图 3-12　王村煤矿地面部分建筑

4. 关闭矿井地下资源情况

1）地层

王村井田范围内几乎完全被广厚的第四系黄土所覆盖，仅在大峪河河谷中有上、下石盒子组地层零星出露。根据钻孔揭露和地面观测资料，地层由老到新有中下奥陶统、中石炭统本溪组、上石炭统太原组、下二叠统山西组和下石盒子组、上二叠统上石盒子组及新近系上新统和第四系。井田内含煤地层为石炭系上统太原组和二叠系下统山西组，共含煤四层，自上而下依次编号为 4、5、10、11 号煤层。

2）含水层

按含水层性质可分为第四系松散层孔隙水、石炭二叠系砂岩裂隙水、太原组 K2 灰岩及奥陶系石灰岩岩溶裂隙水 3 种类型。其中前者为潜水含水层，后两者多为承压含水层。隔水层主要为各地层粉砂岩段、泥岩段。总体上看，第四系松散砂土层含水不富；石炭二叠系地层的富、透水性不强；奥灰岩富、透水性强，但极不均一，形成了本区非均质的统一含水体，水位标高+380 m，对矿井开采水平低于+380 m 的区域有不同程度的影响。王村煤矿最低开采水平为+270 m，故当开采水平低于+380 m 时，奥灰水将会有一定的影响。矿井生产、生活、日用消防及井下消防洒水均采用井下奥灰水，水质满足饮用水标准。

5. 地面设备

王村煤矿地面设备按照有关要求进行了封存。井下提升、采掘、运输等主要设备设施按照矿业公司有关要求进行了回收。主要地面设备如图 3-13 所示。

(a) 提升设备　　(b) 采掘设备　　(c) 运输车厢

图 3-13　王村煤矿地面存放设备

6. 矿山环境与治理

1）矸石排放与治理

矿井产生的固体废弃物主要为生产掘进过程中的矸石、地面筛分系统矸石、供热锅炉产生的灰渣及生活垃圾，经排矸线运至南王矸石山填沟、黄土深埋、植被绿化。

2）废水的排放与治理

矿井水随着开采的进行不断排出地表，经地面污水站净化处理达标后部分回用，剩余部分排放灌溉农田。当然也有少部分向下渗入，但通过下覆岩层的过滤净化作用和隔水层的阻隔，不会对下覆含水层水质产生影响。

3）地面沉陷

煤层开采后，地表形成较宽缓的波浪形起伏，会产生一定宽度的裂缝，特别是在沉陷边缘区较为明显。由于地表下沉需经过较长时间逐步变化并趋于稳定，且黄土覆盖较厚，因此不会改变矿区总体地形地貌。王村矿沉陷区面积约 1450.78 hm^2。

3.1.6　王村斜井

王村斜井无人机飞行获取的全景图，如图 3-14 所示。

图 3-14　王村斜井无人机全景图

1. 煤炭生产与矿井情况

王村煤矿斜井位于陕西省澄城、合阳两县交界处、澄合矿区中南部，隶属于合阳县王村镇和澄城县庄头镇管辖。矿区地理坐标位于东经 109°58′33″～110°06′50″，北纬 35°10′46″～35°14′35″，北距合阳县城 5 km，西距澄城县城 10 km。王村煤矿斜井西与董家河煤矿和庄头镇井田相接，北与山阳煤矿相邻，东侧为王村煤矿，南部则为煤层露头带。

王村煤矿斜井始建于1977年7月，2003年正式投入生产，矿井初步设计能力0.3 Mt/a。2005～2008年进行技改工程，矿井生产能力0.6 Mt/a。矿井东西走向长约4.2 km，南北倾斜宽约3.3 km，面积约13.5 km^2。主采煤层为5#煤，10#煤为大部分可采煤层。矿井采用三条斜井单一水平上、下山开拓方式，水平标高为+403 m，工业广场设立在井田东侧中部，邻近大峪河，三条斜井均分布在工业广场内。

2. 机构与人员构成

王村煤矿斜井截至2020年10月末，在册274人，人员分布详细内容如表3-11所示。

表3-11　王村斜井在册人员构成

人员构成	人员分布	人数
在岗	党政办公室	10
	党群工作部	4
	经营管理部	25
	工程管理部	8
	安全监察部	7
	运输区	22
	机运队	30
	通风区	15
	选运队	30
	后勤科	25
	机电车间	3
	护矿队	15
工伤		1
分流安置中心		79
总人数		274

3. 关闭矿井时间

王村斜井关闭矿井时间：2015年。

4. 关闭矿井地上资源情况

1）地面水系

流经井田范围的地表河流主要有大峪河，发源于北部黄龙山区，接受大气降水和第四系潜水补给，受季节影响流量变化较大。大峪河自北向南流经王村煤矿斜井井田中东部，向南注入洛河，根据澄合矿务局观测资料，大峪河最大流量0.625 m^3/s，最小流量0.0581 m^3/s，平均流量0.0713 m^3/s，最高洪水位为+583 m。

2）交通建筑

目前工业广场建（构）筑物及井筒、巷道等井下空间保存完好，将利用其转型地下气化开采，其中地面主要建筑物约 31 栋。王村煤矿斜井位于王村煤矿西部，西（安）—禹（门口）高速公路和 108 国道均由井田东南边缘通过，澄（城）—合（阳）公路经王村纵贯整个井田。西（安）—韩（城）铁路从井田东部通过，合阳火车站距矿区 9 km。公路、铁路形成了较密集的交通网，与主干线相连接可通往西安、渭南、铜川等地，交通便利。王村斜井部分地面建筑如图 3-15 所示。

(a) 行政楼

(b) 厂房

(c) 洗煤厂

图 3-15　王村斜井部分地面建筑

5. 关闭矿井地下资源情况

1）煤层

该井田成煤时代为石炭二叠系，含煤地层为二叠系下统山西组和石炭系上统太原组，含煤地层厚度 18.76～90.55 m，平均 45 m；自上而下煤层共 10 余层，其中山西组含煤地层 5 层，其余煤层赋存于太原组中。井田内可采煤层 3 层。

2）地层

王斜井田范围内几乎全被第四系黄土覆盖，在河谷中有上、下石盒子组地层零星出露。根据钻孔揭露和地面观测资料，地层由老到新有中下奥陶统、中石炭统本溪组、上石炭统太原组、下二叠统山西组和下石盒子组、上二叠统上石盒子组及新近系上新统和第四系，详细内容如表 3-12 所示。

3）水文

第四系松散含水层地下水主要赋存于第四系冲洪积物和黄土中亚砂土、砂及粉砂层中，水位埋深一般为 30～140 m，属弱含水层。由现代河流冲洪积物组成的 Q_4 含水层分布在河谷地带，以大气降水补给为主，水量随季节变化明显，富水性弱到中等。由黄土和亚砂土、砂及粉砂夹层构成的 Q_1～Q_3 含水层在井田内广泛分布，覆盖在基岩之上，形成黄土台塬。

二叠系砂岩裂隙含水层主要含水层为上石盒子组底部 K5 砂岩、下石盒子组底部砂岩及山西组底部 K4 砂岩，地下水赋存于砂岩裂隙中，富水性不均匀，各砂岩含水层被泥岩分隔，含水层之间一般无水力联系。

表3-12　王斜井田地层系统

	地层系统			厚度/m	岩性描述	分布范围
	系	统	组			
新生界	第四系Q	全新统Q_4		0～10	近代冲洪积物	各河谷
		中上更新统Q_2+Q_3		80～150	上部岩性为浅灰—浅黄色砂土，约15 m；下部为亚砂土、亚黏土等	
		下更新统Q_1		0～216.89	上部以棕红色、棕黄色亚黏土为主；中部为亚砂土、亚黏土、砂砾石互层；底部为较厚的砂砾石和砂层	
古生界	二叠系P	上统P_2	上石盒子组（P_2s）	0～255.67，一般140 m	底部为中粗粒含砾砂岩，灰白色，以石英、长石为主；中、下部由灰绿色砂岩和紫杂色泥岩、砂质泥岩组成；上部为黄绿、灰绿色砂岩、粉砂岩、泥岩互层	
		下统P_1	下石盒子组（P_1x）	22.04～64.01，一般35 m	底部为灰白色、灰黄色的中粒砂岩；中上部为粉砂岩和砂质泥岩，夹1～3层灰绿色薄层砂岩	大峪河河谷零星出露
			山西组（P_1s）	21.55～62.47，一般40 m	下部为灰白色—深灰色中粗粒砂岩（K4）；中部为灰色、灰黑色粉砂岩、砂质泥岩及煤层；上部为灰色细粒砂岩、粉砂岩或砂质泥岩	
	石炭系C	上统C_3	太原组（C_3t）	22.09～75.1，一般45 m	下部由砾岩（或含砾砂岩）、铝质泥岩、石英砂岩、砂质泥岩及煤组成；中部由深灰色粉砂岩和灰白色石英砂岩、黑色灰岩组成；上部由灰黑色砂质泥岩、泥岩及煤层组成	
		中统C_2	本溪组（C_2b）		岩性为灰色、灰绿色和紫灰色的铝质泥岩、泥岩及粉砂岩，内含黄铁矿	
	奥陶系O	中上统O_2～O_3		厚度不详	分为峰峰组二段和峰峰组一段，岩性为浅灰、灰色石灰岩，白色白云岩，铝土泥岩充填	

6. *矿山环境与治理*

1）区域灾害情况

井田在地貌单元上处于黄土高原的塬梁沟壑区，大浴河河流沟道断面呈“V”字形居多，谷坡陡峻，水土流失较为严重。重力侵蚀主要发生在黄土沟帮的陡峭地带。由于井田内具有塬高、沟深、坡陡的地貌特点，塬缘沟坡段地形陡峭，植被较少，入渗困难，降水易形成地表径流，造成井田内水土流失。加之疏松的黄土在外力作用下常形成滑坡、崩塌体，从而为泥石流的形成提供了物质来源，加剧了地表水的冲刷能力和破坏能力。

2）矿井主要灾害

矿井开采深度在90～320 m，无冲击地压。煤的自燃为二至四级，均为不易自燃的煤层。经抚顺煤炭研究院煤尘室进行煤尘爆炸及自燃试验，所采取的11个煤芯煤样火焰长均在 250～300 mm，结论为“有爆炸危险性”。

村庄建筑物下留有足够的保安煤柱，建筑物未发生变化，仅耕地短期内有轻微塌陷、裂缝情况，矿井关闭前地表塌陷、裂缝均已赔偿修复处理，矿井关闭后无新增开采沉陷情况。

3.1.7 澄合矿业公司 5 对关闭矿井资料汇总

澄合矿业公司 5 对关闭矿井资料汇总如表 3-13 所示。

表 3-13 澄合矿业公司 5 对关闭矿井情况汇总

矿区	煤炭生产与矿井生产情况	机构与人员构成	关闭矿井时间、回撤、措施	关闭矿井地上资源情况	关闭矿井地下资源情况	采掘设备	矿山环境与区域发展
澄合二矿	核定生产能力 69 万 t/a	在册职工 1872 人（截至 2017 年 5 月末）	2017 年 3 月	地形北高南低，黄土深沟地貌；建筑总面积约 35000 m^2，土地资源面积 42.59 hm^2	剩余储量 9662.8 万 t，井下巷道总长度 24000 余米，可用空间 33 万 m^3	采煤机 3 台，工作面支架 300 余架，压风机 7 台，乳化泵 6 台等	矸石发电，废水处理后用于农业灌溉，临近 4A 级景区
合阳一矿	放顶煤开采，垮落法管理顶板	在册员工 939 人（截至 2020 年 10 月底）	2016 年	地面配电系统保护装置及避雷装置齐全	主采煤层赋存稳定，平均厚度 3 m，贫煤	EBZ-160 综掘机、EBH-120 综掘机、P-60 耙斗装岩机	矿井水处理后用于井上下生产、绿化灌溉、消防
权家河煤业	有三个进风井和一个回风井	在册职工 49 人（截至 2020 年 10 月底）	2016 年 3 月	4 个井口，办公楼、权矿医院、调度楼等建筑	井底中央变电所、208 变电所、410 变电所、384 变电所	5208 下分层区域运煤皮带 6 部，384 皮带巷运煤皮带 2 部，208 仓上皮带 2 部，208 仓下皮带 2 部	采矿活动导致地面塌陷及伴生的地裂缝
王村煤矿	设计生产能力 150 万 t/a	在册职工 3737 人（截至 2016 年 4 月）	2016 年 10 月	土地资源占地面积 44.6 hm^2	剩余资源储量 8946.6 万 t	ELMB-75C 综掘机、扒斗机、锚喷支护	矸石山填沟、黄土深埋、植被绿化
王村斜井	矿井生产能力 60 万 t/a	274 人（2020 年 10 月末）	2015 年	工业场地面积约 7.06 hm^2，地面主要建筑物约 31 栋	5#煤层为主要可采煤层，储量约占 46.05%	地面风机、绞车、井架	局部水土流失严重，存在重力侵蚀

3.2 黄陵矿业公司 1 对关闭矿井数据分析

根据陕煤集团 2014 年 10 月 20 日《关于加快推进十项改革工作的会议纪要》《关于调整收缩和缓建矿井相关工作的通知》（陕煤化司发〔2014〕875 号）以及陕西省发展和改革委员会《关于公布 2016 年煤炭行业化解过剩产能引导退出煤矿名单的通知》、陕西省煤炭生产安全监督管理局《陕西省 2016 年化解煤炭过剩产能引导退出煤矿名单公示》（第一批）文件精神，陕西苍村煤业有限责任公司（以下简称苍村煤业）及时启动矿井关闭工作。陕西苍村煤业有限责任公司如图 3-16 所示。收集苍村煤矿文档数据，包括矿山地质环境恢复治理完成情况、水文水害月报台账、矿井地质报告、矿山地质环境保护方案、煤矿资源储量、主要工作面掘进、回采地质说明、工业广场平面图、综合水文地质图、储量估算图、资源划拨区范围图、煤矿闭井后进行的工作。

图 3-16　陕西苍村煤业有限责任公司

3.2.1　苍村煤矿数据资源

苍村煤矿的调研现场文档数据有陕西苍村煤业有限责任公司矿山地质环境恢复治理完成情况、2012 年和 2013 年苍村煤矿水文水害月报台账、苍村煤业有限责任公司矿井地质报告、苍村煤矿闭井后进行的工作等。依据这些数据资源，分析苍村煤矿关闭矿井。

具体数据资源陈列：

（1）《陕西苍村煤业有限责任公司煤矿开采现状报告》 2016 年 11 月

（2）陕西苍村煤业有限责任公司闭坑方案 2016 年 2 月

（3）陕西苍村煤业有限责任公司矿山地质环境恢复治理完成情况 2016 年 10 月

（4）苍村煤业公司矿井关闭实施方案 2014 年 11 月

（5）2012、2013 年苍村煤矿水文水害月报台账 rar

（6）《陕西苍村煤业有限责任公司矿井地质报告》 2012 年 9 月

（7）陕西苍村煤业有限责任公司矿山地质环境保护方案 2010 年 3 月 23 日

（8）《陕西苍村煤业有限责任公司煤矿资源储量检测说明书》 2006 年 9 月

（9）苍村煤矿主要工作面掘进、回采地质说明 rar

（10）苍村煤业工业广场平面图 DWG

（11）苍村煤矿综合水文地质图 DWG

（12）苍村公司储量估算图 DWG

（13）苍煤资源划拨区范围图 DWG

（14）苍村煤矿闭井后进行的工作 rar

（15）苍村煤业井下消防材料储存配置方案
（16）陕煤化调研苍村煤业（2013 年接续采掘工程平面图）DWG
（17）1607 综采作业规程
（18）2014 防尘系统图 DWG
（19）2014 防灭火系统图 DWG
（20）陕西苍村煤业有限责任公司矿山土地复垦情况说明

3.2.2 苍村煤矿

1. 煤炭生产与矿井情况

1）煤矿建设情况

陕西苍村煤业有限责任公司矿井 1970 年立项建设，由于当时的特殊时代环境，实行的是“三边”原则，中国人民解放军煤炭工业部军事代表团以〔70〕煤军字 28 号文下达开工通知，由企业自筹资金在水电路不通的情况下土法上马，拟建井型 45 万 t/a。1987 年根据煤炭部关于加快我国西部煤炭开发的指示精神，苍村煤业平硐委托北京煤炭设计研究院常州设计研究所对井田作了初步设计，陕西煤炭工业管理局以陕煤局发〔87〕231 号文批准了该设计，生产能力 30 万 t/a。1990 年根据上级部门的审查意见由常州设计研究所对初步设计修改后报国家能源部，国家能源部以能源基〔1991〕10 号文批准该设计。2004 年 7 月根据矿井延伸的需要，苍村煤业平硐委托陕西煤校地方煤矿设计院作了《苍村平硐开拓延伸工程》设计，由陕西煤矿安全监察局以陕煤安局发〔2005〕61 号文批准该设计。陕西省煤炭工业局于 2007 年以陕煤局发〔2007〕123 号文核定矿井生产能力为 30 万 t/a，2008 年以陕煤局发〔2008〕137 号文核定矿井生产能力为 45 万 t/a。2012 年陕西煤炭生产安全监督管理局批准生产能力 60 万 t/a。

2）矿井概况与开采情况

陕西苍村煤业有限责任公司位于延安市黄陵县店头镇西北，行政区划属黄陵县店头镇管辖，地理坐标为东经 109°04′58″～109°08′25″，北纬 35°38′30″～35°41′41″。东南沿黄（陵）—店（头）公路距黄陵县城 24 km，与 210 国道相接，南距铜川市区 107 km，北距延安市区 199 km，南经腰坪、建庄抵焦坪 62 km，西经双龙可达上畛子，北经隆坊到富县张村驿，均有柏油公路相通；工业广场距西（安）—延（安）铁路秦（家川）—七（里镇）支线七里镇站约 2 km，如图 3-17 所示。

井田内含煤岩系为中下侏罗统延安组地层，构造简单，煤层走向 NE—SW，倾向 NW，倾角 3°～5°，水文地质条件简单，低瓦斯，井田内共含煤四层。苍村煤业矿井井田宽约 0.95～2.8 km，长约 6 km，矿权范围面积 9.3183 km^2，平硐开拓，单一煤层开采。矿井查明资源储量为 1679.4 万 t，经过四十余年的开采，井田中厚煤层已全部开采完毕，井田西北部尚未开采，2015 年底尚有可采储量 320.56 万 t。苍村平硐仅为苍村井田的一部分，地质储量也仅为原地质报告地质储量中的一部分。矿井开采方式为平硐-斜井联合方式，主采 2#煤层，3^{-1}#煤只局部可采，目前尚未开发利用。采矿方法为高档普采。各年份资源消耗情况如表 3-14 所示。

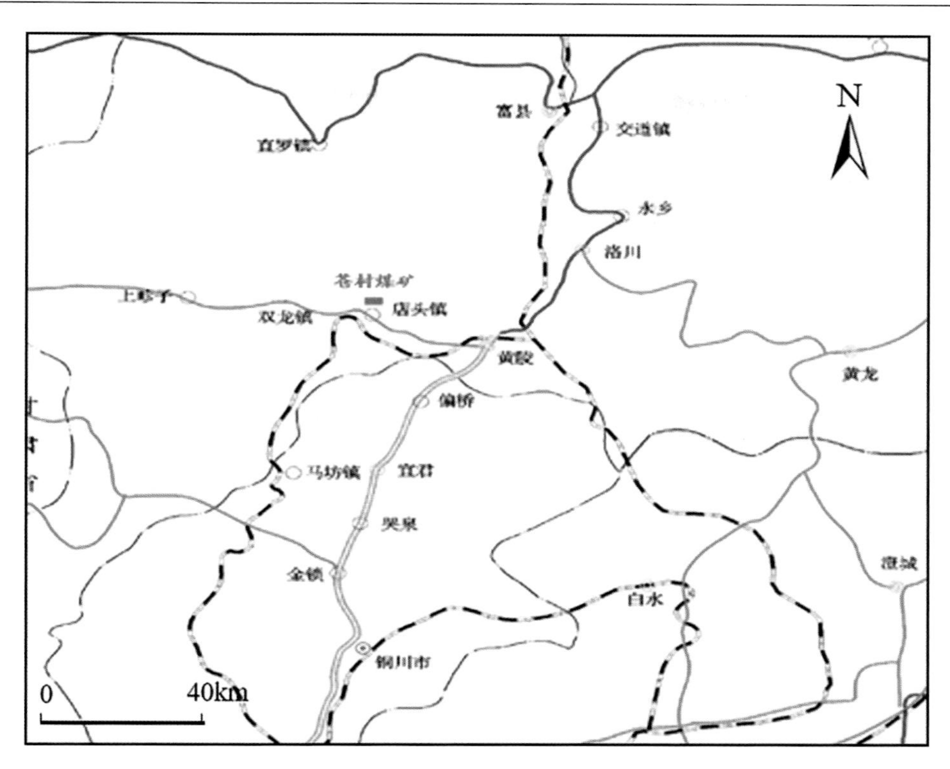

图 3-17　苍村煤矿位置及交通示意图

表 3-14　2003～2008 年度资源消耗情况　（单位：万 t）

年份	矿井动用量	采出动用量	矿井采出量	采区采出量	矿井损失量
2003	17.95	16.30	14.13	12.48	3.82
2004	46.27	43.42	33.87	28.47	12.44
2005	40.11	32.63	29.59	27.03	5.6
2006	44.7	41.4	37.1	33.8	7.6
2007	60.68	55.42	51.26	46.0	9.42
2008	52.72	48.17	44.35	39.79	8.38
合计	262.43	237.34	210.3	187.57	47.26

3）苍村矿预期利用价值评价

2012 年全矿生产原煤 52.68 万 t，销售 52.68 万 t，工业总产值 21128.93 万元，工业销售产值 15349.67 万元，利润总额 –2094.53 万元，税金总额 2135.85 万元。2013 年起截至目前该矿吨煤平均成本 394.11 元，吨煤销售价格还不能维持成本。苍村矿预期利用价值评价是负利润。根据陕煤局发〔2012〕252 号文件，核定矿生产能力为 60 万 t/a。苍村矿现在井田内所剩储量不多，为此对井下工作面进行合理布局，优化设计，加大采煤工作面浮煤的回收，尽量将煤炭一次性全部回收，提高矿井煤炭回采率。

2. 机构与人员构成

苍村煤矿机构人员情况如表 3-15 所示。

表 3-15　苍村煤矿机构与人员构成　（单位：人）

部门	人数	部门	人数	部门	人数
综合办公室	16	党群工作部	3	人力资源部	3
财务部	3	生产部	6	机电部	5
调度室	7	安监部	18	通风科	38
供应部	9	运销部	9	后勤保卫部	32
综合队	12	采煤队	92	采五区	88
掘进队	92	运输队	98	机电队	58
其他	56				
合计			645		

3. 关闭矿井时间、回撤、措施

1）闭坑时间

苍村煤业公司于 2015 年 3 月停止生产，实施回撤有序关闭。

2）回撤内容

闭坑工作由采煤队负责实施，通安部、生产部、机电部监督执行。每次施工前，瓦斯员必须认真检查井口 50 m 范围内瓦斯、二氧化碳浓度，在浓度符合规定的情况下，进行井口封闭。井口以里 30 m 处料石砌墙，掏槽深度不小于 0.5 m，密闭墙厚度 1.0 m，全断面永久封密。井口以下至 30 m 密闭墙处全部用矸石和黄土充填夯实，井口料石砌墙（规格同 30 m 处密闭墙）。井口附近就近取土，与井口建筑垃圾等充填井筒。风井联络巷、风硐等，均必在井口处构筑密闭墙，墙体厚度不小于 1.0 m，掏槽深度不小于 0.3 m，墙体至回风井筒间须黄土充填夯实。

根据陕西省发展和改革委员会《关于公布 2016 年煤炭行业化解过剩产能引导退出煤矿名单的通知》和陕西省煤炭生产安全监督管理局《陕西省 2016 年化解煤炭过剩产能引导退出煤矿名单公示》（第一批）文件精神，陕西苍村煤业有限责任公司及时启动了矿井关闭工作，2016 年 3 月矿井井下和地面各生产系统已回撤完毕，矿井相关资料建档成册，矿井关闭工作已全部结束，矿井退出产能进展情况已通过陕煤集团验收。

3）安全措施

苍村煤业回撤安全措施

1. 井下回撤前，生产部必须根据矿井生产实际情况及时编制矿井回撤方案，并上报黄陵矿业公司审批，认真做好回撤方案落实工作。

2. 各项回撤工作实施前，采煤队、运输队、机电队必须根据本区队工作情况编制回撤、运输安全技术措施，经审批严格执行。

3. 机电部必须根据矿井回撤工作安排，及时做好矿井供电、供水、运输、设备地面码放、回撤设备登记等相关工作，确保回撤安全、平稳、有序开展。

4. 通安部必须根据工作安排和回撤进度，认真做好通风、瓦检、安检、排水、密闭、安全监控等相关工作，严格落实安全技术措施，狠反“三违”，确保回撤安全。

5. 运输队必须严格落实安全技术措施，坚决杜绝各类违章违规现象，超长、超宽、超高等特殊设备运输，必须另行制定安全技术措施。

6. 调度室要认真做好生产调度工作，准确掌握井下回撤情况，及时协调处理矿井回撤工作中存在的问题，保证回撤工作顺利进行。

7. 财务部必须按照国家有关政策、行业标准、上级有关批示和要求，及时做好债权债务处置工作，编制债权债务处置方案，报请黄陵矿业公司批准后执行。

8. 劳动人事部要根据国家有关法律、法规和企业人员实际情况，认真做到人员分流安置工作，编制《人员分流安置方案》，并提交职代会通过后执行。要及时做好人员情况摸底、有关资金预算等工作，及时向职工做好相关解释说明，保证人员分流安置工作顺利进行。

9. 后勤保卫部要及时掌握矿区动态，及时处置各类突发事件，保证矿区稳定。井下回撤工作结束后，必须及时对所有井筒进行封闭，共需封闭三处井筒：2 号回风井及进风井、3 号回风井、主平硐井口。封闭顺序：①2 号风井、②3 号风井、③主平硐井口。施工前必须制定安全技术措施，经审批后贯彻执行。每班必须配有专职瓦检人员，每班开工前，瓦检员必须认真检查作业地点 20 m 范围内瓦斯浓度，只有在瓦斯不超限的情况下方可组织施工。封填井筒时，必须安排专人做好隐蔽工程记录，并填图归档。进行封闭作业时，必须在作业地点 50 m 处设置警戒线，设专人现场监管，严禁闲杂人员进入警戒线内，施工期间，严禁任何人进入井筒。

10. 风井井筒回填期间，运输车辆将料石、灰沙、石渣、黄土堆放在警戒线内，通过矿车将回填用料运入井。回填期间，必须有专职指挥人员，负责回填进度和回填质量，确保回填安全。

11. 主平硐井口回填时，运输车将料石、灰沙、石渣、黄土堆放在警戒线内，将石渣、黄土装入矿车内，由矿车运送到施工地点，回填期间必须有安检员现场监管回填质量，回填时必须层层砌实，防止出现虚砌实现象。封密主平硐井口时，必须按规定埋设泄水管路，安装泄水阀，保证大巷正常排水。

12. 井筒回填至地面后，要采用措施将黄土夯实，如井口地面塌陷必须进行回填。

13. 由于闭坑回填工作量大，作业人员倒班作业时，现场要设置不少于 2 人专职看管现场，防止交接班时间闲杂人员误入。

14. 所有井筒的封密必须按要求进行施工，保证施工质量。职能部室必须有专人跟班，监督施工进度和施工质量，存在的问题必须及时返工处理。

4. 关闭矿井地上资源情况

1）土地资源

土地类型主要为林地、荒地和耕地等，对土地的占用主要表现在各工业场地及堆渣。据现场调查评估区内有工业场地 5 处，分别为平硐工业场地、1 号风井废弃工业场地、2 号风井工业场地、原计量站煤矿废弃工业场地和 3 号风井工业场地，5 处工业场地共占用土地约 109002 m^2，其中建设用地约 38202 m^2，荒草地约 9800 m^2，耕地 61000 m^2，详情如表 3-16 所示。

表 3-16　苍村煤矿评估区内各工业场地占地情况统计

工业场地名称	占地面积/m^2	土地类型	备注
平硐工业场地（生活区）	38202	建设用地	使用
1 号风井工业场地	7000	荒地	废弃
2 号风井工业场地	49000	耕地	使用
原计量站煤矿工业场地	12000	耕地	废弃

渣石堆场 6 处（Z1～Z6），6 处堆渣共占用土地 23620 m^2，均为荒草地。详情如表 3-17 所示。

表 3-17　苍村煤矿堆渣现状统计

编号	位置	渣体属性	面积/m^2	土地类型
Z1	七丰村东侧	矸石及煤渣	1500	荒地
Z2	七丰村东北侧	矸石及煤渣	6000	荒地
Z3	1 号风井井西侧	矸石及煤渣	4500	荒地
Z4	垃圾场	矸石煤渣和各种垃圾	10000	荒地
Z5	垃圾场东侧	矸石及煤渣	120	荒地
Z6	2 号风井工业场地东侧	矸石及煤渣	1500	荒地

2）水资源

生活用水来自郑家河水库和各村自备水井。区内无大规模的地表水体存在，仅姜家沟、北部钱沟及无名沟有间歇性小溪流，流量受季节因素影响较大。区内泉水以基岩裂隙水为主，调查见两处泉眼，位于七丰村，其流量约 0.1 L/s，水质良好，为附近村民饮用水供水水源。

3）工业广场建筑物

地面有工业广场一处，办公楼三栋，调度楼一栋，区队办公楼二栋，单身楼一栋，职工浴池两间，机修车间三间，机电大院两处，坑木场一处，另有供销楼一栋，库房一处，煤场一处。压风机房 1 处，主扇 2 台，通风方式为抽出式。地面有井口地面变电所和 3 号风井变电所。苍村煤矿地面部分建筑物如图 3-18 所示。

(a) 办公楼

(b) 单身楼

(c) 机电大院

图 3-18　苍村煤矿地面部分建筑物

4）矿区铁路、公路、电力及管路设施

县级三级公路从矿区东部自西南向东北通过，为 7 m 宽度的沥青路面；矿区内也大量分布有乡乡通及村村通公路。工业广场距西（安）—延（安）铁路秦（家川）—七（里镇）支线七里镇站约 2 km。矿区南部有店鲁线 110 kV 高压线路通过。

5. 关闭矿井地下资源情况

1）矿井地质

苍村井田位于黄陵矿区的南部，井田地质基本构造形态为一向北西倾斜的单斜构造，地层平缓，倾角 3°～4°，沿走向地层有波状起伏，在井田东南部和北部发育有宽缓的小型背向斜。总体而言，井田地质构造简单。井田内含煤地层为中侏罗统延安组，共含煤四层，其中 2#煤层全井田分布，为井田内主要可采煤层，2#煤层煤类主要以 RN（32）为主，属于低灰、中高挥发分、低硫、高磷、高发热量的富油煤，具弱-中等黏结性、化学反应性较强，热稳定性高，抗破碎强度高。是良好的动力及民用煤，同时也可作为气化、配焦、低温干馏、高炉喷吹用煤。

2）主要井巷现状

主要井巷：主平硐 1970 m、1 号风井 350 m、2 号回风斜井 550 m、2 号检修井 550 m、3 号回风斜井 267 m。主要大巷（开拓巷道）和采区巷道（准备巷道）累计约 7800 m，井筒、巷道一般采用料石砌碹支护。

3）矿井含水层

井田自上而下共有 4 个含水层：第四系黄土潜水含水层、中侏罗统直罗组砂岩裂隙潜水含水层、中侏罗统延安组砂岩裂隙承压含水层、上三叠统永坪组砂岩裂隙承压含水层。第四系黄土潜水含水层：覆盖于基岩顶面，组成黄土塬之松散堆积物，由亚黏土、亚砂土及钙核层组成；西南薄、东北厚，最大厚度 189 m，地下水位埋深 0～102.52 m，有泉水出露。中侏罗统直罗组砂岩裂隙潜水含水层：岩性主要为灰白色中粗粒石英砂岩，钙质胶结，裂隙发育，系井田主要含水层。地表发现两处泉水，地下水矿化度 0.44g/L，属重碳酸氯化钠（钾）钙镁型淡水。井田内未发现泉水。

2019 年 7 月 24 日～31 日，在黄陵苍村煤矿进行了矿井地下水样的采集，共采集 500 mL（5 个水样瓶）水样，矿井地下水水质检测按照《生活饮用水卫生标准》（GB5749）进行，检测结果如表 3-18 所示。

表 3-18 苍村煤矿地下水水质检测结果

序号	检验检测项目	单位	标准规定的限值	苍村煤矿
1	色度（铂钴色度单位）	—	≤15	<5
2	浑浊度	NTU	≤1	<0.5
3	臭和味	—	无异臭、异味	无异臭、异味
4	肉眼可见物	—	无	无肉眼可见物
5	pH	—	6.5～8.5	7.5
6	氰化物	mg/L	≤0.05	未检出（检出限为 0.002 mg/L）
7	硝酸盐（以 N 计）	mg/L	≤10	未检出（检出限为 0.2 mg/L）
8	亚氯酸盐	mg/L	≤0.7	未检出（检出限为 0.04 mg/L）
9	氯酸盐	mg/L	≤0.7	未检出（检出限为 0.23 mg/L）
10	铁	mg/L	≤0.3	0.0176
11	锰	mg/L	≤0.1	0.001322
12	铜	mg/L	≤1.0	0.000036
13	锌	mg/L	≤1.0	未检出
14	铅	mg/L	≤0.01	未检出（检出限为 0.00007 mg/L）
15	镉	mg/L	≤0.005	未检出（检出限为 0.00006 mg/L）
16	铬（六价）	mg/L	≤0.05	未检出
17	总砷	mg/L	≤0.01	0.000036
18	汞	mg/L	≤0.001	0.00011
19	硒	mg/L	≤0.01	未检出
20	氟化物	mg/L	≤1.0	未检出（检出限为 0.03 mg/L）
21	氯化物	mg/L	≤250	186.3
22	硫酸盐	mg/L	≤250	80.2

根据《生活饮用水卫生标准》（GB5749）规定的限值，苍村煤矿的地下水水质达到了生活饮用水卫生标准。

6. 采掘设备

苍村煤矿地面回收设备及煤场如图 3-19 所示。

7. 矿山环境与区域发展

1）地质环境保护方案

井田内采空区已经产生裂缝，宽 0.2～0.3 m，落差 0.2～0.5 m，在耕地、果园、沟坡林地、乡村公路等处发生，由于裂缝均在无人区，只要加大监控和管理，不会对周围环境产生大的影响。

(a) 运输车厢

(b) 地面翻罐笼

(c) 煤场

图3-19　苍村煤矿地面回收设备及煤场

陕西苍村煤业公司由于建矿时间早、开采时间长、采空面积大等历史原因，现有环境保护设施、设备已趋于老化，井田内地裂缝、塌陷分布较多，地下水流失较重，已对区域自然、生态产生了一定程度的影响，地灾防治工作量大，需要进行长时间的综合治理，才能取得良好的社会和生态效益。

2）地质环境保护要求

对井田内已出现的裂缝、塌陷、滑坡等地段及时进行回填、加固、平整治理；地坎、坡边地带设点，对裂缝、塌陷、滑坡进行观测，对出现的异常现象及时进行处理；矸石场及建设地点挖方堆放场及时覆绿，煤矸石场修筑拦渣坝、排水沟和泄洪洞，这样既有利于以后煤矸石的综合利用，又能控制水土流失；加大工业场地的绿化面积，减少扬尘、噪声及水土流失；建立长效的环境监测制度，对生产中的各项环境项目进行监测，出现问题及时处理，把地灾隐患消灭在萌芽状态。

3）矿山地质环境恢复治理具体工作

对耕地、林地沉陷的问题在其稳定后按照实际情况进行土地整治，与当地村民签订治理协议，由村民负责把地面沉陷情况恢复至正常水平。对部分荒地塌陷的治理，由苍村公司负责出资，与当地政府签订合同，委托当地政府通过植树、种草等恢复破坏的景观。对沉陷盆地边缘的地裂缝，发现后及时进行土方回填，主要与当地政府签订有关协议，由当地政府负责恢复。经过恢复治理，矿井开采过程中造成的滑坡、地表塌陷、地下水、地形地貌等问题得到了遏制，完成了地质环境恢复治理各项任务，达到了有关验收标准。

4）矿山地质环境恢复治理完成情况

①滑坡：滑坡地段，现状较稳定，所处沟谷及坡面人迹罕至，人类活动较少，无直接威胁对象，地质灾害危险性小。②采空区引起的地表塌陷：该矿主采2号煤层，其埋深较浅，最深点约215 m，最浅点约50 m，区内地质构造简单，地层平铺缓倾，经过多年开采，采空区已出现地面不均匀下沉，形成塌陷盆地，盆地中心变形小，以整体下沉为主，地表裂缝也较小，而在塌陷盆地的周边产生较为密集的裂缝带。部分采空区有不同程度的地面塌陷现象，可见地裂缝，由于人工回填及自然恢复，老采空区地裂缝多已恢复。③地下水：评估区内人类工程活动主要以农业耕种、建房修路和采矿活动为主，这些活动对评估区地表水及地下水水质污染的可能性较小，采煤活动对地下含水层影响较轻，现有人类工程活动对矿山水资源影响较轻。④对地形地貌的影响：采矿活动对地

形地貌景观影响较严重面积不足评估区面积的百分之一，故评估区内采矿活动对地形地貌景观影响较轻。

陕西苍村煤业有限责任公司定期查看采矿活动对矿区范围内耕地、林地、荒山、水源、矸石山等变化情况，并采取了许多行之有效的措施，主要解决矿山地质环境现存问题，即由于地下开采引起的地面塌陷、地裂缝、地形地貌景观破坏等，完成恢复治理任务。

5）区域经济及产业

陕西苍村煤业有限责任公司煤矿范围行政区隶属陕西省延安市黄陵县店头镇管辖。店头镇位于黄陵县城西 24 km 的两川交汇处，是一个以煤炭资源开发为主的工业主导型小城镇，是延安市最大的行政建制镇和黄陵县的经济中心；是国家确定的全国乡镇企业东西部合作示范区，是陕西省委省政府确定的全省 100 个小城镇建设综合改革试点镇之一。全镇总人口 5.9 万人，其中农业人口 17783 人；总面积 487.5 km^2，其中耕地面积 1.2 万亩，退耕还林面积 6322 亩，天然林管护面积 2 万亩，林区木材和药材及野生动物名目繁多。煤炭可采量 24 亿 t，且有煤层浅、低灰、低硫、高发热量的特点，年产优质原煤 400 万 t，畅销全国并出口日本、泰国、菲律宾、孟加拉国，是陕西省“四大产煤基地”之一，素有渭北“黑腰带”之美誉。沮河两大支流汇集于镇中心，黄畛公路穿境而过，秦七铁路运煤专线横贯镇区。基础设施完善，服务功能齐全，城市建设初具规模。

3.2.3　黄陵矿业公司 1 对关闭矿井资料汇总

黄陵矿业公司 1 对关闭矿井资料汇总如表 3-19 所示。

表 3-19　黄陵矿业公司 1 对关闭矿井情况汇总

矿区	煤炭生产与矿井生产情况	机构与人员构成	关闭矿井时间、回撤、措施	关闭矿井地上资源情况	关闭矿井地下资源情况	采掘设备	矿山环境与区域发展
苍村煤矿	核定生产能力 69 万 t/a，2015 年底尚有可采储量 320.56 万 t	在册职工 645 人（截至 2012 年底）	2015 年 3 月	5 处工业场地，占地约 109002 m^2；6 处渣石堆场，占地 23620 m^2	保有资源/储量共 670.0 万 t；主要大巷和采区巷道累计长约 7800 m	地面翻罐笼、运输车厢	回填、加固、平整治理裂井田缝、塌陷、滑坡等地段；对矸石场及建设地点挖方堆放场，煤矸石场进行覆绿；修筑拦渣坝、排水沟和泄洪洞

3.3　蒲白矿业公司 2 对关闭矿井数据分析

陕西陕煤蒲白矿业有限公司，位于陕西省蒲城县罕井镇，距古城西安 130 km。蒲白矿业公司现有两个矿区即蒲白矿区和黄陵新区，其中蒲白矿区为转型矿山资源开发利用调研评估的对象，蒲白矿区包括朱家河煤矿和白水煤矿，如图 3-20 所示。设计调研方案，按照调研路径的合理性安排，依次分别调研朱家河煤矿、白水煤矿。收集朱家河煤矿文档数据，包括矿井概况、资源开发利用调研评估、土地复垦利用方案、闭坑地质报告、生产矿井地质报告、水文地质类型划分报告、矿井资源开采情况报告；收集白水煤矿文档数据，包括矿井资源开发利用调研评估、闭坑地质报告、生态环境治理方案、矿井地质报告、工业广场平面图、煤矿人员现状。

(a) 朱家河煤矿

(b) 白水煤矿

图 3-20　蒲白矿区关闭矿井

3.3.1　蒲白矿区 2 对关闭矿井数据资源

蒲白矿业公司 2 对关闭矿井的调研现场文档数据有蒲白矿业有限公司转型矿井（朱家河矿）资源开发利用调研评估资料简介、朱家河煤矿土地复垦利用方案、朱家河煤矿闭坑地质报告等；蒲白矿业有限公司转型矿井（白水矿）资源开发利用调研评估资料简介、白水煤矿人员现状、白水煤矿有限责任公司闭坑地质报告等。依据这些数据资源分析朱家河煤矿、白水煤矿 2 对关闭矿井。

具体数据资源陈列：

（1）蒲白矿业有限公司转型矿井（朱家河矿）资源开发利用调研评估资料简介 2019 年 6 月

（2）陕西陕煤蒲白矿业有限公司朱家河煤矿土地复垦利用方案 2018 年 9 月

（3）《陕西陕煤蒲白矿业有限公司朱家河煤矿闭坑地质报告》 2016 年 11 月

（4）《陕西陕煤蒲白矿业有限公司朱家河煤矿生产矿井地质报告》 2015 年 10 月

（5）《朱家河煤矿矿井水文地质类型划分报告》 2014 年 9 月

（6）《朱家河煤矿资源开采情况报告》 2009 年 3 月

（7）采掘工程平面图 2016 年 DWG

（8）采掘工程平面图 1∶5000（2012 年）DWG

（9）朱家河煤矿人员现状

（10）蒲白矿业有限公司转型矿井（白水矿）资源开发利用调研评估资料简介 2019 年 6 月

（11）白水煤矿人员现状 2019 年 6 月

（12）《陕西蒲白白水煤矿有限责任公司闭坑地质报告》 2016 年 6 月

（13）《蒲白矿区白水煤矿矸石堆放场综合治理工程实施方案》 2015 年 7 月
（14）陕西蒲白白水煤矿有限责任公司生态环境治理方案 2014 年 11 月
（15）《陕西省渭北煤田蒲白矿区白水煤矿矿井地质报告》 2008 年 3 月
（16）白水煤矿工业广场平面图 DWG
（17）白水煤矿地形地质及水文地质图 zip
（18）白水煤矿 2014 年检井上下对照图 DWG

3.3.2 朱家河煤矿

朱家河煤矿无人机飞行获取的全景图，如图 3-21 所示。

图 3-21 朱家河煤矿无人机全景图

1. 煤炭生产与矿井情况

1）矿井基本情况

朱家河煤矿地处蒲城、白水、铜川三县、市交界处，隶属陕西省渭南市白水县管辖，面积 38.3 km^2。矿区地处渭北黑腰带腹地，当地煤炭总储量达 5.9 亿 t，地方矿年产原煤 200 万 t。建设火电厂 2 座，年发电量近 6 亿 kW·h。青红砂石资源范围广，赋存条件好，品质优良，裸露地表便于开发，总储量达 27.7 亿 m^3，开发前景十分广阔。石灰石储量 1 亿 t，陶土 1000 万 t，高岭土 1918 万 t。朱家河煤矿为陕西省煤业集团蒲白矿业有限公司所属的国有中型矿山企业，南距蒲城县城 32 km，距渭南市区 54 km，东北距白水县城 15 km，东距罕井镇 15 km。渭南—清涧二级公路经蒲城县城通过，罕（井）东（坡）铁路（运煤专线）横穿煤矿中部，并建有朱家河铁路车站，乡级公路四通八达，煤矿区内及周边公路及铁路交通极为方便，如图 3-22 所示。

朱家河煤矿矿井采用斜井开拓方式，分别设有主斜井、副斜井和回风斜井。矿井采用走向长壁综合机械化一次采全高采煤法。矿井于 1992 年 12 月 28 日开工建设，1999 年 11 月 1 日投入试生产。设计井型为 90 万 t/a，服务年限 62 年。2012 年将矿井生产能力核定为 180 万 t/a[根据《煤矿生产能力管理办法》和相关规定，经陕西省煤炭生产安全监督局（陕煤局发〔2012〕253 号）文批准，并由国家能源局于 2014 年第 9 号文进行了公告]。2016 年 8 月 15 日停止原煤生产，开始回撤，于 2016 年 11 月 30 日彻底关闭。矿井主采 5^{-2} 号煤层，煤层埋深一般 200～330 m。3 号为局部可采煤层，煤层埋深一般 180～300 m。矿井共设两个水平布置方式（＋600 水平、＋520 水平）14 个采区，其中

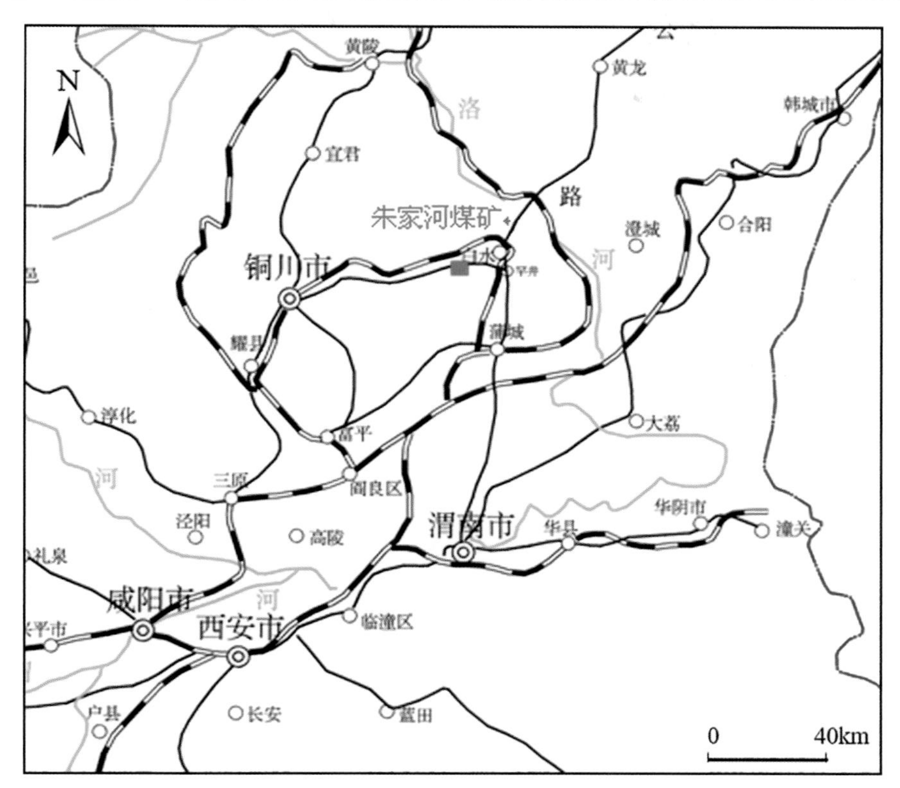

图 3-22　朱家河煤矿位置及交通示意图

一水平（＋600 水平）6 个采区，二水平（＋520 水平）8 个采区。关闭前生产采区为一水平的二、四采区，一水平一、三采区已开采完毕，五、六采区正在进行开拓。二水平工作还未进行。关闭前三年开采情况见如表 3-20 所示。

表 3-20　朱家河煤矿关闭前三年开采情况

年份	朱家河煤矿		
	产量/万 t	进尺/m	开拓/m
2014	111.67	8260	455
2015	105.15	7027	215
2016	52.98	2109	0
备注	2016 年 8 月 15 日停止原煤生产		

2）井田开拓方式

白水河及罕（井）东（坡）铁路从井田中部横穿而过，将井田分为南北两部分。南部倾斜宽 2.1～3.0 km，煤层埋深较浅，可采储量大，占全井田的 72 %。5^{-2} 号煤层分布普遍，开采条件好。北部倾斜宽 2.5～3.0 km，煤层埋深较深，可采储量小，主要赋存局部可采煤层，开采条件差。根据本井田的具体条件，通过比较，为减少井巷工程量和节省投资，设计确定以全斜井方式开发井田。根据井田的煤层赋存条件、开采垂深，设计采用两个水平上、下山开拓全井田，一水平标高确定在+600 m，二水平标高确定在+520 m。原则上先开采一水平，后开采二水平。在同一水平，尽量由井田中央向两翼同时开采。在一个采区内先上后下，先近后远。

3）采区布置及装备

根据煤层赋存情况和开采技术条件，设计初期采用单一走向长壁采煤法。设计移交生产时布置两个采区，四个高档普采工作面。初期投产的两个采区，深部以白水河河床煤柱为界，浅部以 5^{-2} 煤风氧化带为界。一采区面积约 3.5 km^2，可采 20.5 年。二采区面积约 2.6 km^2，可采 13.7 年。矿井初期移交和投产的两个采区之巷道布置采用联合布置方式开采各煤层。两个采区的石门（上山）布置在奥陶系石灰岩中。

2. 机构与人员构成

截至 2019 年 6 月底，朱家河煤矿在册职工如表 3-21 所示。

表 3-21　朱家河煤矿在册职工　　　　（单位：人）

人员分类	人数	年龄分布								学历构成				
		小计	30 岁以下	31～35 岁	36～40 岁	41～45 岁	46～50 岁	51～54 岁	55 岁以上	小计	研究生以上	大学本科	大学专科	中专及以下
合计	356	356	30	21	37	22	56	100	90	356	2	10	19	325
在岗	65	65	15	5	9	7	20	5	4	65	2	6	9	48
内部待岗	45	45	3	10	13	4	6	9		45		3	5	37
离岗退养	155	155				1	13	76	65	155				155
干部离岗	14	14						2	12	14			4	10
残养	33	33		1	3	1	12	7	9	33				33
保留劳动关系	44	44	12	5	12	9	5	1		44		1	1	42

3. 关闭矿井时间、回撤、措施

1）闭坑时间

朱家河煤矿关闭矿井时间：2016 年 11 月 30 日。

2）回撤措施

朱家河煤矿对主斜井、副斜井和回风斜井等设备设施，切断供电，就地封存；井下采掘设备、供电系统、排水系统、运输系统等的主要设备均已回收至地面封存，矿务局根据需要随时调拨。矿井所有巷道、回采巷道、巷道设备管线等设施已全部回收结束。

4. 关闭矿井地上资源情况

1）矿区地貌

朱家河煤矿位于渭北黄土高原南缘，地表均被第四系黄土覆盖。矿区西部的白水河谷、桥沟及东部边缘地带均为沟壑地貌，沟壑纵横，沟坡立陡；矿区大部分为黄土台塬地貌，北高南低，西高东低。矿区周围地貌复杂，地形破碎，地貌总体分为中低山区、黄土梁塬、黄土台塬和黄土沟谷 4 种类型。当地森林覆盖率为 28.8%，植被覆盖度为 36.3%，主要为多年生草本植物和灌木，以及少量乔木林和以苹果为主的经济林。土壤多属黄土母质，主要有褐土、娄土、黄土、红土等 7 个土类，质地良好，以轻壤和中壤为主，肥力特点是富钾、缺磷、少氮。

2）土地资源

朱家河煤矿土地资源主要包括主井工业场地、西回风井场地，总占地面积 10.37 hm^2，主井工业场地占地面积约 9.67 hm^2；储煤场地占地约 2.22 hm^2；西回风井场地位于主井工业场地南侧 250 m 处，占地面积约 0.70 hm^2。

3）水资源

白水河是流经煤矿区唯一的常年性河流，白水河干流由白水县西部西沟入境，向东进入蒲城县。因属白水、蒲城两县界河，水源大部为白水县林皋水库拦蓄，少量入蒲城县的庆兴水库。根据南井头化验资料，水质为重碳酸钙、钾、钠水，pH 为 8.1，属弱碱性水。

地下水资源包括新生界松散层和基岩风化带含水层等 6 层。生活用水从张家河村深水机井抽送至高位水池后供向各用水点，每小时可供水 50 m^3，能够满足生活用水。矿区建有污水处理站，2010 年 12 月通过了渭南市环境保护监测站竣工验收，目前该污水处理站每天最大处理水量可达 480 m^3，污水处理后经由标准设计地下管道排入白水河。

4）工业广场建筑物

生活设施方面：职工食堂面积 1050 m^2；多功能会议室 1 个；职工运动中心 1 个，室内设置有 2 个标准羽毛场地、2 个乒乓球场地、健身器材若干；室外篮球场、羽毛球场各 1 个。生产设施方面：矿区生产设施有办公楼 885.8 m^2（办公室 85 间）、公寓楼 596.2 m^2（职工宿舍 72 间）、联建楼 2467.6 m^2（浴池、洗衣房、医务所）、区队办公楼 659.6 m^2（办公室 85 间）、预制场 2500 m^2、排矸场 57658.9 m^2、西风井含机房总面积 6987.7 m^2、停车场 2500 m^2、机修车间 1694.4 m^2、支架车间 550 m^2、锅炉房 714 m^2 等，能满足生产正常需要。朱家河煤矿地面部分建筑物如图 3-23 所示。

(a) 办公楼

(b) 厂房

(c) 宿舍楼

图 3-23 朱家河煤矿地面部分建筑物

各井筒、井口房均已封闭，矿井各类建（构）筑物均闲置，尚未被利用，主要建筑物如表 3-22 所示。

表 3-22　朱家河煤矿工业广场地面建筑设施面积

序号	名称	长/m	宽/m	面积/m²
1	行政办公楼	83	11	913
2	工会	36	14	504
3	公寓楼	25	15	375
4	车库	40	10	400
5	回水泵房	4.5	3.5	15.8
6	职工餐厅	19.5	19.3	376.4
7	小食堂	37	14	518
8	茶水炉室	6.9	4.4	30.4
9	传达室	6.9	5	34.5
10	办公化验室	23	4	92
11	井下水处理沉淀池	30	14.8	444
12	污水处理间	29.8	11.7	348.7
13	污水泵房	11.8	8	94.4
14	污泥干化池	39	9.8	382.2
15	配电变压室	40	6.6	264
16	电容器室	21.5	2.9	62.4
17	1、2 号主变室	11.2	9	100.8
18	矿灯房	30	16.7	501
19	浴室	24	24	576
20	更衣室	57	23	1311
21	活动中心	23	13.2	303.6
22	球场	31	22	682
23	健身房	21.6	14	302.4
24	选运科	32	8.3	265.6
25	区队办公楼	68.8	7.9	543.5
26	车棚（矿内）	20	10	200
27	副井口棚	47.6	8	380.8
28	副绞房	18.3	13.8	252.5
29	锅炉房	42	17	714
30	驱动机房	33	17.4	574.2
31	供应科	41	7.7	315.7
32	电机车修理车间	36	13.3	478.8
33	机修厂	113	14.9	1683.7
34	转运站	7.9	6	47.4
35	筛选车间	33	7	231
36	油脂库	14	5	70
37	煤样室	20	7	140
38	圆形储煤场	半径：25		1962.5
39	西边煤场	107	62	6634
	总面积			23125.3

5. 关闭矿井地下资源情况

1）含水层

含水层为第四系下部钙质结核、沙层及底部冲积砾石层。水质为重碳酸钠、钙、镁水，pH 7.2～7.8，属弱碱性水。仅个别井硝酸根、硫酸根离子含量偏大，水质不良。井下水温 10～16℃。矿化度＜0.5g/L，水质属 HCO_3-Ca、Na 或 HCO_3-Ca、Mg 型水。矿井工业用水主要对井下水经过过滤、沉淀后重复利用。剩余井下水处理达标后排放至附近河流。

2）地质

矿权范围内除白水河谷及其两侧沟谷中有零星基岩出露外，地表绝大部分被新生界黄土覆盖。据地表出露和钻探、井巷工程揭露的地层由老到新有：中奥陶统峰峰组（O_2f），上石炭统太原组（C_3t），下二叠统山西组（P_1s）、下石盒子组（P_1x），上二叠统上石盒子组（P_2s）、石千峰组（P_2sh），新近系（N），第四系（Q）。其中，下二叠统山西组（P_1s）和上石炭统太原组（C_3t）为含煤地层。

朱家河煤矿煤系地层为上石炭统太原组和下二叠统山西组，二者厚度 63.65 m，含煤 9 层。其中主采 5^{-2} 煤层，赋存于太原组上部。局部和部分可采煤层 4 层，山西组 1 层位于该组下部，太原组 3 层，分别位于该组上、中、下部。该区煤系地层含煤系数为 8.68%，其中太原组含煤系数为 21.57%，山西组含煤系数为 0.95%。

该矿属低瓦斯矿井，瓦斯成分以 N_2 为主，含量为 40.62%～85.24%，CO_2 含量为 13.02%～42.02%，沼气含量小于 15%。煤尘爆炸指数为 18.6%～26.3%，有爆炸性危险。通过近年采矿实践证明，该区煤层不易自燃发火。地温情况正常，无热害。

3）主要井巷

朱家河煤矿有 3 个井口，即主斜井、副斜井和回风斜井，封闭工作均已完成，在井口正面位置已设置了醒目的煤矿关闭标识牌。主皮带斜井长 743 m，副斜井长 843 m，回风斜井长 404 m；开拓巷道累计约 7553 m；准备巷道累计约 14605 m。水平大巷和采区巷道基本为岩石裸巷，少部分采用喷射混凝土、砌碹支护。

6. 采掘设备

朱家河煤矿部分采掘设备如图 3-24 所示。

(a) 液压支架

(b) 运输车厢

(c) 带式输送机

图 3-24　朱家河煤矿部分采掘设备

7. 矿山环境与区域发展

1）污水排放与治理

矿井水主要是井下涌水和少量井下生产废水，主要污染物为悬浮的煤和岩的微粒，经过处理后部分回用储煤场洒水降尘，剩余排入白水河。工业场地生活污水以生物需氧量（BOD）和化学需氧量（COD）为水污染物控制指标，该矿产生的生活污水排往罕井污水处理站处理，经处理达标后，排入白水河，说明矿山开采及生活污水对地表水有一定的污染，但随着矿山关闭，矿坑水不再排放，对地表水的污染将逐步减小，水质将会逐渐自净。

2）矸石排放与治理

井下矸石由汽车直接运至排矸场处置，大部分矸石被综合利用，少量矸石堆存，排矸场实行分段堆存，填满后，采用推土机及时推平碾压，然后覆土，顶面整平覆土造林或植草，斜坡面做草皮护坡。矸石山在现状堆积条件下处于欠稳定状态，须对该矸石山进行治理，防止在矿山闭坑治理完毕之前发生矸石山滑塌等次生灾害。依据现矸石山占地规模及场地实际情况，采取综合治理措施，在闭坑前对矸石堆积体表面按 1∶1.5 放坡，对其前缘修建挡矸墙，在其周边修建截排水沟进行前期综合治理，防止地表水大量进入矸石堆体内。朱家河矸石山照片如图 3-25 所示。

图 3-25　朱家河矸石山照片

3）区域发展

矿井所在的白水县是渭南市唯一的山区县，全县拥有 33 万亩荒山荒沟，是全国各大苹果产区中唯一符合苹果生产最适宜区七项指标的县份。全县苹果栽植面积 55 万亩，年均产量 52 万 t 以上，年均出口苹果 20 万 t 以上，使“中国苹果之乡”的美誉名扬天下。

旅游资源主要有仓颉庙、杜康庙、林皋湖、方山森林公园、富卓农家乐等，丰富的资源为当地经济发展提供了强大的发展空间。

朱家河煤矿矿井周围的基础设施发展迅速，处处路通、水通、电通。西延、蒲白铁路横贯矿区，渭清公路、白洛公路、白宜公路、白澄公路、白铜公路纵横交错，与外界的连接畅通无阻。近年来，当地依托果、煤、酒、电、建五大支柱产业，围绕把白水建成中国著名的优质苹果基地、渭北建材和加工基地、渭北高原特色旅游新看点的“两基一点”目标，加快现代农业和新型工业化进程，加大新农村建设和扶贫开发力度。县域经济和社会迈上了健康发展的“快车道”，农村经济形成了果、粮、畜和乡镇企业协调发展的格局，工业生产形成了门类比较齐全，实力较强的生产规模，创出了白酒、果汁、陶瓷、水泥、眼镜等 10 余种名优产品。

3.3.3　白水煤矿

白水煤矿无人机飞行获取的全景图，如图 3-26 所示。

图 3-26　白水煤矿无人机全景图

1. 煤炭生产与矿井现状

白水煤矿隶属陕西省渭南市白水县冯雷镇管辖（现为白水县城关街道办），为陕西煤业集团公司蒲白矿业有限公司所属企业。矿区东北以杜康沟逆断层为界；东南以毛家河正断层为界，与马村煤矿毗邻；西及西南以白水河（河流中心线）为界，与南桥煤矿隔河相望；西北以郭家围正断层为界，与南井头煤矿接壤。东西长 10 km，南北宽 2.58 km，面积 25.37 km^2。白水煤矿距白水县城仅 4 km，至渭南市区 83 km。区内交通方便，渭南—清涧二级公路经蒲城、白水县城通过，白（水）—澄（县）公路（独宜路）横穿矿区，乡级公路四通八达。铜川—蒲城环形铁路运煤专线已通至白水煤矿井口，煤炭外运条件优越。如图 3-27 所示。

白水煤矿井田面积 25.37 km^2，煤层埋深 160～360 m，开采煤层为 3、4、5、6 号煤层，矿权范围如图 3-28 所示。

矿井采用斜井-立井联合开拓方式。分别设有主斜井、副立井和回风立井。矿井采用走向长壁综合机械化一次采全高采煤法。经过 1968 年、1971 年、1988 年 3 次改扩建，1993 年 3 月投产，设计生产能力 105 万 t/a，矿井服务年限为 34 年。矿井主采 5 号煤层，煤层埋深一般 200～300 m。3 号为局部可采煤层，煤层埋深一般 120～300 m。采用单水平布置方式。关闭前三年开采情况如表 3-23 所示。

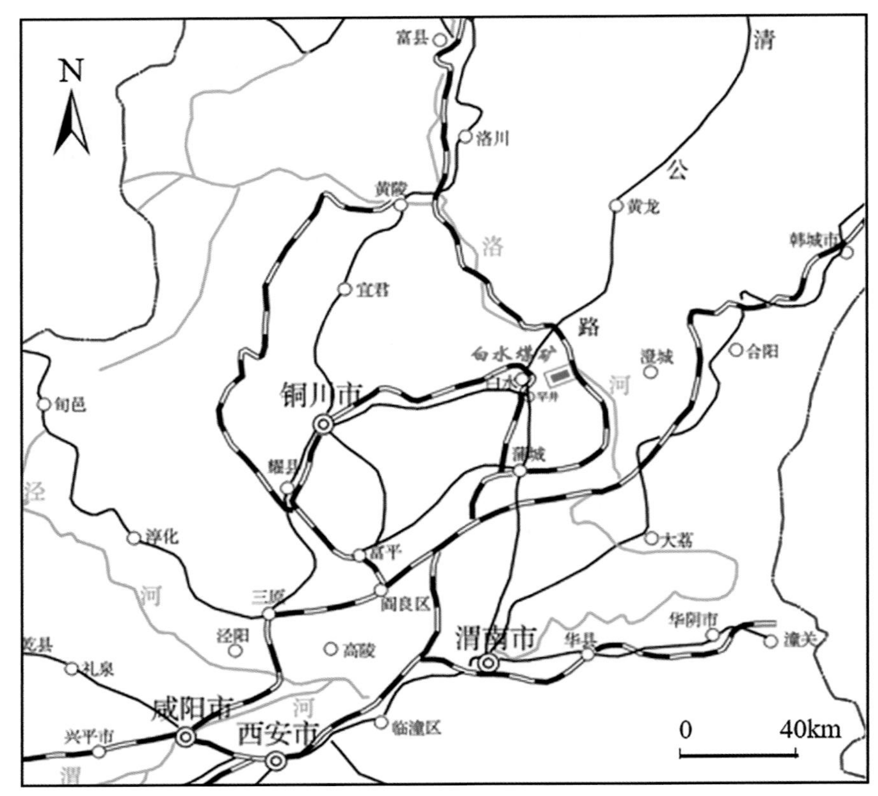

图 3-27　白水矿位置及交通示意图

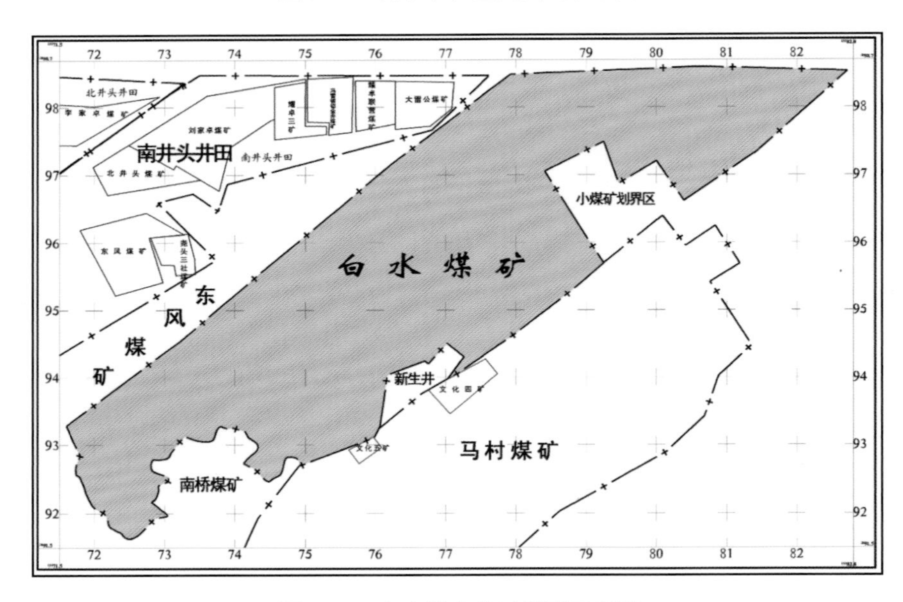

图 3-28　白水煤矿井田范围示意图

表 3-23　白水煤矿关闭前三年开采情况

年份	白水煤矿		
	产量/万 t	进尺/m	开拓/m
2014	32.32	2062	0
2015	0	0	0
2016	0	0	0
备注	2014 年年底停止原煤生产		

2. 机构与人员构成

截至 2019 年 6 月底，白水煤矿人员情况如表 3-24 所示。

表 3-24　白水煤矿人员情况　（单位：人）

人员情况	人数	年龄分布								学历构成				
		小计	30 岁以下	31～35 岁	36～40 岁	41～45 岁	46～50 岁	51～54 岁	55 岁以上	小计	研究生以上	大学本科	大学专科	中专及以下
合计	128	128	1	4	11	15	35	61	1	128	4	2	3	119
在岗	31	31	1	2	9	3	6	10		31	4	2	3	22
内部待岗	7	7		2	2	3				7				7
离岗退养	45	45					15	30		45				45
干部离岗	10	10						10		10				10
残养	25	25				5	10	9	1	25				25
2013 年内退	2	2					2			2				2
参战参试	2	2						2		2				2
保留劳动关系	6	6				4	2			6				6

3. 关闭矿井时间、回撤、措施

1）闭坑时间

2014 年 10 月白水煤矿停产。

2）回撤内容

白水煤矿 3 个井口，即主斜井、副立井、回风立井封闭工作已经完成，在井口正面位置已设置了醒目的煤矿关闭标识牌，巷道已按照要求进行了分段封闭。

4. 关闭矿井地上资源现状

1）水资源

井田范围内地表径流较少，流经白水煤矿区的只有白水河，白水河为常年性河流，为矿区的西南边界，也是流经矿区的唯一常年性河流，向东汇入洛河，在大荔的东南方向归渭（河）并黄（河）。补给来源主要为大气降水，次为上游的泉水，流量受季节性变化的控制。白水河由煤矿区中部流过，根据南井头化验资料，水质为重碳酸钙、钾、钠水，pH＝8.1，属弱碱性水。自上游林皋水库截流后，现流量一般 0.1～0.2 m^3/s。汛期历史最高洪水位（1942 年）曾高出河床 7～10 m。根据水井调查资料，煤矿区内水井的水位埋深一般为 70～100 m，唯河谷两侧较浅。

2）土地资源

煤矿区位于渭北黄土高原南缘，地表均被第四系黄土覆盖。矿区西部的白水河谷、桥沟及东部边缘地带均为沟壑地貌，沟壑纵横，沟坡立陡；除西南部及器休村东北部沟谷发育外，矿区大部分为广阔的黄土台塬地貌，北高南低，西高东低。

3）工业广场建筑

白水煤矿主要建筑物完好，部分需要维修，满足使用条件。部分地面建筑如图 3-29 所示。

(a) 变电所

(b) 电容器室

(c) 职工餐厅

图 3-29　白水煤矿部分地面建筑物

白水煤矿有证地产总面积 277857 m^2；有证房产总面积 20774 m^2；无证房产总面 15951 m^2。详细内容如表 3-25 所示。

表 3-25　白水煤矿不动产明细

有证地产		有证房产		无证房产	
名称	面积/m^2	名称	面积/m^2	名称	面积/m^2
新井工业广场	118709	新井工业广场	16465	新井工业广场	1661
衡车场	9321	矿部	3408	解放西路	1658
矸石堆放场	64836	原编织厂	901	那坡	12632
矿部	5381				
原一井工业广场	29833				
那坡工业广场	39023				
选运科办公楼至供应办公楼	10752				
合计	277857	合计	20774	合计	15951

5. 关闭矿井地下资源现状

1）含水层

含水层主要为煤系及其上覆地层之砂岩含水层和基底奥陶系石灰岩含水层。前者水量不大，且连通性差，对矿井开采无多大威胁。后者含水丰富，但水位较深，目前对生产基本无影响。煤矿区内水井的水位埋深一般为 60～100 m，唯河谷两侧较浅。含水层为第四系下部钙质结核、砂层及底部冲积砾石层。水质为重碳酸钠、钙、镁水，pH＝7.2～7.8，属弱碱性水。仅个别井硝酸根、硫酸根离子含量偏大，水质不良。井下水温 10～16℃。矿化度＜0.5 g/L，水质属 HCO_3－Ca、Na 或 HCO_3－Ca、Mg 型水。

2）地质

白水煤矿隶属华北地层区陕甘宁盆缘分区铜川—韩城地层小区，具有典型的华北型沉积特点。矿权范围内基岩仅零星出露于井田西、西南边缘的白水河河谷，塬面均被第四系黄土所覆盖。据钻孔、主副井筒、岩巷及回采工作面揭露，矿区内发育奥陶系中统峰峰组、石炭系上统太原组、二叠系下统山西组、二叠系下统下石盒子组、二叠系上统上石盒子组及第四系地层。各地层均有相应的岩性特征及岩性组合特征；标志层较为明显，在测井曲线上，煤、岩层和标志层有各自的物性特征及物性组合特征。下部地层有大量植物化石，故井田内地层划分及对比可靠。

6. 采掘设备

白水煤矿设井筒 5 个，分别为主皮带斜井、白水副立井、官路副斜井、白水回风立井、官路回风立井。运煤系统，采区运输采用工作面平巷溜子运至采区皮带，采区皮带经转载机运至采区煤仓，3T 底卸式矿车从采煤区煤仓装煤，ZK10-550/10T 电车牵引运到卸载煤仓，经给煤机给主斜井皮带运至地面煤场。岩巷开拓工作面放炮落矸，经装岩机装入 1t 矿车，采用 3t 蓄电瓶机车运至运输大巷，ZK10-550/10T 电机车牵引经地面排矸线路运至西沟排矸场地并由翻矸机卸载。白水煤矿掘进机如图 3-30 所示。

图 3-30　白水煤矿掘进机

7. 矿山环境与区域发展

1）废水排放与治理

随着进入库中的大气降水量及地表径流水的变化，会对堆放场的稳定性及对地下水产生影响，就污染的控制而言，一方面是控制库区形成的地表径流，另一方面就是要将库区覆盖面及边坡形成的大气降水径流水引离。设计中采取的措施：在堆放场周边及封场顶部设置排水沟，将大气降水形成的径流进行疏导，减少对堆放场的危害。矿井工业用水主要对井下水经过过滤、沉淀后重复利用。剩余井下水处理达标后排放至附近河流。白水煤矿水害类型为周边小煤窑采空区积水对生产的影响，矿井周边小煤窑分别为老梁新井、器休村井、冯雷新建井、新生井，位于本矿东南边界处。治理措施采用三维地震勘探查清小煤窑破坏范围。

2）矸石排放与治理

现状矸石堆放场封库完成后，根据地形进行敷土覆盖，敷土厚度最薄处不得小于0.5 m，覆盖应注意地貌的美观，并与周边的地形进行连接，进行植被恢复。初次植被恢复主要以当地生长的灌木和草坪为主，并辅以低矮乔木进行种植，树种及草种以易成活、耐旱植物为主。并且可根据当地易成活树种进行栽培，不允许种植农作物及蔬菜；遵循生物多样性和共生性，在当地选取易成活、耐旱植物，除恢复污染区域的生态植被外，在污染所在的区域沿线阶段性地种植，形成多层次的生态修复区域，保证生态环境的安全性和稳定性，确保土壤和水质安全。堆放库封场完毕后，设计对库区进行了敷土保护等工程措施，进行植被恢复，堆放库区周围1 km^2范围内实行水土保持，植树造林，绿化植被，恢复以往生态环境。

3）作业噪声处理

根据弃渣堆放场机械设备和运输设备种类及运用情况，作业噪声均在85 dB以下。堆放场附近无居民，所以不会有噪声污染。堆放场建成并投入运行后，其固体废物运输的车辆产生的交通噪声在昼间，对周围居民影响不大。

4）弃渣堆放场灰尘处理

进行封库作业时会扬起尘土，飞尘影响堆放场周围环境卫生，作业过程中应采取定时定点在堆放污染区内域进行浇洒消尘处理，保证场区扬尘不外散，以免造成二次污染和对施工管理人员的危害。

3.3.4　蒲白矿业公司2对关闭矿井资料汇总

蒲白矿业公司2对关闭矿井资料汇总如表3-26所示。

表3-26　蒲白矿业公司2对关闭矿井情况汇总

矿区	煤炭生产与矿井生产情况	机构与人员构成	关闭矿井时间、回撤、措施	关闭矿井地上资源情况	关闭矿井地下资源情况	采掘设备	矿山环境与区域发展
朱家河煤矿	核定生产能力180万t/a	在册职工356人（截至2019年6月末）	2016年11月30日	地形北高南低，黄土台塬地貌；土地资源总占地面积10.37 hm^2	煤炭总储量5.9亿t；主斜井长743 m，副斜井长843 m，回风斜井长404 m	液压支架、运输车厢、带式输送机等	矿井水处理后用于储煤场洒水降尘，剩余排放白水河；大部分矸石被综合利用，少量矸石堆存；发展果业龙头企业，打造旅游景区

续表

矿区	煤炭生产与矿井生产情况	机构与人员构成	关闭矿井时间、回撤、措施	关闭矿井地上资源情况	关闭矿井地下资源情况	采掘设备	矿山环境与区域发展
白水煤矿	核定生产能力为 105 万 t/a	在册员工 128 人（截至 2019 年 6 月底）	2014 年 10 月	黄土台塬地貌，北高南低，西高东低；有证地产总面积 277857 m^2；有证房产总面积 20774 m^2；无证房产总面积 15951 m^2	5 号煤层为主采层，3 号为局部可采煤层	MG-15、SGD-500/180G 型刮板输送机、DZ-25 外注式单体液压支柱、HDSB2800П 型长梁支护顶板等	矿井水处理后部分重复利用，剩余排放河流；敷土覆盖矸石堆，进行植被恢复；浇洒消尘，保证场区扬尘不外散

3.4　韩城矿业公司 2 对关闭矿井数据分析

陕西陕煤韩城矿业有限公司前身为韩城矿务局，始建于 1970 年 3 月，原隶属煤炭工业部，1998 年 8 月下放陕西省政府管理，2004 年 2 月划归陕西煤业化工集团公司管理，2008 年进行企业重组改制，将煤炭主业剥离出来，划入陕西煤业化工集团有限公司下属的陕西煤业股份有限公司管理，并于 2008 年底注册成立了陕西陕煤韩城矿业有限公司，并保留了存续矿务局。韩城矿区分为主业和辅业两部分，主业陕西陕煤韩城矿业有限公司现有桑树坪煤矿、下峪口煤矿、象山矿井、救护大队、电讯服务中心、物资供应中心 6 个二级单位，辅业韩城矿务局现有实业公司、西安重装韩城煤矿机械有限公司、矸石电厂、机关多经公司、项目开发建设办公室、桑树坪 2 号井、陕西三安工程管理有限责任公司 7 个二级单位。对韩城矿区 2 对关闭矿井桑树坪煤矿平硐和象山矿井进行矿井数据调研，如图 3-31 所示。设计调研方案，按照调研路径的合理性安排，依次分别调研桑树坪煤矿平硐、象山小井煤矿。收集桑树坪煤矿平硐文档数据，包括桑树坪平硐井田精查勘探地质报告、煤矿初步设计说明书、矿井通风系统图、工业广场平面图、煤矿导水

(a) 桑树坪煤矿

(b) 象山矿井

图 3-31　韩城矿区 2 对关闭矿井

路线及井口图、采掘平面图；收集象山小井煤矿文档数据，包括矿山储量年报、矿井生产地质报告、矿井采区各涌（突）水点水量监测统计表、采区地质报告、工业广场平面图（小井）、象山矿井地形图。

3.4.1 韩城矿区 2 对关闭矿井数据资源

韩城矿区 2 对关闭矿井的调研现场文档数据有陕西省渭北煤田韩城矿区桑树坪井田精查勘探地质报告、桑树坪煤矿初步设计说明书、桑树坪矿井通风系统图等；象山小井涌水量情况说明、象山矿井 2018 年度矿山储量年报、象山矿井生产地质报告等。依据这些数据资源，分析桑树坪煤矿平硐、象山小井 2 对关闭矿井。

具体数据资源陈列：

（1）《陕西省韩城矿务局桑树坪煤矿初步设计说明书》 1974 年 8 月

（2）《陕西省渭北煤田韩城矿区桑树坪井田精查勘探地质报告》 1976 年 8 月

（3）桑树坪矿井通风系统图 DWG

（4）桑树坪煤矿工业广场平面图 DWG

（5）桑树坪煤矿平硐积水导水路线及井口图 DWG

（6）桑树坪平硐采掘平面图 JPG

（7）《桑树坪煤矿志》

（8）象山小井涌水量情况说明 2019 年 5 月 6 日

（9）《陕西陕煤韩城矿业有限责任公司象山矿井 2018 年度矿山储量年报》 2019 年 1 月

（10）《陕煤韩城矿业有限公司象山矿井生产地质报告》 2016 年 12 月

（11）象山矿井北采区各涌（突）水点水量监测统计表 2015 年 8 月 12 日

（12）《韩城矿务局象山矿北二采区地质报告》 2007 年 6 月

（13）象山矿井工业广场平面图（小井）TIF

（14）象山矿井地形图 DWG

（15）象山小井 5 号煤层钻孔综合利用成果表

（16）象山小井 3#煤层储量估算图 1：5000 DWG

（17）5#煤层储量估算图 1：5000 DWG

（18）小井 11#煤层井上下对照图 DWG

（19）2014.10.20 象山矿井主要供水源调查情况说明

（20）2015.8.12 象山矿井各井筒涌（突）水点水量监测统计表

（21）2019.5.6 象山小井涌水量情况说明

（22）2019.9.16 水文地质报告及用水情况

3.4.2 桑树坪煤矿平硐

1. 煤炭生产与矿井情况

1）矿井基本情况

桑树坪煤矿平硐位于渭北煤田韩城矿区最北端，黄河的西岸，行政区划隶属陕西省韩城市桑树坪镇管辖。煤矿与韩城市区、渭南市区、西安市区直线距离分别为35 km、170 km 和 210 km。煤矿地理坐标为东经 110°30′00″～110°35′00′，北纬 35°40′00″～35°47′30″。韩（城）宜（川）公路自矿区工业广场通过，沿黄旅游公路也自矿区东侧穿行，陆路交通相对方便。韩（城）乡（宁）公路运煤专线经该矿东南部通过；下（峪口）桑（树坪）运煤铁路专线与西（安）侯（马）线接轨，直达桑树坪煤矿平硐工业广场，国家重点工程蒙华运煤铁路专线从桑树坪煤矿平硐工业广场通过，并在杨湾设韩城北站。桑树坪平硐井田的基本构造形态走向北东，倾向北西，沿走向与倾向都有波状起伏的单斜构造，地层倾角 3°～12°，一般都在 6°～7°以下；井田内大中型断裂不发育，但有一定数量的小型断层。褶皱构造除了井田北部的马家塔背斜比较明显外，其他褶皱都比较平缓。褶皱轴延伸方向以北西向为主。层滑构造是造成本区小构造复杂化、煤厚变化大的一个主要原因。

2）煤田赋存

桑树坪平硐井田主要含煤地层为上石炭统太原组和下二叠统山西组，含煤地层厚128.41 m，共含煤13层。其中太原组含煤8层，山西组含煤5层，总平均厚度14.92 m，含煤系数11.62%。井田主要可采煤层为3号、11号煤层，局部可采煤层为2号煤层。2号煤层总厚平均0.75 m，煤层结构简单，除极个别钻孔含1层夹矸外，一般不含夹矸，属不稳定局部可采煤层；3号煤层厚平均6.46 m，煤层结构较为简单，部分地段有1～2层夹矸，属全区可采的较稳定煤层；11号煤层厚度平均3.50 m，煤层结构复杂，一般含2～3层夹矸，属全区可采的较稳定煤层。

2. 机构与人员构成

桑树坪平硐全矿2018年在册职工1716人，人员具体情况如表3-27所示。

3. 关闭矿井时间

桑树坪煤矿平硐关闭矿井时间：2018年6月20日。

表3-27　桑树坪煤矿平硐2018年在册职工　（单位：人）

人员分类	年龄分布						学历构成						人员组成			
	小计	30岁以下	30～39岁	40～49岁	50～54岁	55岁以上	小计	研究生	大学本科	大学专科	中技	高中及以下	小计	管理人员	工程技术人员	操作工
合计	1716	123	411	920	200	62	1716	3	53	153	533	974	1716	103	84	1529

4. 关闭矿井地上资源情况

1）水资源

黄河经该矿井的东部，自北向南穿越全部新老地层。凿开河为横穿矿井的主要河流，蜿蜒切过全部地层，由西北向东南于禹门口附近汇入黄河。此外，尚有泉沟、赵家山沟、解家沟、马家塔沟、薛家沟、柳家山东沟、南沟、庙张岭沟等，方向以垂直地层走向居多，少数平行或斜交地层走向。沟谷中水补给来源主要是大气降水和上游泉水。

2）工业广场建筑

桑树坪平硐矿区工业广场建筑主要有办公大楼、职工文体中心、员工餐厅等，部分地面建筑如图 3-32 所示。

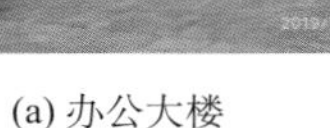

(a) 办公大楼

(b) 职工文体中心

(c) 职工餐厅

图 3-32　桑树坪平硐矿区部分地面建筑

5. 关闭矿井地下资源情况

1）地质

矿井属构造剥蚀低山丘陵区，在沟谷及其两侧附近基岩大片裸露于地表，山腰及山顶多为广厚的黄土所覆盖。由于第四纪以来地壳的不断上升，区内经受强烈的剥蚀和地表水的长期冲蚀切割，沟谷纵横交错，梁峁蜿蜒曲折，地形较为复杂。沟谷多呈“V”字形，下切很深，两侧地形陡峭。矿井内地形高差变化的幅度甚大。地形的总体趋势是西北高，向东南方向逐渐降低。桑树坪平硐井田范围内，出露地层由老到新依次为：奥陶系中统马家沟组、峰峰组，石炭系中统本溪组、上统太原组，二叠系下统山西组、下石盒子组，上统上石盒子组、石千峰组及第四系。

2）含水层

矿区地下水主要来源于煤层上下各个含水层，矿井主要含水层为煤系地层及其上覆地层中的砂岩（灰岩）含水层及煤系基底奥陶系石灰岩含水层。由于受沉积作用的控制，含水层与隔水层相间存在，形成多层结构的复合承压含水体。煤系及其上覆地层中的砂岩和灰岩含水层的富水性与透水性不好，水力联系差，加上地形复杂，地表径流条件好，渗透有限，补充量不足等，其含水量都不大。同时受隔水层阻隔，各含水层之间多无水力联系。煤系基底奥陶系石灰岩岩溶裂隙含水层，含水丰富，水文地质条件复杂。

6. 采掘设备

桑树坪煤矿平硐运输设备如图 3-33 所示。

图 3-33　桑树坪煤矿平硐运输车厢

3.4.3　象山小井

1. 煤炭生产与矿井情况

1）矿井基本情况

象山矿井位于韩城市新城街道姚庄村，系渭北煤田东部边缘井田之一，距韩城市区约 4 km，隶属陕西省煤业化工集团公司韩城矿业有限公司，属国有重点企业。行政区划属韩城市金城街道、板桥镇、芝川镇管辖。西（安）侯（马）铁路从井田东南缘通过，在韩城站至矿井工业广场之间建有 1.6 km 专用线。矿井铁路里程西南距西安 287 km，东距侯马 85 km。矿井煤炭主要用户之一韩城电厂紧邻矿井井口，另一主要用户韩城二电亦有专用线与西侯线下峪口站连接，运距约 30 km。矿井公路运输畅通，（北）京昆（明）公路、西（安）禹（门口）高速公路由井田南缘通过，韩城至宜川公路从井田中部通过。由矿区向南、向北及向东，经高速公路及一、二级公路可直达渭南、西安、铜川、宜川及山西各县，交通极为方便。

2）煤炭开采

矿井采用平硐暗斜井单水平开拓方式，采煤方法为综采和综放开采工艺，全部垮落式顶板管理。开采顺序由上而下、由浅部往深部。象山矿井各井口坐标，如表 3-28 所示。

表 3-28　象山矿井各井口坐标

矿井	井口名称	X	Y	Z
象山矿井	平硐口	3928700.056	19447284.850	+473.540
	平硐出露点 I	3929447.803	19445357.214	+479.620
	平硐出露点 II	3929501.043	19445192.496	+480.702
	副暗斜井井口	3929477.980	19444843.477	+480.371
	主暗斜井井口	3929561.468	19444886.220	+483.054
	回风立井井口	3929430.014	19443901.047	+460.300
	瓦斯抽放孔 1	3929414.103	19443982.526	+463.116
	瓦斯抽放孔 2	3929417.871	19444016.838	+463.126
	瓦斯抽放孔 3	3929424.082	19444035.663	+462.552

2. 关闭矿井时间

象山小井关闭矿井时间：2019 年。

3. 关闭矿井地上资源情况

1）水资源

浯水河为井田内唯一主要河流，它发源于宜川县境，横切井田中部，流经芝川注入黄河。浯水河系常年性河流，补给来源主要为大气降水，次为上游的泉水，流量受季节性变化的控制，一般为 22.79 m^3/s。此外尚有沟谷小溪横切区域地层走向，仅在雨季形成地表径流。在浯水河中游（井田外）薛峰建有薛峰水库，在英山沟建有一小型英山水库，可灌溉大片良田。此外，浯水河南北两侧山坡上筑有南干渠与红旗渠，水渠水源来自薛峰水库。红旗渠现主要作为韩城市城区生活用水引水渠使用，需常年输水，而南干渠因薛峰水库蓄水量有限，已多年无水可输。

2）地形地貌

象山井田内地形由于受地质构造的影响，在韩城正断层两侧具有明显的差异，其东南侧为山前冲积平原区，地势较为平坦；其西北侧为构造剥蚀低山区，地形陡峻，山梁山峁蜿蜒曲折，大部分为黄土覆盖；“V”字形沟谷纵横交错分布，基岩大片裸露，属典型的渭北黄土高原地貌特征。区内发育的主要地质灾害有滑坡、崩塌、不稳定斜坡、采矿引起的地面塌陷及地裂缝。总体说来，区内地貌类型为构造剥蚀低山区，山顶多为黄土覆盖，基岩在沟谷地带大面积出露，地形破碎、冲沟发育，煤层仅在东部边界处出露，向西部煤层埋藏深度逐渐增大，中部地表植被覆盖率较高，因而水土流失现象较轻微。滑坡、崩塌及山洪泥石流等物理地质现象对附近厂矿及当地居民的生产及生活有一定威胁。

3）工业广场建筑

象山小井部分地面建筑见图 3-34。

(a) 职工餐厅

(b) 矿灯房

(c) 职工文娱中心

图 3-34　象山小井部分地面建筑

4. 关闭矿井地下资源情况

1）地质

韩城矿区属渭北石炭二叠纪煤田一部分，地层区划属华北地层区鄂尔多斯盆地分区。矿区基岩大片裸露，由老到新有太古界涑水群、寒武系、奥陶系、石炭系、二叠系、三叠系和第四系。象山井田主要含煤地层由石炭系的太原组和二叠系的山西组组成，平均厚 105 m，共含煤 13 层，其中可采及局部可采煤层 3 层，平均总厚度 9.74 m，可采含煤系数 7.61%。

象山井田位于韩城矿区南部，构造形态基本上为走向北东—南西，倾向北西的单斜构造，受大、中型构造的控制和影响，井田外边、浅部地层倾角较陡，达 30°～60°，直至发生微倒转现象，构造较复杂，褶皱和断裂发育；中深部基本上为一倾向北西、倾角在 15°以下的平缓单斜构造，除沿走向和倾向有一定起伏外，还出现一些幅度不大的短轴背、向斜。边浅部大型构造走向以北东为主，中深部构造以走向北东、北西向小型构造为主，断层构造以正断层为主。

2）矿井涌水概况

象山矿井自 1976 年投产以来，历年最大涌水量 580 m^3/h（1980 年之前），最小涌水量 46.0 m^3/h（2000 年 9 月）。矿井涌水量随开采年限的变化总体呈现由大到小，再由小增大的规律（图 3-35、图 3-36）。

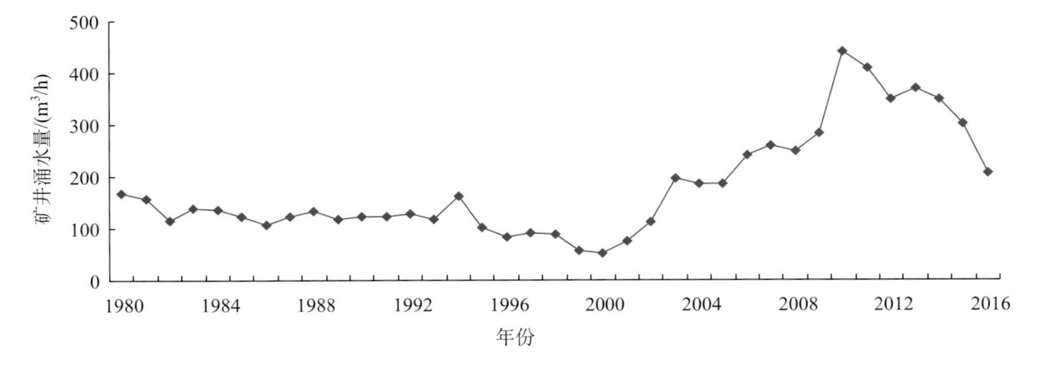

图 3-35　象山矿井历年矿井涌水量趋势图

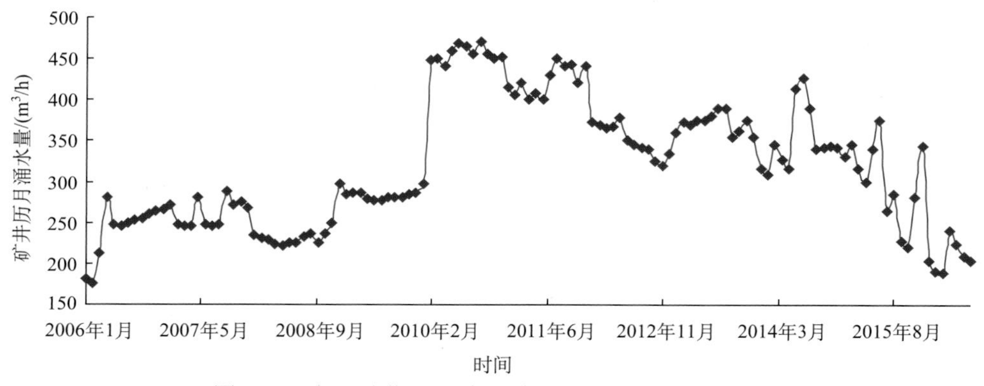

图 3-36　象山矿井 2006 年以来历月矿井涌水量趋势图

矿井涌水来源主要是煤层顶板砂岩裂隙含水层水，涌水量约占全矿总涌水量的 80%，且随开采深度的增加而增大，次为 3 号煤已采区的老空区积水。小窑积水、地表水和奥灰水曾是矿井在特殊情况下出现的突水现象，不具普遍性。

2019 年 7 月 24 日～31 日，在韩城象山小井煤矿共取得 500 mL（5 个水样瓶）水样，矿井地下水水质检测按照《生活饮用水卫生标准》（GB5749），检测结果如表 3-29 所示。

表 3-29　象山小井地下水水质检测结果

序号	检验检测项目	单位	标准规定的限值	象山小井
1	色度（铂钴色度单位）	—	≤15	＜5
2	浑浊度	NTU	≤1	＜0.5
3	臭和味	—	无异臭、异味	无异臭、异味
4	肉眼可见物	—	无	无肉眼可见物
5	pH	—	6.5～8.5	7.6
6	氰化物	mg/L	≤0.05	未检出（检出限为 0.002mg/L）
7	硝酸盐（以 N 计）	mg/L	≤10	未检出（检出限为 0.2mg/L）
8	亚氯酸盐	mg/L	≤0.7	未检出（检出限为 0.04mg/L）
9	氯酸盐	mg/L	≤0.7	未检出（检出限为 0.23mg/L）
10	铁	mg/L	≤0.3	0.03488
11	锰	mg/L	≤0.1	0.001322
12	铜	mg/L	≤1.0	0.00023
13	锌	mg/L	≤1.0	0.000233
14	铅	mg/L	≤0.01	未检出（检出限为 0.00007 mg/L）
15	镉	mg/L	≤0.005	未检出（检出限为 0.00006 mg/L）
16	铬（六价）	mg/L	≤0.05	0.000147
17	总砷	mg/L	≤0.01	0.000069
18	汞	mg/L	≤0.001	未检出（检出限为 0.00007 mg/L）
19	硒	mg/L	≤0.01	0.001432
20	氟化物	mg/L	≤1.0	未检出（检出限为 0.01 mg/L）
21	氯化物	mg/L	≤250	181.8
22	硫酸盐	mg/L	≤250	95.2

根据《生活饮用水卫生标准》（GB5749）规定的限值，象山小井地下水水质达到了生活饮用水卫生标准。

5. 采掘设备

象山小井部分采掘设备如图 3-37 所示。

(a) 运输车厢

(b) 放煤口

(c) 输送带

图 3-37　象山小井部分采掘设备

6. 矿山环境与区域发展

工业用水、废水处理：目前象山小井矿井水主要灾害来源为 3#、5#煤顶板之上砂岩、砂砾岩含水层水，此外有少量 5#煤层底板砂岩水。涌水多以滴淋水的形式出现。象山矿井为了解决水害对采掘工作的影响，先后采取了多种技术方案，如做泄水巷、拉水沟、做挡水墙、导管排水引流、打钻疏放采空积水等，这些方案可根据采掘生产地质条件灵活运用。

3.4.4 韩城矿业公司 2 对关闭矿井资料汇总

韩城矿业公司 2 对关闭矿井资料汇总如表 3-30 所示。

表 3-30　韩城矿业公司 2 对关闭矿井情况汇总

矿区	煤炭生产与矿井生产情况	机构与人员构成	关闭矿井时间、回撤、措施	关闭矿井地上资源情况	关闭矿井地下资源情况	采掘设备	矿山环境与区域发展
桑树坪煤矿平硐	含煤地层共 13 层	在册职工 1716 人（截至 2018 年）	2018 年 6 月 20 日	陆路交通方便；凿开河为横穿矿井的主要河流；沟谷纵横交错，地形较为复杂	煤田构造变动南强北弱，东强西弱，主要构造变形带集中在矿区东南边缘地带	带式输送机、CTYL12/B 型蓄电池电机车、JWB-50×1.4S 型双速绞车等	将奥灰水适当处理后作为供水的一个水源以解决煤矿严重缺水
象山小井	平硐暗斜井单水平开拓方式、综采和综放开采工艺		2019 年	地形破碎、冲沟发育，典型的渭北黄土高原地貌特征	含煤 13 层，可采及局部可采煤层 3 层；全矿井总瓦斯涌出量为 68.12 m^3/min（2014 年 7 月）	运输车厢、放煤口、输送带等	采取做泄水巷、拉水沟、做挡水墙、导管排水引流、打钻疏放采空积水等方案解决水害问题

3.5　铜川矿业公司 5 对关闭矿井数据分析

铜川矿业公司是 1955 年在原同官煤矿基础上成立的国有大型煤炭企业。1998 年从原煤炭部下放到陕西省，2004 年 2 月 21 日划归陕西煤业化工集团公司管理，2008 年 12 月 31 日，根据陕煤股份上市要求，改组成立铜川矿业有限公司。公司有 9 对生产矿井，分布于铜川（东区）、焦坪（北区）两个自然矿区。转型矿山资源调查主要在铜川矿区进行，铜川矿区各矿位置分布如图 3-38 所示。

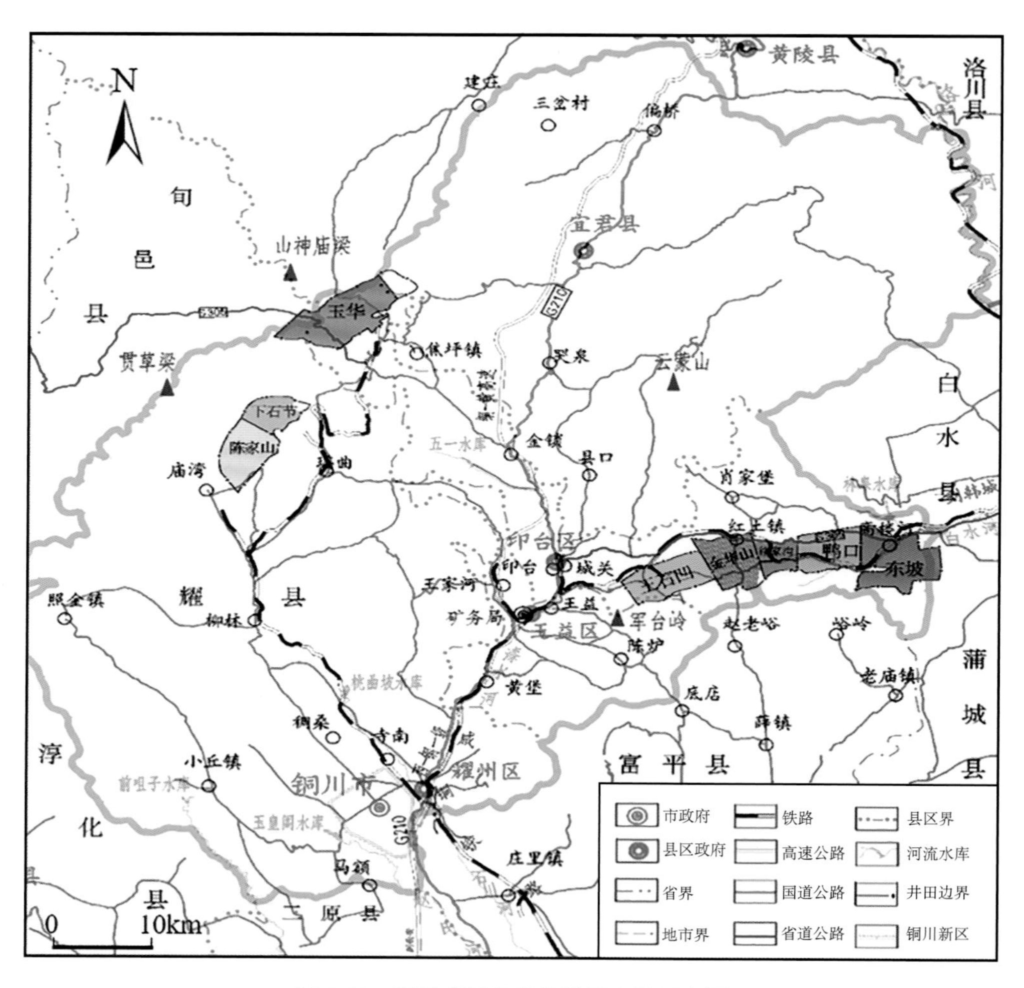

图 3-38　铜川矿区各矿位置及交通示意图

设计调研方案，按照调研路径的合理性安排，依次分别调研王石凹煤矿、金华山煤矿、鸭口煤矿、徐家沟煤矿、东坡煤矿，如图 3-39 所示。收集王石凹煤矿闭坑地质报告、水文地质类型划分报告、生产矿井地质报告、煤矿工业遗址公园项目设计方案；收集金华山煤矿概况、矿井收缩回收关闭实施方案、煤矿工作面设计说明书、生产矿井地质报告、水文地质划分报告；收集鸭口煤矿闭坑地质报告、生产地质报告、水文地质类型划分报告、水质分析成果表、煤矿资源储量；收集徐家沟煤矿闭坑地质报告、生产地质报告、水文地质类型划分报告、工业广场平面图；收集东坡煤矿闭坑地质报告、生产矿井地质报告、工业广场平面图。

(a) 王石凹煤矿

(b) 金华山煤矿

(c) 鸭口煤矿

(d) 徐家沟煤矿

(e) 东坡煤矿

图 3-39　铜川矿区 5 对关闭矿井

3.5.1　铜川矿区 5 对关闭矿井数据资源

铜川矿区 5 对关闭矿井的调研现场文档数据有王石凹煤矿闭坑地质报告、王石凹煤矿矿井水文地质类型划分报告、王石凹煤矿生产矿井地质报告等；金华山煤矿基本情况、金华山煤矿矿井收缩回收关闭实施方案、金华山煤矿生产矿井地质报告等；鸭口煤矿水质分析成果表、鸭口煤矿有限责任公司闭坑地质报告、鸭口煤矿资源储量说明书等；徐家沟煤矿有限责任公司闭坑地质报告、徐家沟煤矿生产地质报告、徐家沟煤矿矿井水文地质类型划分报告等；东坡煤矿闭坑地质报告、东坡煤矿生产矿井地质报告、东坡矿工业广场平面图等。依据以上数据资源，分析王石凹煤矿、金华山煤矿、鸭口煤矿、徐家沟煤矿、东坡煤矿 5 对关闭矿井（图 3-39）。

具体数据资源陈列：

（1）《陕西陕煤铜川矿业有限公司王石凹煤矿闭坑地质报告》 2016 年 12 月

（2）王石凹煤矿生产矿井储量动态表 2015 年

（3）《陕西陕煤铜川矿业有限公司王石凹煤矿矿井水文地质类型划分报告》 2014 年 8 月

（4）《铜川矿务局王石凹煤矿生产矿井地质报告》 2010 年 2 月
（5）《王石凹矿井初步设计说明书》 1956 年 8 月
（6）王石凹井煤矿工业遗址公园项目设计方案
（7）王石凹煤矿闭井后工业广场建筑信息
（8）王石凹矿开采期间水文观测资料
（9）《陕西陕煤铜川矿业有限公司王石凹煤矿水文地质综合柱状图》
（10）《铜川矿业有限公司金华山煤矿闭坑地质报告》 2016 年 12 月
（11）陕煤铜川矿业公司金华山煤矿基本情况 2016 年 11 月
（12）金华山煤矿井筒封闭方案 2016 年 8 月
（13）陕西陕煤铜川矿业有限公司金华山煤矿矿井收缩回收关闭实施方案 2016 年 6 月 25 日
（14）《陕煤铜川矿业公司金华山煤矿 3211 综采工作面设计说明书》 2013 年 1 月 16 日
（15）《金华山煤矿生产矿井地质报告》 2011 年 6 月
（16）《金华山煤矿矿井水文地质划分报告》 2010 年 11 月
（17）《金华山煤矿+570 水平东一下山采区 3603 综采工作面设计说明书》 2010 年 4 月
（18）金华山煤矿 2009 年采掘分析汇报材料 2009 年 3 月
（19）金华山煤矿 2005 年主要生产技术指标完成情况及 2006～2008 年生产接续汇报材料 2005 年 10 月 20 日
（20）金华山煤矿关停矿井资源盘活固定资产明细表
（21）铜川矿务局金华山煤矿闭坑方案
（22）金华山煤矿 3603 综采工作面设计图 JPG
（23）金华山煤矿采掘工程平面图 JPG
（24）金华山煤矿主井工业广场平面图 JPG
（25）金华山煤矿工业广场布置图情况说明
（26）金华山煤矿副井工业广场平面图 JPG
（27）金华山煤矿 570 辅助水平东一下山采区设计图 JPG
（28）金华山煤矿闲置材料统计表
（29）金华山煤矿房产调查表
（30）《陕西铜川鸭口煤矿有限责任公司闭坑地质报告》 2016 年 12 月
（31）《陕西铜川鸭口煤矿有限责任公司地面设备设施及构筑物回收拆除存在问题报告》 2016 年
（32）《陕西省渭北石炭二叠纪煤田铜川矿区鸭口煤矿生产地质报告》 2011 年 8 月
（33）《陕西省渭北石炭二叠纪煤田铜川矿区鸭口煤矿矿井水文地质类型划分报告》 2010 年 10 月
（34）《陕西铜川鸭口煤矿资源储量说明书》 2006 年 5 月
（35）鸭口煤矿工业广场布置图 JPG
（36）鸭口煤矿工业广场平面图 JPG
（37）鸭口煤矿建筑区地形图 JPG

（38）鸭口煤矿水质分析成果表
（39）鸭口煤矿闭井固定资产盘点清单
（40）鸭口煤矿资源/储量注销概况及剩余资源/储量
（41）陕西铜川鸭口煤矿有限责任公司矿井关闭验收基本情况汇报材料
（42）《陕西铜川徐家沟煤矿有限责任公司闭坑地质报告》 2015 年 12 月
（43）徐家沟煤矿有限责任公司 530 辅助水平北部下山采区方案设计汇报 2012 年 7 月
（44）《陕西省渭北石炭二叠纪煤田铜川矿区徐家沟煤矿生产地质报告》 2011 年 8 月
（45）《徐家沟煤矿水样检验报告》 2011 年 6 月
（46）《陕西省渭北石炭二叠纪煤田铜川矿区徐家沟煤矿矿井水文地质类型划分报告》 2010 年 10 月
（47）《徐家沟煤矿有限责任公司 2123 综采工作面设计说明书》
（48）徐家沟 5^{-2} 煤层平面图 rar
（49）徐家沟煤矿 131 队储量图
（50）徐家沟矿工业广场平面图 JPG
（51）徐家沟矿工业广场布置图 rar
（52）陕西铜川徐家沟煤矿有限责任公司地表河流观测表
（53）徐家沟煤矿 2006～2010 年月产量及矿井涌水量统计表
（54）徐家沟煤矿土地及房产闲置情况
（55）徐家沟矿资源盘活固定资产明细表
（56）《徐家沟煤矿有限责任公司产能退出，矿井关闭回撤报告》
（57）《铜川矿业公司东坡煤矿闭坑地质报告》 2016 年 12 月
（58）《东坡煤矿生产矿井地质报告》 2011 年 6 月
（59）东坡煤矿广场建筑信息
（60）东坡煤矿矿井初步设计
（61）东坡煤矿 2016 年底井上下对照图 GIF
（62）东坡煤矿地质剖面图
（63）东坡通风与安全系统概况
（64）东坡矿工业广场平面图 GIF
（65）东坡矿 1∶5000 通风系统 DWG
（66）东坡煤矿避灾路线图 DWG
（67）东坡煤矿 1∶5000 防尘系统图（2013）DWG
（68）东坡煤矿生产矿井储量动态表
（69）东坡煤矿采区与工作面开采设计报告（采区设计生产能力、储量）
（70）东坡煤矿 909 采区工作面接续及接替方案
（71）东坡煤矿 2016 年生产准备情况汇报材料
（72）东坡煤矿 2101 采区工作面接续及接替方案
（73）东坡煤矿工作面设备回撤报告
（74）东坡煤矿各井筒服务时间

（75）东坡关停矿井资源盘活固定资产明细表

3.5.2　王石凹煤矿

王石凹煤矿无人机飞行获取的全景图，如图 3-40 所示。

图 3-40　王石凹煤矿无人机全景图

1. 煤炭生产与矿井概况

1）井田概况

王石凹煤矿位于陕西省铜川市东部，距铜川市区约 12.5 km，行政区划属铜川市印台区王石凹街道办事处。矿区有咸铜铁路运煤专线、305 省道、铜（川）东（坡）公路通过，距 305 省道约 6 km，距铜川至东坡铁路运煤专线的红土镇车站约 10 km，交通较为方便。矿井东西分别与金华山、桃园煤矿（已破产）相邻，南北分别与李家塔（已破产）、史家河煤矿毗邻（现为乔子梁煤矿）。矿产资源主要为煤炭。井田东西长约 6.8 km，南北宽约 3.27 km，面积 22.3369 km^2，井田范围如图 3-41 所示。

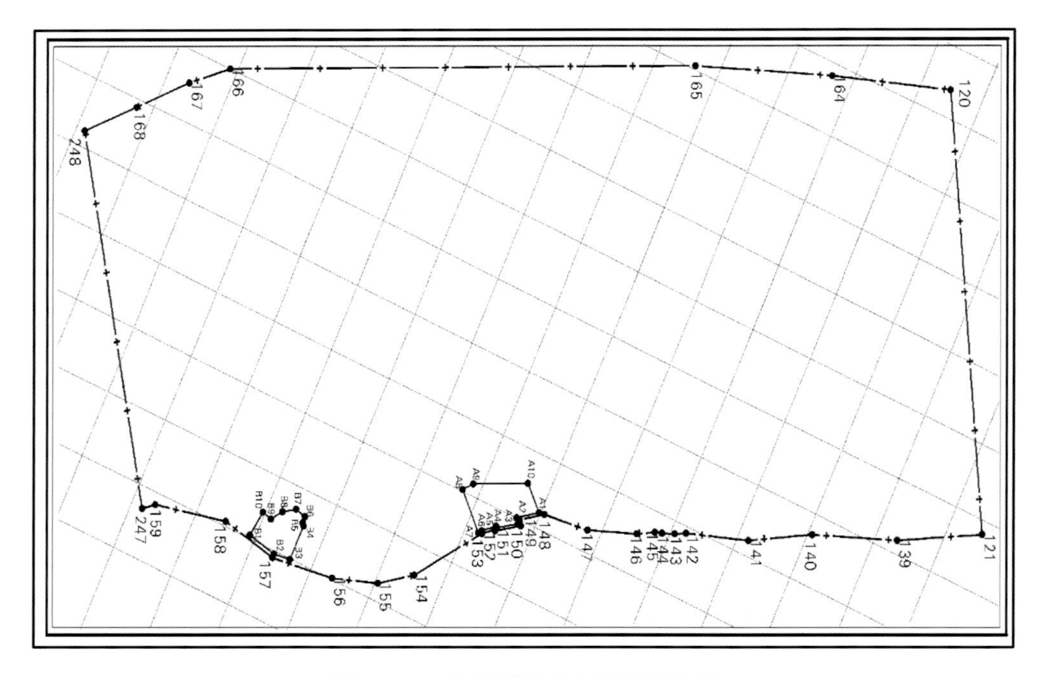

图 3-41　王石凹煤矿井田范围示意图

2）煤矿开采历史及现状

王石凹煤矿是我国第一个五年计划期间的 156 个重点工程建设项目之一，由苏联列宁格勒设计院设计，西安煤矿设计院承担技术修改和施工设计，煤炭工业部铜川基本建设公司施工。于 1957 年 12 月 2 日开始建设，1961 年 11 月 20 日建成移交投产，矿井设计生产能力 120 万 t/a，设计范围年限 78 年。2007 年经陕煤局发〔2007〕123 号文《陕西省煤炭工业局关于下达 2006 年第一批煤矿生产能力复核结果的通知》批准，矿井核定生产能力为 140 万 t/a。

矿井为立井多水平开拓方式，采煤方法为走向长壁式后退式综合机械化采煤法。采煤工艺经历了炮采、普采、高档普采到综合机械化一次采全高采煤法，全部垮落法管理顶板。通风方式采用中央分列式，主井、副井进风，风井回风。矿井分两个水平开采，一水平 5#、10#煤层已开采结束，二水平 5#煤已开采大部分，仅剩余东北角。截至 2015 年 4 月底矿井累计采出原煤 4006.2 万 t。

2. 机构与人员构成

王石凹煤矿在册职工 4428 人，职工详情如表 3-31 所示。

表 3-31　王石凹煤矿在册员工安置　（单位：人）

人员安置	人员发展	人数	合计
分流安置	走出去发展	206	3819
	转岗安置	2231	
	离岗退养	824	
	领取生活费	166	
	自谋职业	3	
	矿本部留守	50	
	退休	237	
	解除或终止劳动合同	102	
待安置		609	609
总人数			4428

3. 关闭矿井时间、回撤

王石凹煤矿闭坑时间：2015 年 10 月。

4. 关闭矿井地上资源情况

1）水资源

王石凹煤矿位于渭河水系东部分水岭地带，其西侧水系西流汇入石川河，东侧水系东流汇入白石河，区内无较大河流水体，多为间歇性溪流，动态极不稳定。地表水系主要有陈家河，乌泥川河，荀村、火药库及惠家沟水库。

王石凹煤矿家属区生活用水主要来自铜川市自来水公司，工业广场附近生活用水主要来自红土水源地以及矿建水源井，红土水源地现有六眼供水管井，水源为石千峰组含水层水，单井涌水量 300～800 m^3/d，供水能力 3000 m^3/d，主要供生活用水，另外水源地地处庞河河谷，地表水可补充作为生产用水。矿井建有水处理厂和污水处理厂，对矿井水和生活污水处理后使其更好地为矿井生产和职工生活服务。矿建水源井于 2012 年 5 月施工，2013 年 1 月建成，为奥灰峰峰组二—四段岩溶水，其主要供矿井生产用水，少部分供工业广场家属区用水。

2）土地资源

王石凹煤矿土地资源包括工业场地、风井 2 和风井 3 场地及社区土地，总占地面积 59.33 hm^2。其中，工业场地占地约 58.59 hm^2（含社区土地）；风井 2 场地占地约 0.57 hm^2；风井 3 场地占地约 0.17 hm^2。土地没有出租、转让、废弃以及塌陷现象，地面各类附着物保存完好，生活、生产设施齐全。

3）工业广场建筑

王石凹煤矿主要建筑物如表 3-32 所示。

表 3-32　王石凹煤矿地面主要建（构）筑物

序号	建（构）筑物名称	结构
1	综合办公楼	砖混
2	苏式单身楼	砖混
3	职工食堂	砖混
4	俱乐部	砖混
5	职工活动中心	砖混
6	干部工房	砖混
7	职工浴室	砖混
8	职工培训中心	砖混
9	污水处理站	砖混
10	设备库	砖混
11	副井提升机房	砖混
12	副井井架	砖混
13	区队库房	砖混
14	主井绞车房	砖混
15	主井井架	砖混
16	锅炉房	砖混
17	机车库	砖混
18	污水处理厂房	砖混
19	变电所	砖混
20	选煤楼	砖混

截至 2019 年，王石凹煤矿各井筒、井口房均已封闭，地面的建筑、附着物保存完好，矿井生产时的“四大机械”设备以及各车间的部分设备、厂房保存完好。尤其是具有苏

式建筑风格的办公楼、选煤楼、单边宿舍楼，以及矿工俱乐部、职工活动中心等都保存完好。部分地面建筑如图 3-42 所示。

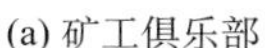

(a) 矿工俱乐部

(b) 副井提升机房

(c) 变电站

图 3-42　王石凹部分地面建筑

4）矿区铁路、公路、电力及管路设施

矿区有咸铜铁路运煤专线，距铜川至东坡铁路运煤专线的红土镇车站约 10 km。305 省道、铜川东坡公路通过，距 305 省道约 6 km，交通较为方便。铜川矿业供电分公司 35 kVA 变电所供电到矿主井棚变压器、高压柜、低压柜，到工业区及各使用点。家属区照明从 35kVA 变电所到 1 台 ZBW-500/6 箱式变压器，到 1 台 ZBW10-500/10 箱式变压器，到 1 台 ZBW10-800/10 箱式变压器，最后到各使用点。王石凹矿居民区供水是自来水公司（周陵水厂）6 寸[①]水管至矿西山加压站水泵房，6 寸水管至西山锅炉房水泵房至西苑小区。

5. 关闭矿井地下资源情况

1）地层

王石凹井田位于铜川矿区的东南边缘，该井田除在沟谷处有零星岩层露头外，全被第四系黄土所覆盖。根据钻孔揭露、井下、地面观测资料，该井田地层自老至新有：奥陶系中统马家沟组（O_2m），石炭系上统太原组（C_3t），二叠系下统山西组（P_1s）、下石盒子组（P_1x），二叠系上统上石盒子组（P_2s）、石千峰组（P_2sh），新生界（KZ）。井田主要含煤地层为石炭系的太原组和二叠系的山西组，厚度平均 86 m，共含煤 9 层，总含煤系数 7.03%，其中主要可采及次要可采煤层二层，其余皆不可采。

2）含水层

井田主要含水层有 3 个，自上而下分别为第四系松散层孔隙水、石千峰组上部砂岩含水层和山西组顶部砂岩含水层。含水层最厚处约 250 m，一般 60～70 m，由黄土、红土、黏土和亚黏土等组成，中间含钙质结核。含水层直接受大气降水和地表河流补给，由地表经黄土渗透到红土中。红土颗粒较粗，孔隙度大，较黄土松散，但含水性不强。由于岩层隔水而使水存储于红土之中，形成含水层，含水量不大。受地表降水的影响，浅部煤层，尤其是沿煤层露头低洼处含水量较大。石千峰组上部砂岩含水层平均厚度

① 1 寸≈3.33 cm。

40 m，位于石千峰组第三段巨厚层状紫红色砂岩下部的中、粗粒砂岩层中，含水层远离煤层，对开采影响不大。山西组顶部砂岩含水层主要为砂岩裂隙承压含水，含水层厚度为 10～25 m，岩性为灰白色石英质粗粒砂岩，单位涌水量为 0.003～0.1 L/（s·m），属弱含水层，为山西组煤层的直接充水层。

2019 年 7 月 24 日～31 日，在铜川王石凹煤矿进行了矿井地下水样的采集，每个煤矿共取得 500 mL（5 个水样瓶）水样，矿井地下水水质检测按照《生活饮用水卫生标准》（GB5749），检测结果如表 3-33 所示。

表 3-33　王石凹煤矿地下水水质检测结果

序号	检验检测项目	单位	标准规定的限值	王石凹煤矿
1	色度（铂钴色度单位）	—	≤15	3
2	浑浊度	NTU	≤1	1.3
3	臭和味	—	无异臭、异味	无异臭、异味
4	肉眼可见物	—	无	有肉眼可见物
5	pH	—	6.5～8.5	3.0
6	氰化物	mg/L	≤0.05	未检出（检出限为 0.002 mg/L）
7	硝酸盐（以 N 计）	mg/L	≤10	未检出（检出限为 0.2 mg/L）
8	亚氯酸盐	mg/L	≤0.7	未检出（检出限为 0.04 mg/L）
9	氯酸盐	mg/L	≤0.7	未检出（检出限为 0.23 mg/L）
10	铁	mg/L	≤0.3	152.2
11	锰	mg/L	≤0.1	0.001322
12	铜	mg/L	≤1.0	0.328
13	锌	mg/L	≤1.0	4.146
14	铅	mg/L	≤0.01	0.00115
15	镉	mg/L	≤0.005	0.000959
16	铬（六价）	mg/L	≤0.0	9.426
17	总砷	mg/L	≤0.01	1.61
18	汞	mg/L	≤0.001	0.0059
19	硒	mg/L	≤0.01	未检出
20	氟化物	mg/L	≤1.0	未检出（检出限为 0.02 mg/L）
21	氯化物	mg/L	≤250	15
22	硫酸盐	mg/L	≤250	未检出（检出限为 0.02 mg/L）

根据《生活饮用水卫生标准》（GB5749）规定的限值，王石凹煤矿地下水多个项目超标，主要有浑浊度、肉眼可见物、pH、铁、锌、六价铬、砷、汞，其中 pH、铁、锌、六价铬、砷、汞含量超标严重，分别为 3.0、152.2 mg/L、4.146 mg/L、9.426 mg/L、1.61 mg/L、0.0059 mg/L，需要进行深度处理后才能作为生产、生活用水。

3）主要井巷现状

王石凹煤矿采用立井、斜井综合开拓，三个井口即主立井、副立井、回风斜井，封闭工作已经完成，在井口正面位置已设置了醒目的煤矿关闭标识牌，巷道已按照要求进行了封闭，矿井井巷总长度为 45352 m。主井深 276 m，副井深 276 m，回风斜井长 200 m。矿井开拓巷道 39700 m，其中 735 水平开拓巷道约 15000 m、650 水平开拓巷道为 21400 m、680 水平开拓巷道约 3300 m，断面为 8.9～14 m^2，全为裸体巷道。石门下山 4900 m，其中 650 人行井 450 m、暗斜井 650 m、2 号皮带暗斜井 850 m、735 井底车场 1350 m、西一轨道及皮带下山 850 m，断面为 8.9～14 m^2，全为裸体巷道。井下开拓巷道、石门下山压力较轻，加上有保护煤柱，保护煤柱多布置在坚硬的奥灰岩中，虽然无支护，但巷道基本完好。

6. 采掘设备

王石凹煤矿于 2015 年 1 月开始回收，9 月中旬回收完成，由于王石凹煤矿拟规划建设煤矿遗址公园，将一水平各类设备实施基本保留，其余二水平设备设施包括重轨、风管及水管等均已回收，大部分设备露天存放，部分设备在库房。地面绞车、风机、井架及其他设备基本维持原状。部分设备照片如图 3-43 所示。

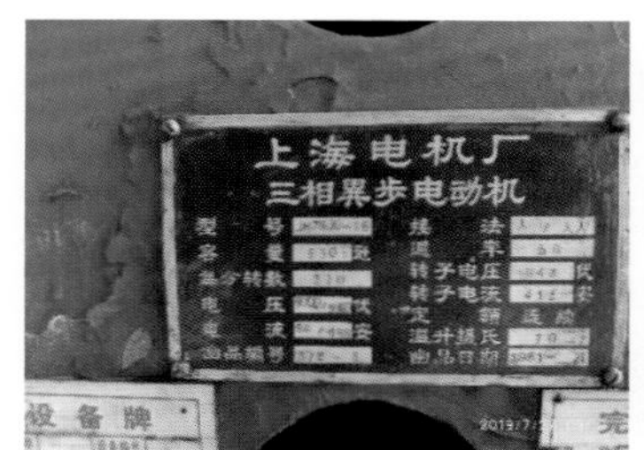

(a) 三相异步电动机

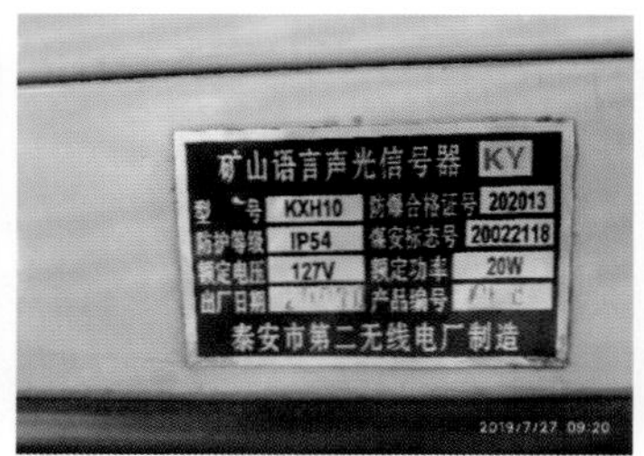

(b) 矿山语言声光信号器

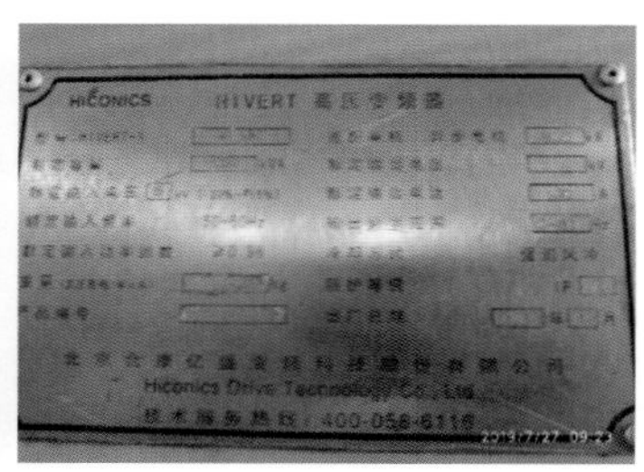

(c) 高压变频器

图 3-43　王石凹煤矿部分设备

7. 矿山环境与区域发展

1）矸石排放与治理

王石凹矿固体废弃物主要堆放在矸石山，其位于矿工业工程东南角冲沟内，占地 8.7 hm^2。生产阶段含炭较多的矸石粉碎后用于矸石电厂作燃料，剩余部分矸石运至沟谷进行排弃，矸石填到接近最终标高时，及时覆土压实，植树种草，进行绿化，此外白矸（石灰石）经过加工，可做建筑材料。矸石山自燃的红矸可出售给水泥厂，作为水泥的添加料。现阶段，矿井正对矸石山推平并覆盖黄土。

2）废水的排放与治理

矿区生活污水经二级生化处理后用于灌溉农田和绿化环境，多余排入河道。井下正常涌水量 30 m^3/h，涌水经管网直接排至地面污水处理厂。在污水处理厂经处理后的水，全部作为工业生产用水，多余部分排入陈家河。据 2013 年铜川矿区环境监测站对王石凹煤矿污水处理厂处理后的水质取样测试，除水中悬浮物超标外，其余两项指标（pH、COD）均达到国家《污水综合排放标准》（GB 8978—1996）的二级标准。因此矿井基本不存在水体污染情况。

3）地面塌陷及裂缝

王石凹矿是铜川矿区的老矿井，开发历史长、建筑规模大、人口密度高，由于所处的地质地貌条件，随着矿区的开采地质环境主要变化有滑坡、崩塌及开采沉陷等 3 种类型。滑坡、崩塌灾害以黄土滑坡为主，部分属古老滑坡受雨季等因素的诱发二次复活，部分属人类活动诱发产生，多出现在山体边缘或沟谷侧缘地带，对矿井生产设施及居民生活影响严重。王石凹矿煤层埋深 420～550 m，工作面采高 2.1～3.0 m，工作面开采后出现地面沉陷及其诱发的地裂缝等现象，矿区范围内地面沉陷面积约 1979.85 hm^2。

4）区域经济情况

2011 年，王石凹街道总人口 19734 人，人口流动较为频繁。全街道辖 4 个村委会和 4 个社区，街道内有 5 所学校、2 所医院，以及七站八所等 20 余家行政事业单位。王石凹街道有 2 条主要公路，以铜罕公路为主，总长度 2.2 km，近年来王石凹街道对辖区道路进行了改造升级，距省道 305 线仅 5 min 路途，交通条件极为便利。

王石凹街道是典型的城郊型街道，因矿兴盛，煤炭资源丰富，煤田总面积 22.3 km^2，原煤总储量 1.03 亿 t，主产 5 号焦煤及瘦煤。辖区有铜川矿务局王石凹煤矿，印台区属宏业公司煤矿，以及 2 个私营煤矿，年产原煤可达 140 万 t。

全街道共有耕地面积 420 hm^2，作物主要有小麦、玉米、油菜等；林地面积 227 hm^2，主要种植刺槐，花椒、柿子等；果园面积 117 hm^2，挂果 18 hm^2，主要品种有富士、嘎拉等。该区大力发展养殖业，借助紧靠周陵科技园区的优势，形成以陕西春雨家禽发展有限公司为龙头带动的养殖产业，产品以肉、蛋、奶为主，主要供给镇区居民，养殖业总产值 269 万元，从业人员 300 余人。2011 年，农业总产值达到 3420 万元。

5）王石凹井煤矿工业遗址公园项目（资料来源于《王石凹井煤矿工业遗址公园项目设计方案》）

项目名称：铜川市印台区王石凹煤矿工业遗址公园

项目单位：陕煤集团铜川矿业公司

项目地址：陕西省铜川市印台区王石凹街道办王石凹煤矿

项目规模：王石凹煤矿工业遗址公园项目北至铜川市政公路与王石凹迎宾路交接处，南至背山沟棚户区，西至煤矸场，东至职工家属楼，核心区总面积约 610000 m^2，总面积 2300 余亩。总体规划平面图如图 3-44，功能分区如图 3-45 所示。

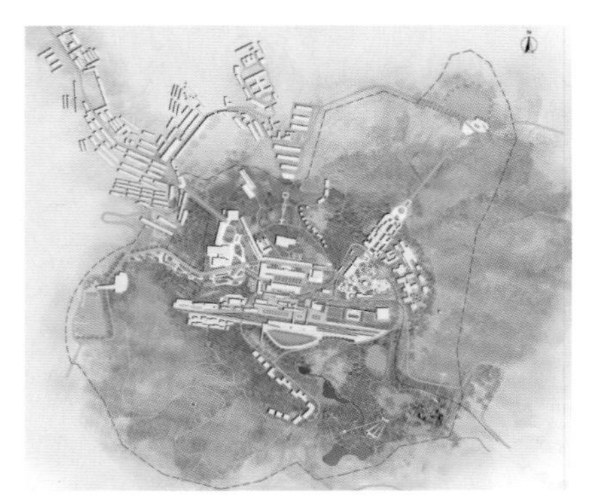

图 3-44　工业遗址公园项目总体规划平面图

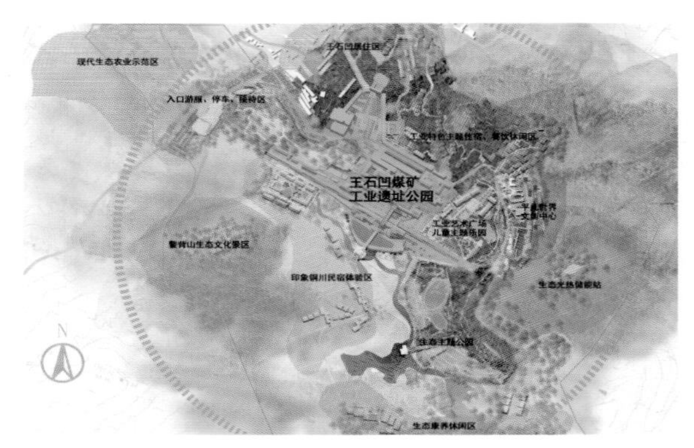

图 3-45　工业遗址公园项目功能分区图

3.5.3 金华山煤矿

金华山煤矿无人机飞行获取的全景图，如图 3-46 所示。

图 3-46　金华山煤矿无人机全景图

1. 煤炭生产与矿井概况

1）矿井基本情况

金华山煤矿位于陕西省铜川市区北东方位约 20 km，行政区划属铜川市印台区红土镇管辖。该区自然地理属陕北黄土高原南缘台塬区的铜川长梁亚区，地表为广厚的黄土所覆盖，由于流水切割，形成台塬、梁峁、沟谷相互交织的地貌景观，地势总体南高北低，以南部的金华山为最高，绝对标高在 1100 m 以上，北部庞河河谷为最低，标高 927～950 m。地表水系、气象、经济与矿产同王石凹煤矿。矿区有咸铜铁路运煤专线、305 省道、铜（川）东（坡）公路通过，距 305 省道约 4 km，距铜川至东坡铁路运煤专线约 4.5 km，距红土工业广场约 4.5 km。金华山煤矿位于渭北石炭二叠纪煤田铜川矿区东部，矿井坐落于铜川市印台区红土镇，东西分别与徐家沟煤矿、王石凹煤矿毗邻，北部为印台区红土镇城区，南部与富平县相邻。矿区长约 5.1 km，宽约 4.1 km，面积 21.7664 km^2。

2）矿井开采历史及现状

矿井于 1958 年 7 月 24 日开工，1963 年 11 月 10 日移交投产，设计生产能力 30 万 t/a。1987 年经改扩建，生产能力由 30 万 t 扩大至 90 万 t。1963～2006 年，矿井开拓方式为立井石门，多水平综合开拓，上下山分区开采，采用炮采 π 型梁放顶煤采煤工艺。2006～2009 年，矿井生产能力稳定在 90 万 t/a。2009 年矿井淘汰了炮采工艺，采煤机械化程度达到 100%，掘进机械化达到 75 %。2012 年 5 月依据陕西省煤炭生产安全监督管理局陕煤局发〔2012〕57 号文《关于开展煤矿生产能力核定工作的通知》重新进行了能力核定，矿井核定能力为 150 万 t/a。

矿井开拓方式为斜井、立井、多水平阶段石门联合开拓，主提升为斜井带式输送提升，辅助提升为立井罐笼提升。通风方式为中央并列式，通风方法为抽出式，矿井鉴定为低瓦斯矿井。金华山煤矿原始保有资源储量为 10737.8 万 t，1963～2016 年底累计查明资源储量 11500.6 万 t，保有资源储量 6554.3 万 t，可采储量 2953.5 万 t（根据设计需要永久煤柱和井界煤柱资源量不计算可采量，其他资源均按正常计算其可采量）。

2. 机构与人员构成

矿井关闭回收过程中，该矿通过内部安置分流等措施共安置职工 3225 人，矿井待分流安置人数 1239 人，详情如表 3-34 所示。

表 3-34　金华山煤矿在册员工安置　（单位：人）

人员安置	人员发展	人数	合计
分流安置	内、外部分流	268	3225
	转岗安置	2157	
	离岗退养	545	
	矿本部留守	50	
	内部待岗	110	
	解除或终止劳动合同	95	
待安置		1239	1239
总人数			4464

3. 关闭矿井时间、回撤

1）闭坑时间

2016 年 9 月。

2）回撤内容

原煤生产期间对无采掘头面布局的生产系统及巷道进行回收，570 水平各采区采掘头面结束后采取“倒退式”进行回撤，原煤生产时间截至 2016 年 9 月底。2016 年 3 月底掘进工作停止后逐步开始对掘进工作面及生产系统以外的巷道进行回收。回收内容：完成 570 东一采区回收及密闭工作；完成 440 水平轨道运输大巷、440 皮带运输大巷、570 行人暗斜井上部三个岩巷掘进头的回撤工作；完成 440 提矸暗斜下车场 500 m 巷道及硐室内（变电所、水仓）配套设备的回撤工作；完成西一轨下车场 580 m 巷道内设施、设备的回撤；完成西二采区的所有设备、设施的回撤工作，对西二采区进行密闭；结束东二 3510 工作面的回采工作，完成该面的回撤、密闭工作。2016 年 10 月底完成 570 西一采区的回收工作并进行封闭，2016 年 11 月中旬完成 570 东二采区回收工作并对该采区实施封闭，2016 年 12 月 31 日完成对井下系统回收工作，对矿井主、副井筒进行封闭。

4. 关闭矿井地上资源情况

1）土地资源

金华山煤矿土地资源主要包括火药库、风井矸场、石灰窑、红土排矸场、矿部工业场地与排矸场、铁路南等区域，总占地面积约 29.65 hm^2，各地块面积如表 3-35 所示。

表 3-35　金华山煤矿各地块面积

序号	宗地名称	宗地面积/m^2	证载用途	现实际用途	利用现状
1	火药库	12066.70	工业用地	水源用地	闲置
2	风井矸场	7146.20	工业用地	住宅用地	闲置
3	石灰窑	7659.00	工业用地	住宅用地	闲置
4	红土排矸场	90600.40	工业用地	工业用地	闲置
5	矿部与排矸	92666.60	工业用地	工业用地	矸场闲置
6	铁路南	86341.80	工业用地	工业用地	闲置
	总面积	296480.7			

这些土地没有出租、转让，地面各类附着物保存完好，生活、生产设施齐全。

2）水资源

关井后，矿区生活水源使用王石凹红土水厂之水源，经红土至金华山供水系统供红土（矿井职工家属）和金华山矿部及职工家属生活用水，水质符合生活用水标准。在矿部东山施工深水井一眼，出水量 30 m^3/h，是金华山矿部及职工家属生活用水的备用水源，水的硬度较大。

3）工业广场建筑物

截至 2019 年，矿井各类建（构）筑物多处于闲置状态，主要建（构）筑物如表 3-36 所示。

表 3-36　地面主要建（构）筑物

序号	房屋名称	建筑结构	建成年份	用途	坐落位置	建筑面积/m^2	建筑层数	利用现状
1	调度楼	砖混	1977	仓库	矿部	242.53	3F	在用
2	主绞房	砖混	1986	辅助	矿部	260.6	1F	闲置
3	区队办公楼	砖混	1978	办公	矿部	1785.47	4F	闲置
4	办公楼	砖混	1986	办公	矿部	4065.38	5F	在用
5	自救器发放房	砖混	1986	仓库	矿部	134.84	3F	闲置
6	澡堂	砖混	1971	办公	矿部	611.69	2F	在用
7	红土变电所	砖混	1980	辅助	红土	187.07	1F	在用
8	红土磅房	砖混	1990	辅助	红土	35.86	1F	闲置
9	机修车间	砖混	1986	车间	红土	442.97	1F	闲置
10	综采维修车间	砖混	1986	车间	红土	1428.92	1F	闲置
11	红土锅炉房	砖混	1987	辅助	红土	272.39	1F	在用
12	井口热风炉房	砖混	1993	辅助	矿部	169.08	1F	在用
13	零售点二层	砖混	1983	辅助	矿部	168.81	2F	在用
14	检修绞车房	砖混	1986	辅助	红土	147.51	1F	闲置
15	驱动主机房	砖混	1986	辅助	红土	858.56	1F	闲置
16	红土浴室	砖混	1989	辅助	红土	935.72	2F	在用
17	地面变电所	砖混	1986	辅助	矿部	224.44	1F	在用

续表

序号	房屋名称	建筑结构	建成年份	用途	坐落位置	建筑面积/m²	建筑层数	利用现状
18	小车库	砖混	1987	辅助	矿部	127.7	1F	在用
19	主扇房	砖混	1986	仓库	矿部	171.11	1F	闲置
20	轨道衡房	砖混	1988	辅助	红土	50.25	1F	闲置
21	矸道绞车房	砖混	1994	辅助	红土	76.41	1F	闲置
22	推土机房	砖混	1992	辅助	红土	159.12	1F	闲置
23	一通三防楼	砖混	1991	办公	矿部	988.49	2F	在用
24	小车库	砖混	1991	辅助	矿部	176.79	2F	在用
25	安全电教室	砖混	1993	学习	矿部	188.62	2F	在用
26	职工食堂	砖混	1993	辅助	矿部	1319.02	1F	在用
27	主斜井热风炉房	砖混	1993	辅助	红土	187.71	1F	闲置
28	供应科材料库	砖混	2006	仓库	矿部	901.5	1F	在用
29	供应科办公楼	砖混	2006	办公	矿部	250.94	2F	在用
30	供应科门房	砖混	2006	辅助	矿部	14.43	1F	在用
31	氧气库	砖混	2006	仓库	矿部	30.42	1F	闲置
32	电锯房	砖混	2006	辅助	矿部	448.09	1F	闲置
33	供应科棚架库	钢	2006	仓库	矿部	512.01	1F	闲置
34	荆巴塘材库	钢	2006	仓库	矿部	625.43	1F	闲置
35	井口食堂	砖混	1986	辅助	矿部	41.44	1F	闲置
36	井口消防库	砖混	1983	辅助	矿部	169.66	1F	闲置
37	矿灯房	砖混	1977	辅助	矿部	354.6	1F	闲置
38	机修车间厂房	钢	2010	车间	机电车间	1676.25	1F	在用
39	机电车间办公楼	钢	2010	办公	机电车间	485.35	2F	在用
40	2 号风井电控室	砖混	2010	辅助	红土肖家沟	339.87	1F	在用
41	2 号风井厕所	砖混	2010	辅助	红土肖家沟	18.85	1F	闲置
42	矿井水处理工房	砖混	2012	辅助	红土	733.04	1F	闲置
43	生产废水处理工房	砖混	2012	辅助	红土	226.23	1F	闲置
44	综合楼	砖混	2013	辅助	矿部	7418.27	5F	在用

4）矿区铁路、公路、电力及管路设施

矿区有咸铜铁路运煤专线（距铜川至东坡铁路运煤专线约 4.5 km）、305 省道、铜（川）东（坡）公路通过，距 305 省道约 4 km，矿区内管网主要为金华山矿及红土镇供水管路。矿井在工业场地设 35/6 kV 变电站，一回路 35 kV 电源引自广阳 110/35 kV 变电站，供电距离 8 km，架空线规格 LGJ-185；另一回路 35 kV 电源引自 3154 陈王线路 T 接，供电距离 18.7 km，架空线规格 LGJ-150。一回路运行，另一回路备用。

5. 关闭矿井地下资源情况

1）地层

金华山井田广为黄土覆盖，仅在庞河河谷见有石千峰组地层的零星露头。依据钻孔揭露和钻孔观测资料，井田范围内地层从下而且上依次为奥陶系中统马家沟组（O_2m）、石炭系上统太原组（C_3t）、二叠系下统山西组（P_1s）、二叠系下统下石盒子组（P_1x）、二叠系上统上石盒子组（P_2s）、二叠系上统石千峰组（P_2sh）、新近系上新统（N_3）、第四系更新统至全新统（$Q_{1\text{-}3}$，Q_4）。区内的含煤地层为石炭系上统太原组和二叠系下统山西组，共含煤 8 层，其中以 5^{-2}#煤为主要可采层，5^{-1}#煤和 10#煤层是次要开采层，其他各煤层均为不可采煤层。

2）含水层

区域内主要含水层可分为 3 个含水层组，自上而下分别为第四系松散层孔隙水，二叠系砂岩裂隙含水层组和奥陶系石灰岩裂隙岩溶含水层组。其中第四系松散层孔隙含水层在矿区内广泛分布，受地表降水的影响，浅部煤层，尤其是沿煤层露头低洼处含水量较大。二叠系上统上石盒子组砂岩裂隙承压水，含水性较强；二叠系下统下石盒子组砂岩裂隙承压水，含水性较好，为井田主要含水层，亦是金华山煤矿主要矿井充水来源。奥陶系石灰岩裂隙岩溶承压含水层，裂隙岩溶较发育。

3）主要井巷现状

矿井开拓方式为斜井竖立井、多水平阶段石门联合开拓，上下山分区开采。现有 3 个井筒，分别为 2 号风井、红土主斜井、副立井。3 个井筒均采用混凝土块砌碹而成，状况良好。矿井主系统及采区上下山均布置在奥陶系石灰岩中，采用喷浆支护，局部采用锚网索喷浆支护，状况良好。井下采煤、掘进工作面压力大，已全部垮落。井巷总长度 26446 m，主要井巷现状如表 3-37 所示。

表 3-37　金华山煤矿矿井主要井巷现状

序号	巷道名称	类型	巷道长度/m	支护	净断面/m^2	维护状态
1	副立井	开拓	258	砌碹	125.9	良好
2	主斜井	开拓	1111	砌碹	14.7	良好
3	2 号回风立井	开拓	397	砌碹	19.6	良好
4	680 运输石门	开拓	1860	砌碹	14.7	良好
5	680 集中轨道下山	开拓	1020	锚喷	10.80	良好
6	680 集中人行下山	开拓	1140	锚喷	10.80	良好
7	570 轨道暗斜井	开拓	650	锚网喷	14.30	良好
8	570 西运输大巷	开拓	2000	锚网喷	14.7	良好
9	570 西回风大巷	开拓	2300	锚网喷	14.7	良好
10	570 东运输大巷	开拓	1800	锚网喷	14.7	良好
11	570 东回风大巷	开拓	1600	锚网喷	14.7	良好
12	570 轨道石门	开拓	450	锚网喷	14.30	良好
13	570 皮带暗斜井	开拓	650	砌碹	9.1	需大修

续表

序号	巷道名称	类型	巷道长度/m	支护	净断面/m²	维护状态
14	西一石门	开拓	300	锚喷	9.1	良好
15	西一轨道下山	开拓	1100	锚喷	9.1	良好
16	西一皮带下山	开拓	1200	锚喷	9.1	良好
17	西二石门	开拓	350	锚喷	9.1	良好
18	西二轨道下山	开拓	1100	锚喷	9.1	良好
19	西二皮带下山	开拓	1200	锚喷	9.1	良好
20	440 轨道石门	开拓	450	锚喷	14.3	良好
21	440 轨道大巷	开拓	400	锚喷	14.3	良好
22	440 皮带大巷	开拓	200	锚喷	12.3	良好
23	东一石门	开拓	350	锚喷	9.1	良好
24	东一轨道下山	开拓	700	锚喷	9.1	良好
25	东一皮带下山	开拓	800	锚喷	9.1	良好
26	东二石门	开拓	330	锚喷	9.1	良好
27	东二轨道下山	开拓	1300	锚喷	9.1	良好
28	东二皮带下山	开拓	1430	锚喷	9.1	良好

6. 采掘设备

提升运输设备及井下皮带和主皮带已拆除堆放在红土煤场，绞车就地封存。金华山矿部矸山翻矸架、轨道及提升绞车已拆除堆放在机电车间院内。红土矸山翻矸架、轨道及提升绞车已拆除堆放在红土车间院内，矸山绞车就地封存。矿井三套综采设备（含采煤机、工作面溜子、转载机、支架）回收堆放在红土车间院内。矿井三套综掘设备（综掘机）堆放在红土车间院内。地面风机及变电设备就地封存。井架及红土选煤楼就地封存。部分设备现状照片如图 3-47 所示。

(a) 电机

(b) 单体支柱

图 3-47　金华山煤矿部分设备现状

7. 矿山环境与区域发展

1）矸石排放与治理

矿井掘进产生的白矸（石灰石）做建筑材料，矸石山自燃形成的红矸作为水泥的添加材料，含炭较多的黑矸作矸石电厂燃料或作为原料烧制水泥。未能综合利用的部分矸石运至矸石场堆放，及时覆土压实、植树种草。同时，矿井在井下回采过程中，尽可能将矸石直接充填采空区，减少矸石排放对生态环境的影响。

2）废水的排放与治理

金华山矿部及职工家属生活废水，经生活排水系统排至金华山家属区生活污水处理厂，处理达标后用于灌溉农田和绿化环境或排入河流。矿井主斜井涌出的水，抽放至地面红土蓄水池，采用自然沉淀、化学药品净化处理后，供矿区生活及生产用水。矿井水日处理能力 2000 m^3 左右，供地面生活和生产用水约 1200 m^3/d，供井下生产、防尘用水约 350 m^3/d，矿井水实现了资源化利用。

3）地面塌陷及滑坡

金华山煤矿开采范围内沉陷面积约 1404.93 hm^2，开采前对采矿影响范围内的村庄提前进行了整体搬迁，对未搬迁受到轻微影响的村庄也都采取了相应的加固措施。对矿井开采引起的地裂缝，采取填土夯实进行处理，避免地表水的浸入与流失。对矿井 3～5 年内开采的工作面，相应在地表设置观测站，进行监测及监督，以防在地表沉降期内再建造建筑物。对滑坡、崩塌采取排矸填沟固定滑坡体使其不能向沟谷方向移动，消减滑坡体上的土方，减少滑坡体重量，平整地面消除积水洼地并修好排水沟渠。

4）红土镇经济及产业发展

红土镇地处印台区东部，距市区 20 km，辖 12 个村委会，2 个社区，57 个村民小组，人口 2.5 万人，面积 107 km^2。305 省道、铜罕公路铁路横贯东西，地理位置优越，煤炭、建材资源丰富，商贸云集，是印台区最大的乡镇之一，2006 年被评为省级小城镇建设示范镇。辖区内有铜川矿务局金华山煤矿、陕西大匠农科产业集团、“九九红”醋业有限公司等企业。2009 年全镇实现工农业总产值 34180 万元，完成固定资产投资 8000 万元，农民人均纯收入达到 5100 元，城镇居民可支配收入达到 12684 元。红土镇有 2000 亩左右的“四荒”地没有开发。经过实地调查，2000 亩左右的“四荒”地通过承包，可以在短期内建成千亩柿园种植基地，生产的柿果除满足综合加工厂的需求外还可外销。红土镇是印台区苹果生产重点乡镇之一，全镇苹果种植面积达到 16900 亩，苹果产量达 2.5 万 t，优果率达 85%，果农人均收入超过 3000 元。

3.5.4　鸭口煤矿

1. 煤炭生产与矿井概况

1）矿井基本情况

鸭口煤矿位于陕西省铜川市印台区广阳镇，东距广阳镇城区约 1 km，行政区划隶属铜川市印台区广阳镇。2007 年 12 月因资源枯竭企业破产，经资产重组，2009 年 2 月 26

日改名成立陕西铜川鸭口煤矿有限责任公司，西距铜川市区 35 km，东距蒲城县城区 42 km。地理坐标为东经 109°22′36″，北纬 35°06′15″。铜白铁路和铜白公路均从此通过，矿区交通较为方便。煤矿范围南起煤层露头，北至井田深部边界，东与东坡煤矿毗邻，西与徐家沟煤矿接壤，井田东西长约 5.6 km，南北宽约 3.8 km，总面积 21.9011 km^2，如图 3-48 所示。

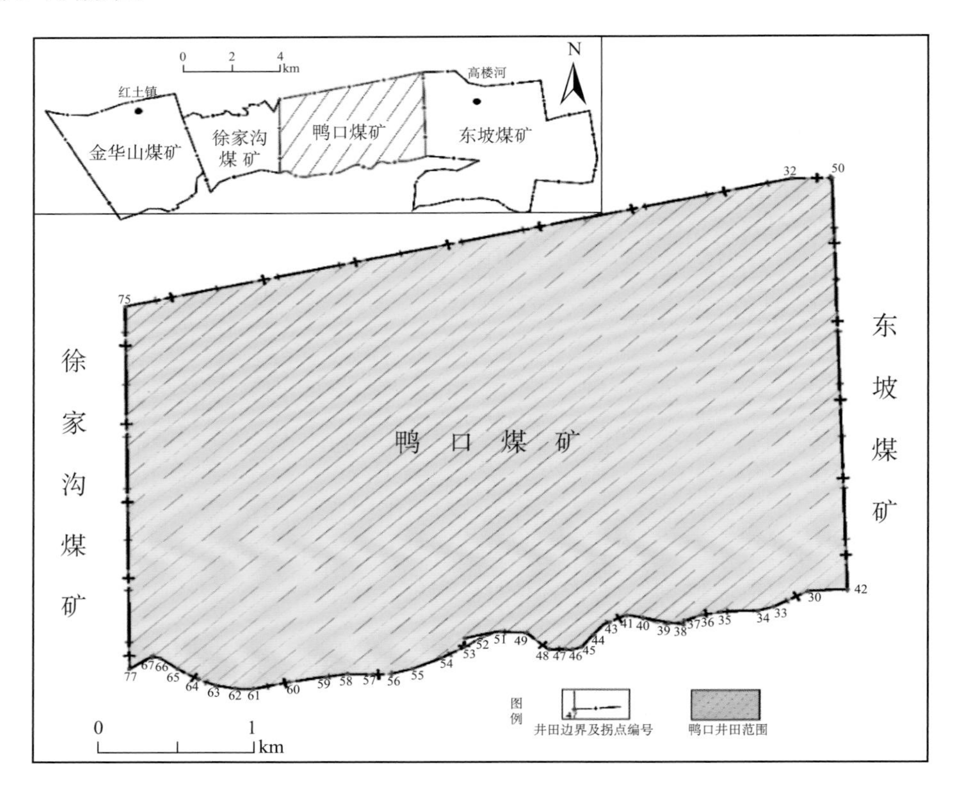

图 3-48 鸭口煤矿范围及周边矿井示意图

2）开采历史及现状

鸭口煤矿 1958 年 12 月开工建设，1966 年 12 月投产，设计生产能力 60 万 t/a，设计服务年限 85 年。主采煤层为 5^{-2} 煤层，煤层赋存较稳定，采用走向长臂后退式炮采工艺采煤方法，全部垮落法管理顶板。矿井有主立井、副立井和风井各 1 个。矿井分两个水平开拓，一水平标高+640 m，二水平标高+480 m。副立井采用辅助配巷延伸，与二水平大巷相连，上、下山开拓，箕斗提升。2009 年 2 月煤矿破产重组后，经技术改造，采用走向长臂后退式采煤方法，全部垮落法管理顶板，综合机械化采煤和炮采工艺同时作业。2012 年，矿井年核定能力为 90 万 t，矿井全部实现综采机械化采煤。截至 2014 年末，全矿保有地质储量 2355.1 万 t，可采量 1205.6 万 t。

3）主要井巷现状

王石凹煤矿采用立井、斜井综合开拓，三个井口，即主立井、副立井、回风斜井，封闭工作已经完成，在井口正面位置设置了煤矿关闭标识牌。巷道已按照要求进行了封闭，矿井井巷总长度为 16918.5 m，一水平运输大巷、回风大巷全长 4710 m，二水平运输大巷全长 3584 m，东回风大巷长 1055 m。井下开拓巷道、石门下山压力较轻，加上有保护煤柱，保护煤柱多布置在坚硬的奥灰岩中，虽然无支护，但巷道基本完好。

2. 机构与人员构成

鸭口煤矿在册职工总数 2291 人，截至 2017 年 6 月，已分流安置 2100 人，剩余待安置职工 191 人，详情如表 3-38 所示。

表 3-38　鸭口煤矿在册员工安置　（单位：人）

人员安置	人员发展	人数	合计人数
分流安置	走出去发展	282	2100
	转岗安置	1429	
	离岗退养	241	
	领取生活费	75	
	自谋职业	5	
	矿本部留守	50	
	退休	18	
待安置		191	191
总人数			2291

3. 关闭矿井时间

鸭口煤矿各井筒、井口房均已于 2016 年 3 月封闭。

4. 关闭矿井地上资源情况

1）土地资源

鸭口煤矿区位于陕北黄土高原南缘台塬区，铜川长梁亚区。地表绝大部分被更新统黄土覆盖，在山间河沟中发育第四系冲洪积物，地表无基岩露头。黄土塬面被流水切割，形成黄土台塬、梁峁及深切沟谷相互交织的地貌景观。鸭口煤矿土地资源包括工业场地、风井场地及社区土地，总占地面积 25.94 hm^2，工业场地占地约 6.97 hm^2，风井场地占地约 3.62 hm^2，社区占地约 15.35 hm^2。土地没有出租、转让、废弃以及塌陷现象，地面各类附着物保存完好，生活、生产设施齐全。

2）水资源

鸭口煤矿处于渭河流域洛河水系西侧的白水河支流上游，铜川矿区凤凰山—哭泉梁—庙山—金华山分水岭东侧。地表水系有杨家河、上马河、代洼水库等，水体自西向东涌入白水河，再向东进入洛河，然后向南到华阴市一带汇入渭河。矿井南部有杨家河，北部有上马河，两河均东流汇入白水河。代洼水库位于井田东部，库容量小。水井分布稀少，当地居民日常生活饮水多采用雨季积存窖水。因此，区内地表水资源相对短缺，不能满足煤矿正常生产之需水要求，缺水比较严重。

铜川矿务局钻探队于 1975 年 7 月～1976 年 10 月在距离鸭口煤矿 10 km 以外的河口—上马河段进行水源勘探，共施工钻孔并成井 11 个。1979 年在上马村建设了一座水厂，该水厂供鸭口煤矿、东坡煤矿、一五三厂生产和职工家庭生活用水。日用水量 800～1000 m^3。从上马村水厂 11 个水井具体位置和涌水量可以看出，其涌水层位为石千峰组砂岩含水层。上马村水厂使用 9#和 10#水井，水量能够满足矿区生产和居民生活用水。

3）工业广场建筑

各井筒、井口房已于 2016 年 3 月封闭，地面的建筑、附着物保存完好，主要地面建筑物如表 3-39 所示。

表 3-39　鸭口煤矿地面主要建筑物

序号	建（构）筑物名称	结构
1	综合办公楼	砖混
2	区队办公楼	砖混
3	路遥展馆	砖混
4	职工食堂	砖混
5	主井绞车房	砖混
6	副井绞车房	砖混
7	主井井架	砖混
8	副井井架	砖混
9	职工食堂	砖混
10	福利楼	砖混
11	锅炉房	砖混
12	机修车间	砖混
13	修理厂	砖混
14	廉租房	砖混
15	棚改房	砖混
16	35kV 变电站	砖混
17	风井房	砖混
18	选煤楼	砖混

鸭口煤矿部分地面建筑如图 3-49 所示。

(a) 员工食堂

(b) 运动场

(c) 厂房

图 3-49　鸭口煤矿部分地面建筑

4）矿区铁路、公路、电力及管路设施

铜川矿业公司自运营铁路由西向东经过矿区到东坡矿，铁路位于主副井北侧。铜白公路由西向东经过矿区，公路位于主副井南侧。地面设 35 kV 变电站 1 座，归属供电分公司管理，由 35 kV 变电站经一根 70 m MYJV22-6-3×50 电缆至动力变电所，变压器型号 SCRB-500/6/0.4，动力变电站不同型号电缆供大牙湾食堂、办公楼、福利楼、自动机房、供大修厂用电。由 35 KV 变电站经一根 210 m MYJV22-6-3×50 电缆至生产变电所，变压器型号 SCRB-630/6/0.4，供坑木场、锅炉房、机修厂用电。鸭口公司锅炉房向四周辐射 6 寸供暖管路，保证矿区冬季取暖，供暖管路使用年限较长，部分区段出现漏气现象，每年进行处理。

5. 关闭矿井地下资源情况

1）地层

根据区域地质填图和大量钻探工程揭露资料，鸭口矿井地层由老而新有中奥陶统峰峰组（$O_2 f$），上石炭统太原组（C_3t）、下二叠统山西组（P_1s）和下石盒子组（P_1x）、上二叠统上石盒子组（P_2s）和石千峰组（P_2sh）、上新统保德组（N_2b）、更新统（Qp）和全新统（Qh）。井田含煤地层为上石炭统太原组和下二叠统山西组。可采煤层 3 层，自上而下分别是 5^{-1}#煤层、5^{-2}#煤层和 10 煤层，均赋存于上石炭统太原组中。其中，5^{-2}#煤层为矿井主采煤层，5^{-1}#煤层和 10#煤层为次要可采煤层。

2）含水层

鸭口煤矿井下含水层主要包括：第四系潜水含水层，抽水试验结果是涌水量 q=0.0654L/（s·m），补给方式以大气降水为主，受季节影响较大；山西组下部砂岩含水层，该含水层涌水量 q=0.001～0.228 L/（s·m），属富水性弱的含水层；太原组石英砂岩裂隙水与灰岩岩溶裂隙含水层，煤矿生产资料证实，太原组中部 K2 灰质和砂岩含水层的含水量甚微，属富水性弱裂隙含水层；奥陶系灰岩岩溶含水层，静止水位标高+368.3 m，水位年变化幅度 0.86 m，较稳定，径流畅通，含水较为丰富。由于区域上奥陶系灰岩静止水位低于鸭口井田最低开采高程（+490 m），故奥陶系灰岩水对煤层开采威胁不大，根据邻近井田勘探资料，峰峰组灰岩岩溶水具有水资源开发利用前景。

6. 采掘设备

鸭口煤矿主井、副井提升设备井筒部分全部回收、提升钢丝绳已抽，地面绞车房设备就地封存（提升设备可正常使用）。井下运输设备全部回收，矿车大部分已经调拨，剩余架线电机车及矿车等主要运输设备地面存放，部分设备因使用年限较长已经不能使用。地面固定压风机及主扇全部在风井机房内切断电源，保持原样就地封存，状况良好；主副井绞车全部切断电源保持原状在主副绞车房内就地封存，状况良好；主副井架将钢丝绳抽掉，其他保持原样未拆除，主井架围板锈蚀严重，掉皮透孔，副井架围板亦出现固定螺栓脱落现象，应及时安排拆除井架，避免高空坠物伤人。部分地面设备现状如图 3-50 所示。

(a) 单轨吊车

(b) 运输车厢

图 3-50　鸭口煤矿部分地面设备现状

7. 矿山环境与区域发展

1）矸石排放与治理

矿井主要排放的矸石、弃石、弃渣，经粉碎后用于矸石电厂作为燃料，剩余部分运至工业广场附近的荒沟排矸场。地面采用石灰灌浆、黄土覆盖办法处理矸石场。同时对矸石场进行绿化，种草护坡，防止矸石流失。

2）废水的排放与治理

矿井生产排放污水的主要污染物是煤粉、尘粉等悬浮物，它们是造成地表水系污染的主要污染源。矿井在地面建立了污水处理站，矿坑水从井下先排入地面污水处理站，经过处理后水质基本满足《污水综合排放标准》（GB 8978—1996）的一级标准。一级沉淀处理后除去大部分悬浮物，二级处理后一部分用于井下消防、工业场地及贮煤场等防尘洒水。另一部分矿井水和生活水经过污水处理厂沉淀、过滤、消毒后排入灌渠，作为农业灌溉和环境绿化用水。

3）地面塌陷及裂缝

鸭口煤矿采空区地面塌陷位于矿区中部，长约 400～5600 m，宽约 500～2600 m，面积为 13.4808 km^2，属于巨型塌陷。塌陷由建矿到 2008 年的采空区塌陷所致，开采塌陷是由于开采 5^{-1}#和 5^{-2}#煤共同作用形成的。开采时间较远，地面沉陷已趋稳定。经地面调查，地裂缝已不可见，其危害程度和危险性小，影响程度较轻。

庙洼地面塌陷位于鸭口煤矿西北部，长约 1500～2600 m，宽 560～1600 m，面积约为 2.8871 km^2，属于大型塌陷。塌陷是 2008～2011 年开采 5^{-2}#煤所产生的，由于未达到沉稳期，地表变形还在继续。其主要威胁西路家村、庙洼村、兴家塬村，现场调查房屋未发现明显裂缝，而耕地和园地中产生的裂缝，已经被翻种及填埋。

西沟滑坡位于广阳镇西沟村，于 1978～1980 年开采一水平工作面时形成，滑坡体长 80 m、宽 500 m、厚 10 m，为中型滑坡，滑体坡角 30°，滑向 160°，滑面呈弧形。滑床岩性为第四系离石黄土，滑体垂直节理发育，可见弧形裂缝，滑体破坏的窑洞上有土体坠落，房屋、土窑开裂。

4）区域经济发展

鸭口煤矿所在的广阳镇土地总面积 106.39 km^2，辖 12 个村民委员会和 4 个社区，2018 年，全镇户籍人口近 4 万人。主要农作物有小麦和玉米，经济作物主要为苹果。区内主要矿产有煤炭、耐火黏土、水泥石灰岩矿等，工矿企业众多。广阳镇集贸发达，农产品和经济作物交易方便，1996 年广阳镇被列入 100 个小城镇综合经济改革试点乡镇建设，镇区内建设得到全面发展，已由昔日单一的农村集贸小镇发展成为印台区东部经济和工农业产品集散交流中心。

3.5.5　徐家沟煤矿

1. 煤炭生产与矿井概况

1）矿井基本情况

陕西铜川徐家沟煤矿位于铜川市区以东 33 km 处，井田地理坐标：东经 109°16′36″～109°19′04″，北纬 35°06′33″～35°08′36″。行政区划属铜川市印台区广阳镇管辖。铜川矿区铁路运煤专线从矿井工业场地通过，305 省道紧邻井田北部边界，公路西通铜川，东至蒲白，矿区交通运输条件较为便利。矿井南起煤层露头，北至井田深部边界，东与鸭口煤矿毗邻，西与金华山煤矿接壤，东西长约 3.25 km，南北宽约 3.05 km，矿权面积 9.9599 km^2。井田内主采煤层为 5#煤层，煤层开采标高 1103～470 m。井田范围如图 3-51 所示。

2）开采历史及现状

徐家沟煤矿于 1966 年 3 月矿井建成正式投入生产，设计生产能力 45 万 t/a，设计服务年限 58 年，矿区主采石炭系太原群 5#煤层。矿井采用立井开拓方式，用暗斜井分两个水平进行开采。主井承担全矿井的提煤任务，兼进风；副井承担矿井辅助提升任务，兼进风和安全出口；风井担负全矿井回风任务兼安全出口。采用走向长壁后退式综合机械化采煤方法，全部垮落法管理顶板。矿井通风方式为中央边界式，通风方法为抽出式，为低瓦斯矿井。截至 2014 年 12 月底，矿井保有地质储量 1141.6 万 t，可采储量 657.0 万 t。

3）主要井巷现状

徐家沟煤矿采用立井、斜井综合开拓，三个井口即主立井、副立井、回风斜井，封闭工作已经完成，在井口正面位置已设置煤矿关闭标识牌，巷道已按照要求进行了封闭。矿井井巷总长度为 20902 m，风井斜长 600 m，井田采用上下山开采，石门及水平大巷均布置在奥陶系石灰岩中，总长度为 19700 m，均采用锚喷支护，状况良好。

2. 机构与人员构成

徐家沟煤矿关闭后涉及安置职工 2276 人，关停期间，通过转岗安置、离岗退养、自然减员、解除劳动合同等安置手段，共安置职工 2115 人，待安置 161 人。待安置职工详情如表 3-40 所示，工人工种基本为司炉工、污水处理工、变电工、炊事员、浴池管理员、单身公寓管理员、汽车驾驶员、工业场所看护工、仪表修理工、装卸工、维护工、护理工等工种，待安置职工人年均工资 3.63 万元，全年应支付工资 584.43 万元。

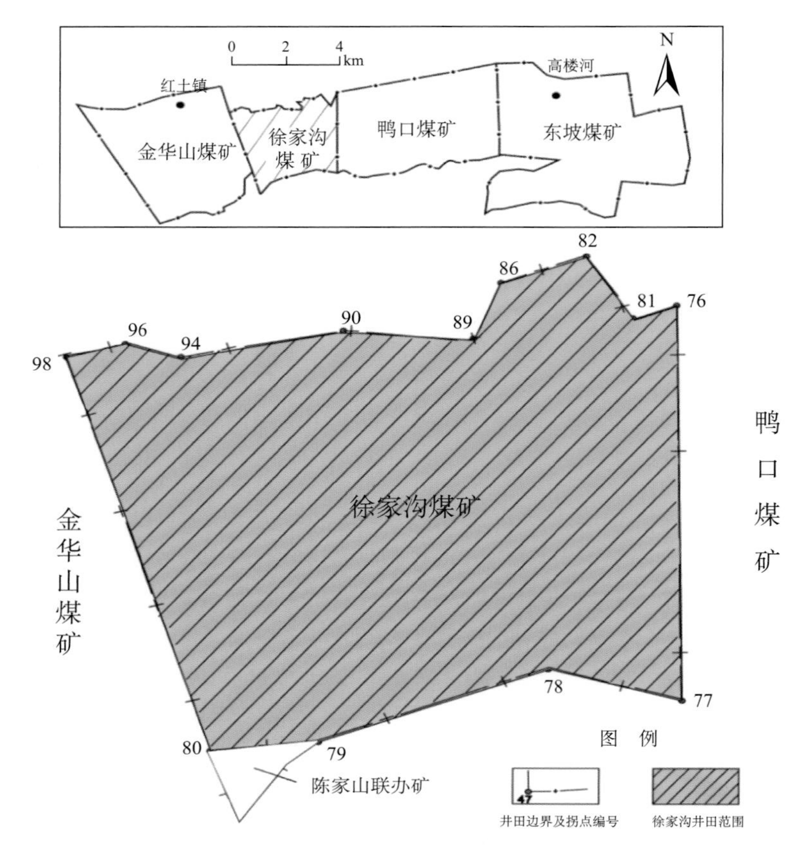

图 3-51　徐家沟煤矿范围及周边矿井示意图

表 3-40　徐家沟煤矿待安置职工结构分类　（单位：人）

人员分类	年龄分布					学历构成					性别结构			身份结构		
	小计	35岁以下	36～45岁	46～50岁	50岁以上	小计	大学本科及以上	大学专科	中技及中专	高中及以下	小计	男职工	女职工	小计	干部	工人
合计	161	32	43	31	55	161	14	27	41	79	161	139	22	161	39	122

3. 关闭矿井时间、回撤

1）闭坑时间

2015 年 1 月 15 日徐家沟煤矿停止生产，进入回收关闭程序，于 2015 年 9 月 30 日完成矿井主、副井筒及风井封闭工作。

2）回撤内容

井下整体回收方案：按照由里向外进行回撤。

4. 关闭矿井地上资源情况

1）水资源

徐家沟煤矿位于渭河水系东部分水岭地带，其南侧水系西流汇入白石河，东侧水系东流汇入广阳河。区内无较大河流水体，多为间歇性溪流，动态极不稳定。白石河为本区地表仅有的一条常年河流，发源于乔子梁吃水沟一带，由西向东流入洛河，位于井田最北端。地表水系主要有白石河和广阳河，广阳河位于煤矿南部边界，水向西流，流量平均 13.88 m^3/h。

徐家沟煤矿生产生活水源为白石河谷东王水源地，水厂占地面积 4881.6 m^2，使用水井 3 孔，2 个泵站。管线沿白石河谷分布，管网布置为东王深水井-东王-泵站-二泵站-生产生活水库-工业用水点和各用水户，供水能力为 1000 m^3/d。水源地水源为二叠系石千峰组砂岩含水层，受地表水及大气降水通过上覆第四系渗漏补给。东王水厂距矿区 4～5 km，路途较远，徐家沟煤矿职工每天只能供水一次且只能供水 1 h，多年来，职工家属饮水困难，2010 年惠民工程在其矿区内新增一口水源井。

2）土地资源

徐家沟煤矿土地资源包括主井工业场地、风井场地、排矸场及社区土地，详情如表 3-41 所示。土地没有出租、转让，地面各类附着物保存完好，生活、生产设施齐全。

表 3-41　徐家沟煤矿不同土地资源占地面积

土地资源类型	工业场地	风井场地	社区占地	总面积
面积/ hm^2	10.83	0.59	7.9	19.32

3）工业广场建筑

徐家沟煤矿地面主要建筑物除正常使用的办公楼外，其余的按照矿业公司有关要求进行了封存，地面主要建（构）筑物如表 3-42 所示。

表 3-42　徐家沟煤矿地面主要建（构）筑物

序号	建（构）筑物名称	结构
1	综合办公楼（北）	砖混
2	办公楼（南）	砖混
3	职工食堂	砖混
4	职工公寓	砖混
5	锅炉房	砖混
6	主井井架+井口房	砖混
7	主井提升机房	砖混
8	副井井架+井口房	砖混
9	副井提升机房	砖混
10	压风机房	砖混
11	职工浴室	砖混

续表

序号	建（构）筑物名称	结构
12	灯房	砖混
13	风井房	砖混
14	选煤楼	砖混
15	污水处理厂房	砖混
16	变电所	砖混
17	综采车间 1	彩钢
18	综采车间 2	砖混
19	综采车间 3	砖混
20	综采车间 4	砖混
21	污水站	砖混

4）矿区铁路、公路、电力及管路设施

铜（铜川）—蒲（蒲城）铁路铜川—白水段和 S305 省道通过矿区。矿井设地面两回路 6 kV 电源分别引自鸭口 35 kV 变电站两段母线，长度均为 2180 m。矿井主通风机 6 kV 电源分别引自地面 6 kV 变电所两段母线，长度均为 1500 m。家属区用电由 6 kV 变电所电通过 6 kV 高压电缆向家属区 3 个变电亭 S9-315/6、S9-200/6、S9-160/6 型变压器供电，矿区内家属区供水管路严重老化急需更换，排污管路需要整体维护修理。

5. 关闭矿井地下资源情况

1）地层

徐家沟井田地表为新生界黄土覆盖，据钻孔及周边矿井的地质资料，区内基岩主要有中奥陶统马家沟组，上石炭统太原组，下二叠统山西组、下石盒子组，上二叠统上石盒子组、石千峰组。徐家沟煤矿主要含煤地层为上石炭统太原组和下二叠统山西组，煤系平均厚度 63.82 m，含煤系数平均 3.9%，共含煤 5～8 层（最多达 11 层）。其中山西组含煤 1～3 层，太原组含煤 5～7 层，主要可采煤层二层，平均厚 4.35 m，其余皆不可采。

2）含水层

主要含水层为石千峰组含水层、上石盒子组下部砂岩含水层，其余为弱含水层。奥陶系地层为峰峰组二段，为含水岩组，岩溶裂隙及溶孔是本层组主要岩溶形态，溶孔直径多为 0.5～5 mm。奥灰水源井观测显示：东坡井田奥灰水静止水位为+366.4 m，徐家沟井田奥灰水静止水位为+368.25 m。另外，奥灰水源井水文地质资料显示：峰峰组二段岩溶发育，具有水资源开发利用前景，矿井水文地质条件属于中等。地质报告提供矿井涌水量 40～120 m^3/h，矿井正常涌水量 10 m^3/h 左右，且主要是主副井筒淋水，其余井下出水点均以孔隙、裂隙水为主。

奥陶系石灰岩含水性受岩溶、构造控制，是渭北地区一个区域性含水层，其含水面积广，含水相对稳定，地下水位为+368.295 m，据恢复水位资料显示停泵后 5 s，即达到静止水位，补给来源丰富，抽水试验涌水量为 1389.40 m^3/d，降深仅为 1.6 m，单位涌水量为 10.05 L/（s·m），日开采量按 1600 m^3 计，可满足徐家沟公司广大职工家属全天 24 h 生活用水。

6. 采掘设备

徐家沟煤矿地面主副井提升设备、井架、风机按照矿业公司有关要求进行了封存。井下提升、支护、运输等主要设备设施按照矿业公司有关要求进行了回收。部分回收设备明细如表 3-43 所示。

表 3-43　徐家沟煤矿闭坑部分回收设备明细

名称	单位	数量	备注
悬移工作面设备	套	1	
综采工作面设备	套	2	
综掘设备	套	2	
高压开关	台	28	
低压开关	台	211	
皮带（含 650 皮带）	套	12	
蓄电池机车	台	2	
变频架线电机车	台	6	
变压器（含移变）	台	29	
轨道（成轨）			11600 m
横拉线			1080 档
钢管			9100 m
电缆、信号线			19800 m
电缆钩			24750 件

7. 矿山环境与区域发展

1）矸石排放与治理

煤矿固体废弃物主要堆放在工业广场西北角冲沟内的矸石山上，占地 3.24 hm^2。矸石山堆积基本处于稳定状态，但须对矸石山进行治理，防止在矿山闭坑治理完毕之前，发生矸石山滑塌等地质灾害。

2）废水的排放与治理

矿区内仅有广阳河，大气降水沿广阳河排泄出矿区，随着矿山关闭，对地表水的污染逐步减小，水质逐渐自净。矿区生活污水经二级生化处理后用于灌溉农田和绿化环境，其余排入河道。矿井水经管网直接排至地面污水处理厂（日处理能力 200 m^3），处理后可全部作为工业生产用水（井下用水），多余部分排入广阳河。据 2012 年铜川矿区环境监测站对矿区污水处理后的水质取样测试，除水中悬浮物超标外，其余两项指标（pH、COD）均达到国家《污水综合排放标准》（GB 8978—1996）的二级标准。

3）地面塌陷及裂缝

建矿以来，地表发生的主要滑坡、崩塌地质灾害有矿仪表修理室护坡、矿 21 号家属楼护坡、矿 22 号家属楼护坡和矿 25 号家属楼前河边滑坡等处。在采矿影响范围内的村庄进行整体搬迁，对开采引起的地裂缝填土夯实，对塌陷则采取分阶分级推平。徐家沟煤矿采煤沉陷区面积约 725.51 hm^2。

4）区域经济发展

徐家沟煤矿所在的广阳镇土地总面积 106.39 km^2，辖 12 个村民委员会和 4 个社区，2018 年，全镇户籍人口近 4 万人。主要农作物有小麦和玉米，经济作物主要为苹果。区内主要矿产有煤炭、耐火黏土、水泥石灰岩矿等，工矿企业众多。广阳镇集贸发达，农产品和经济作物交易方便，1996 年广阳镇被列入 100 个小城镇综合经济改革试点乡镇建设，镇区内建设得到全面发展，已由昔日单一的农村集贸小镇发展成为印台区东部经济和工农业产品集散交流中心。

3.5.6　东坡煤矿

东坡煤矿无人机飞行获取的全景图，如图 3-52 所示。

图 3-52　东坡煤矿无人机全景图

1. 煤炭生产与矿井概况

1）煤矿地理位置

东坡煤矿位于陕西省铜川市印台区广阳镇，距铜川市区 37 km，其井田行政区划属铜川市印台区广阳镇管辖，地处铜川市与蒲城县、白水县交界处。东坡煤矿交通十分便利，有铁路运煤专线，铜蒲、铜白公路自矿区经过，305 省道在矿区周边贯穿而过。矿井西邻鸭口煤矿，东邻朱家河煤矿，南部以煤层露头线为界，北部以 5^{-2}#煤层零点边界为界，面积 32.3484 km^2。东坡煤矿范围如图 3-53 所示。

2）矿井开采历史及现状

东坡煤矿于 1970 年 10 月投产，设计生产能力为年产 45 万 t，设计服务年限 98 年。1988 年 12 月矿井经改扩建后正式投产，2005 年核定生产能力达到 105 万 t/a。矿井开拓方式为三条反斜井开拓，单水平开采，井底车场、运输大巷、总回风巷均布置在奥陶系灰岩中，井底车场标高+665 m。矿井采用对角式通风，通风方法为抽出式。主井承担全矿的提煤任务，兼进风；副井承担排矸任务，兼进风；行人斜井担任人员、材料提升，兼进风；1 号、2 号风井分区担负矿井回风任务。

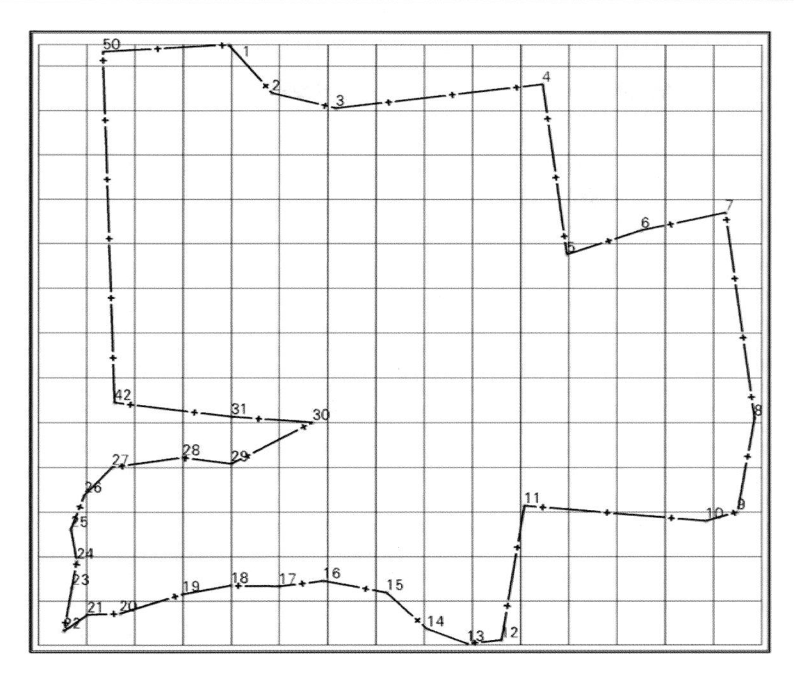

图 3-53　东坡煤矿范围

矿井划分为两个自然采区，即 600 采区和东二扩大区采区。采煤方法为走向长壁采煤法，主要采煤工艺为综采，掘进工艺为综掘机掘进。主采 5^{-2}#煤层和 6#煤层，自 1970 年矿井投产以来至 2016 年底，东坡煤矿累计采出量 2510.7 万 t。截至 2016 年 12 月 31 日，矿井剩余保有地质量 6516.9 万 t，可采量 4133.8 万 t。

3）主要井巷现状

东坡煤矿采用三条反斜井开拓，主斜井、副斜井、回风斜井，封闭工作已经完成，在井口正面位置已设置煤矿关闭标识牌，巷道已按照要求进行了封闭。据矿方统计，矿井井巷总长度为 14998 m，主斜井长 512 m，副斜井长 512 m，回风井长 512 m，井下开拓巷道、准备巷道总长度约 13462 m。井下开拓巷道、石门上下山压力较轻，加上有保护煤柱，保护煤柱多布置在坚硬岩层中，巷道基本完好。

2. 机构与人员构成

矿井关闭前涉及职工总人数 4354 人，已安置职工总人数 3847 人，待安置人员 507 人。职工人员情况如表 3-44 所示。待安置人员主要有工业现场看守人员、污水处理厂人员、锅炉炉工、皮带司机、主扇压风司机、手选工、装车工、机电设备检修工、各类库房物资设备管理、部分科室人员等。

3. 关闭矿井时间、回撤

1）闭坑时间

2016 年 12 月底。

表 3-44　东坡煤矿人员情况　　（单位：人）

安置人员情况	人数	待安置人员情况									
		年龄分布					学历构成				
		小计	35 岁以下	36～45 岁	46～50 岁	50 岁以上	小计	大专及以上学历	中专及中技	高中	初中
合计	3847	507	48	203	197	59	507	15	87	207	198
走出去	86										
分流转岗	2413										
离岗退养	693										
解除劳动关系	126										
自谋职业	106										
退休人员	188										
内部待岗	185										
本部留守	50										
总人数：4354											

2）回撤内容

矸石山一部、二部、三部、四部胶带输送机全部设备回收，交矿库房；矸石山提升机及电控设备不拆除，进行密闭封存，矸石配电室设备不拆除，进行密闭封存；选运系统所有设备包括胶带输送机、筛选设备、配电设备、电控设备等均不拆除，进行封存；推煤机现场入库，设看守人员。压风管路全部回收，压风机及电气设备不拆除，进行密闭封存；机械、电气设备全部拆除，存放设备库，机房内提升机及电控设备不拆除，进行封存。

井下部分全部拆除，回收 2101 工作面机械设备及电气设备，主要设备有采煤机、支架、刮板输送机、转载机、胶带输送机、组合开关、移动变电站等。2016 年 9 月 15 日扩大区生产系统在 600 变电所断电，2016 年 10 月 12 日停止生产，2016 年 11 月 8 日大巷主系统地面供水站停止给井下供水，2016 年 11 月 18 日中央变电所切断大巷主系统所有电源，回收设备、设施、材料。2016 年 12 月 10 日地面变电站将矿井供电切断，回收井下中央变电所，主、副井高压电缆等设备、设施、材料。

4. 关闭矿井地上资源情况

1）土地资源

东坡井田地处渭北黄土高原，由南部郗家塬—贾家塬、北部林皋塬、东南部贺家塬—牛家塬等黄土塬组成。塬上地势平坦，为良好的耕地。地势总体南高北低，区内最高高程 1020 m，最低高程 798 m，一般高程 930 m，相对高差最大 222 m。据矿方统计，矿区土地主要分为矿部和家属区，总面积 50.81 hm^2，如表 3-45 所示。土地没有出租、转让、废弃以及塌陷现象，地面各类附着物保存完好，生活、生产设施齐全。

表 3-45　东坡煤矿场地占地情况统计　（单位：hm^2）

土地类型	场地名称	占地面积	合计
住宅用地	10 号院	1.35	16.67
	主井矸山	4.92	
	中心小区	10.40	
工业用地		34.14	34.14
总面积			50.81

2）水资源

矿区生活水源为奥陶系灰岩含水层水，经深水井抽至地面水池沉淀后供生活区使用。日供水量为 1000 m^3，水质经铜川市自来水有限公司水质检测中心检测，符合饮用水标准。现工业用水为第四系松散层孔隙含水层水，在原井筒腰泵房处水仓通过潜水泵抽至地面，日供水量约 220 m^3。

3）工业广场建筑

东坡矿地面建筑、附着物保存完好。据矿方统计，闲置房屋 11 处，总建筑面积 36549 m^2，详细内容如表 3-46 所示。

表 3-46　东坡煤矿地面主要建筑物

序号	建筑物名称	建筑面积/m^2	结构	位置
1	坑木厂二层库房	1524	砖混	工业广场西侧
2	坑木厂电锯房	1600	钢结构	工业广场西侧
3	机修厂三层楼	686	砖混	工业广场北侧
4	机修厂厂房	724	砖混	工业广场北侧
5	综采检修车间	1087	砖混	工业广场北侧
6	运输区二层办公楼	677	砖混	工业广场东南侧
7	二号单身楼	3101	砖混	矿部南侧
8	四号单身楼	3318	砖混	矿部南侧
9	单身公寓	6051	砖混	矿部东北侧
10	福利楼	3686	框架	矿部中间北侧
11	新信息化大楼	14095	框架-剪力墙	矿部东南角
合计		36549		

东坡煤矿部分工业广场建筑如图 3-54 所示。

4）矿区铁路、公路、电力及管路设施

铜川—东坡铁路运煤专线，铜蒲、铜白公路自井田经过，另外在井田北部有 305 国道经过。工业广场设 35 kV 变电站一座，采用双回路供电，电源由广阳 110 kV 变电站供电，采用架空线路接入矿 35 kV 变电站。

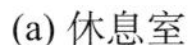

(a) 休息室　　(b) 工业广场综合楼　　(c) 职工公寓

图 3-54　地面主要建筑物

5. 关闭矿井地下资源情况

1）地层

东坡井田位于铜川矿区东部，广为第四系黄土覆盖。根据钻孔揭露，井田内的地层由老到新依次：奥陶系中下统马家沟组（$O_{1+2}m$）、石炭系上统太原组（C_3t）、二叠系下统山西组（P_1s）、二叠系下统下石盒子组（P_1x）、二叠系上统上石盒子组（P_2s）和第四系（Q）。含煤地层为石炭系上统太原组及二叠系下统山西组，其中太原组为主要含煤地层。煤层赋存于石炭系上统太原组和二叠系下统的山西组的地层之中，共含有 9 层。山西组含有 2 层，太原组含有 7 层。其中，5^{-2}#煤层为可采煤层， 6#煤层为局部可采煤层，其余均系不可采煤层。

5^{-2}#煤层为全井田主要可采煤层，位于太原组第III旋回的下部，K3 标志层之上，井田内一般均有分布。其结构较复杂，煤层属中厚煤层，平均厚 2.29 m。夹矸一般 1～3 层，平均累计厚度 0.35 m，属于全区可采的较稳定煤层。6#煤层位于 K2 和 K3 之间，煤层平均厚度 0.71 m。一般夹矸 1～2 层，平均累计厚度 0.25 m，煤层厚度变化大，分布不均，可采面积 592.2 万 m^2，占井田面积的 18%，属局部可采的不稳定煤层。

2）含水层

东坡煤矿地下含水层主要有第四系松散层孔隙含水层、二叠系下统下石盒子组含水层、二叠系下统山西组含水层和奥陶系石灰岩裂隙岩溶含水层。

6. 采掘设备

东坡煤矿部分设备现状如图 3-55 所示。

(a) 运输车厢　　(b) 提升设备　　(c) 乳化液泵站

图 3-55　东坡煤矿主要设备现状

7. 矿山环境与区域发展

1）矸石排放与治理

东坡矿固体废弃物主要堆放在矸石山，位于矿工业广场西北角冲沟内，占地 8.7 hm^2。生产阶段含炭较多的矸石粉碎后用于矸石电厂作燃料，剩余部分矸石运至沟谷进行排放，矸石填到接近最终标高 940 m 时，覆土压实植树种草。白矸（石灰石）经过加工用做建筑材料，矸石山自燃的红矸可作为水泥的添加材料。

2）废水的排放与治理

矿区生活污水经污水处理厂处理后排入河道，井下涌水量采用一级沉淀后，一部分用于防尘或工业用水，一部分抽出地面经污水处理厂处理。经污水处理厂处理的水，全部作为工业生产用水，多余部分排入广阳河。据 2013 年铜川矿区环境监测站对东坡煤矿污水处理厂处理后的水质取样测试，除水中悬浮物超标外，其余两项指标（pH、COD）均达到国家《污水综合排放标准》（GB 8978—1996）的二级标准。东坡煤矿矿井涌水全部被开发利用，井筒水水质较好，供生活用水；东大巷流出的水进主井水仓，供工业用水。

3）地面塌陷及裂缝

根据现场调查和收集到的资料，采矿活动引发的地面塌陷和伴生裂缝，如刘家堡塌陷坑、北沟西地面塌陷裂缝、疙瘩塬北地面塌陷裂缝、煤矿东北部地面塌陷裂缝等，对土地资源造成了一定的影响，裂缝处农作物、林草生长受影响较大，两侧及其他区域内的农作物、林草影响不大，基本得到了有效治理。矿区范围内地面沉陷面积约 1403.58 hm^2。

3.5.7 铜川矿业公司 5 对关闭矿井资料汇总

铜川矿业公司 5 对关闭矿井概况如表 3-47 所示。

表 3-47　铜川 5 矿情况汇总

矿区	矿井生产情况	职工人数	矿井关闭时间	关闭矿井地上资源情况	关闭矿井地下资源情况	矿山环境与区域发展
王石凹煤矿	核定生产能力 140 万 t/a	在册职工 4428 人	2015 年 10 月	区内无较大河流水体，多为间歇性溪流；工业场地面积（含社区土地）58.59 hm^2、风井 2 场地占地约 0.57 hm^2、风井 3 场地占地约 0.17 hm^2	5^{-2}#及 10#煤层为可采煤层；矿井井巷长度为 45352 m，井下巷道基本完好	推平矸石山并覆盖黄土；废水处理后用于灌溉农田和绿化环境；拟打造王石凹遗址公园
金华山煤矿	核定生产能力 150 万 t/a	在册职工 4464 人	2016 年 9 月	土地资源总占地面积约 29.65 hm^2	5^{-2}#煤为主要可采层，5^{-1}#煤和 10#煤层是次要开采层	加工白矸制作成建筑材料，处理黑矸制成燃料；矿井水处理后用于井上下生产、绿化灌溉；采取填土、压实、推平等方法治理地面塌陷

续表

矿区	矿井生产情况	职工人数	矿井关闭时间	关闭矿井地上资源情况	关闭矿井地下资源情况	矿山环境与区域发展
鸭口煤矿	核定生产能力 90 万 t/a	在册职工 2291 人（截至 2017 年 6 月）	2016 年 3 月	土地资源总占地面积 25.94 hm^2	5^{-2}#煤层为矿井主采煤层，5^{-1}#煤层和 10#煤层为次要可采层	粉碎煤矸石后用于矸石电厂作燃料，绿化矸石场，种草护坡；矿井水处理后用于井上下生产、绿化灌溉
徐家沟煤矿	设计生产能力 45 万 t/a	在册职工 2276 人	2015 年 9 月	土地资源占地面积 19.32 hm^2	5^{-1}#及 5^{-2}#煤层为主要可采煤层	矿井水处理后用于灌溉农田和绿化环境；监测工作面地表以防在地表沉降期内修建筑物
东坡煤矿	设计生产能力 45 万 t/a	在册职工 4354 人	2016 年 12 月	空置房屋 11 处，总建筑面积 36549 m^2	5^{-2}#煤层为主要可采煤层，6#煤层为局部可采煤层	粉碎煤矸石制成燃料、建筑材料；废水处理后用作防尘或工业用水

关闭矿山转型利用对比研究

第 4 章　全球主要矿业国家矿山运营情况

4.1　全球矿业分布与构成

根据自然资源部中国地质调查局最新发布的《全球矿业发展报告 2019》显示，全球 1/3 的国家是矿业国家。全球共有 60 多个重要矿业国家，美国、俄罗斯、中国是全球主要矿业大国，2018 年，三国矿产资源总产量占全球 49%，总产值占全球 40%[1]。

《全球矿业发展报告 2019》显示，2018 年，全球共有 60 个国家矿业产值与本国 GDP 之比高于全球平均水平，称之为矿业国家。其中 11 个国家矿业产值与本国 GDP 之比大于 50%，17 个国家介于 20%～50%，21 个国家介于 10%～20%。全球各主要矿业国家 2018 年矿业产值图及 2018 年各国矿产资源总产量占比如图 4-1、图 4-2 所示。

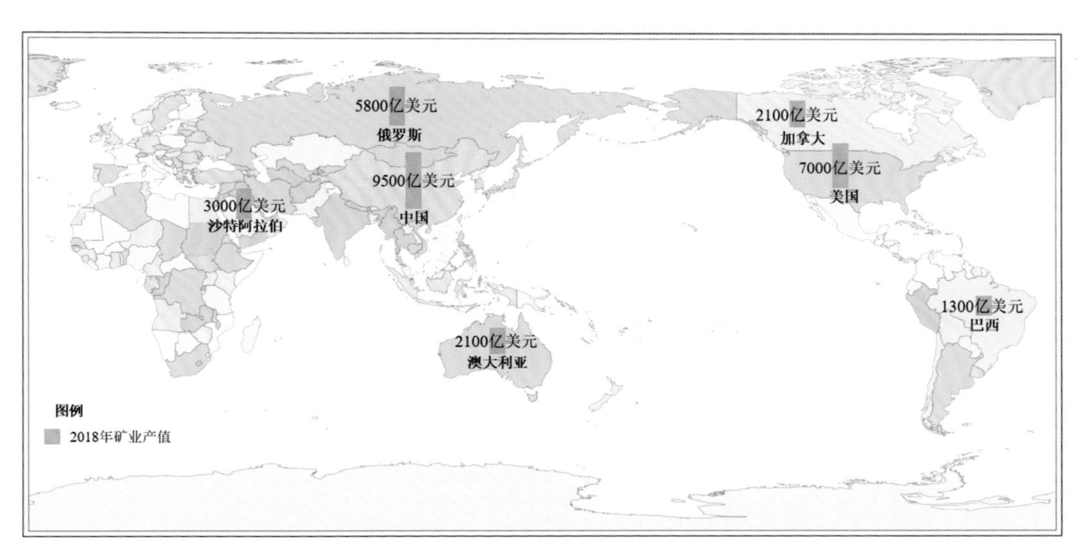

图 4-1　全球各主要矿业国家 2018 年矿业产值

（数据来源：《全球矿业发展报告 2019》http://www.mnr.gov.cn/zt/hu/gjkydh/ 2019nzggjkydh/hydt_33148/201910/ t20191011_2470470.html）

就全球矿业结构分布分析，矿产勘查投入呈现“二元结构”。近年来，全球固体矿产勘查投入触底回升，但中国投入持续下降，中国油气勘查投入回升，固体矿产勘查投入持续下降，矿产勘查整体呈分异态势。近年来，大型矿业公司勘查投入占比增加，中小型勘查公司占比下降，草根勘查投入持续下降，详查和勘探投入持续增长。全球矿产勘查开发、并购活动逐步聚焦金、铜等抗风险矿种以及锂、钴等战略性新兴矿产，铁、锰、铝等传统大宗矿产市场关注度明显下降。国际大型矿业公司勘查回归澳大利亚和南北美洲，大型矿业公司逐步聚焦南北美、澳大利亚等地区，大幅降低非洲、东南亚等地区勘查投入。2014～2018 年主要矿种勘查投入占比变化如图 4-3 所示。

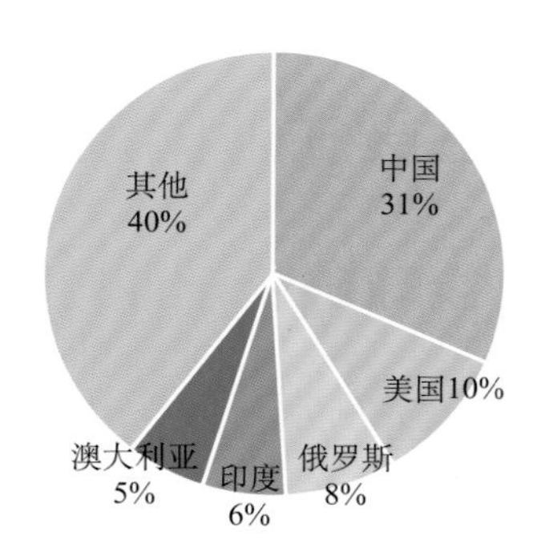

图 4-2　2018 年各国矿产资源总产量占比

（图片来源：《全球矿业发展报告 2019》 http://www.mnr.gov.cn/zt/hu/gjkydh/2019nzggjkydh/hydt_33148/201910/t20191011_2470470.html）

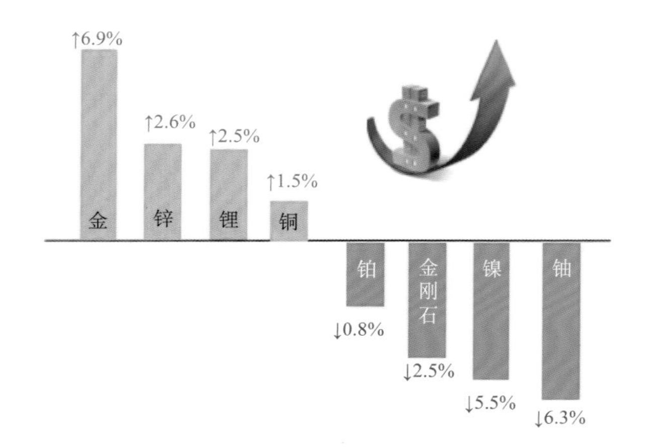

图 4-3　2014～2018 年主要矿种勘查投入占比变化图

（图片来源：《全球矿业发展报告 2019》http://www.mnr.gov.cn/zt/hu/gjkydh/2019nzggjkydh/hydt_33148/201910 / t20191011_2470470.html）

就全球主要矿种分布分析，在过去 5 年，勘查公司开始聚焦重点矿种，金、锌、锂、铜等矿种勘查投入占比提高；铀、镍、金刚石、铂族等矿种勘查投入占比持续下降。新能源矿产受到更多关注，锂勘查投入涨幅达 50 倍，钴勘查投入涨幅达 5 倍。2018 年全球区域矿产勘查投入情况、2014～2018 年区域勘查投入情况对比如图 4-4、图 4-5 所示。

2018 年全球矿产勘查投入主要集中在南北美、澳大利亚和沙特阿拉伯，占比 79.4%。全球固体矿产勘查投入主要集中在金、铜和锌等矿种，2018 年勘查投入占比分别为 50%、22%和 7%。大型矿业公司是勘查市场主力军，草根勘查投入低于后期成熟阶段的勘查投入。

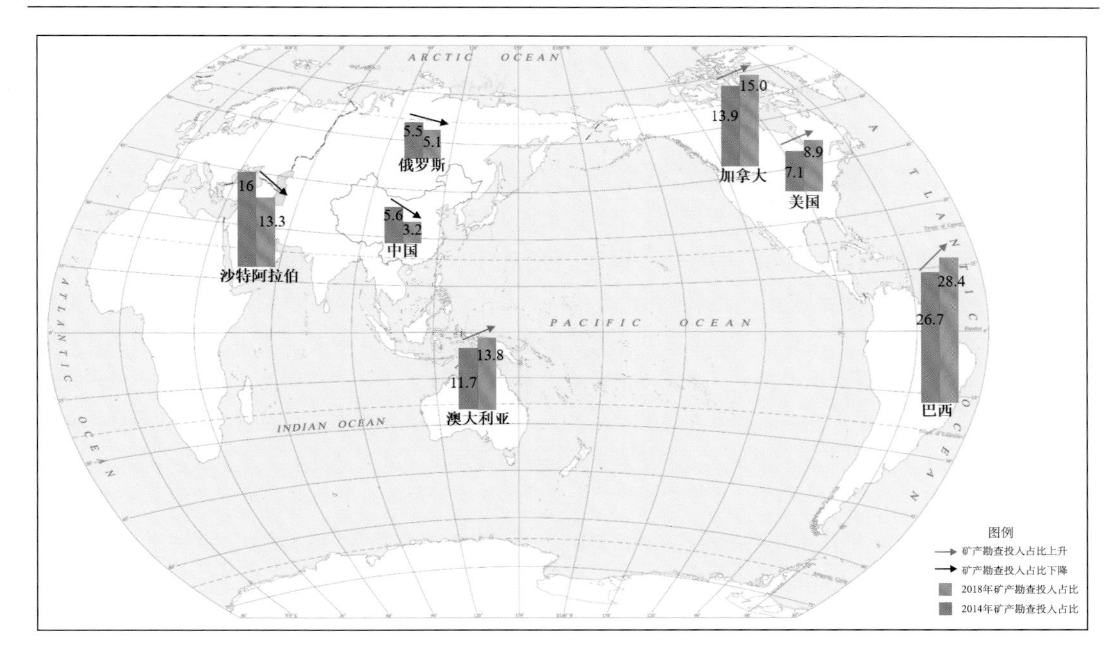

图 4-4　2018 年全球区域矿产勘查投入情况

（数据来源：《全球矿业发展报告 2019》http://www.mnr.gov.cn/zt/hu/gjkydh/2019nzggjkydh/hydt_33148/201910/t20191011_2470470.html）

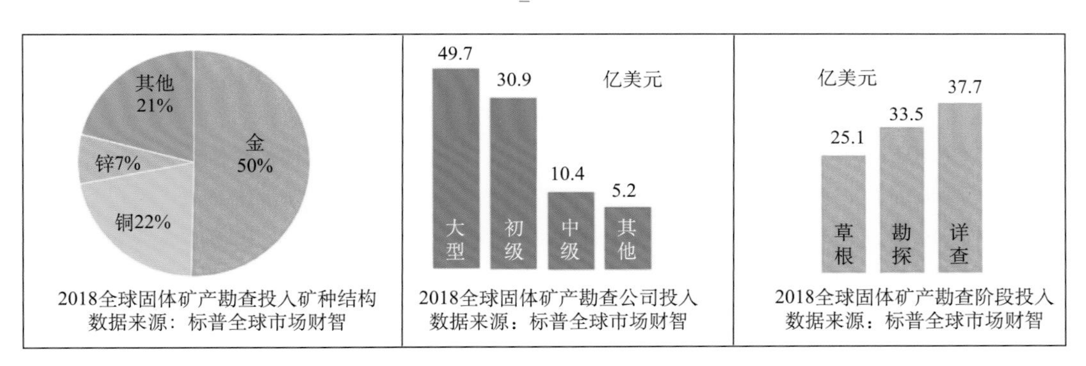

图 4-5　2014～2018 年区域勘查投入情况对比图

（图片来源：《全球矿业发展报告 2019》http://www.mnr.gov.cn/zt/hu/gjkydh/2019nzggjkydh/hydt_33148/201910/t20191011_2470470.html）

4.2　在产与停产情况

4.2.1　全球主要矿产产业分布

澳大利亚、南美洲地区是全球最重要的矿产资源供应地，澳大利亚和巴西是主要铁矿石出口国，2018 年占全球出口总量的 80%。智利、秘鲁是主要铜矿出口国，2018 年占全球出口总量的 40%。随着亚洲矿产资源需求的不断增加，非洲、东南亚等国家和地区逐步成为重要矿产资源供应地区，几内亚已成为全球第一大铝土矿出口国，刚果（金）成为全球第一大钴矿和第四大铜矿出口国，菲律宾、印度尼西亚的镍矿出口占全球 84%。

2018 年全球金属矿产品市场整体依旧处于短缺状态，但在供需两端双向微调的影响之下，多数产品的短缺程度有所缓解。就基本金属品种而言，铝、铅、镍市场短缺程度较 2017 年同期明显减轻；锡市场短缺程度有所加剧，缺口超过 2017 年全年；铜、锌市场由重度短缺转为中度过剩，过剩超过 5 万 t。根据标准普尔发布数据显示，截至 2018 年 11 月末，全球金属及矿产领域并购事件公布涉案金额合计 905.2 亿美元，较 2017 年增长超过 40%，预计全年接近 1000 亿美元，将创 2013 年以来新高。其中，全球有色金属矿产领域 2018 年并购金额为 533 亿美元，较 2017 年增长超过 10%。大型矿业公司（力拓）的业务布局持续调整及煤炭价格维持高位，是过去两年该领域并购爆发的主要推手[2]。

2018 年从不同地区情况来看，拉丁美洲、欧亚、加拿大和澳大利亚保持勘查热度。拉丁美洲继续成为全球矿产勘查投入的热门地区，2018 年预算总额较 2017 年增长 18.6%，达到 28.3 亿美元，占全球勘查投入的 28%。而作为勘查预算投入最为集中的三个国家，加拿大、澳大利亚和美国的勘查预算分别实现 36%、37%和 43%的快速增长。从国内供给来看，据国家统计局数据显示，2018 年，国内十种有色金属产量 5688 万 t，同比增长 6%，其中，铜、铝、铅、锌产量分别为 903 万 t、3580 万 t、511 万 t、568 万 t，分别同比增长 8.0%、7.4%、9.8%、–3.2%。铜材、铝材产量分别为 1716 万 t、4555 万 t，分别同比增长 14.5%、2.6%。受到主要国家产业结构调整的影响，2018 年全球金属矿产品需求走势分化，表现整体不及预期。世界金属统计局统计数据显示，全球范围内仅有镍消费量较 2017 年同期显著增加，铜、铝消费量基本持平，锌消费量下降明显。就国内基本金属需求而言，铜、铝和镍消费量均有较大增加，锌和锡消费量出现不同程度下降。从各品种需求增速对比来看，2018 年中国铜和铝需求显著强于全球市场，而锌、锡需求则相对较弱。

2019 年，受供需基本面及突发事件影响，石油、铜、锂、钴等价格整体呈下降态势，铁矿石、镍价格短期出现暴涨。受全球贸易摩擦、地缘政治冲突加剧影响，黄金价格大幅上涨。主要矿业公司股价整体随矿产品价格震荡变化。全球固体矿产勘查投入缓慢回升，但中国固体矿产勘查投入持续下降。从勘查主体看，大型矿业公司投入占比增加，中小型勘查公司占比下降。从勘查阶段看，草根勘查投入持续下降，详查和勘探投入持续增长。从勘查矿种看，金、铜、锌占比持续增加，铀、镍、金刚石占比持续下降。从勘查区域看，大型矿业公司逐步聚焦南北美、澳大利亚等地区，大幅降低非洲、东南亚等地区勘查投入。

2019 年上半年，全球矿业总的发展态势是先扬后抑。第一季度，全球矿业逆势而行，大型兼并和并购频现，行业开始新秩序、新形象的重塑，矿业再次成为关注的热点。但是随着中美贸易摩擦升级，第二季度全球矿业市场复苏势头减弱，全球勘查活动指数（PAI）整体下行，上市矿业公司股价回落，矿产品价格波动剧烈，初级公司融资规模萎缩，电动汽车用矿需求增加，清洁能源发展持续推进。同时，全球勘查活动复苏势头回落，PAI 呈现整体下行态势，2019 年上半年季度环比下降 14%，为 2016 年以来最低点。出现这一状况的主要原因是，2018 年下半年以来初级公司和中级公司融资规模持续萎缩，连锁反应到显著性钻探成果数量明显下降。截至 2019 年 6 月，全球上市矿业公司总市值 1.46 万亿美元，与去年同期持平。

4.2.2　全球煤炭生产情况分析

2019 年上半年，欧洲液化天然气产量大幅上升，使得天然气价格下降，荷兰天然气上半年基准价格录得十年来的最大跌幅。随着液化天然气价格不断降低，煤炭需求大幅放缓，煤炭价格暴跌是欧洲逐步淘汰煤炭的一个标志。据彭博研究显示，可再生能源也在争夺市场份额，风能和太阳能使得欧洲电价更便宜，清洁能源供应占更多市场份额而挤压煤炭市场，亦加速欧洲淘汰煤炭。德国燃气发电比燃煤发电成本更低，默克尔政府在 2019 年 2 月宣布退出煤电，5 月批准了一项 400 亿欧元援助计划，补偿德国东部和莱茵河的褐煤和硬煤中心转型，将“烟囱式”经济中心转变为高科技中心。

美国再生能源发电量首次超过煤炭。EIA 最新数据，2019 年 4 月美国清洁能源（太阳能、风能、水利、生物质和地热）发电量超过煤炭。一方面是太阳能和风能成本下降，另一方面是煤炭环境问题影响。自 2008 年达到煤炭消费峰值，当前美国煤炭消费量已下降 39%，至 40 年来的最低水平[3]。全球矿业全景如图 4-6 所示。

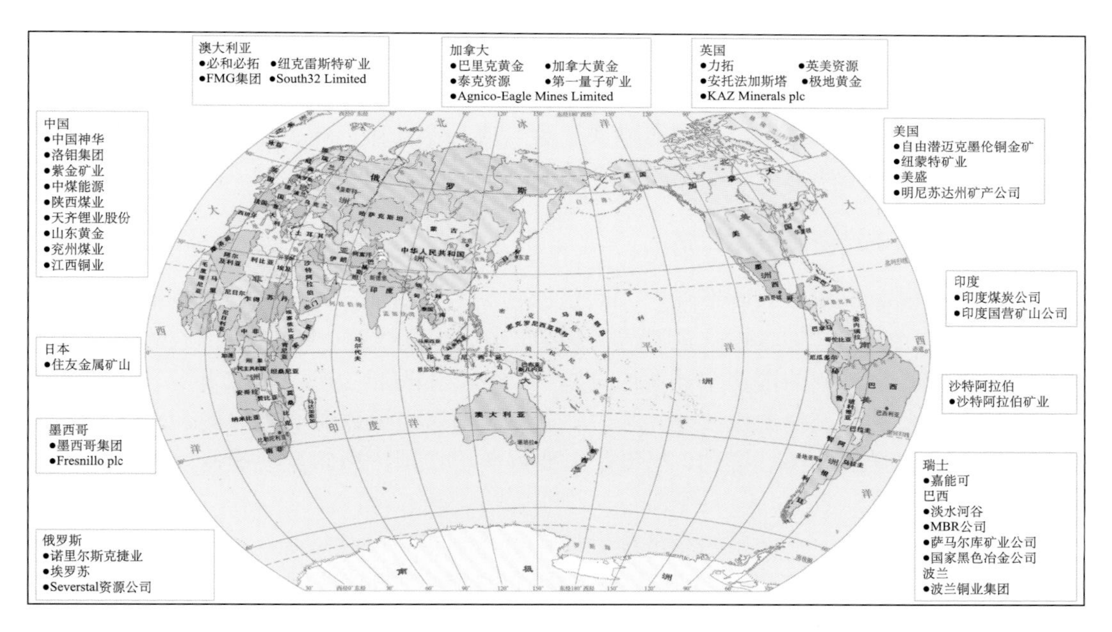

图 4-6　全球矿业全景图谱

（数据来源：前瞻产业研究院 https://www.qianzhan.com/analyst/detail/220/190305-184071a4.html）

4.3 消费、进出口状况

根据国际矿业研究中心、中国地质科学院矿产资源研究所、中国地质调查局发展研究中心编写的《全球矿业发展报告 2019》显示，矿业在全球经济社会发展中的地位愈发凸显，2018 年矿业为人类提供了 227 亿吨的能源、金属和重要非金属矿产，总产值高达 5.9 万亿美元，相当于全球 GDP 的 6.9%。其中，能源矿业产值 4.5 万亿美元，占世界矿业总产值的 76%。2018 年，中国、印度、东盟等亚洲新兴经济体、美欧日韩等发达经济体和其他国家分别消费了全球 35%、36%和 29%的能源，各约占全球能源消费总额的三分之一。气候变化促使全球能源消费结构加速调整，煤炭占比将持续下降，清洁能源占比将持续增加，未来煤炭、石油、天然气以及非化石能源消费占比将呈“四分天下”格局[1]。

4.3.1 发展中国家矿产资源消费情况

矿业是亚非拉等发展中国家的支柱性产业，刚果（金）、赤道几内亚、安哥拉、阿塞拜疆、哈萨克斯坦、秘鲁等 20 多个国家矿业产值与 GDP 之比超过了 20%，这些国家大力发展矿业，推动下游冶炼产业，加速工业化进程，大力发展经济。亚洲新兴经济体已成为全球金属矿产消费中心，重塑全球矿产资源供需格局。2018 年，中国、印度、东盟等亚洲新兴经济体铁、铜、铝的消费全球占比分别为 59%、59%和 61%。随着亚洲矿产资源需求的不断增加，非洲、东南亚等国家和地区逐步成为重要矿产资源供应地，几内亚已成为全球第一大铝土矿出口国，刚果（金）成为全球第一大钴矿和第四大铜矿出口国，菲律宾、印度尼西亚的镍矿出口占全球 84%[1]。

4.3.2 发达国家矿产资源进出口情况

美欧发达国家重新振兴制造业，尤其是加强高端制造业，提出重新重视矿业，特别是大力加强稀土、锂、钴、镍、萤石等关键矿产的勘查开发。同时，美欧日韩等发达国家和地区的铁、铜、铝的消费全球占比分别为 28%、35%和 29%。澳大利亚、南美洲地区是全球最重要的矿产资源供应地。澳大利亚和巴西是主要铁矿石出口国，2018 年占全球铁矿石出口总量的 80%。智利、秘鲁是主要铜矿出口国，2018 年占全球铜矿出口总量的 40%。

未来一定时期内，亚洲新兴经济体金属矿产需求仍将持续增长，美欧日韩等发达国家需求总量呈持续下降态势。同时从短期看，全球经济增长放缓、中美贸易摩擦、地缘政治冲突等因素将增加全球矿业发展的不确定性，矿业市场将持续震荡调整。从中长期看，中国矿产资源需求仍将处于较高水平，印度、东盟等国家和地区矿产资源需求将持续增长，其他发展中国家的矿产资源消费也将不断增长，有望带动全球矿业的持续发展[4]。

4.4　矿业生命周期阶段

4.4.1　国外典型矿业国家矿业生命周期阶段

1. 美国

已有研究根据对美国矿业生产指数、矿业就业人口、主要矿产产量、矿业产值结构、经济结构以及矿业典型事件等多项历史数据进行综合分析所得结果，将美国矿业发展历程大致划分为以下 5 个阶段：矿业缓慢发展阶段、矿业快速发展阶段、矿业波动增长阶段、矿业黄金阶段、矿业衰退阶段[5,6]。

美国煤炭行业的规模化生产开始于 1850 年前后。18 世纪末 19 世纪初美国进入工业化发展阶段，蒸汽机等机器设备的制造与使用带动了煤炭、铁矿石产量的迅速增长。在能源利用方面，无烟煤因其价格低、使用方便的特性，迅速取代薪柴，成为矿业缓慢发展阶段美国能源消费的主要来源。1869 年，美国工业产值首次超过农业产值，工业取得跨时代的进步。这一时期矿业发展的显著特征主要表现为煤炭、铁矿石产量的迅速提高，煤炭产量及煤炭就业工人数量高速增长。20 世纪 20～40 年代末是矿业波动增长期，美国矿业产值、矿业内部各行业的产量及就业均呈现出波动增长的趋势。二战期间美国武器出口拉动了矿业的大发展，美国煤炭的产量持续增长，1945 年已达 6 亿多吨。二战后，美国工业特征依旧明显，矿业产值持续快速增长。但自 1950 年开始，美国进入油气时代，能源的品种出现接替，石油、天然气部分取代了煤炭，煤炭的产量逐渐下滑，煤炭行业从业人口快速减少，能源矿产就业由煤炭就业向石油天然气转移。

从 20 世纪 70 年代至今，美国矿业逐步进入衰退阶段。自 20 世纪 80 年代开始，美国进入多元能源时代，煤炭生产重新得到重视，煤炭产量呈现快速增长的趋势，煤炭作为美国主要的发电燃料，是美国消费的重要来源。由于煤炭行业先进技术设备的发明与使用，产业集中度进一步提升，生产效率不断提高，煤矿行业就业人数逐年减少。

美国矿产资源品种齐全，产量丰富，是世界上矿产资源最为丰富的国家之一，多种矿产的储量居于世界前列，其中矿产储量居世界第一位的有煤、钍、溴、硫酸钠等。其中，2008 年美国矿业的采矿业中煤炭行业的就业人数是 8.1 万人，占矿业总就业人口的 11%。近几年美国各矿业中除非金属矿产的就业人数有所减少外，其他矿业行业的就业人数都呈增长趋势。美国是全球最大的矿业生产国之一，近年来美国主要矿业行业生产均居世界前列。美国不仅是一个矿产资源生产大国，同时也是一个矿产资源消费大国、贸易大国。美国有十余种矿产的产量全球排名前三位，只有氦和钼大量销往海外，其他矿种的生产主要供给本国消费。尽管美国矿业产能巨大，但其国内生产远远满足不了自身需求，矿产资源的消费严重依赖从境外国家进口。

2. 德国等其他国家

英国、法国、德国、日本在其工业化发展过程中，本国矿产资源的储采难以满足经济发展的需要，从国外大量进口矿产品是其矿业发展的显著特征，综合分析各国历史以来矿业生产指数，这类国家矿业产业周期大致可分为 3 个阶段：快速增长期、缓慢增长期、缓慢下降期[6]。

1）快速增长期

英国、法国、德国、日本都相继经历了工业化的快速发展阶段，城市化率迅速提高，国内轻纺、钢铁、机械、化工等行业的发展拉动了煤炭、石油、铁矿石及有色金属的大量消费。

2）缓慢增长期

这些国家相继进行了工业化改造，重化工业特征显著，城镇化规模进一步扩大，达到 70%左右，处于现代工业化加速完成时期。重化工业和城市化的快速发展拉动了主要矿产资源铁、铜、铝产销量的快速增长，同时也随着金属二次利用规模的逐步扩大，部分替代了矿产资源的开发，矿业生产整体呈现稳中有降的态势。

3）缓慢下降期

这一时期这些国家人均 GDP 达 12000 美元，与美国不同的是，这些国家矿业产值和人均矿业生产指数均呈现下降的趋势。这主要受两方面因素影响，一方面矿业的发展受本国资源禀赋的影响，英国、法国、德国、日本这些国家本国矿产资源在经历近百年的开采后，资源后续开采潜力不足。另一方面是由于这类国家在完成重化工业化后，矿产资源需求迅速下降，伴随着全球矿产品贸易市场的进一步扩大，矿产品的消费更多地依赖进口，矿业发展呈现衰退的趋势。

此外，加拿大、澳大利亚等国矿产资源丰富，工业化完成以后，这些国家的矿业生产仍呈现快速增长的趋势，其矿业发展的主要驱动因素已不是本国工业化发展的需要，矿产品的生产也主要用于向资源短缺型国家出口。

4.4.2　中国矿业生命周期阶段

我国处于城市化、工业化加速发展阶段，这一阶段以矿产资源的大量消耗为显著特征。从矿业整体发展趋势来看，中国正处于矿业发展的成长期[5, 6]。

从 2000 年开始，我国煤炭产业进入快速成长期，到 2013 年煤炭产量达到 36.8 亿 t，但人均产量为 2.7 t。2012 年，我国煤炭产业进入低潮发展期，煤炭价格不断下滑，行业竞争日趋白热化，企业利润率减少，甚至出现大范围的企业亏损，产量增长率也由前十年的平均两位数跌到 2012 年的 4%，2013 年煤炭产量增长仅为 0.5%。综合分析产量、市场增长率、行业利润、竞争、企业规模等多方面因素得出，近年我国煤炭产业可能处在由成长期向成熟期过渡的阶段[7]。

就我国煤炭产业发展而言，煤炭储量和年消费量是决定煤炭产业生命周期的关键数据。中国能源结构的特点是“富煤、缺油、少气”，煤炭储量占常规能源比重约 90%以上，加上中国正处于工业化中后期，决定了煤炭将长期是中国的主要能源和重要原材料。随着国家《促进煤炭安全绿色开发和清洁高效利用的意见》的实施，中国煤炭产业将步入新的阶段，进入重大调整期和转型期[8]。

参 考 文 献

[1] 中国地质调查局国际矿业研究中心, 自然资源部中国地质调查局中国矿业报社. 全球矿业发展报告 2019[R]. 2019.

[2] 陈后润. 2019 年全球矿业全景图谱[R]. 前瞻经济学人, 2019.

[3] 杨建锋, 余韵, 周平, 等. 2019 年上半年全球矿业形势分析及展望[R]. 中国地质调查局发展研究中心, 中国地质调查局, 2019.

[4] 我国首次发布全球矿业发展报告[EB/OL]. (2019-10-10)[2020-12-21]. http://www.mnr.gov.cn/dt/ywbb/201910/t20191010_2470224.html.

[5] 徐铭辰. 典型国家矿业发展历程及矿业产业周期分析[D]. 北京: 中国地质大学, 2012.

[6] 徐铭辰, 岑况. 典型国家矿业周期分析[J]. 经济研究参考, 2014, (68): 27-33.

[7] 殷腾飞, 王立杰. 我国煤炭产业生命周期阶段识别及其峰值[J]. 工业技术经济, 2015, 34(04): 44-50.

[8] 王云, 朱宇恩, 张军营, 等. 中国煤炭产业生命周期模型构建与发展阶段判定[J]. 资源科学, 2015, 37(10): 1881-1890.

第5章　境内外矿山关闭数据分析

5.1　各类数据库数据信息

对CNKI、SCI、EI、硕博士论文数据库、会议数据库进行关键词检索，并就“矿山关闭”“关闭矿山”“矿山转型”“地下空间”等关键词进行对比分析。

5.1.1　CNKI、SCI、EI数据库

1. CNKI数据库

图5-1显示，关键词在CNKI数据库中的学术关注度1985～2020年呈上升趋势。其中，2020年包含“矿山关闭”一词的中文相关文献量为11篇，包含“关闭矿山”一词的中文相关文献量为1篇，包含“矿山转型”一词的中文相关文献量为23篇，包含“地下空间”一词的中文相关文献量为548篇。包含“矿山转型”的中文相关文献环比增长率为5.00%，“地下空间”中文相关文献数量最高。

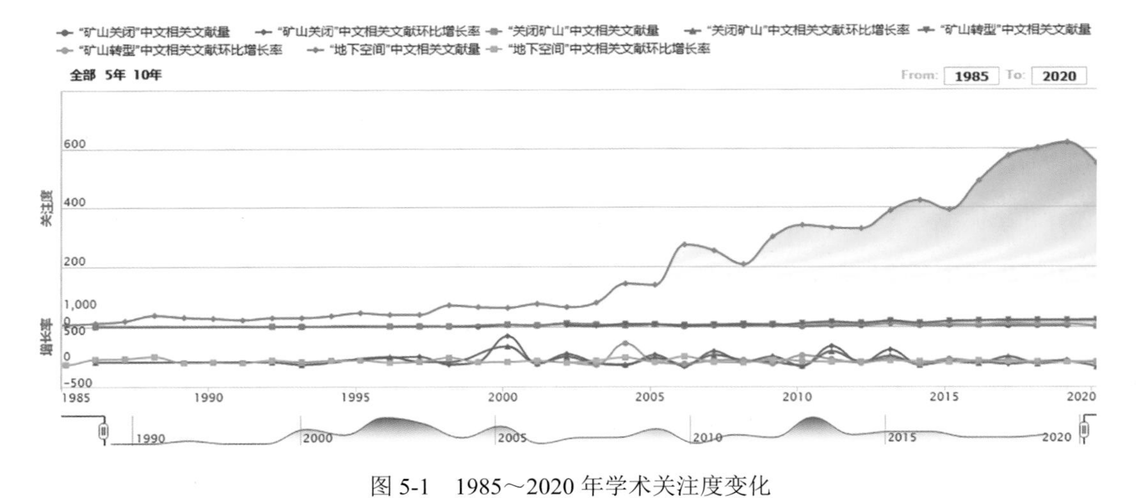

图5-1　1985～2020年学术关注度变化

图5-2显示，关键词在CNKI数据库中的学术传播度中除“地下空间”外均呈现较为稳定的状态。其中2020年包含“矿山关闭”一词的文献被引量为1篇，环比增长率为–86%；包含“关闭矿山”一词的文献被引量为13篇，环比增长率为117%；包含“地下空间”一词的文献被引量为4335篇，环比增长率为3%。“地下空间”的学术传播度稳定上升。

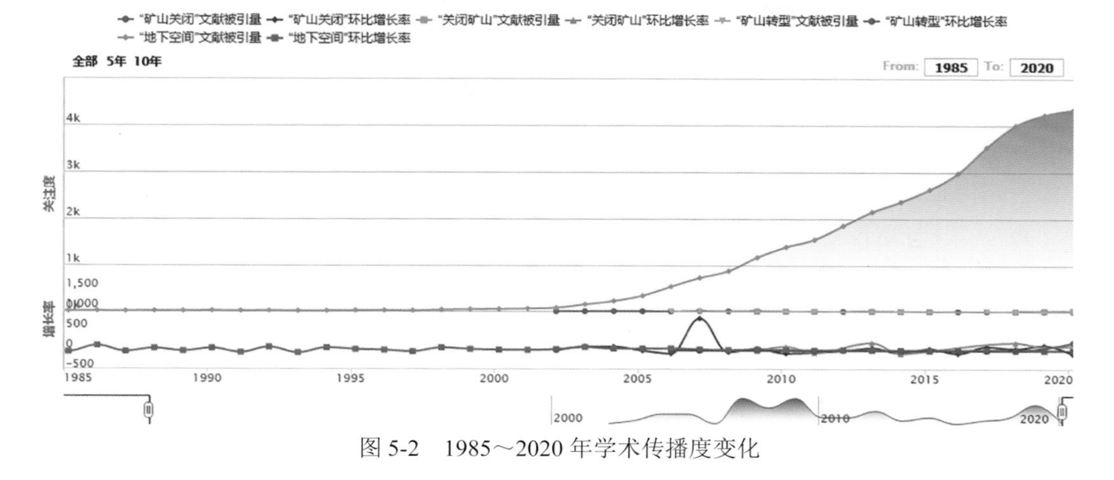

图 5-2　1985～2020 年学术传播度变化

图 5-3 显示，关键词在 CNKI 数据库中主要分布于工业经济、矿业工程等学科，与之最相关的关键词包括“矿山关闭”“关闭破产”等。

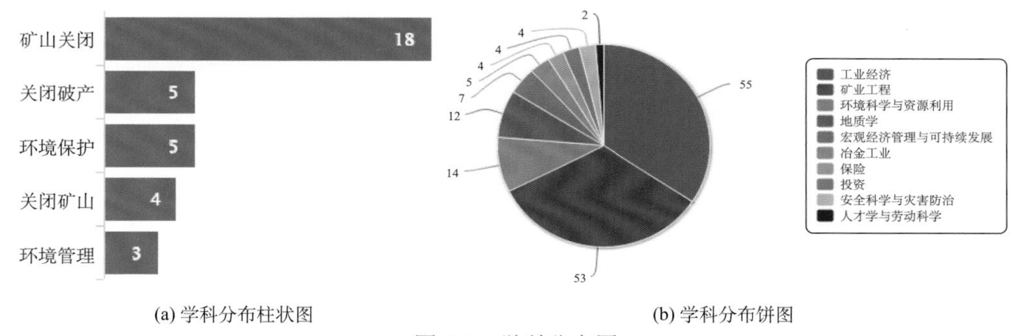

(a) 学科分布柱状图　　(b) 学科分布饼图

图 5-3　学科分布图

图 5-4 显示，包含“矿山关闭”这一关键词发表文章最多的是中国矿业大学，为 8 篇；其次为中国矿业大学（北京）、国土资源部信息中心、中国地质大学，发文量分别为 5 篇、3 篇、3 篇。

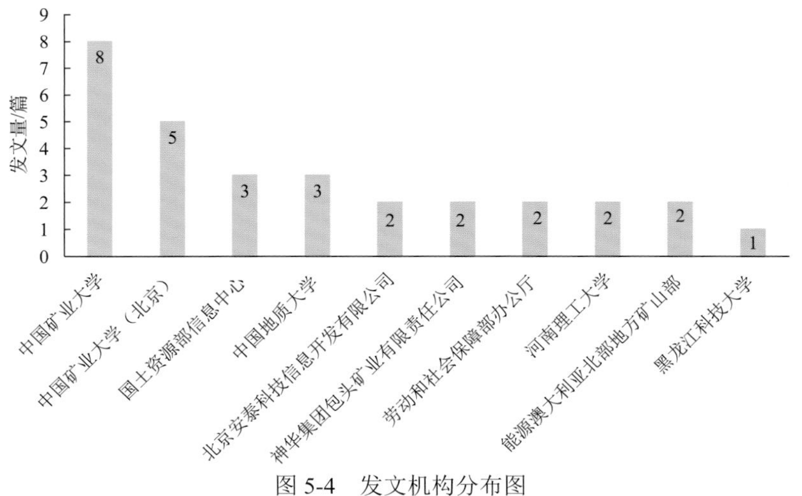

图 5-4　发文机构分布图

2. SCI 数据库

在 Web of Science 数据库中对“矿山关闭”“关闭矿山”“矿山转型”“地下空间”这几个关键词进行检索。

由图 5-5 研究方向分布图可知，1985～2020 年包含这几个关键词最多的 2 个研究方向是工程学、计算机科学。

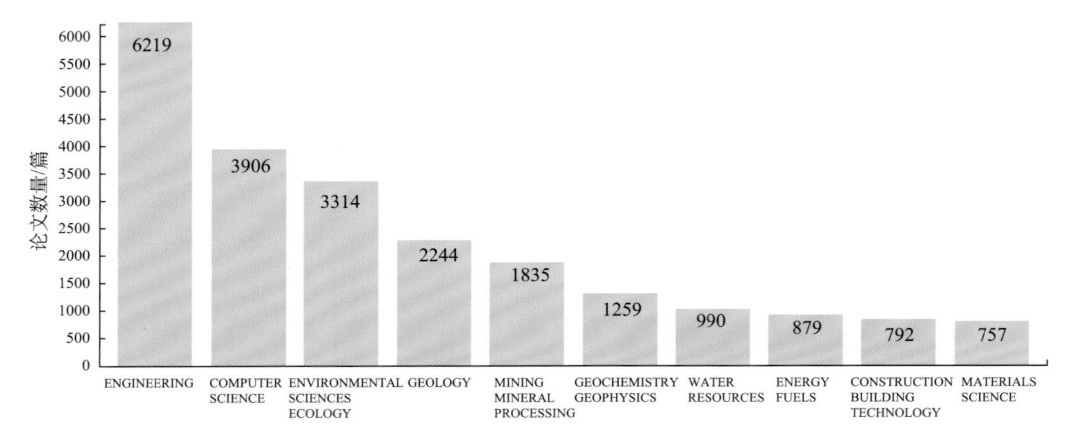

图 5-5　研究方向分布图

图 5-6 显示出版包含相关关键词最多的杂志主要来源于英国，主要是《隧道和地下空间技术》杂志，《计算机科学讲义》等杂志也包含相关文献。

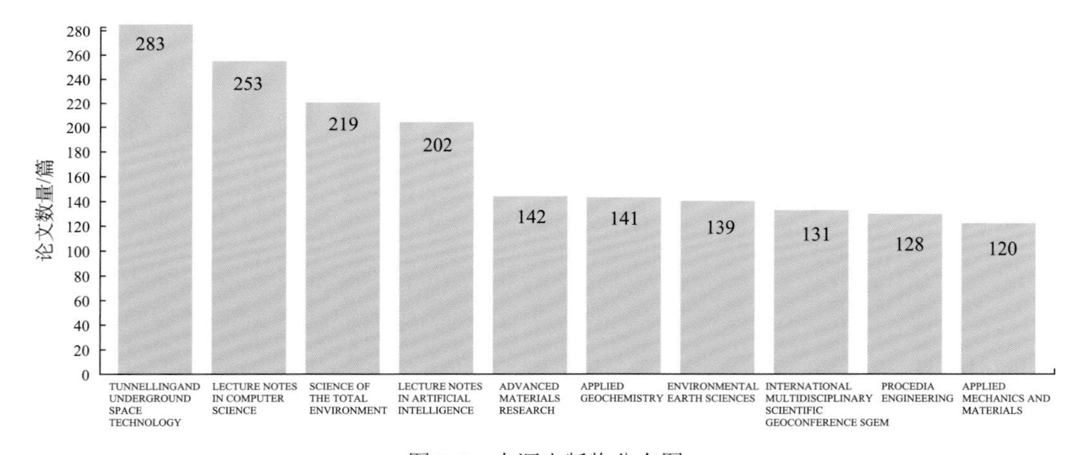

图 5-6　来源出版物分布图

3. EI 数据库

在 EI 数据库中对“矿山关闭”“关闭矿山”“矿山转型”“地下空间”这几个关键词进行检索。

由 EI 数据库相关数据检索分析可知（图 5-7），1985～2020 年对关键词发表论文最多的机构主要有中国科学院大学、中南大学资源与安全工程学院、中国科学院岩土力学研究所岩土力学与岩土工程国家重点实验室等。此外还有中国矿业大学煤炭资源与安全开采国家重点实验室、中国矿业大学地质力学与深部地下工程国家重点实验室、中国矿业大学矿业学院等相关机构对此进行了研究。相关机构主要集中于国内。

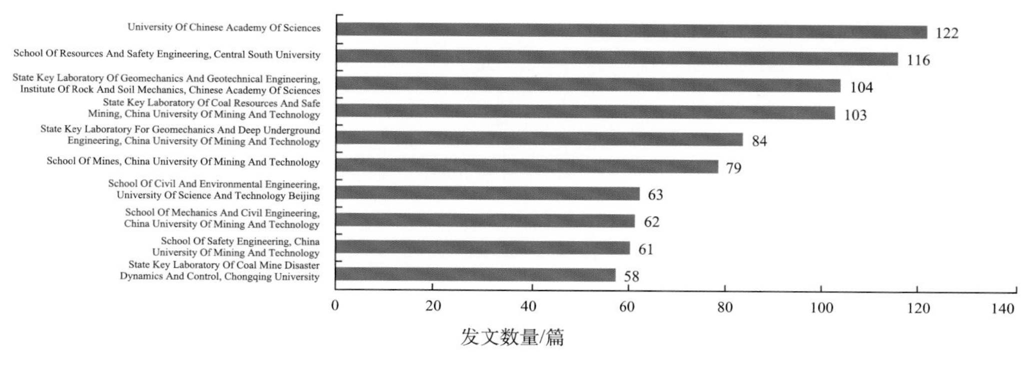

图 5-7　发文机构与数量

根据近 10 年每年相关研究成果数量统计结果显示（图 5-8），相关包含关键词的研究结果基本呈逐年上升趋势。相关研究成果数量最多的一年是 2019 年，其次是 2020 年。

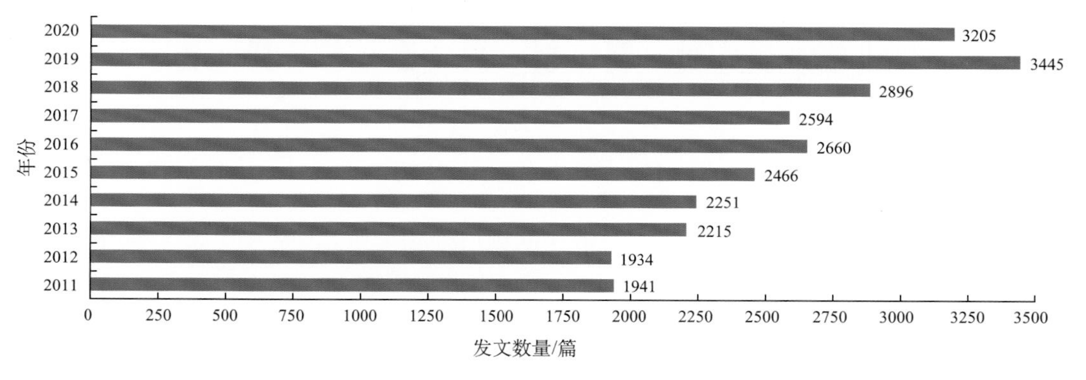

图 5-8　近 10 年发文数量

出版相关论文最多的出版商主要有电气和电子工程师协会、爱思维尔公司等。其中电气和电子工程师协会的相关出版物最多。如图 5-9 所示。

5.1.2　硕博士论文数据库

由 ProQuest 学位论文全文检索平台对“矿山关闭”“关闭矿山”“矿山转型”“地下空间”关键词进行检索，结果如图 5-10 所示。

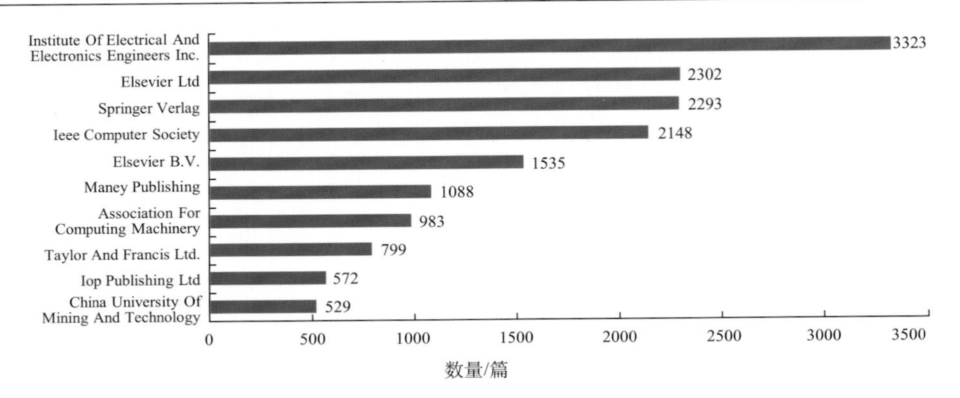

图 5-9　出版商与出版数量

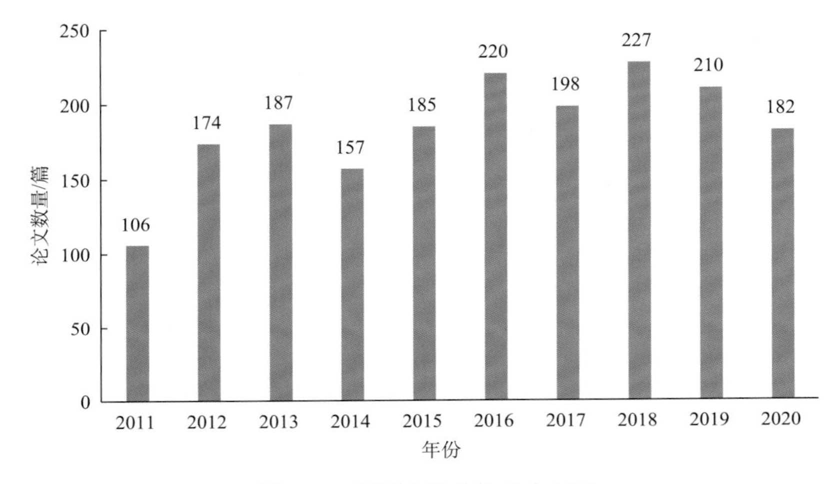

图 5-10　硕博士论文数量分布图

由图 5-10 检索结果分析可知，近 10 年间国内外相关研究中，硕士论文和博士论文数量基本呈现上升趋势，其中 2018 年相关学位论文数量最多，为 227 篇。

5.1.3　会议、专利数据库

在万方数据库中，选择文献类型为“会议论文”“专利”，主题词设置为“矿山关闭”“关闭矿山”“矿山转型”“地下空间”。检索数据显示，1985～2020 年国内外包含这几个主题词的专利数为 12540 件，会议论文数为 6769 篇。

1. 按语种划分

会议论文中文论文 4227 篇，英文论文 2536 篇，日文论文 5 篇。专利中国数量最多为 7936 件，日本数量为 1751 件，韩国为 1097 件，其他国家或地区为 1756 件。

2. 按学科分类划分

会议论文数量相关性较高的前三个学科为工业技术，共 3911 篇；天文学、地球科学，共 1082 篇；交通运输，共 741 篇。会议论文来源主要包括 2006 年国际地下空间学术大会、第 12 届国际地下空间联合研究中心年会、城市地下空间联合研究中心国际会议、全国城市地下空间学术交流会。

3. 按专利相关领域划分

专利相关领域分类中，排在前三名的分别是固定建筑物，6747 件；物理，1511 件；作业或运输，1354 件。按专利类型划分，发明专利为 4010 件，实用新型专利为 3882 件，外观设计专利为 44 件。专利权人排在前三位的分别是日本大成建设，为 98 件；日本清水建设，为 86 件；沈阳建筑大学，为 86 件。

近 5 年包含这几个主题词的会议论文数量变化趋势如图 5-11 所示，专利数量变化趋势如图 5-12 所示。

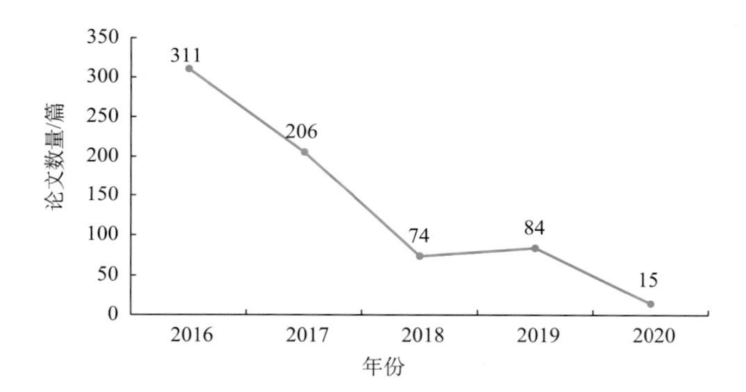

图 5-11　近 5 年会议论文数量分布图

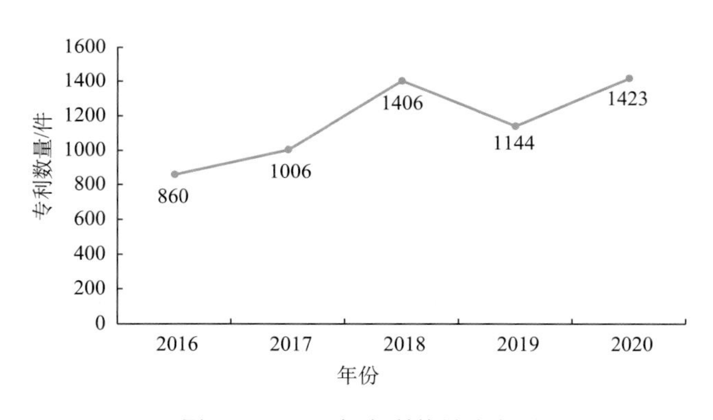

图 5-12　近 5 年专利数量分布图

可以看出近 5 年来，相关会议论文数量最多的年份是 2016 年，为 311 篇；相关专利数量最多的年份是 2020 年，为 1423 件。

5.2　关闭矿山分布与特征

5.2.1　国外关闭矿山分布与特征

世界各地都存在着大批的矿业城市，在 19～20 世纪的工业时代，它们曾占据着很高的经济地位，但很多都随着资源大量消耗而废弃关闭。欧美等国家的工业发展早于中国，为了让大量关闭的矿山“重生”，各地进行了各种尝试。

图 5-13 是世界主要矿业遗迹分布图。由图 5-13 可知，世界较为著名的矿业遗迹多分布于欧洲以及美洲矿产资源丰富的地区，此外，矿产资源相对匮乏的日本由于较早地完成了工业化进程，也有部分矿业遗迹再开发的成功案例。

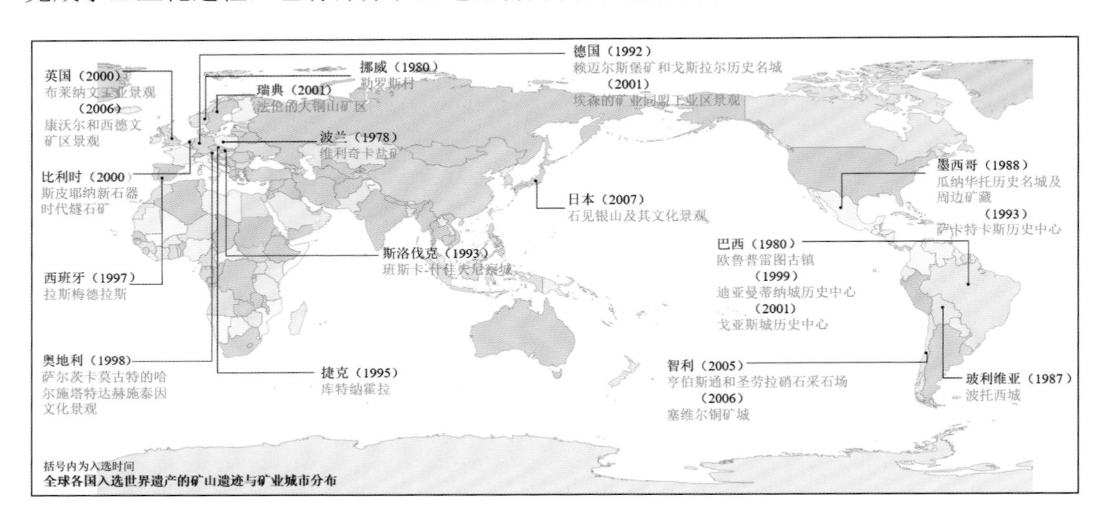

图 5-13　全球入选世界遗产矿业遗迹分布图

（数据来源：http://www.sohu.com/a/215596648_113213）

5.2.2　国内关闭矿山分布与特征

我国是世界第三大矿业大国，据不完全统计，全国拥有大小矿山约 15 多万座[1]。单一型的矿业城镇就有 200 个左右，各类矿业城镇共有约 400 多个，矿业城镇人口约 3 亿人，这些城市中有七八成已进入成熟期或衰退期[2]。我国主要矿业城市分布如图 5-14 所示。

中国矿业城市可分为三大类：一是古老的矿业城市，如自贡与景德镇；二是近代工业化催生的矿业城市，如抚顺、阜新；三是中华人民共和国成立后以矿设市模式建立的矿业城市，如大庆、攀枝花等[3]。就最典型的关闭矿山再利用方式——矿山公园进行分析，截至 2017 年，我国的“国家矿山公园”家族成员已经达到 88 位（图 5-15），矿产种类包括煤炭、石油、天然气、金、钻石、铁、铜、钨、云母、高岭土、湖盐、巴林石、大理石等。

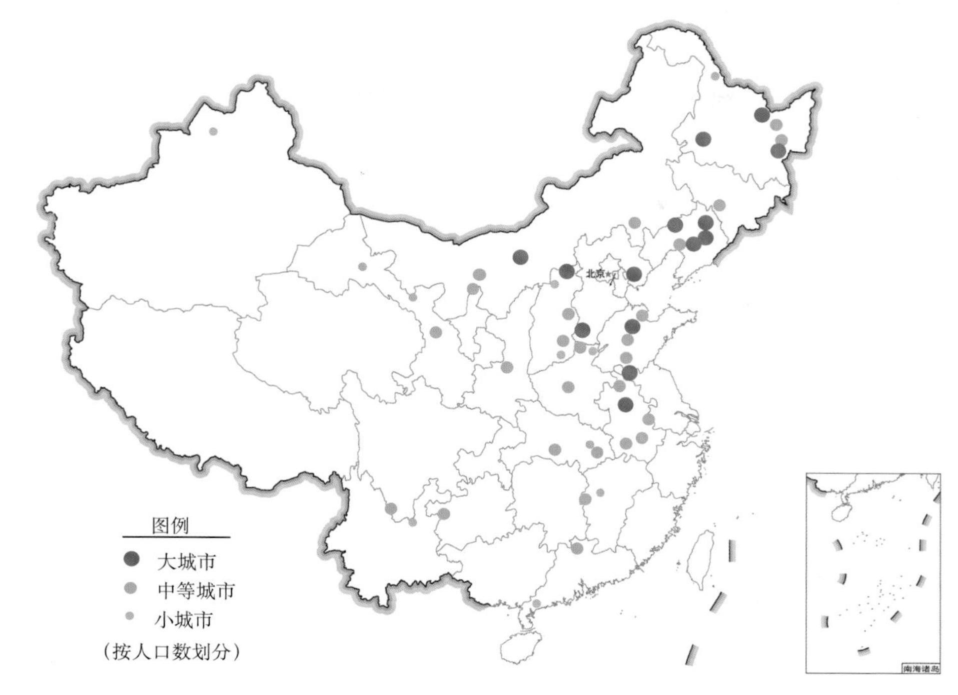

图 5-14　我国主要矿业城市分布图

（数据来源：http://www.sohu.com/a/215596648_113213）

图 5-15　我国主要国家矿山公园分布图

（数据来源：http://www.sohu.com/a/215596648_113213）

此外，就煤矿分布进行分析，截至 2016 年底，全国关停煤矿数量共计 2858 处，规模合计 35686 万 t/a。其中，就关停数量分析，居于首位的是云南省，关停煤矿 561 处；湖南省关停煤矿 486 处，居第二位；重庆市关停煤矿 354 处，居第三位。就关停煤矿规模分析，位居前三位的分别是山西省 4890 万 t/a，湖南省 3086 万 t/a，云南省 2923 万 t/a[4]。

5.3　关闭矿山转型类型

就关闭煤矿矿山转型类型进行分析总结，已有研究结果表明，2020 年我国关闭煤矿数量达到 12000 处，到 2030 年数量将达到 15000 处。已有资料显示，我国已报废的矿井中约 70%为高瓦斯矿井。如单个煤矿地下空间以 $60\times10^4\ m^3$ 计算，2020 年我国关闭煤矿地下空间约为 $72\times10^8\ m^3$，到 2030 年约为 $90\times10^8\ m^3$。采矿所产生的地下空间用途广泛，主要用于矿山公园和矿山博物馆、地下储油库、地下储气库、地下医院、地下实验室、地下水库、地下抽水蓄能发电站、压缩空气蓄能发电站、地下小型核电站、地下车库、井下农业、存储废物、存储对环境有特殊要求的物品等方面[5]。

5.4　转型类型归类

目前国内外主要对于煤矿、金属和非金属矿、盐矿等废弃矿井的特殊地下空间加以改造综合利用。主要有三个方面的转型利用方式，第一方面是地上综合改造，包括矿山公园[6]、矿区景观[7-9]、矿业博物馆等[10, 11]；第二方面是地下空间资源综合利用，包括地下存储[12-16]、地下实验室[17]、地下农业和医学[12]、能源开采等[18]；第三方面是地上/下联合开发利用，包括研究中心、档案馆、养殖场等[19-22]。转型类型归类如表 5-1 所示。

表 5-1　关闭矿山转型类型归类

转型类型	利用途径	具体形式
工业旅游	矿山公园	矿山森林公园、游乐场
	矿山博物馆	地下煤矿博物馆
	工业景观	技术示范园、工业遗址
地下存储	能源存储基地	地下储气库、地下水库
	废物处置库	矿山尾废填埋、放射性废物处置库
	其他类型地下存储	地下水果仓库
地下实验室	物理实验室	气化实验室、金矿实验室、低辐射实验室
	地下空间站	地下观测站
地下养殖	地下农业试验基地	养殖鱼苗
	地下植物工厂	培育树苗
能源开发	伴生能源开发	瓦斯抽取
	地热能开发	地热发电站
其他	地下医学、疗养院	呼吸道疾病疗养院

参 考 文 献

[1] 彭觥，汪贻水．中国矿业形势与矿山地质学新课题[A]//中国地质学会矿山地质专业委员会．中国实用矿山地质学(上册)[C]．北京：冶金工业出版社, 2010: 3.

[2] 周进生，刘固望．矿业城市发展与生态环境保护[J]．城市发展研究, 2009, (08): 139-141.

[3] 周德群．矿业城市的结构性危机与转型[J]．西部论丛, 2006, (03): 25-29.

[4] 谢和平．特殊地下空间的开发利用[M]．北京：科学出版社, 2018.

[5] 袁亮，姜耀东，王凯，等．我国关闭/废弃矿井资源精准开发利用的科学思考[J]．煤炭学报，2018, 43(01): 14-20.

[6] 姜玉松．矿业城市关停矿井地下工程二次利用[J]．中国矿业, 2003, 12(2): 59-62.

[7] Beutler D, Wolf K. Planning of the post-mining landscape in the Lusatian mining region[J]. Energieanwendung Energie-und Umwelttechnik, 1994, 43(8): 279-294.

[8] 新华网．废物利用的奇葩：世界各地的“废矿景点”[EB/OL]. http://news.xinhuanet. com/2012-01/21/c_111456757. htm, 2012-01-21.

[9] Frost W. The financial viability of heritage tourism attractions: three cases from rural Australia[J]. Tourism Review International, 2003, 7(1): 13-22.

[10] Keil A. Use and Perception of Post-Industrial Urban Landscapes in the Ruhr[M]. Wild Urban Woodlands: Springer, 2005: 117-130.

[11] Ramos E P, Falcone G. Recovery of the geothermal energy stored in abandoned mines[A]//Clean Energy Systems in the Subsurface: Production, Storage and Conversion[C]. Berlin Heidelberg: Springer, 2013: 143-155.

[12] 常春勤，邹友峰．国内外废弃矿井资源化开发模式述评[J]．资源开发与市场, 2014, 30(4): 425-429.

[13] 杨春和，梁卫国，魏东吼，等．中国盐岩能源地下储存可行性研究[J]．岩石力学与工程学报，2005, 24(24): 4409-4409.

[14] 彭振华，李俊彦，杨森，等．利用废弃石膏矿储存原油可行性分析[J]．工程地质学报，2013，21(3): 470-475.

[15] Ilg P, Gabbert S, Weikard H P. Nuclear waste management under approaching disaster: A comparison of decommissioning strategies for the german repository Asse II[J]. Risk Analysis An Official Publication of the Society for Risk Analysis, 2017, 37(7): 1213.

[16] Rosina E, Sansonetti A, Erba S. Focus on soluble salts transport phenomena: The study cases of Leonardo mural paintings at Sala delle Asse(Milan)[J]. Construction ＆ Building Materials, 2016, 136: 643-652.

[17] Acciarri R, Acero M A, Adamowski M, et al. Long-baseline neutrino facility(LBNF)and deep underground neutrino experiment(DUNE): The LBNF and DUNE projects[R]. 2016.

[18] Roijen E, Opt Veld P. The mine water project Heerlenlow energy heating and cooling in practice[A]// Local Governments and Climate Change, Advances in Global Change Research[C]. 2007, (39): 317-332.

[19] Krakowiak B. Museums in cultural tourism in Poland[J]. Turyzm, 2013, 23(2): 23-32.

[20] 姜玉松. 矿业城市废弃矿井地下工程二次利用[J]. 中国矿业, 2003, (02): 61-64.
[21] E 奥塞拉, 杨培章. 从矿山开采到地下空间利用[J]. 国外金属矿山, 1994, (07): 27-30.
[22] 谢和平, 高明忠, 高峰, 等. 关停矿井转型升级战略构想与关键技术[J]. 煤炭学报, 2017, 42(06): 1355-1365.

第 6 章　不同关闭矿山利用案例

6.1　美国工业旅游、存储、实验、养殖、伴生能源开发

6.1.1　地上工业旅游开发

美国蒙大拿州 Anaconda 铜矿 Old Works 改造项目，依托周边壮观的山区风景和原有的历史风貌，将其开发改造成高尔夫球场，最终带来上百个工作岗位和几百万美元的收益[1]。

6.1.2　地下存储、实验、养殖、伴生能源开发

1. 地下存储

美国在地下存储利用上按存储对象类别主要分为三种类型，一是进行地下能源存储，有地下储气库、石油存储基地等；二是改造为档案馆、办公室等数据中心；三是工业废料存储，主要是放射性核废料的存储。

1）丹佛废弃矿井地下储气库[2]

1963 年美国在科罗拉多州 Denver（丹佛）市的 Leyden 煤矿首次建成废弃矿井储气库，丹佛是科罗拉多州公共服务公司（PSCO）天然气分配系统的重要负荷中心。Leyden 煤矿位于丹佛市区西北 22.5 km 处，该储气库服务于丹佛天然气供给系统距离最远的用户。该矿主要有两层煤，采煤工作面分布于东西两翼，工作面距离地表 213～305 m，开采厚度 2.4～3 m。该煤矿生产期间共采出煤炭约 6×10^6 t，地下采出空间约 4.25×10^6 m^3。在 1.7 MPa 的储存压力的条件下，采空区可容纳约 73.6×10^6 m^3 的天然气，可实现持续 5 天供给 6.5×10^6 m^3/d 的天然气。

20 世纪 70 年代初，天然气用量负荷持续增加，峰值用气量供应不足，为此煤矿先后安装了两台能力为 1.40×10^6 m^3/d 的脱水器和脱水塔，使峰值天然气供气量由 4.48×10^6 m^3/d 增加到 5.24×10^6 m^3/d，同时，由于其能够在一个供热季节里多次快速回收利用其存储空间，保证了用气高峰期所需的存储能力。但是，由于符合储存天然气地质条件的矿坑很少，人工开凿也受地质条件的限制，因此，限制了这种储气库的发展。目前世界上只有 3 座矿坑储气库，其中美国 2 座，德国 1 座。

2）得克萨斯州和路易斯安那州石油存储基地

20 世纪 70～80 年代，美国能源部在得克萨斯州和路易斯安那州的地下盐岩矿井建立了五大战略石油储备基地，总储存能力达 1.37×10^9 t。储备系统全部分布在得克萨斯州和路易斯安那州的墨西哥湾沿岸。每个储油库都有数量不一的洞穴，典型的洞穴直径为 60 m，高为 610 m。只要往洞穴底部注水，原油上升即可抽出。单个储油库所包含的洞穴数从 6 个到 22 个不等。1973 年第 1 次世界石油危机以后，除美国外，还有法国、德国、比利时等国利用废弃矿井建设了大量“地下石油储备库”[3]。

3）纽约州赫德森河等其他地下存储基地

在纽约州赫德森河一个地下褐铁矿和沉积岩层（覆盖岩层厚 20～70 m）中有 3200 万 m^3 空间用作档案馆。宾夕法尼亚州有一采场中 4.5 万 m^3 空间被改造成为办公室。如图 6-1 所示，堪萨斯城建有一个 Sub Tropolis 地下数据中心，严格地说是“联邦记录中心”（Federal Records Centers，FRC）。国家档案馆于 1997 年在堪萨斯城郊的 Lee’s Summit 建立了第一个 FRC，主要存放非永久性记录的馆藏，FRC 位于地下 60 英尺①处，堪萨斯城的 FRC 设在“Sub Tropolis”，Sub Tropolis 被称为“世界上最大的地下商业综合体”，宛如一个地下商业帝国。这里除了驻扎着国家档案馆以外，美国邮政局把价值 20 亿美元的邮票寄放在这儿，福特汽车曾经把 Mavericks 停放在这里，另有食品、科技、制造、消费品公司等近 60 家企业 2000 个工作员工在这里办公。

(a) Sub Tropolis 地下数据库入口

(b) Sub Tropolis 地下数据库内部

图 6-1 Sub Tropolis 地下数据中心

（图片来源：http://www.360doc.com/content/20/0403/18/42073224_903644460.shtml）

内华达州克莱马克斯公司的钼矿用于埋藏放射性废料，主要岩石类型是花岗岩，埋深为 420 m。美国地下存储在不同矿山类型、不同地区的具体利用方式上有所区别，利用案例情况如表 6-1 所示。

表 6-1 美国废弃矿山地下存储利用案例

利用方式	分布地区	矿山类型
地下能源存储	科罗拉多州、得克萨斯州、路易斯安那州	盐矿
数据中心	纽约州、宾夕法尼亚州、堪萨斯城	铁矿等
工业废料	内华达州	钼矿

2. 地下实验

1）亚拉巴马州地下气化实验[4]

美国地下气化试验始于 1946 年，首先在亚拉巴马州的浅部煤层进行试验，利用有井

① 1 英尺＝0.3048 m。

式施工，采用空气、水蒸气、富氧空气等不同气化剂进行试验，煤气热值为 0.9～5.4 MJ/m^3，后因煤气漏失严重而告终。20 世纪 70 年代，因能源危机，美国组织 29 所大学和研究机构，在怀俄明州进行大规模有计划的试验，获得了工业性气体，用于发电和制氨。1987～1988 年，落基山-1 号试验获得了炉型加大、生产能力提高、成本降低、煤气热值提高等方面的成果，为煤炭地下气化技术走向工业化道路创造了条件。美国能源部宣称，一旦发生能源危机，美国将广泛使用该技术生产中热值煤气，以解决国家之急需。

2）南达科他州霍姆斯特克金矿地下实验室

如图 6-2 所示，美国南达科他州的桑福德地下实验室（Sanford Underground Research Facility）位于霍姆斯特克金矿（Homestake）的废弃矿井中。这里曾是雷蒙德·戴维斯太阳中微子实验室所在地。1966 年，美国科学家雷蒙德·戴维斯为验证太阳中微子的存在，曾绞尽脑汁寻找屏蔽宇宙射线的实验场所，最终来到南达科他州布莱克山底深处的一座金矿，在 1500 m 深的一座废弃矿井中开辟了一个实验室，持续 30 年最终验证了太阳中微子的存在，并最终获得诺贝尔物理学奖。

2001 年霍姆斯特克矿山关闭，五年后，Barrick Gold 矿业公司将该矿产捐赠给了南达科他州作为地下实验室，桑福德（T. Denny Sanford）给该项目捐赠了 7000 万美元，因此，实验室建成后以桑福德来命名，南达科他州立法机构还创建了州科学技术局（South Dakota Science and Technology Authority）操作实验室事宜。桑福德实验室的前两个主要实验位于地下 1478 m 的区域，分别是大型地下氙（LUX）暗物质实验和长基线中微子设备及相关的深层地下中微子实验（LBNF/DUNE）。此外，桑福德实验室还主持生物学、地质学和工程学等领域的实验项目。

(a) 美国桑福德实验室外景

(b) 美国桑福德实验室地下走廊

(c) 美国桑福德实验室内实景

图 6-2　美国桑福德地下实验室[6]

桑福德实验室在地面上建有霍姆斯特克游客中心（Sanford Lab Homestake Visit Center），于 2015 年 6 月免费向公众开放，以了解桑福德实验室的地下研究项目和设施、霍姆斯特克金矿的历史等内容。桑福德捐款中的 2000 万美元用于创建一个教育中心，为学生提供学习和实习的机会，旨在激发学生们将来从事科学和工程学事业[5,6]。

美国主要利用关闭矿山开展煤炭地下气化技术、暗物质及中微子等的相关实验项目，情况如表 6-2 所示。

表 6-2　美国废弃矿山地下实验利用案例

利用方式	分布地区	矿山类型
地下气化实验	亚拉巴马州	煤矿
暗物质等试验	南达科他州	金矿

3. 密苏里州等地关闭矿山地下养殖

美国密苏里州的研究人员正研究如何在废弃的矿井中培育水藻用来生产生物燃料。废弃矿井属于典型褐地，它的再利用将有很大的环境意义。而水藻因其易种植、易获得赢得了众多生物燃料拥护者的支持，同时它仅需阳光和水就能把二氧化碳转化成燃料。此外，美国一些矿山，如爱达荷州的凯洛格（Kellog）、蒙大拿州的比尤特（Butte）和科罗拉多州的克雷斯特德比特（Cersted Butte），在坑道内用人工灯光培植植物穗条，并以此防病直至成熟[7]。美国关闭矿山养殖技术已经比较成熟，主要案例如表 6-3 所示。

表 6-3　美国废弃矿山地下养殖利用案例

利用方式	分布地区	优势
水藻养殖	密苏里州	将地下养殖与燃料生产结合
植物培育	爱达荷州等	防病

4. 地下能源或伴生能源再开发

美国是世界上废弃煤矿瓦斯抽采利用商业化最成功的国家，也是世界上首个将废弃煤矿瓦斯排放量计算在温室气体排放总量内的国家。根据《2013 年美国温室气体排放清单》数据，2011 年美国在 38 个废弃煤矿开展瓦斯抽采利用项目，利用的煤矿瓦斯总量约 1.6 亿 m^3，其中近 60%的项目分布在伊利诺伊州的煤炭盆地中[8]。

美国压缩空气蓄能电站规模达到 2700 MW 装机容量。同时德国也完成了类似研究，德国建成的压缩空气蓄能电站，装机容量 29 万 kW，换能效率高达 77%。美国在废弃矿山地下能源或者伴生能源再开发上处于世界领先水平，处于成功商业化运用阶段，主要案例如表 6-4 所示[9]。

表 6-4　美国废弃矿山地下能源开发利用案例

利用方式	分布地区	矿山类型
瓦斯抽采利用	伊利诺伊州	煤矿
压缩空气蓄能	亚拉巴马州	盐矿

6.2 德国工业景观、存储、实验、医疗、蓄能发电

6.2.1 地上工业景观开发

德国较有代表性的工业旅游开发案例主要有：鲁尔区工业景观、莱比锡市工业景观、北戈尔帕工业景观、科特布斯地区工业景观等。

1. 波鸿市鲁尔区工业景观[10]

波鸿市鲁尔区建造以矿工用品、采矿器械、矿井生产系统为展览主题的矿业博物馆。以埃森的关税同盟煤矿工业区为例，埃森是德国西部鲁尔区工业中心，19 世纪初煤铁工业的建立使这个当年仅有 3000 人的小城发展为大工业中心。矿业同盟是世界上最大的、最现代化的煤矿工业区。德国的鲁尔河地区长久以来的煤、铁、钢、大炮等产业，几乎撑起了德国长达 150 年的发展，1956 年鲁尔河工业区达到了经济的巅峰，煤矿年产量足足有一亿五千万吨。然而随着煤炭逐渐失去作为生产原料的优势（天然瓦斯、热燃油、核能等新能源日趋便宜）、欧盟过度供给、廉价供应国（中国、澳大利亚、韩国等）的竞争，煤矿危机的问题很快变得明显，1958～1964 年，有 53 家煤矿关门，将近 3.5 万个员工失去工作。1975 年之后，钢铁产业的危机也随之而来。1986 年，埃森的最后一家矿厂关闭。

为了解决这样一个从经济、产业跨越到社会的严重课题，1988 年杜塞尔多夫市政府开始一项整顿方案——就是后来持续长达十年的国际建筑大展（IBA）。整个 IBA 计划的共同承载主体是埃姆舍尔河地区的 17 个城市，包含七个大的主题，构成整个 IBA 实际操作的指导架构。①将整个埃姆舍尔河地区由传统的工业区发展成为一个连贯的生态景观大公园；②改建整个埃姆舍尔河地区的卫生下水道系统，将原本作为整个工业区废水污水排放管道的埃姆舍尔河，再度恢复成为自然景观导向的生态河域；③将莱茵-赫恩运河（过去被极度污染）改建成为一个“可以被生活和体验的空间”；④保存工业建筑为古迹，以作为历史的见证；⑤在“公园中就业”的概念下，将过去工业区土地改建为“现代化科学园区”“工业发展园区”以及相关服务产业园区；⑥以新建住宅以及老住宅的更新现代化带动（小范围）城区更新；⑦创造新的文化性活动，带动地方活化。2001 年，北莱茵-威斯特法伦州政府的申请得到联合国教科文组织的批准，埃森煤矿成为世界文化遗产之一。

本身没有太多天然旅游资源的鲁尔区还别出心裁地把眼光投向了 20 世纪遗留下来的大批工业化产物，政府投资将当地大批工矿改造成历史文物，形成风格独特的工业化历史博物馆，以此带动旅游服务业。政府将一个建于 1854 年的老钢铁厂改建为一个露天博物馆，里面设计了可提供儿童开展各种活动的游戏故事，导游由原工厂志愿者担任，活化了旅游区的真实感和历史感。蒂森公司将 1985 年停产的一家企业改造为以煤、钢铁工业景观为背景的大型景观公园，该公园占地 2.3 km^2，内容丰富多样，既有青少年活动场所，又可进行各种文艺演出活动。1998 年，鲁尔区规划机构制定了一条连接全区旅游

景点的区域性旅游路线，这条路线被称为“工业遗产之路”，连接了 19 个工业旅游景点、6 个国家级博物馆和 12 个典型工业城镇等，并规划了 25 条旅游线路，几乎覆盖整个鲁尔区，工业旅游的开发在改善区域功能和形象上发挥了独特的效应，如图 6-3 所示。

(a) 德国鲁尔区室内景观

(b) 德国鲁尔区室外景观

图 6-3　德国鲁尔区工业景观[11]

2. 莱比锡市工业景观[12]

德国柏林西南约 200 km 的莱比锡市附近，有一个被称为 Neuseenland 的地区（“新湖地区”），由于露天开采煤矿而被破坏的地表景观，被改造为一系列湖泊和相互连接的河流新景观。其中，人造湖 Zwenkauer See 和 Cospudener See 均是由露天开采褐煤产生的，二者分别于 1921 年和 1981 年开始挖掘，两个矿场共生产了 6.1 亿 t 褐煤，这是德国广泛使用的一种褐煤。由于采矿作业，附近的地表景观受到严重破坏，河流被重新改向，森林被砍伐，成千上万的居民被重新安置。

20 世纪 90 年代早期，在茨文考和马克莱贝格市民的不懈斗争下，这两个矿场终于被永久性关闭。此后不久，当地开始着手恢复该地区被破坏的地表，当地从临近河中抽水注入废弃矿坑中，将其变成一个 70 km^2 的湖泊，变为集生态与工业为一体的旅游区。这两个矿坑在 8 年的时间里通过河道串流逐渐被淹没，成为该地区最大的两个湖泊，由于两个湖泊的形成，马克莱贝格和茨文考等周边城镇日益受到游客的欢迎。

3. 北戈尔帕工业景观[13]

北戈尔帕位于德国东部地区，是著名的露天煤矿产区，由于人们过度开采，生态环境遭到严重破坏，原有村落已荡然无存，留下一片碎石及大面积深坑群，生态环境极端恶劣。30 年开采了 7000 万 t 燃煤，并运输到周边热力发电厂，为此开挖了 3.4 亿 m^3 的土石方，消耗了 3.6 亿 m^3 地下水，形成面积 1915 hm^2、深度 24 m 的大坑。

1995 年五个大型机械被运送到这一地区（图 6-4），计划得到包豪斯基金会的赞助，并作为 2000 年世博会的参展项目。这一地区的景观特质及重建活动主要有三个方面：

第一，利用矿区创造休闲场所，让人们了解煤矿产业并体验自然与技术的关系。1995

年开始，这里举行了很多活动，相关组织的 6000 多位专业爱好者在这里举行徒步游玩活动。1997～1998 年夏天，不同的艺术家、景观师及建筑师汇聚此地，举行了一个名曰“夏天宣言”的活动，探索这里废弃物的景观特质及观赏价值，目的是在大面积灌水之前留下值得观赏的及有纪念意义的痕迹。

第二，利用挖掘机围合起来的空间，形成巨大的露天剧场，1998 年由英国的舞台设计师和德国的景观及建筑师共同设计，演奏流行的摇滚乐，吸引大量年轻人来此，丰富了这一地区的文化活动。剧场可以容纳 25000 余人，同时这里还可以表演歌剧，举行各种体育活动。刺激、魔幻的灯光打在巨型机械上，与重金属音乐绝配。

第三，利用这一地区的火车、轨道等交通设施。当时的第 31 号车间，收集了很多火车头以及挖煤的工具和器械。将它们串联起来，形成露天博物馆，向人们诉说该地区 150 年的露天煤矿开发过程。

(a) 采煤机

(b) 德国北戈尔帕工业广场景观

图 6-4　德国北戈尔帕工业景观[13]

4. 科特布斯地区工业景观[14]

德国科特布斯地区方圆 4000 km^2 的土地下盛产褐煤，百年煤矿开采挖掘历史使这个区域的电力工业、热力工业和经济飞速发展，然而生态环境却被严重破坏，留下了许多 60～100 m 深的巨大露天矿坑。1970 年后，矿区的开采挖掘活动逐步减少，当地通过植被恢复的方式来缝合这些地块的环境伤疤，并一步步发展为兼具游览与休闲的动静相结合的旅游胜地，成为农业、林业和自然保护地。

由于地下水位的上升，水汇聚在矿坑的低洼处而形成湖面，场地动态地进行着更替与演变，并从周边水域中引水至矿坑中来加速湖面的形成。但是过大的矿坑面积，使得形成湖面的时间轴线不断拉长。为了使这些矿井废弃地尽快焕发生机活力，1990 年开始，当地不断邀请来自世界各地的艺术家们，以废弃矿坑为大基调背景，塑造大地艺术作品。废置在场地的煤炭采掘设施则被保留下来，例如大型设备、传送带、工棚、破旧的汽车等，运用这些构筑物叙述这些地区曾经的工业历史文明，并成为艺术表现中的一部分。科特布斯地区工业景观如图 6-5 所示。

(a) 科特布斯地区露天矿传送带

(b) 科特布斯露天矿大地艺术

图 6-5　科特布斯地区工业景观[14]

德国各个工业景观开发案例在关闭矿山类型上以煤矿为主，开采方式多为露天开采，但各工业景观开发案例在具体景观设计上因地制宜，各有特点。案例如表 6-5 所示。

表 6-5　德国工业旅游利用案例

分布地区	矿山类型	景观特点
波鸿市鲁尔区	煤矿	生态景观与工业遗迹结合
莱比锡市	褐煤矿	河流、湖泊生态景观
北戈尔帕	煤矿	徒步旅行、露天剧场、博物馆
科特布斯	褐煤矿	湖泊生态系统、大地艺术

6.2.2　地下存储、实验、医疗、蓄能发电

1. 地下存储

1）深部煤层二氧化碳封存

德国已经开展了深部煤层二氧化碳封存的相关研究。根据德国的相关研究，煤的平均密度为 1300 kg/m^3，每吨煤若能吸收 33 m^3 的二氧化碳，那么，全球煤层将能吸收 32200～37500 Mt 的二氧化碳气体。Gaschnitz（2001）已经测量出德国煤层中甲烷气体含量，在 Erkelenz 和 Ibbenbüren 的鲁尔区，已经估算出深部煤层中甲烷气体总量平均值为 5 m^3/t，在 Saar 地区 Weiher l 号开采井中的煤层甲烷含量为 8 m^3/t。一般煤层中甲烷气体大约占封存气体的 20%～60%，注入二氧化碳气体能促使甲烷气体的回收率增加到 80%或更多[15]。此外，类似技术主要还有埃特泽尔盐穴储气库和亨托夫盐穴压缩空气储能库。

2）放射性废物处置

Konrad 矿区放射性废物处置库：1965～1976 年，德国 Konrad 铁矿开采铁矿石，主要岩石类型为半硬质岩石，埋藏深度 900～1100 m。从 1996 年开始改建，2007 年该矿建设低、中放射性废物处置巷道，2019 年该矿开始处置低、中放射性废物。Konrad 处置库

存放的低热量放射性废物（放射性废物使周围岩石的温度升高不超过 3℃）占德国所有放射性废物 90%左右[16]。

Morsleben 矿区放射性废物处置库：Morsleben 处置库位于下萨克森州，1900～1965 年期间开发为盐矿，矿井开拓方式为双竖井开拓，采深 300～500 m。1971 年开始试验处置低、中放射性废物，1981 年获得处置低、中放射性废物批准，1990 年该处置库被搁置，后于 1994 年开始重新启用，直到 1998 年处置库退役，至 2014 年处置场关闭前共处置了 36752 m^3 废物。Morsleben 处置库直接利用了采矿形成的地下空间作为处置区，在处置之前，对硐室进行了安全防护加固。在处置库关闭之前，德国对处置库的安全做了全面、详细的评价，评价的内容包括巷道及围岩的稳定性、回填材料的耐久性分析等[16]。

德国废弃矿山地下存储利用案例如表 6-6。

表 6-6　德国废弃矿山地下存储利用案例

利用方式	分布地区	矿山类型
二氧化碳封存	鲁尔区等地	煤矿
压缩空气储能	埃特泽尔、亨托夫	盐矿
工业废料	Konrad、Morsleben	铁矿、盐矿

2. 地下实验

1）阿塞（Asse）及不伦瑞克盐矿放射性废物实验室[17]

盐矿放射性废物实验室：德国的阿塞（Asse）盐矿位于德国汉诺威东南，是世界上第一个存放核废料的普通地下实验室，改建于 1965 年。由德国环境和健康国家研究中心（GSF）经营，深度为 490 m，以盐岩为主，开采过钾碱和盐。

1967～1978 年，在阿塞矿井试验性地贮存了毋需取回的中、低放射性废物。自 1978 年以来，只进行了在试验结束后必须将使用过的放射性物质从阿塞矿井运走的试验。在 30 年的试验中，弄清了最终贮存这种放射性废物的各项前提。这些研究工作表明，将放射性废物安全地贮存在深地质盐层中的方案，是国际上公认解决德国最终贮存库问题最有意义的方法。1995 年底开始，在阿塞矿井所进行的四项试验中都含有少量的放射性物质，这些试验主要是对含放射性示踪物的水泥样品进行时效研究，非放射性试验涉及在温度影响下含盐岩层和碎盐块的状况、极深部钻孔的下沉（即在岩层压力下产生变形）和因不同掘进而使含盐岩层产生的结构松动。

德国不伦瑞克 1965 年将采掘盐岩的废弃巷道用做深层处理放射性废物的实验室，并利用废弃采矿空间建成天然气储气库。

2）煤炭地下气化技术研究[18]

德国拥有大量的煤炭储量，但其特点是埋藏深，且处于海底。其深层煤的储量高达 1 万亿 t，延伸至北海的广大煤田深度大于 5000 m，德国特别重视煤炭地下气化技术的研究，成立了第二代采煤技术研究学会。1979 年德国与比利时在图林根州联合进行了一次试验，试验深度达 860 m，煤层厚 6 m，试验获得了良好效果。

德国废弃矿山地下实验利用案例如表 6-7。

表 6-7 德国废弃矿山地下实验利用案例

利用方式	分布地区	矿山类型
放射性废物存放实验室	阿塞、不伦瑞克	盐矿
地下气化实验	图林根州	煤矿

3. 地下医疗

巴特克罗伊茨纳赫汞矿：德国西南部巴特克罗伊茨纳赫建起一条能医治病痛的“氡气隧道”。“氡气隧道”地处僻静密林中，前身是20世纪初的一个汞矿。均匀弥漫在空气中的氡气透过人体皮肤，经由血液运送至全身，短时间内给予细胞直接而强大的能量刺激，具有相当好的造血及促进新陈代谢作用，可明显改善动脉硬化、高血压、皮肤病、胆囊炎等疾病。1912年，巴特小城把老矿场改造成世界上第一条地下氡气隧道，开始尝试用氡气给游客治病。隧道内还有不同温度的疗养区，游客可以裸体尝试“放射性蒸气浴”。目前，全球已有上百个氡气疗养地，德国主打“健康旅游”的景点已达300余个[19]。

4. 地下能源开发

1）北莱茵-威斯特法伦废弃煤矿瓦斯发电厂

20世纪60年代以来，受石油产业快速发展和环境保护等因素影响，德国煤矿开采业受到较大冲击，大量井工煤矿关闭，从业人员从300万人减少到5000人，2015年剩余的3个井工煤矿于2018年全部关闭。德国拥有17个废弃煤矿瓦斯抽采利用项目，瓦斯发电装机容量185 MW，瓦斯年抽采量2.5亿m^3，抽采浓度为15%～70%，年发电量10亿kW・h。其中具有代表性的为北莱茵-威斯特法伦废弃煤矿瓦斯发电厂（图6-6）。

图 6-6 北莱茵-威斯特法伦废弃煤矿瓦斯发电厂

（图片来源：http://www.ccoalnews.com/201710/12/c42159.htmL）

2）地下废弃矿井抽水蓄能发电技术研究[20]

德国在 21 世纪初制定了新能源方针（即能源转型：从化石燃料转向可再生能源），大力发展可再生能源特别是不稳定的风能和太阳能，从而迫切需要解决能源大规模存储的问题。许多研究机构和大学开展了一系列地下废弃矿井抽水蓄能发电技术的研究，如下萨克森州能源研究中心利用废弃的金属矿巷道建立全地下的抽水蓄能电站，优势在于金属矿巷道已经存在且比较稳定，建造和改造费相对较低，且不需要重新开挖隧道。

北莱茵-威斯特法伦州开展了鲁尔区废弃煤矿建造半地下抽水蓄能电站的可行性研究，研究兴趣在于如何利用已有的地下空间，同时减少煤矿废弃后对地表沉降的影响。鲁尔区煤矿开采深度 1200 m，巷道总长度约 100 km。研究利用其中一个深度 971～1008 m、储水量 450000～750000 m^3 的巷道，建立功率 300 MW 的抽水蓄能电站。

3）地下盐穴蓄电系统

耶姆古姆的地下盐穴蓄电系统：盐穴是盐矿开采后留下的矿洞，体积巨大且密封良好，可作为密封储存库。EWE 公司在耶姆古姆的 8 个地下盐穴中开展天然气储藏业务，两个中型盐穴构成的蓄电系统储存的电量就能为柏林供电 1 h，也就是说这是世界上最大的电池。

德国目前正在实施能源转型战略，计划到 2050 年使可再生能源发电比例达到 80%，终极目标是用可再生能源替代传统能源。但风能、太阳能等可再生能源在不同天气条件下发电量不稳定，巨大电池可起到调节作用。案例如表 6-8。

表 6-8　德国废弃矿山地下能源开发利用案例

利用方式	分布地区	矿山类型
煤矿瓦斯发电厂	北莱茵-威斯特法伦	煤矿
抽水蓄能发电	下萨克森州、鲁尔区	金属矿、煤矿
地下盐穴蓄电系统	耶姆古姆	盐矿

6.3　澳大利亚博物馆

6.3.1　索弗仑地下金山公园

该矿山公园位于墨尔本北部的巴拉腊特镇（图 6-7），占地约 25 hm^2，由金矿矿山、淘金场、古街和黄金博物馆组成。这些场所仍保留古老原貌，展示自 1851 年在这里发现金矿以后大约十几年时间的矿业生产和矿工生活场景。其中矿山分井下和井上两部分，井下巷道蜿蜒曲折、上下交错，亮灿灿的金矿脉在巷道内触手可及，井上各种古老的生产设备和生活设施一应俱全。矿山一侧街道，不仅风貌古朴依旧，而且购物、邮电等场所依照当年模式运行；游客除参观矿井外，还可在淘金场体验淘金的乐趣和喜悦，并可乘古老的四乘马车游览古镇。在矿山附近的黄金博物馆，展示了澳大利亚金矿分布情况，并演示了金矿成因以及不同时代的矿业技术[21]。

图 6-7　索弗仑淘金小镇[22]

6.3.2　新南威尔士州蓝山国家森林公园

该矿山公园（图 6-8）位于澳大利亚新南威尔士州悉尼以西 65 km 处，是该州的一处著名旅游胜地。在五十多年前它还是污染严重的矿山，1970 年，澳大利亚政府将矿山改造成森林公园，不但从源头上堵住了雾霾，还进一步清洁空气。回填部分矿坑，对山体进行修坡整型，种植符合矿山特点的树木，使矿山披上了绿色“外衣”。蓝山公园属于大蓝山地区，该区域拥有 7 个国家公园，2000 年被列入世界遗产[23]。

图 6-8　蓝山国家森林公园[24]

6.4　加拿大地下养殖、实验、地热能开发

6.4.1　萨德伯里地下养殖、中微子实验室

1. 萨德伯里地下养殖

加拿大北部城市萨德伯里利用地下矿井内的热量养殖鱼苗，利用自然地热设立温室培育树苗，为当地绿化工作提供大量树苗。

2. 萨德伯里中微子实验室

萨德伯里中微子实验室（SNOLAB）是北美最深的物理实验室，坐落于加拿大安大略省的一座镍矿中，位于地下2070 m，总面积达5000 m^2，2009年建成。实验室拥有一流的清洁空间，每立方英尺①的悬浮粒子少于2000个。SNOLAB进行高灵敏度的暗物质和中微子研究实验，科学家还在实验室安装低温暗物质搜索装置Super CD MS。SNOLAB的前身是SNO（Sudbury Neutrino Observatory），Arthur McDonald因1998年在这里发现中微子振荡获得诺贝尔物理学奖，分享奖项的还有日本神冈观测站的Takaaki Kajita[25]。

6.4.2　萨塞克斯废弃矿井水开发地热能

加拿大萨塞克斯利用废弃矿井水开发地热能，该地曾以世界第二大碳酸钾矿闻名于世。当地政府在彭博克斯矿区利用地下钻井技术打生产井和回灌井，通过生产井将巷道中的地下水抽出来，流经换热器，冬季供暖，夏季制冷，换热以后的水再通过回灌井灌回地下[26]。

加拿大的关闭矿山利用方式主要有地上博物馆、地下养殖、地下实验室、地热能开发等，利用案例如表6-9。

表6-9　加拿大废弃矿山开发利用案例

利用方式	分布地区	矿山类型	利用特点
博物馆	萨德伯里	镍矿	采矿相关知识介绍
地下养殖	萨德伯里	镍矿等	养殖鱼苗、培育树苗
中微子实验室	萨德伯里	镍矿	北美最深物理实验室
地热能开发	萨塞克斯	碳酸钾矿	利用废弃矿井水开发地热能

① 1立方英尺≈0.028 m^3。

6.5　日本工业旅游、存储、实验、核燃料开发

6.5.1　地上工业旅游[27]

日本国营明石海峡公园原来是一处大型采石采砂场，从20世纪50年代到90年代中期，为修建关西空港以及大阪与神户城市沿海的人工岛提供了1.06万亿 m^3 的砂石，挖掘深度达100 m，范围达140 km^2。20世纪80年代开始，该地成立绿化专家委员会，进行植被恢复，强调恢复自然状态，形成良好的景观和游憩空间，主题是“使园区得到生命的回归”。

绿化委员会认为种植必须从苗木开始，而成树在恶劣的自然环境中难以成活，苗木却能顺其自然，因此从1994年开始，开启了总计24万颗苗木的栽种工程。具体包括在基岩上固定蜂窝状的立体金属板网，灌入新土后覆以草帘，以涵养水分。灌溉系统采用埋置聚乙烯管，密度1 m间隔。为了植物生长的需要，采用收集地表水、中水循环再利用等技术。

6.5.2　地下博物馆、水果仓库、实验中心、核燃料开发

1. 地下博物馆

1）北海道废弃煤矿地下博物馆

日本北海道煤矿关闭后利用保留的井下巷道创办煤矿博物馆，设置工人设备模型，从手工采煤到现代化的煤炭生产，表现整个煤炭的采掘史。

2）北海道夕张市废弃煤矿地下观光

北海道的夕张市是因煤矿发展起来的一座旅游城市，利用煤矿的地下空间修筑旅游景点，乘坐地下电车进行旅游、观赏。在烈日炎炎的夏季，还可以成为消夏避暑的场所。

2. 水果仓库

枥木县宇都宫市废弃矿坑食物存储。日本枥木县宇都宫市一个采石废坑，容积达3500万 m^3，已改造为水果仓库，可全年保持温度3～10℃，湿度80%～90%，贮存鲜橘长年不腐[28]。

3. 地下实验

1）北海道旧砂川煤矿地下无重力实验中心

日本通产省建设的地下无重力环境实验中心位于北海道旧砂川煤矿遗址，利用竖井，使长14 m的巨大密封容器自由落下，产生持续10 s的无重力状态。利用这个无重力状态，可试制新合金和无缺陷的半导体晶体材料，进行最尖端的新材料研究开发，中心对国内外研究机关和企业广泛开放，1990年春天试运行。根据计划，用于落下的容器是圆筒状，直径约2 m、长14 m。由于采用超导磁铁的直线电动机，有可能进行精密的加速控制，可实现与太空站相比毫不逊色的极优的无重力环境[29]。

2）神冈观测站地下实验室

东京大学宇宙射线研究所神冈宇宙基本粒子研究中心位于岐阜县飞驒市神冈矿山地下 1000 m 深处（图 6-9），拥有暗物质检测设施“X MASS”，能够直接捕捉宇宙中的暗物质。“X MASS”设施主要组成部分是一个直径 10 m、高 10 m 的圆柱形水箱和一个能装 1 t 液氙的检测器。暗物质进入“X MASS”内，与氙原子核发生弹性碰撞时会损失部分能量，液氙会根据能量大小的不同发出强弱不等的光，这些光会被包围着液氙的光电倍增管捕捉到。

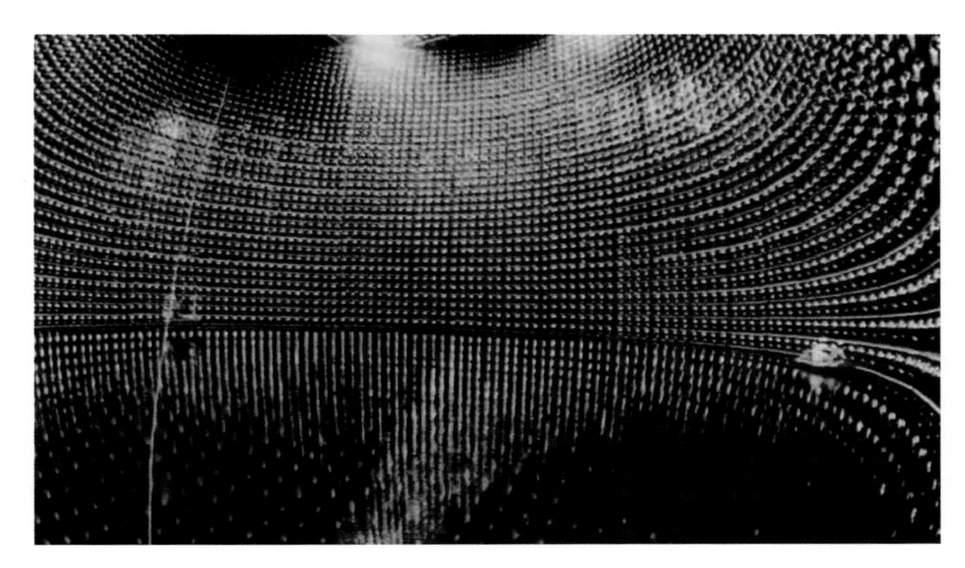

图 6-9　超级神冈探测器（Super-Kamiokande）内部[30]

4. 核燃料开发

TONO 矿区和 Kamaishi 矿区核燃料开发。TONO 矿区位于日本中部，主要由日本核燃料循环开发研究机构（JNC）与瑞士合作经营，深度为 135 m，矿区以冲积岩为主，经营时间 1986 年至今，曾经是铀矿山平道。Kamaishi 矿区位于日本北部，深度为 300 m，主要由日本核燃料循环开发研究机构（JNC）与瑞士合作经营，矿区以花岗岩为主，经营时间 1998 年至今，曾经是废铁和铜矿山平道[31]。

日本作为发达国家，较早地完成了工业化，虽然矿产资源禀赋不足，但是在关闭矿山转型利用上较早地进行了尝试。日本地上空间有限，因此积极进行地下空间开发利用探索，关闭矿山地下空间开发利用技术比较成熟。日本废弃矿山开发利用典型案例如表 6-10 所示。

表 6-10　日本废弃矿山开发利用案例

利用方式	分布地区	矿山类型	利用特点
工业旅游	北海道、夕张市	煤矿	地下博物馆、地下景点
地下存储	栃木县宇都官市	岩矿	水果仓库
地下实验	北海道、神冈	煤矿等	无重力实验中心、暗物质观测站
地下能源开发	TONO 矿区、Kamaishi 矿区	铀矿、铁矿、铜矿等	核燃料开发

6.6　中国矿山公园、地下存储、实验、养殖、能源开发

6.6.1　矿山公园、高新技术示范园

1. 四川乐山嘉阳国家矿山公园[32]

经国家矿山公园评审委员会评审通过，国家矿山公园领导小组研究批准，2010 年 5 月授予乐山嘉阳国家矿山公园资格。位于四川省乐山市犍为县芭沟镇，前身是中福煤矿和嘉阳煤矿。

被誉为工业革命“活化石”的嘉阳小火车（中国窄轨的代表）、国内唯一专门用于观光体验的真实矿井黄村井及具有中西合璧建筑特点的原生态小镇芭蕉沟等矿业遗迹，是中国煤炭工业发展的里程碑和博物馆。建矿历史 70 余年的嘉阳煤矿，在岁月的流逝中，沉积了丰厚的工业遗迹和人文历史。

为了配合小火车的保护开发，嘉阳集团利用报废 20 年之久的嘉阳煤矿一号矿井，维修改造成四川煤炭博物馆矿井体验游分馆，专门用于旅游观光体验真实煤矿，是研究中国煤矿地质科学、煤矿工业技术的重要场地，也是开展爱国主义教育的实践基地。

穿上工装、戴上安全帽、身背矿灯和自救器，在矿工导游的带领下，进行了矿井探秘旅游（图 6-10）。以发挥黄村井的社会效益为重点，努力做好安全、服务、接待、讲

图 6-10　矿井体验游[33]

解等工作。开展“天塌下来我不怕”“矿井猴儿车”等体验项目，制作掘进、机电等实物展板，不断为博物馆增加新的看点。

2. 重庆江合煤矿国家矿山公园[34]

重庆江合煤矿国家矿山公园（图 6-11）位于重庆市北碚区复兴街道歇马村石牛沟，面积约 1.81 km^2。2010 年 5 月原国土资源部批准为第二批国家矿山公园。该煤矿开采历史悠久，是国内独具特色的资源危机型矿山，是重庆第一个与英商通过司法途径争夺回来的优质煤示范基地。

公园在建设生产过程中留下了大量的地质遗迹、生产生活遗迹，从资源勘探、地质调查、开采工艺、生产工具、社会生活、运输工具等各个方面保存都很系统，矿业遗迹极其罕见和珍稀，是西南地区乃至全国的薄煤层开采实验、科技示范和人才培训的重要基地。

江合煤矿主要矿业遗迹有矿山巷和碉遗迹、窄轨铁路及丝绸制的设计图、各种采矿工具、矿业水体与空间遗迹等，是我国西南山地煤矿开采活动的见证，具有研究价值和教育功能。

江合煤矿创立于 1907 年，1922 年招股增资并更名为江合协记煤矿服务有限公司，1946 年更名为江合煤矿股份有限公司。采矿区先后开发了龙王洞、石牛沟、狮子口、大河沟、周家沟、龙门浩等几个主要矿厂和矿区。在石牛沟矿区，当年由英国人参与建设的窄轨铁路基本保留。当时的窄轨铁路，由石牛沟到周家沟，经罗站到渝北悦来的嘉陵江边，全长 20 km。目前从罗站至悦来一段共 13 km 保存完好，整个煤矿的原煤全部通过窄轨运出。还有一座庞大的海底沟地下岩溶水库，利用地形条件建一地下水库，整个水库的库容近 1400 万 m^3，水域面积超过 60 km^2，有 2 个多渝中区的大小。

图 6-11　重庆江合煤矿国家矿山公园中的碉楼[34]

3. 徐州打造“东方鲁尔”

作为中国井工开采时间最长的煤炭生产企业之一，徐矿集团有130多年的开采历史，最多时有250多座煤矿，截至2017年，全市累计形成采煤塌陷地38.19万亩，19.72万亩完成综合治理，越来越多的塌陷地“变身”生态湿地、特色旅游区，成为促进当地产业发展、富民增收的“宝地”[35]。

徐矿集团利用徐州市地处长三角和东陇海“一圈一带”的区域优势，积极发展都市产业、智慧产业、生态产业，努力打造“东方鲁尔”。利用关停矿井的工业广场等区域，规划建设产业园，例如利用原义安矿工业广场建设的绿色化工园、利用原大黄山工业广场建设的现代物流园、利用庞庄矿工业广场建设的综合利用电厂。

利用关闭矿山工业广场和塌陷水面建设徐州君悦国际温泉旅游度假中心，将庞庄矿采煤塌陷地打造成全国最大的城市生态湿地公园，位于贾汪区的潘安湖采煤沉陷区生态修复工程，是江苏省自中华人民共和国成立以来单体投资规模最大的综合治理项目，整治面积1.74万亩。打造了全国采煤沉陷区治理的里程碑式项目，是资源枯竭型城市生态环境修复再造的典范。潘安湖湿地公园改造前后对比如图6-12所示。

(a) 采煤沉陷区旧貌

(b) 潘安湖湿地公园

图6-12　潘安湖湿地公园改造前后对比

（图片来源：http://www.qstheory.cn/dukan/qs/2019-07/16/c_1124750112.htm）

4. 安徽淮北市高新技术示范园[36]

因煤而建、源煤而兴的安徽省淮北市，60年来累计生产原煤10亿多吨，为国家经济发展作出了重大贡献。与此同时，全市因采煤塌陷土地35万亩，30多万农民部分或全部失去土地，2万余亩山体遭采石破坏，地下水降落漏斗区近300 km^2。2009年3月，淮北市被列为国家第二批资源枯竭城市。淮北市已累计投入采煤塌陷地综合治理资金150多亿元，共治理塌陷地18.63万亩，治理率达53%。共新增耕地10.2万亩，解决了10多万失地农民的生产生活难题；新增建设用地3.2万多亩，解决了城市建设用地紧缺难题；累计搬迁采煤塌陷村庄226个，成功安置搬迁群众约20万人；形成湖泊水域面积4万多亩，解决了淮水北调蓄水库容难题；努力打造南湖、乾隆湖、中湖、东湖、北湖、朔西湖等六大塌陷湖泊，城市中心将逐步形成超过100 km^{2}的中心湖泊带。

中湖位于淮北市的主城区，处于生态走廊带的枢纽位置，为西部老城与东部新城的核心衔接带，治理项目于 2016 年 7 月动工，2017 年底竣工。治理前，这片区域为淮北市闸河煤田采煤塌陷地，塌陷程度深浅不一，深达 6～7 m，浅则 0.5 m。中湖治理工程纳入国家级矿山地质环境治理重点项目。该项目治理总面积 3.61 万亩，总挖方量达 3000 万 m^3，总投资约 22 亿元。治理后，形成可利用土地 2.45 万亩，可利用水域 1.16 万亩，总蓄水库容达 3680 万 m^3，是目前全国地级市中面积最大的人工内湖。

淮北市通过对浅层塌陷地复垦治理，新增了大量农用地，有效提高了当地农民的收入。仅杜集区就复垦土地 3 万余亩，段园镇在复垦后的土地上种植了 2 万余亩无公害优质葡萄，成为淮北乡村旅游的新亮点。双楼、任庄两个村先后利用复垦治理后的塌陷地，建成近千亩鱼塘，建成了农业现代产业园。烈山区洪庄村通过对深层塌陷地实施治理，形成 1600 亩的水产养殖区、400 亩的畜禽养殖区和 600 亩蔬菜种植区，创建了省级农业示范园。

5. 中兴煤矿国家矿山公园

据史料记载，1308 年枣庄就有人掘井采煤。1908 年成立了中兴矿局，中兴矿局是中国历史上最早的，完全由中国人自办的民族资本独立经营的大型煤矿。至 20 世纪 30 年代，中兴煤矿发展成为仅次于抚顺、开滦的全国第三大煤矿，1936 年原煤产量达 182 万 t，堪称“中兴”极盛时期。1999 年枣庄煤矿由于资源枯竭，关井破产重组为新中兴公司[37]。

枣庄矿山公园以中兴煤矿博物馆为中心，由中兴煤矿遗址和 28 处老遗迹组成，是一处集爱国主义教育、学术研究、科研考古、生态园林、休闲娱乐于一体的国家矿山公园，于 2018 年 1 月入选第一批中国工业遗产保护名录。公园以中兴煤矿为主，包含矿业生产遗迹、矿业活动遗迹等，代表了当时世界顶级矿山开采及加工科学技术水平，而且还融合了自然与人文景观，可观赏性强，科研价值高。

6. 唐山开滦矿区

开滦煤矿始建于 1877 年，由当时正大力开展“洋务运动”的洋务派领袖李鸿章创立。经过长达 130 余年的开采，在市中心区南部形成了 2800 hm^2 的塌陷区和废弃地，相当于 3900 多个足球场大小。1997 年，唐山市政府作出改造南部采煤下沉区的决定，并成立了专门指挥部。经过七年奋战，各方筹资 2 亿多人民币，其中市财政投资 3500 万元，企业出资 1.5 亿元，个人捐助 2000 万元。清理垃圾 130 万 m^3，拆除废弃工业建筑 24 万 m^2，埋设管网 5313 m，治理污水坑 250 个、水面 65 hm^2，修路 16.9 km，植树 138 万株，种草坪花卉 24 万 m^2，绿化面积 607 hm^2，垃圾堆变成了绿色山丘，沼泽地变成了大草坪，塌陷坑变成了人工湖，整个塌陷区建成了拥有游船、亭廊拱桥等中式园林建筑和娱乐、休闲设施齐全的生态公园。南湖公园 2002 年荣获“中国人居环境范例奖”，2004 年荣获联合国颁发的“国际改善居住环境最佳范例奖”[38]。

7. 山西凤凰山煤炭工业遗址

凤凰山煤炭工业遗址体验式旅游基地位于山西晋城城区东上村，通过盘活整合原有老矿井下示范工作面、指挥中心、培训综合楼及配套设施等资源，转型为集井下游览体验、煤文化展示、学习教育、休闲娱乐等为一体的煤炭工业遗址体验式旅游项目。特别是通过利用声光电等现代技术，集中展示煤矿采、掘、机、运、通矿业开采工艺，让游客感受山西千年煤炭工业文明历史。凤凰山煤炭工业遗址如图 6-13 所示。

图 6-13　凤凰山煤炭工业遗址

（图片来源：http://www.fengfeng.cc/news/ffnews/20160303/11685.html）

8. 山西大同晋华宫矿[39]

山西大同晋华宫矿是大同煤矿集团最大的现代化矿井之一，1956 年以来，累计生产煤炭 1.65 亿 t。2001 年，为促进枯竭矿山转型，利用矿井地下空间，同煤集团将南山的一处荒废矿井改造成“煤都井下探秘游”景区，晋华宫煤矿以此为基础，建立了晋华宫国家矿山公园。

“煤都井下探秘游”是利用 300 m 井下开采的边角工作面，集科学性、知识性、趣味性、探险性为一体旅游项目，共有六大展区，参观面积达 11500 m^2，全景实物布置，是一处集体验、展示、休闲三大功能于一体的地下景观游览区。

煤炭博物馆总建筑面积 8000 m^2，东西长 108 m，南北长 45 m。总建筑造型来源于煤块、煤粒、煤矸石的组合，呈深蓝色矿物晶体的形状，体现新古典主义的建筑风格。博物馆整体设计以“自然和谐，科学发展”为主题，以“煤矿、地质、资源、人类、和谐”为展示主线，共建有煤的形成、煤的开采、煤的利用、煤的文化和百年同煤 5 部分，是一座集科学性、知识性、观赏性和趣味性于一体的大型地质矿山博物馆。

2012 年 7 月 12 日，为晋华宫矿服务了 37 年的南山井装车线在送走了最后一列煤车后，完成了它的使命，场地内保留的建筑物、空间环境、厂房布局、生产设备等工业遗迹给游客以真实矿山的感受。工业遗址区主要包括南山材料斜井吊车平台、南山斜井绞车房、百年绞车、锅炉房、压风机房、热风炉房、地面变电所、煤流系统等煤炭工业旧址和地面生产遗址。棚户区遗址占地面积 4.5 万 m^2，外围全部由石块砌成，遗址区内建有一座 160 m^2 的展览馆，馆内通过展板的形式真实地展示了矿工生活的变迁。

综上所述，我国工业旅游利用案例如表 6-11。

表 6-11　我国工业旅游利用案例

矿山位置	矿山类型	利用方式	改造特点
四川嘉阳	煤矿	矿山公园	嘉阳小火车、专门用于观光体验的真实矿井
重庆江合	煤矿	矿山公园、实验及人才培养基地	保存了罕见珍贵的矿业遗迹，可进行薄煤层开采实验、人才培养等
江苏徐州	煤矿	生态公园、物流园、电厂、化工园等	打造“东方鲁尔”
安徽淮北	煤矿	高新技术示范园	采煤塌陷地综合治理
枣庄中兴矿区	煤矿	矿山公园	入选第一批中国工业遗产保护名录
唐山开滦矿区	煤矿	生态公园	土地复垦、生态重建
山西凤凰山	煤矿	煤炭工业遗址	工业遗址体验式旅游
山西大同晋华宫矿	煤矿	矿山公园	博物馆、井下探秘

6.6.2　地下存储、实验、养殖、抽水蓄能

根据井巷可利用地下空间的计算公式，井巷可利用地下空间体积＝煤矿规模×煤矿规模与其井巷可利用地下空间量的比例系数，已有相关研究表明，2014～2018 年 6 月，我国关闭煤矿井巷可利用地下空间为 13066.80 万 m^3，其中关闭煤矿井巷可利用地下空间超过 500 万 m^3 的有四川省、贵州省、黑龙江省、山西省、重庆市、河南省、湖南省、陕西省、云南省、河北省、山东省 11 个省（市）。2017～2030 年煤炭产量按每年平均 34 亿 t 计算，则 14 年合计采煤 476 亿 t，预计新生成采煤地下空间 96.16 亿 m^3，到 2030 年我国将形成煤矿采空区地下空间约 234.53 亿 m^3，煤矿井下空间资源巨大，开发利用前景广阔[40]。

1. 地下存储

矿山尾废填埋：充填采矿是一种将矿山尾废（主要包括尾矿、废石、赤泥、冶炼炉渣等）作为骨料充填于地下采空区的采矿方法，既解决了矿山尾废的填埋处理问题，也避免了矿山的地表塌陷。例如，安庆铜矿、冬瓜山铜矿、李楼铁矿、司家营铁矿、焦家金矿、三山岛金矿、凡口铅锌矿、会泽铅锌矿、瓮福磷矿、香炉山钨矿等均采用了充填采矿法开采，也有研究探索将生活垃圾填埋于地下采空区的开采技术。

盐穴储气库：高温高压下的盐具有将裂缝自动愈合的特点，一段时间后地下盐穴就能成为很好的密封储存库，盐穴提供了一个巨大而安全的地下空间用于储存那些不溶解盐的物质。国内已有盐矿用作天然气存储，港华金坛储气库一期已建成 3 口井并通气试运行，储气量近 1.5 亿 m^3，工作气量约 8800 万 m^3。据不完全统计，我国已建成 26 座地

下储气库，利用盐穴储存量大、安全性高的特点，港华金坛储气库将用气低峰时期的富余气量存储起来，在用气高峰时候抽出来补充供气量，发挥地下储气库在天然气供应链中的调峰填谷作用。预计 2022 年，港华金坛储气库一期 10 口井全部建成，年总储气量将达 4.5 亿 m^3，工作气量近 2.6 亿 m^3，最大供气能力为 500 万 m^3/d[41]。相对来说，江苏金坛和淮安、湖南衡阳、湖北潜江、河南舞阳等盆地岩层矿层的地质条件较适合建设规模一般的盐穴储气库。已有多个盐矿纳入储气库的建设之中，包括河南平顶山盐穴储气库、江苏淮安盐穴储气库、湖北云应盐穴储气库、湖北潜江盐穴储气库、江西樟树盐穴储气库，储气库具有 83 亿 m^3 的储气能力。我国目前地下压缩空气储能尚处于研究阶段，已有学者基于淮安盐矿地质条件，分析了该矿区盐腔建设压气蓄能储气库的地质可行性，并对运行参数进行了优化[42,43]。

神东矿区、铜官山铜矿宝山矿区地下水库：针对西部地区煤炭开发中的重度缺水问题，顾大钊等提出了矿井水井下储存利用的理念，即利用煤炭开采形成的采空区作为储水空间，用人工坝体将不连续的煤柱坝体连接构成复合坝体，建设煤矿地下水库。神华集团在神东矿区进行了工程示范，2010 年在神东大柳塔煤矿建成了首个煤矿分布式地下水库，累计建成 32 座煤矿地下水库，储水量达到 3100 万 m^3，是目前世界唯一的煤矿地下水库群，供应了矿区 95%以上的用水[20]。铜官山铜矿宝山矿区闭坑后，根据该矿区涌水量大、仅有一条运输道与独立主矿体相连的特点，通过构筑混凝土挡墙等工程措施，利用该矿区 75.7 万 m^3 的采空区地下空间建设地下水库，井下采空区自 1980 年开始储水至今。

山东峄城废弃石膏矿建设地下恒温库：峄城区是山东省重要的石膏生产基地，随着多年开采，出现了大面积的采空区，如何再开发利用废弃石膏矿区一直困扰着当地政府。后来，通过招商引进香港奥斯特公司实施废弃矿井加固再利用，建设了全国首个地下恒温库。该项目投资 1000 万美元，主要是对原石膏矿区废弃矿洞再加固，利用现代科技改造成现代化的地下恒温库。项目分两期建设，一期初步达到 1 万 t 的仓储量，二期达到 10 万 t 的规模，建成投入使用后年可储存农产品 2 万 t[44]。

2. 地下实验

徐州废弃煤矿煤炭地下气化实验：已有学者分析了实施煤炭地下气化所需解决的地下气化炉结构和气化工艺参数的选择、高温条件下煤和岩石物理化学性质的测试、物探测试和监控、大口径定向钻进等关键技术问题。我国于 20 世纪 50 年代曾在大同胡家湾矿、蛟河煤矿、鹤岗兴山矿等 10 余处开展过煤层地下气化技术的试验。直至 1984 年，中国矿业大学又重新开始研究，并于同年在徐州马庄矿完成了煤炭地下气化现场试验；1994 年在徐州新河二号井完成了半工业性试验；1996 年在唐山刘庄煤矿完成了工业性试验[45]。

数据中心、暗物质等地下实验室的探索：相对西方发达国家而言，我国对于地下实验的探索起步较晚，目前主要有位于地下 2400 m 的中国锦屏地下实验室（CJPL），是世界上最深的地下物理实验室，位于中国西南部四川省的锦屏山。实验室主办了两项实验期望直接探测暗物质，即“中国暗物质实验组”（CDEX）和“熊猫计划”（PandaX）。

新加坡政府为了节约土地资源，已经同意与中国的华为技术有限公司共同建设地下数据中心。借助贵州省发展大数据经济的契机，腾讯计算机系统有限公司将在贵州建设“腾讯贵安七星绿色数据中心”，隧洞面积约为 4 万 m^2。

3. 地下养殖

河北峰峰矿区五矿对衰老报废矿井地下空间的保护和利用进行了一些研究，利用矿井的一些特殊性质，可将矿井地下空间作为地下温室，用来储藏保鲜蔬菜和水果，也可用于一些特种动植物的种植与养殖，如适宜在阴暗潮湿的环境中生长的动植物。还可用于储藏特种物质，如放射性物质等，同时还可作为高科技实验场所及人防工程。

我国北京京煤集团有限责任公司在废弃的煤矿巷道内种植蘑菇，利用旧有的矿车和铁轨运输蘑菇生长所需物料，采摘的蘑菇也利用旧轨运出。

重庆市北碚区三圣镇卫东村是重庆市水产科学研究所在该区的第一个大鲵养殖示范基地，重庆圣科泉水产养殖专业合作社经过一年的探索，在一个长 1000 m 的废弃矿井内，成功饲养出国家二级保护动物、素有“活化石”之称的大鲵。矿井长度在 1000 m 左右，常年恒温在 18～20℃。完全符合大鲵的生长条件。

福建省创辉农业开发有限公司蛋鸡生产项目位于大田县银川矿区废弃矿山，系省重点项目，总投资 6 亿元，于 2020 年建成。可饲养蛋鸡 150 万只，年产无公害鸡蛋 2 万 t，年出栏肉鸡 1500 万只，年加工有机肥 15 万 t[46]。

4. 抽水蓄能

1）采煤沉陷区浮动太阳能发电

安徽淮南市潘集区田集街道采煤沉陷区在蓄水之后，总装机容量为 40 MW 的浮动太阳能发电站建成可以代替以前的煤矿，成为新的能源。该地原本为两淮采煤沉陷区，给城市规划带来了巨大困扰。在灵活利用后，世界最大的浮动太阳能电站或称水上漂浮式光伏发电站落成，覆盖面积 86 hm^2，相当于 121 个足球场，这是一个可以标准化的解决方案，能用来改造利用采煤沉陷区。电站包括 165000 块太阳能电池板，电站每年可以节省 16400 t 标煤，减少 1230 t 二氧化硫排放[47]。

2）废弃矿坑抽水蓄能电站

中国电建集团北京勘测设计研究院有限公司曾开展了两个利用废弃矿坑建设抽水蓄能电站的设计研究，一个是河北滦平抽水蓄能电站，该抽水蓄能电站利用上哈叭沁村西沟采区闭坑做下水库。另一个是辽宁阜新抽水蓄能电站，该电站利用海州废弃矿坑做下水库[48]。

3）废弃煤矿井下瓦斯抽取利用

寺河矿于 1996 年 12 月 30 日开工建设，引进国外先进生产设备及工艺，2002 年 11 月 8 日通过国家验收正式投产。2006 年经山西省煤炭工业局核定矿井生产能力为 1080 万 t/a，是晋城煤业集团首个千万吨级矿井。矿区瓦斯储量 102.63 亿 m^3，其中 3 号主采煤层瓦斯储量达 54.15 亿 m^3，是国内乃至世界罕见的高瓦斯矿井。井下抽放出的瓦斯主要用于发电，抽出的瓦斯还用于民用燃气和 CNG（压缩煤层气）清洁能源汽车项目和工业用气[49]。

6.7　其他国家工业旅游、存储、实验、能源开发

6.7.1　比利时游乐场、英国康沃尔郡温室公园

1. 比利时 be-MINE 游乐场

在比利时的一块废弃煤矿场地，当地政府希望能够给 60 m 高的矸石山“terril”（法语，译为堆）赋予新功能，同时也将古老的工业建筑改造为新的文化热点区。从宏观尺度来说，无论是 terril 这座矸石山的高度，抑或是其作为工业遗址的特殊地位，与 Limburgian-Flanders 区域内普遍存在的景观都形成鲜明对比。从区域尺度来看，无疑创造了一个地标性景观元素。工业遗址的宝贵价值作为概念主线贯穿了整个设计，串联过去与未来。

树干森林重塑突出山体的起伏地形，1600 根木杆井然有序地整齐排列，覆盖了 terril 山体北侧。曾经用作地下延绵数千米的矿井中唯一的支撑结构，圆形的木杆如今暴露在阳光之下，提醒着人们这座矿山的旧日时光。同时也是衍生自山体尺度与场地的工业遗址中的一个极具力度的空间元素。

树干森林中的一部分场地因地制宜，以平衡木、攀爬网、吊床、迷宫和绳网等元素创造了数个游戏场地。所有的木杆都严格按照网格排列，站在两列木杆的中央向上眺望，长长的通道仿佛没有尽头，让人回想起过往深埋脚下的长长隧道。一块梯形场地镶嵌在树干森林的中部，形成了一个巨大的游乐场地。

场地的表面顺着山坡褶皱起伏，随之产生的变幻光影在远处亦清晰可见。越往高处，梯形的场地变得愈发狭窄，而在山脚，它则如同割裂的碎片般洒落在树干森林之中。起伏的空间与穿插其中的爬行隧道、攀爬墙提供了多样化的游戏方式。其中最引人注意的，当属半山腰上穿插在游乐场地中长达 20 m 的巨大滑梯。孩子们在不同的游戏场地中玩耍、攀爬、滑落、躲藏和探索。埋藏在斜坡下的隧道纵横交错，仿佛是过去错综复杂矿井的重现。

无论在树干森林还是梯形场地中，所有的游乐设备都在不停挑战着孩子们的身体极限、协作能力和机动能力。而随着空间高度的不断上升，游戏的难度也在逐渐增加，孩子们只有相互合作、相互鼓励，才能一直攀爬到顶峰。而这种在游戏中学习合作、鼓励机制的灵感其实来源于过去煤矿工人的工作经验，只有无条件的相信对方才有可能在井下完成繁重的体力工作。

在 terril 60 m 高的山顶之上，是一个串联起过去与现在的巨大煤矿广场，展现着被称为“黑金”的煤矿与这里密不可分的联系。广场微微下沉，而环绕其高高翘起的墙壁则为身处其中的人们阻挡着吹袭山顶的狂风。站在广场中央，四周的一切景色都将消失殆尽，视野里只剩下湛蓝的天空与云朵。倾斜的墙壁上镶嵌着煤矿历史资料以及周边矿区景观的介绍，而人们或坐或倚，在此略作休息，也可以顺着高台环行一周，俯瞰 Limburg 矿区中人与自然共同创造的壮观景观。如图 6-14 所示。

(a) 比利时be-MINE游乐场全景　(b) 比利时be-MINE游乐场近景

图 6-14　比利时 be-MINE 游乐场[50]

2. 英国康沃尔郡废弃锡矿改造温室公园

英国锡矿的发源地经过上百年的开采均已停产。设计师格雷姆肖设计将废弃的陶土矿坑改造为世界最大温室公园“伊甸园工程”（图 6-15）。伊甸园沿着废弃陶土坑建设延展性建筑，打造三种不同的气候区域，营造三种不同的生态气候，让人们同时体验感受不同气候下的不同植物类型。

图 6-15　康沃尔郡“伊甸园工程”[51]

1990 年康沃尔的暴风雨使当地的文化遗产保护庭院受到严重破坏，很多从国内外收集的植物面临灭绝危险，为传达人与自然和谐的理念，选择废弃的陶矿建设“伊甸园工程”。

该工程始终围绕植物文化理念，融合高科技环保手段打造：

（1）土壤改良。将当地的黏土废弃物与绿色废弃物堆肥产生富含营养的 8.5 万 t 土壤。

（2）环保新科技材料的运用。培养植物的温室表面同水立方一样都是采用乙基四氟乙烯透明合成膜覆盖。

（3）结构创意。建筑采用双层圆球网壳，运用肥皂泡和蜂巢的结构原理，整体外观是如蜂巢的巨型球体。同时具有景观多样性，具有三个“生物群落区”，每个“生物群落区”具有独特的气候，内设不同的植物主题[52]。

6.7.2　地下矿井博物馆、存储、实验、医疗、能源开发

1. 地下矿井博物馆

1）英国南威尔士布莱纳文镇附近废弃煤矿博物馆

建设地上矿业展览馆，重视地下矿井，开发以“矿井生产”为主题的旅游区。英国布莱纳文工业遗产景观（Blaenavon industrial landscape）位于南威尔士，中心发展地区在阿方罗德河（Afon Lwyd River）的源头及周围的山区。保护的内容包括布莱纳文炼铁厂（Blaenavon ironworks）、大矿坑（big pit）、布莱纳文镇（Blaenavon Town）和周边采炼厂等景观。全区总计约 33 km^2。由于保护范围至今仍完整的保留 19 世纪的工业生产与社会生活的元素，如煤矿、铁砂矿、熔炉、早期运输铁道系统、工人住宅及社区社交场所等，因此 2000 年经联合国教科文组织（UNESCO）评估为具有“杰出的普遍价值（outstanding universal value）”的文化与自然景观。这里被选中的原因则是布莱纳文工业景观以完整的物质形态呈现了 19 世纪的社会与经济结构，各项景观元素组合形成了 19 世纪工业景观的典范。如图 6-16 所示。

图 6-16　英国南威尔士布莱纳文镇煤矿博物馆

（图片来源：http://www.chla.com.cn/htm/2012/0927/142951_5.html）

大矿坑的开采在 1860 年以前就已经开始了，是多个已经开采的矿层整合，名称来源是由于这里建造了当时最宽的升降机井。今天这台机器仍然可以运作，并成为参观游览地下坑道的动线。大矿坑的保存见证了威尔士煤矿的黄金时期。在 1913 年全盛时期，这里的煤矿年产量达到 5700 万 t，23 万人在 620 个矿区工作。但在 1920 年，矿业开始衰落并逐渐关闭。1947 年，煤矿业收归国有后依旧经营惨淡。2004 年，全部 620 个矿区中只剩一个还在运作，几乎所有的停产矿区都消失了，这也更加彰显了大矿坑保存价值的重要性。该区域在 1980 年停产，1983 年迅速再利用成为博物馆，也因此保存了完整的矿场、建筑、可运行的升降机及坑道等设备，甚至由老矿工在这里担任导游解说，并且博物馆开放了地下 90 m 的真实坑道供游客体验。这里成为威尔士国家级博物馆，也因为其生动多样的管理获得了 2005 年度博物馆大奖[53]。

2）芬兰奥陶克恩普地下矿井博物馆

1987 年利用废弃矿井，开发出地下矿井儿童乐园和地下矿井博物馆。实地表演采矿作业，展示采矿器具。

3）波兰维利奇卡和博赫尼亚盐矿遗址[54]

维利奇卡盐矿（Kopalnia soli Wieliczka）位于波兰克拉科夫附近，是从 13 世纪起就开采的盐矿，已基本停产。盐矿地下挖掘开发出九层深度的古盐矿，最浅处在地下 64 m，最深处在地下 327 m，所有通道的总长合计为 250 km。盐矿中有房间、礼拜堂、盐雕和地下湖泊等，宛如一座地下城市。1976 年维利奇卡盐矿被列为波兰国家级古迹，1978 年被联合国教科文组织列为世界文化遗产，1994 年波兰总统颁布法令将其列为历史遗迹，2013 年维利奇卡盐矿更名为“维利奇卡和博赫尼亚盐矿”，并将临近的博赫尼亚盐矿纳入其中。两者除展现地下矿址的景象之外，还兼具艺术、历史和宗教意义，具有十分突出的普遍价值。

维利奇卡盐矿地下共分九层，其中有长达 100 余千米的隧道，盐矿中共有 40 个教堂，最深的一个在盐矿的 7 层、地下 270 m 处，没有对游人开放，其中建有教堂等建筑以及许多盐雕，最壮观的宗教场所是位于地下 101.4 m 处的圣金嘉公主礼拜堂，礼拜堂高 10～12 m，长 54 m，最宽的地方有 18 m。教堂的地板上布满精美花纹，天花板上有精美吊灯。教堂内有祭坛和许多神像，其中一尊圣母像有五六尺[①]高。教堂是由 3 名矿工用了 67 年时间开凿而成，竣工于 1896 年。

那里一个古老的岩盐矿井坑道里具有奇异的医疗作用，矿工们虽长年在井下工作，但从不患哮喘病、肺气肿和结核病。实际上不但是这个岩盐矿，其他很多的岩盐矿都对诸如百日咳、过敏性哮喘和支气管哮喘、支气管炎、神经官能症等疾病有很高的疗效和治愈率，对皮肤创伤愈合也十分有效。通过医学研究，了解到这是因为井下的微气候以及空气中含有盐离子、微量元素以及无尘、无菌、无外界噪声、振动、辐射干扰所致。这个盐矿除在 210 m 深处建立了一个专门疗养院之外，还开辟了一个大型的采矿博物馆和体育馆。

2. 地下存储

1）比利时 Andelrues 和 Peronnes 废弃矿井地下储气库

从 1975 年开始，比利时 S.A 燃气供应公司一直经营着创建于 Andelrues 的一个废弃煤矿天然气地下储存库，1982 年位于 Peronnes 的这种储气设施也投入使用。Andelrues 和 Peronnes 分别拥有 1469 hm^2 和 2481 hm^2 的储气设施建筑面积，120～100 m 和 600～1100 m 深的库存水平，$4×10^6$ m^3 和 $500×10^6$ m^3 的理论容积，$200×10^6$ m^3 和 $5×10^6$ m^3 授权储气量。1996～2000 年，两座煤矿分别由于地方税收及成本的影响停止运营。

S.A 燃气公司在建设储气库期间解决了许多技术难题，其中最难的就是矿井的密封。首先，该储气库在每个矿井中修建一种防水隔墙，深度从 50 m 到 100 m，锚固在有着良好稳定与密封特征的回填料中，隔墙中填充矸石和粉煤灰。防水隔墙的两侧位置都位于

① 1 尺=1/3 m。

没有进行过挖掘的土层上，使用风镐进行挖掘，再用混凝土浇筑。其次，浇铸之后在周围又注入水泥，并通过水和膨润土密封带强化防水隔墙的顶部密封。最后，将所有通向防水隔墙的通道一直用混凝土浇筑到地面[55]。

2）法国、捷克废弃矿坑地下放射性废料及其他用途储备库

法国 Fanay-Augeres 矿区主要由法国核防护和安全研究所经营管理，经营时间为1980～1990 年，主要岩石类型是花岗岩，曾经是铀矿山平道。法国的 Amelie 盐矿由法国放射性废物管理局进行经营管理，利用时间为 1986～1992 年，主要岩石类型是盐岩，由废弃的钾盐矿山平道改建而来。法国是世界上最早建立企业石油储备制度的国家，与美国和德国不同，法国的战略石油储备并非主要集中于原油，还包括汽油、航空煤油、柴油、家用燃油、照明煤油等。马诺斯克（Manosque）盐穴储备库，在法国东南马赛附近的 Manosque 小镇，有 3 条管道连接港口和海岸。自 1986 年开始建设，有 28 个盐腔，其中 14 个储备原油，另外 14 个储备不同的成品油，储存空间为 817 万 m^3。溶腔体积为 20 万～50 万 m^3，占法国国家战略储备的 40%[56]。

捷克 Bratrství 处置库前身为废弃的铀矿。原 Bratrství 处置库占地面积约 9.8 km^2，各类井巷长度超过 80 km，只有 1 条巷道和 5 个硐室用于处置放射性废物。该巷道长 385 m，用作运输巷道，硐室的墙和顶部已被改造以适应存放废物，巷道和存储硐室顶部的某些部位已用钢筋混凝土和钢梁加固，巷道与硐室底部、排水系统和中央集水坑用混凝土加固，地面也采用混凝土。1974 年开始处置废物，处置的废物与捷克的 Richard 石灰石矿处置库类似，至今仍在运行。Bratrství 处置库有 112 个钢筋混凝土地下库（5.3 m×5.4 m×7.3 m），180000 个 200 L 的废物存储桶。废物存储桶装满地下库后，用混凝土将桶间空隙回填满，并用聚乙烯厚层和钢筋混凝土厚板覆盖[16]。

3. 地下实验

1）苏联及俄罗斯地下气化实验[57]

苏联是世界上进行地下气化现场试验最早的国家，也是地下气化工业应用成功的唯一国家。1932 年在顿巴斯建立了世界上第一座有井式气化站。至 1967 年，相继建立了 5 座地下气化站，到 20 世纪 60 年代末已建站 12 座。统计到 1994 年，共烧掉 1600 万 t 煤，生成 500 亿 m^3 低热值煤气。其中，南阿宾斯克站连续工作 40 年，安格林站连续工作 38 年，所生产的煤气主要用于发电或工业锅炉燃烧。1949～1964 年，苏联从事地下气化研究的单位有全苏地下气化研究所和地下气化设计院等 18 个单位，从事开发和生产的工程技术人员达 3000 余人。俄罗斯在此基础上建成近 10 座日产 100 万 m^3 以上的气化站。

2）西班牙 Ohiete-Arino 煤矿地下气化实验[58]

1988 年，6 个欧盟成员国就煤炭地下气化组织了一个工作小组，并于 1991 年 10 月～1998 年 12 月，持续 7 年多在西班牙 Terul 地区的 Ohiete-Arino 煤矿进行了一次野外试验，耗资 1200 万英镑，试验在中等深度（500～700 m）煤层中进行。试验成功采用了钻孔后退式供风调控方案，气化总时间达 300 h。该试验解决了许多技术问题，同时证实了欧洲中等深度煤层实施地下气化的可行性。英国、法国、捷克等国家也先后结合本国煤层赋存特点，对煤炭地下气化技术进行研究。

3）芬兰皮海萨尔米金矿地下实验室[59]

芬兰奥卢大学在欧洲最深的金属矿——皮海萨尔米矿中运行的实验室，于 1997 年建成，位于地下 1440 m。由于这个矿区计划在十年内关闭，当地就建立了实验室，将场地出租进行科学和工业用途。实验室主要在地下 1420 m 处，包含了所有的设备、办公室和餐厅，还有世界最深的桑拿房。该研究中心的主要实验是多 μ 介子阵列实验，在地下 75 m 的一号实验室开展。该实验被用以研究穿过地球的宇宙射线和高能 μ 介子，从而更好地了解大气和宇宙粒子间的相互作用。皮海萨尔米地下物理研究中心（Center for Underground Physics, Pyhäsalmi, CUPP）也在地下 1430 m 深的二号实验室开展一些低背景 μ 介子通量测量及未来液体闪烁体探测器放射性碳的研究。

4. 地下医疗

1）奥地利萨尔茨堡“佳斯坦治疗隧道”

位于奥地利萨尔茨堡的金矿洞温泉中的“佳斯坦治疗隧道”可利用矿井中的氡气来治病。当地曾挖到了金矿和银矿，于是一批专业的矿工在这里作业，这里海拔足有 1000 多米，山上常年阴冷潮湿。按正常来说，这种条件下人体很容易患上一些风湿类疾病，落下病根儿。但这些矿工长年累月在这里却并没有出现这些症状，身体不仅没有异样，就算是之前有的风湿病也不治而愈了，后来相关专业人士经过详细的调查研究发现，这个洞里的空气条件、氡气浓度以及自然温度等，非常适合人体，尤其对于关节风湿更是有针对性的效果。之后，政府相关部门对于矿洞进行改造，配备了一些基础设施，让民众可以通过提前申请预约进入这里疗养，著名的“佳斯坦治疗隧道”也因此而建。

2）乌克兰外喀尔巴阡州盐矿国家疗养院

乌克兰曾在外喀尔巴阡州地下深度 206～282 m 的岩盐矿井内开办了一所医院和一个国家疗养院，用于治疗哮喘病人，治愈率达 84%[28]。据分析，主要原因是井下的温度、湿度、风速、辐射等微小气候，以及空气中的物理和化学成分对这类病有较好的疗效。另外，绝对的安静也起到了很大作用。

5. 能源开发

荷兰海尔伦废弃煤矿地热发电站。这座发电站建在荷兰南部林堡省海尔伦市。当地曾经大力开发煤矿，19 世纪后期成为荷兰的煤矿中心。20 世纪 70 年代以来，随着本国天然气产业逐渐兴起，国际市场竞争加剧，海尔伦的煤矿业走向衰落。几处大型煤矿废弃后又遭水淹，变成当地一块块难看的伤疤。不过随着开发地热资源新构想的出现，这些矿井反倒为建造地热发电站提供了有利条件。发电站利用废弃矿井通道从地下 800 m 深处泵出水温约 35℃的热水，再用新建的管道把热水送往附近 350 处民宅、商店、超市、图书馆和大型办公楼以调节室温，待水冷却后再送回矿井深处以循环加热。如此周而复始，水流每年循环加热两至三次[60]。

据研究人员估算，新型地热发电站与传统火力发电站相比，二氧化碳排放量可以减少 55%。研究人员正在加紧开发碳捕获及存储技术，希望能把排放的二氧化碳加工成液态，再泵入其他废旧矿井封存，以实现“零排放”。随着新电站的落成，附近居民不但可以享受到价格适中的能源供应，而且还不必像过去那样遭受燃煤发电所带来的种种污染。海尔伦市政府有意抓住这一契机，令当地能源开发模式向着绿色环保和可持续的方向发展。海尔伦市政府希望借“矿井水 08 会议”等机会向外界传授自己的经验。

除了荷兰，德国、法国、英国、加拿大、波兰等国在开发地热资源方面均有所尝试，有的还投入大笔资金用作研发。不少国家互相合作，共同探索可行方法。

参考文献

[1] 牟永峰, 弓弼, 李皓. 矿山公园规划与建设研究[J]. 西北林学院学报, 2009, 24(05): 204-208.

[2] Brown L W. Abandoned coal mine stores gas for Colorado peak-day demands[J]. Pipe Line Ind, 1978, 49:3.

[3] 武强, 李松营. 闭坑矿山的正负生态环境效应与对策[J]. 煤炭学报, 2018, 43(01): 21-32.

[4] 刘宁宁, 邱亮亮, 敬毅. 国内外煤炭地下气化技术发展现状[J]. 煤炭技术, 2009, 28(06): 5-7.

[5] 程建平, 吴世勇, 岳骞, 等. 国际地下实验室发展综述[J]. 物理, 2011, 40(03): 149-154.

[6] 刘伯英. 美国桑福德地下实验室工程(SURF)[J]. 建筑, 2017, (01): 59-60.

[7] E 奥塞拉, 杨培章. 从矿山开采到地下空间利用[J]. 国外金属矿山, 1994, (07): 27-30.

[8] 刘文革, 张康顺, 韩甲业, 等. 废弃煤矿瓦斯开发利用技术与前景分析[J]. 中国煤层气, 2016, 13(06): 3-6.

[9] 陶芒. 压缩空气蓄能电站的比较优势和市场前景[J]. 今日科技, 2006, (11): 26-27.

[10] 宣讲家网. 世界文化遗产—埃森的关税同盟煤矿工业区[EB/OL]. (2014-11-02)[2021-01-16]. http://www.71.cn/2014/1102/786094.shtml.

[11] 刘抚英, 邹涛, 栗德祥. 后工业景观公园的典范——德国鲁尔区北杜伊斯堡景观公园考察研究[J]. 华中建筑, 2007, (11): 77-86.

[12] 唐宇峰. 德国旧工业建筑改造经验研究[D]. 西安: 西安建筑科技大学, 2018.

[13] 丁一巨, 罗华. 铁城景观述记——德国北戈尔帕地区露天煤矿废弃地景观重建[J]. 园林, 2003, (10): 11,42-43.

[14] 王向荣, 任京燕. 从工业废弃地到绿色公园——景观设计与工业废弃地的更新[J].中国园林, 2003, (03):11-18.

[15] May F. 德国深部煤层二氧化碳的封存[J]. 张徽译. 水文地质工程地质技术方法动态, 2008, (04):135-141.

[16] 陈文轩, 康宝伟, 王旭宏, 等. 国外利用废弃矿井对放射性废弃物的处置[J]. 工业建筑, 2018, 48(04):9-12.

[17] 姜玉松. 矿业城市废弃矿井地下工程二次利用[J]. 中国矿业, 2003, (02):61-64.

[18] 张祖培. 煤炭地下气化技术[J]. 探矿工程(岩土钻掘工程), 2000, (01):6-9.

[19] 环球网. 德国小城有条神奇氡气隧道[EB/OL]. (2012-04-18)[2021-01-17]. https://go.huanqiu.com/article/9CaKrnJwyVF.

[20] 谢和平, 侯正猛, 高峰, 等. 煤矿井下抽水蓄能发电新技术: 原理、现状及展望[J]. 煤炭学报, 2015, 40(05): 965-972.

[21] 刘凤民, 刘海青, 张立海, 等. 矿山公园建设现状与发展建议[J]. 资源产业经济, 2006, (07):15-16.

[22] 肖静蕾. 矿山公园景观规划设计研究[D]. 武汉：湖北工业大学, 2012.

[23] 周剑生. 铭刻永恒·王者单电 Sonyα99 行摄澳洲[J]. 中国摄影家, 2013, (01): 146-147.

[24] 杨云宝. 领略澳大利亚的旅游魅力[J]. 创造, 2018, (04): 71-75.

[25] 刘小慧, 刘伯英. 加拿大萨德伯里地下实验室[J]. 建筑, 2017, (05): 54-56.

[26] 科学网. 变废弃矿井为开发地热资源的聚宝盆[EB/OL]. (2018-04-12)[2021-01-17]. http://news.sciencenet. cn/ sbhtmlnews/2018/4/334210.shtm.

[27] 段雯娟. 国外废矿的成功"涅槃"之路[J]. 地球, 2017, (12):70-73.

[28] 常春勤, 邹友峰. 国内外废弃矿井资源化开发模式述评[J]. 资源开发与市场, 2014, 30(04): 425-429.

[29] 日本将建设世界最大的落下型无重力实验设施[J]. 科技导报(北京), 1988, (02): 63.

[30] 曹俊, 李玉峰. 中微子振荡的发现及未来[J]. 物理, 2015, 44(12): 787-794.

[31] 毕忠伟, 丁德馨, 张新华. 地下采空区合理利用综述[J]. 地下空间与工程学报, 2005, (S1): 102-105.

[32] 詹瑜, 顾玉民, 陆宝明. 四川嘉阳:蒸汽小火车拖来的国家矿山公园[J]. 地球, 2020, (12): 62-65.

[33] 谢和平, 高明忠, 高峰, 等. 关停矿井转型升级战略构想与关键技术[J]. 煤炭学报, 2017, 42(06): 1355-1365.

[34] 李德万, 杨乐, 华建民, 等. 重庆江合煤矿国家矿山公园矿业遗迹特征及建园意义探析[J]. 安徽农业科学, 2012, 40(19): 10207-10208,10330.

[35] 李钢, 喻成林. 综合治理实现"煤都"绿色转型——徐州的实践探索[J]. 中国土地, 2018, (02): 17-19.

[36] 人民网安徽. 人民大会堂里的 30 秒高光时刻　淮北足足用了三十年[EB/OL]. (2020-01-07)[2021-01-17]. http://ah.people.com.cn/n2/2020/0107/c358266-33693424.html.

[37] 项然. 能源枯竭型城市转型的一种路径选择[D]. 北京: 北京交通大学, 2012.

[38] 沈瑾. 资源型工业城市转型发展的规划策略研究基于唐山的理论与实践[D]. 天津: 天津大学, 2011.

[39] 胡光晓, 程东卫. 昔日"煤海明珠"的成功转型　走进山西大同晋华宫矿国家矿山公园[J].地球, 2019, (03):60-62.

[40] 王行军, 宁树正, 刘亚然, 等. 2014 年以来我国煤矿新增地下空间资源研究[J].中国矿业, 2019, 28(01):92-96.

[41] 新华网. 港华金坛储气库即将投产[EB/OL].（2018-10-22）[2021-07-17]. http://www.xinhuanet.com/energy/2018-10/22/c_1123594328.htm.

[42] Zhang G, Li Y, Daemen J J K, et al. Geotechnical feasibility analysis of compressed air energy storage (CAES)in bedded salt formations: a case study in Huai'an City, China[J]. Rock Mechanics Rock Engineering, 2015, 48(5): 2111-2127.

[43] Chen J, Liu W, Jiang D, et al. Preliminary investigation on the feasibility of a clean CAES system coupled with wind and solar energy in China[J]. Energy, 2017, 127: 462-478.

[44] 水产养殖网. 发展生态水产养殖　山东枣庄峄城创出国内废弃矿区再利用的新路子[EB/OL]. (2014-05-12)[2021-01-17]. http://www.shuichan.cc/news_view-187248.html.

[45] 张祖培. 煤炭地下气化技术[J]. 探矿工程, 2000, (1): 6-9.

[46] 大田新闻网. 打好"十大攻坚"会战推进"多彩大田"高质量发展[EB/OL]. (2019-08-08)[2021-01-16]. http://www.dtxww.cn/2019-08/08/content_909639.htm.

[47] 人民网. 采煤沉陷区治理: 漂浮式光伏趟新路[EB/OL]. (2018-08-20)[2021-01-16]. http://energy.people.com.cn/n1/2018/0820/c71661-30239797.html.

[48] 李全生, 李瑞峰, 张广军, 等. 我国废弃矿井可再生能源开发利用战略[J]. 煤炭经济研究, 2019,

39(05):9-14.

[49] 佚名. 本质安全、创新高效、绿色人文品牌示范矿山——晋城煤业集团寺河矿[J]. 中国煤炭工业, 2019, (10): 2-3.

[50] 杰伦 • 海斯曼斯, 尚晋. be-MINE:贝灵恩的后矿业设计,林堡省,比利时[J].世界建筑, 2019, (09): 26-31.

[51] 佚名. 生态印记之英国伊甸园[J].北京农业, 2014, (11): 38-41.

[52] 王燕. 矿业型工业遗存的景观重构研究[D]. 湘潭: 湖南科技大学, 2016.

[53] 罗俊仁. 文化景观的保护研究——以布莱纳文工业遗产景观为例[J]. 城市建筑, 2015, (30): 254-255.

[54] 滕玲.这些地方“变废为宝”各出奇招 国内外废弃矿山的经典再利用案例[J]. 地球, 2019, (02): 18-22.

[55] 高延法, 张长福, 邢飞. 废弃矿井地下空间储气技术分析[C]. 第三届全国岩土与工程学术大会, 中国四川成都, 2009.

[56] 国际能源网. 国外盐穴地下石油储备基本情况[EB/OL]. (2015-05-28)[2021-01-16]. https://www.in-en.com/article/html/energy-2233497.shtml.

[57] 梁杰, 王喆, 梁鲲, 等.煤炭地下气化技术进展与工程科技[J]. 煤炭学报, 2020, 45(01): 393-402.

[58] 刘光华, 张祖培. 煤炭地下气化——在西班牙的一次欧洲野外联合试验[J]. 中国煤炭, 1999, (12): 40-41.

[59] 贺永胜, 孔福利, 范俊奇, 等. 国际深地下实验室发展综述及深地下防护实验室建设构想[J]. 防护工程, 2018, 40(01): 69-78.

[60] 吴金焱. 荷兰海尔伦市废弃煤矿矿井水地热能开发利用工程实践[J]. 中国煤炭, 2020, 46(01): 94-98.

第7章　转型路径总结分析

通过对全球主要矿业国家矿山运营情况、矿业生命周期、关闭矿山转型利用案例分析，比较国内外关闭矿山转型路径的异同点，进而总结国内外关闭矿山转型案例中的地上空间利用方案和地下空间利用模式。

西方发达国家如美国、德国等较早地完成了工业化，传统能源勘探逐渐被新能源开发所替代，因此部分发达国家已进入矿业成熟期或矿业衰退期，也由此较早地关注矿山关闭所带来的产业转型、经济衰退、环境破坏等一系列问题，并因地制宜进行了多路径的转型探索。在部分经典转型案例中，结合了地下空间和地上空间的综合开发；还有部分利用废弃矿井的巷道、硐室及所开采类型矿产的特点进行不同类型的物品存储、地下实验、地下医疗开发、地下能源再开发等，均已有发展较为成熟的案例[1,2]。

国内由于工业化进程起步较晚，较为被学界接受的观点是我国正处于矿业发展成长期，将要或正在迈向矿业发展成熟期。各地借鉴国外成功经验，并结合自身特点，也进行了较多的关闭矿山转型探索。就转型类型来分析，国内关闭矿山较多探索转型为博物馆、生态公园等工业旅游或工业景观类型，比较著名的有徐州市潘安湖的治理和上海“深坑酒店”模式。此外，神东矿区废弃矿坑建立地下水库的探索走在世界的前列。就废弃矿坑潜在能源的二次利用及各类物品地下存储方面国内外均取得了一定进展。但是国内对于利用关闭矿山进行地下实验、地下医疗等新型产业的发展较国外还存在一定差距，今后会在相关领域出现突破性进展。

全球主要矿业国家关闭矿山转型对比，如表7-1所示。

表7-1　全球主要矿业国家关闭矿山转型对比

矿业国家	关闭矿山主要转型类型
美国、德国、加拿大等（矿业发展成熟期或衰退期）	工业旅游、地下存储、地下气化、地下养殖、地下医疗、地下实验、地下能源或伴生能源再开发
中国（矿业发展成长期）	工业旅游、地下存储、地下气化、地下水库、地下养殖、地下能源或伴生能源再开发

相比较而言，我国关闭矿山转型在空间上、数量上、新科技运用上均有继续探索的空间。除以上利用方式之外，也有学者提出，可以利用关闭矿山所形成的地下空间进行地下停车库、地下生态城市、地下疗养院、可再生能源与微电网技术开发、矿井水利用等探索[3-6]。随着相关技术的研发，关闭矿山在这些领域也将发挥作用。总结国内外现有关闭矿山转型利用方式及相关学者提出的关闭矿山转型利用新方向，提出我国关闭矿山的地上空间利用方案及地下空间利用模式。

7.1 地上空间利用方案

根据现有利用方式，关闭矿山转型地上空间利用方案主要有 3 种：①建设矿山公园等工业旅游项目，可配套建设工业考古、科研教育基地（典型案例有德国的鲁尔工业园区、英国康沃尔郡温室公园等）；②通过生态重建、土地复垦等手段转换土地利用方式，通过治理将矿业用地转变为农用地（具体案例有安徽淮北采煤塌陷地综合整治项目等）；③利用原有矿山生产的场地、建筑设施等转变为商业用地或其他类型的工业用地等用途类型（具体案例有徐州徐矿集团利用关停矿井建设产业园等）。

对比各转型方式特点，地上空间利用方案归纳总结如表 7-2 所示。

表 7-2 地上空间利用方案对比

转型类型	利用方案	利用场所	利用特点	限制因素
工业旅游、工业考古、科研教育基地等	矿山公园、博物馆等	矿井及周边设施场所	可将工业旅游与考古、科研培训等项目相结合，改善生态环境、发挥经济效益的同时也有教育科普作用	需考虑关闭矿山生态环境脆弱性，往往需要一定的资金对关闭矿山进行综合整治
土地用途转变为农用地	果园等农业种植园地	采矿塌陷地、废弃地	通过土地复垦将废弃土地用作果园、林地等农用地，不仅可以涵养水源、改善周边生态环境，还能带来一定的经济效益	受关闭矿山自然条件的制约，如土壤状况、温度、湿度、地质条件等因素
土地用途转变为商业用地、工业用地等	度假中心、酒店、发电厂等	废弃场地、建筑物、构筑物等	利用关闭矿山闲置的土地资源、建筑物、人力资源等开发商业服务业和其他工业企业等，可节约资源，节省成本，促进矿工再就业	受区位条件、市场发育程度等因素的影响，且需要考虑转型后可能带来的新的环境问题

7.2 地下空间利用模式

关闭矿山类型主要包括煤矿、金属矿和非金属矿等。随着关闭矿山数量的增多，其中尚可利用的各种能源资源也遭到了大量遗弃闲置，主要有各种伴生能源、伴生矿产资源、设施以及大量地下空间等[7]。

根据国内外现有转型利用案例及相关学者研究成果，地下空间利用模式主要有：地下观光游览、地下存储、地下实验、地下养殖、地下医疗、地下能源及伴生能源开发、地下城市及地下公共基础设施建设、地下资源再利用[2-5, 8-14]。

7.2.1　地下观光游览

按照现有经验及发展趋势分析，地下观光游览可大致分为两种类型：一种是工业科教类观光游览，如矿井旅游、地下博物馆等，典型案例有我国的嘉阳矿井博物馆等；另一种是商业再开发模式，典型案例有上海的“深坑酒店”等。此外，还可以基于生态学等领域，构建地下生态圈，发展地下生态植被种植，地下空气、水循环设施等，以丰富地下景观生态开发技术[9]。

地下观光旅游开发对矿山的地质条件有一定的要求，通常需要矿山围岩稳定，地层结构、断裂构造等情况调研得当。然而结合我国关闭矿山实际情况分析，我国关闭矿山的主要类型为煤矿，而我国一半以上的关闭煤矿属于淘汰小煤矿，地质构造复杂，矿下生产安全系数较低，井下可能多种灾害危险并存[6]，且往往经济结构单一，地理位置偏远，因此整体而言从区位经济角度分析进行地下观光旅游开发潜力有限。综合分析，地下观光旅游这一转型利用方式多适合于具有代表性的、具有一定规模、地质构造稳定且安全系数较高、区位条件较为便捷的关闭矿山试行。

7.2.2　地下存储

一般而言，关闭矿山地下空间充足，具备特殊的温度、湿度、密闭性条件，对于某些特殊物品的存放有其独特的优势。按存储对象划分，主要有：地下数据库、档案馆，地下水库，地下二氧化碳封存，地下水果仓库，地下石油、天然气等能源储备，放射性废物处置，压缩空气储能等。

这种转型利用方式对矿井的深度、矿区及周围地质构造有较高的要求；如果利用矿井的巷道、硐室等井下空间，其稳定性和使用寿命也是必须进行考虑的因素；且存放放射性废物等工业废物时，需考虑废物与周围岩层是否会产生理化反应，并且要考虑废物存放环境可能发生的变化等因素[6]。

7.2.3　地下实验

按照世界上已有案例，成功建设了大型高科技地下实验室的国家多为经济、科技水平较高的发达国家，如美国、德国、日本等。国外地下实验室的研究领域多集中于物理学及天体物理学、宇宙学、高科技材料、核燃料等高精尖技术领域，建设多是由于实验条件需要矿下深部空间的保密性、隔绝性等。典型案例有美国的桑福德地下实验室。我国在地下实验室发展上起步较晚，目前比较有代表性的是进行暗物质探测的“中国锦屏地下实验室”，但是除一些地下矿业开发、岩体力学、地球科学实验外，我国还未有利用关闭矿山地下空间建设高精尖科学研究综合实验室的成功案例。已有学者提出，建设地下实验室尤其是极深地下实验室，可以为国家提供综合性的重大基础科学研究平台。因此，利用我国丰富的关闭矿山地下空间资源进行深地实验室建设很有必要。

开发深地实验室对周围环境要求非常高，地下实验室主要是用来屏蔽高能宇宙线对于暗物质、双 β 衰变以及中微子实验的本底影响。评价一个地下实验室性能的最重要的参数就是宇宙线通量水平[15]。深地实验室要求周围岩石结构必须较为稳定。部分实验参数的监测需要持续几年甚至数十年的时间，因此对关闭矿山地下空间设施的稳定性也有一定的要求。世界主要的地下实验室分布如图 7-1 所示。

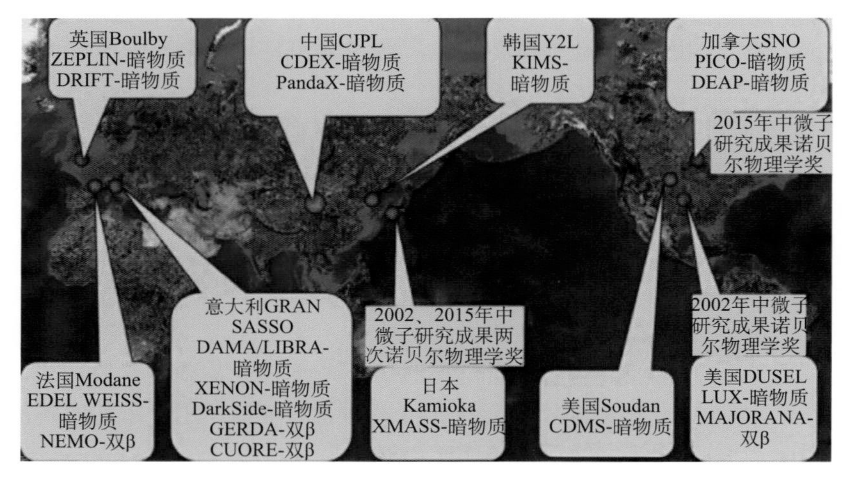

图 7-1　世界主要地下实验室分布图[16]

另据不完全统计，总结世界上已有的利用关闭矿山开发的地下实验室，对比如表 7-3 所示[15]。

表 7-3　世界主要关闭矿山转型地下实验室对比

名称	位置	主要研究领域	矿山环境
苏丹（Soudan）	美国明尼苏达州	暗物质探测	岩石覆盖厚度约为 600 m
杜赛尔（DUSEL）	美国南达科他州霍姆斯特克矿井	粒子物理、天体物理、工程力学、生态学	岩石覆盖厚度为 1500 m
桑福德地下实验室（SURF）	美国南达科他州霍姆斯特克矿山	暗物质实验、中微子实验	地下约 1500 m
伯毕（Boulby）	英国东北部的伯毕矿井	暗物质探测、暗物质粒子方向测量	垂直岩石覆盖厚度达 1100 m
斯诺（SNO）	某废弃矿井	中微子震荡实验	垂直岩石覆盖厚度达 2000 m
神冈（Kamioka）	日本神冈	中微子实验	垂直岩石覆盖厚度达 1000 m

7.2.4　地下养殖

地下养殖技术在国内外关闭矿山转型中均有成功案例。矿井巷道往往有较为适宜动植物生长的温度和湿度条件，现有的地下养殖多适用于不需要或较少需要阳光类的动植物、微生物的养殖、培养空间，如鸭、鱼类及其他水生动物、韭黄、蒜黄、木耳、蘑菇、菌种等[17]。如法国几乎所有的香草都是利用废弃石灰石矿坑道作地下种植场种植[18]。美国匹兹堡市郊区矿道被用作大型蘑菇培植场，利用其特有的光线和湿度，每年可生产上千万千克蘑菇[19]。

相对于其他利用方式，地下养殖对于特定物种养殖经济效益明显，技术要求相对其他方式稍微简单，目前在世界各地均有应用。今后在地下建设地下农业试验基地及地下植物工厂，实现高产、优质和环保健康的农作物产品生产模式也大为可行[9]。此外，对于动植物养殖所需的阳光、空气、水分等要素，也可探索进行配套产业的开发，以期发展综合性强、绿色环保的地下养殖产业。

7.2.5　地下医疗

已有案例表明，可以利用矿山地下空间的某些特殊医疗效应改善、治愈人类的某些疾病，尤其对哮喘、气管炎、鼻炎咽炎、支气管炎治疗有积极效果。此外，利用某些矿山的特殊理化性质，可以起到天然的医疗保健作用，如在德国、奥地利，某些关闭矿山被改造成疗养区，人们前来进行氡气疗养；乌克兰利用关闭盐矿治疗哮喘等[8]。

现有利用矿山地下空间进行地下医疗的案例多利用矿山原有的环境，如巷道、硐室等地下空间，但是矿山地下空间的一些理化性质对于人体的影响机理还未得到充分的研究，如低辐射、超重、矿石种类对于人体的作用机理等。因此可以结合相关医疗项目开展地下医疗实验，在研究透彻矿山医疗的作用机理的前提下，更有针对性地开展更多医疗项目，从而拓宽医疗领域的研究范围，也能充分利用废弃矿山地下空间。

7.2.6　地下能源及伴生能源开发

国内外地下能源及伴生能源开发主要方式有：废弃矿井抽水蓄能发电、压缩空气蓄能、瓦斯抽采利用、地热开发等。美国在压缩空气储能及废弃矿山瓦斯抽采利用上技术最为成熟。美国是世界上废弃煤矿瓦斯抽采利用商业化最成功的国家，也是世界上首个将废弃煤矿瓦斯排放量计算在温室气体排放总量内的国家。此外，美国压缩空气蓄能电站规模已达到 2700 MW 装机容量。同样在压缩空气储能上技术较为成熟的还有德国，也处于高效利用阶段。在地下抽水蓄能发电方面，美国在地下抽水蓄能发电的研究上也开展较早；奥地利建成了世界上第一个真正意义上的半地下抽水蓄能电站；德国也进行了一系列地下废弃矿井抽水蓄能技术研究工作，并在下萨克森州建立了全地下式的抽水蓄能电站；亚洲的新加坡和日本也进行了相关研究[20]。在地热利用上，最著名的是荷兰海伦利用废弃矿井地热资源开发地热发电站。在中国东庞矿北井，也有矿井低温热能回收利用的成功案例，替代燃煤锅炉，减少了大气污染[10]。

地下能源及伴生能源的开发除了可以对地下空间资源进行再利用外，还能充分利用矿山关闭后的能源资源，节约成本。但是地下能源及伴生能源的开发除了要考虑矿山自身资源禀赋、地质条件外，还应该考虑市场导向。

7.2.7　地下城市及地下公共基础设施建设

目前已有学者如谢和平等提出可以利用关闭矿山形成的大量地下空间，建设地下井筒式停车库等公共基础设施，进而建设地下宜居城市[9]。地下城市具有恒温恒湿、天然抗自然灾害、隔音隔震、环境清洁等优点，未来人口持续增长趋势下，向深地发展、建设地下城市是城市发展的一个必然趋势[3]。全球已有建设地下公共设施的案例，例如，挪威在奥斯陆地区建造的地下手球运动场、日本的地下街道、加拿大的蒙特利尔地下城等。

未来地下城市及地下公共设施建设可能将步入主动式开发状态，系统规划地下城市的交通、医疗、物流、商业、教育、科学实验等，并注重生态效应，进行环境友好式开发，打造高科技智慧宜居城市及深地生态圈。

7.2.8　地下资源再利用

矿山开采后还有一些伴生资源可以进行再开发利用，如一些伴生矿、矿井水资源等。矿井水资源是指对煤炭开发有直接或间接影响的水资源的统称，包括矿井疏排水、井田所在水系统内的地下水和地表水。其中，矿井输排水是伴随煤炭开采产生的井下涌水。如在煤炭开采过程中，就会产生大量矿井水，且极易受到污染，如不能及时合理的进行处理，不仅会浪费水资源，还会污染环境。我国已有对矿井水进行再利用的案例，如徐州就对部分矿井水资源进行了再开发，解决水资源短缺问题的同时，减少了环境的破坏。

矿井水资源化的形式主要包括矿井排水处理后作为水源供给不同用户，矿井预先疏水与矿井排水联合作为水源供给不同用户，矿井预先疏水、矿井排水与矿区地表水优化配置作为水源供给不同用户[21]。

参考文献

[1] 武强, 李松营. 闭坑矿山的正负生态环境效应与对策[J]. 煤炭学报, 2018, 43(01): 21-32.

[2] Ilg P, Gabbert S, Weikard H P. Nuclear waste management under approaching disaster: A comparison of decommissioning strategies for the german repository Asse II[J]. Risk Analysis an Official Publication of the Society for Risk Analysis, 2017, 37(7): 1213.

[3] 谢和平. 地下空间利用与深地生态圈[J]. 城乡建设, 2019, (07): 20-25.

[4] 郭庆勇, 张瑞新. 废弃矿井瓦斯抽放与利用现状及发展趋势[J]. 矿业安全与环保, 2003, (06): 23-26.

[5] 谢和平. 矿区地下建设宜居城市，是煤矿高端转型的办法[J]. 中国战略新兴产业, 2017, (13): 95.

[6] 秦容军, 任世华, 陈茜. 我国关闭(废弃)矿井开发利用途径研究[J]. 煤炭经济研究, 2017, 37(07): 31-35.

[7] 任辉, 吴国强, 张谷春, 等. 我国关闭/废弃矿井资源综合利用形势分析与对策研究[J]. 中国煤炭地质, 2019, 31(02): 1-6.

[8] 袁亮, 姜耀东, 王凯, 等. 我国关闭/废弃矿井资源精准开发利用的科学思考[J]. 煤炭学报, 2018, 43(01): 14-20.

[9] 谢和平, 高明忠, 高峰, 等. 关停矿井转型升级战略构想与关键技术[J]. 煤炭学报, 2017, 42(06): 1355-1365.

[10] 李全生, 李瑞峰, 张广军, 等. 我国废弃矿井可再生能源开发利用战略[J]. 煤炭经济研究, 2019, 39(05): 9-14.

[11] Asr E T, Kakaie R, Ataei M, et al. A review of studies on sustainable development in mining life cycle[J]. Journal of Cleaner Production, 2019, 229: 213-231.

[12] Thomas D J. Abandoned coal mine geothermal for future wide scale heat networks[J]. Fuel, 2017, 189: 445.

[13] Keil A. Use and Perception of Post-industrial Urban Landscapes in the Ruhr[M]//Kowarik I, Körner S. Wild Urban Woodlands. Verlag Berlin Heidelberg: Springer, 2005: 117-130.

[14] Menéndez J, Ordóñez A, Álvarez R, et al. Energy from closed mines: Underground energy storage and geothermal applications[J]. Renewable and Sustainable Energy Reviews, 2019, 108: 498-512.

[15] 程建平, 吴世勇, 岳骞, 等. 国际地下实验室发展综述[J]. 物理, 2011, 40(03): 149-154.

[16] 贺永胜, 孔福利, 范俊奇, 等. 国际深地下实验室发展综述及深地下防护实验室建设构想[J]. 防护工程, 2018, 40(01): 69-78.

[17] 刘峰, 李树志. 我国转型煤矿井下空间资源开发利用新方向探讨[J]. 煤炭学报, 2017, 42(09): 2205-2213.

[18] 李育湘. 城市近郊采矿(石)场的二次利用[J]. 地下空间, 1987, (01): 1-4.

[19] 高文文, 白中科, 冯颖雪, 等. 废弃矿坑再利用研究[C]. 第四届中国矿区土地复垦与生态修复研讨会, 北京, 2015.

[20] 谢和平, 侯正猛, 高峰, 等. 煤矿井下抽水蓄能发电新技术: 原理、现状及展望[J]. 煤炭学报, 2015, 40(05): 965-972.

[21] 尹尚先. 试论矿井水资源化与矿区水资源优化配置[J]. 华北科技学院学报, 2012, 9(01): 6-10.

关闭矿山空间资源评估与利用路径

第 8 章　陕煤集团关闭矿井地下资源定量评估与利用构想

8.1　关闭矿井地下资源类型特征

8.1.1　关闭矿井地下资源类型

关闭矿井地下资源种类众多，主要包括空间资源、井下设备、土地资源、残留煤炭资源、水资源等。井下空间主要有井筒、大巷、硐室及采空区等各类空间，井下设备主要包括井下采掘设备、运输设备、排水设备、供电设备等。我国 90%以上矿井为井工矿，煤炭资源的开采必然导致覆岩含水层的破坏，为保证资源安全生产，矿井水必须大量排出，若这些矿井水不加处理直接排出，会污染地表湖泊、河流、水库、池塘等，恶化地表生态环境。同时关闭煤矿还有因开采需要而残留的煤炭资源。因此，随着关闭矿井数量的大幅度增加，我国迫切需要解决关闭矿井资源的转型利用问题。关闭矿井地下资源类型如表 8-1 所示。

表 8-1　关闭矿井地下资源类型

分类	项目
空间资源	井筒、井底车场及硐室、大巷、采空区
井下设备	采掘设备、运输设备、排水设备、供电设备
残留煤炭资源	大巷、山上、断层、村庄、井田边界等保护煤柱
水资源	含水层水、井下涌水、老空区水

8.1.2　煤炭地下空间类型

煤矿闭井以后通常会形成各类地下空间，这些地下空间包括工作面原有的生产系统形成的各类井巷及煤炭开采形成的各种采空区。

1. 井筒

井筒是指在井工开采或地下工程建设时，从地面向矿体开凿的垂直或者倾斜一类工程，垂直的工程称之为立井，倾斜的工程称之为斜井。井筒是矿井通往地面的主要进出口，是井下与地面出入的咽喉，井筒断面大小决定了矿井的用途、井型、服务年限，在煤矿建设和生产中为井下提供各种动力支持和生命保障[1]。典型的井筒断面如图 8-1[2]。

2. 巷道

巷道是在地表与矿体之间钻凿出的各通路，用来运矿、通风、排水、行人及为冶金设备采出矿石新开凿的各种必要准备工程等，这些通路，统称为巷道。按照用途和服务范围划分为开拓巷道、准备巷道、回采巷道，其赋存式样一般为条带状[3]，开拓巷道的服务年限一般为 10～30 年；准备巷道是为一个采区或者两个以上工作面服务的巷道，如采区车场、采区煤仓、采区上下山、区段集中平巷、区段集中石门等；回采巷道是为一个工作面服务的巷道，一般指开切眼和工作面回风、运输巷[4]。矿井位置布置示意图如图 8-2[2]。

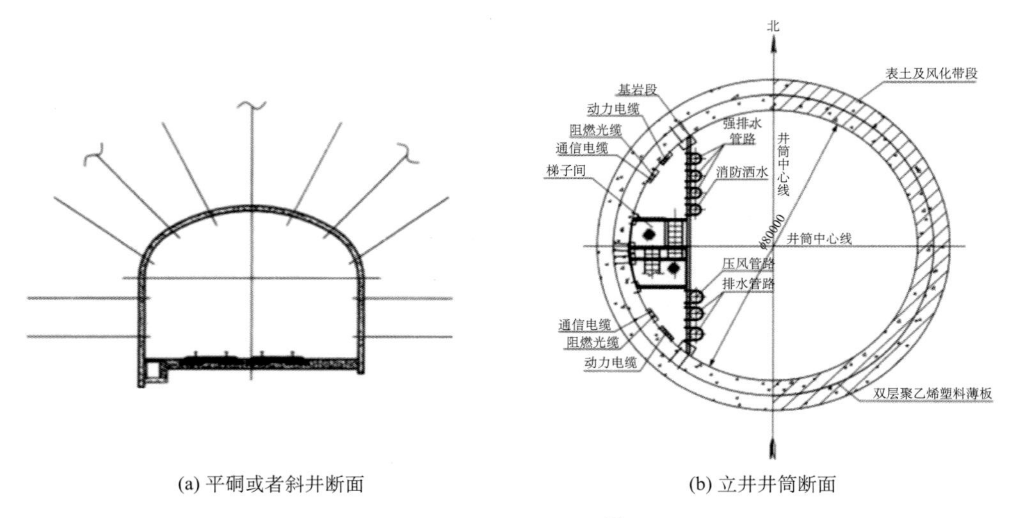

(a) 平硐或者斜井断面　　(b) 立井井筒断面

图 8-1　井筒断面图[2]

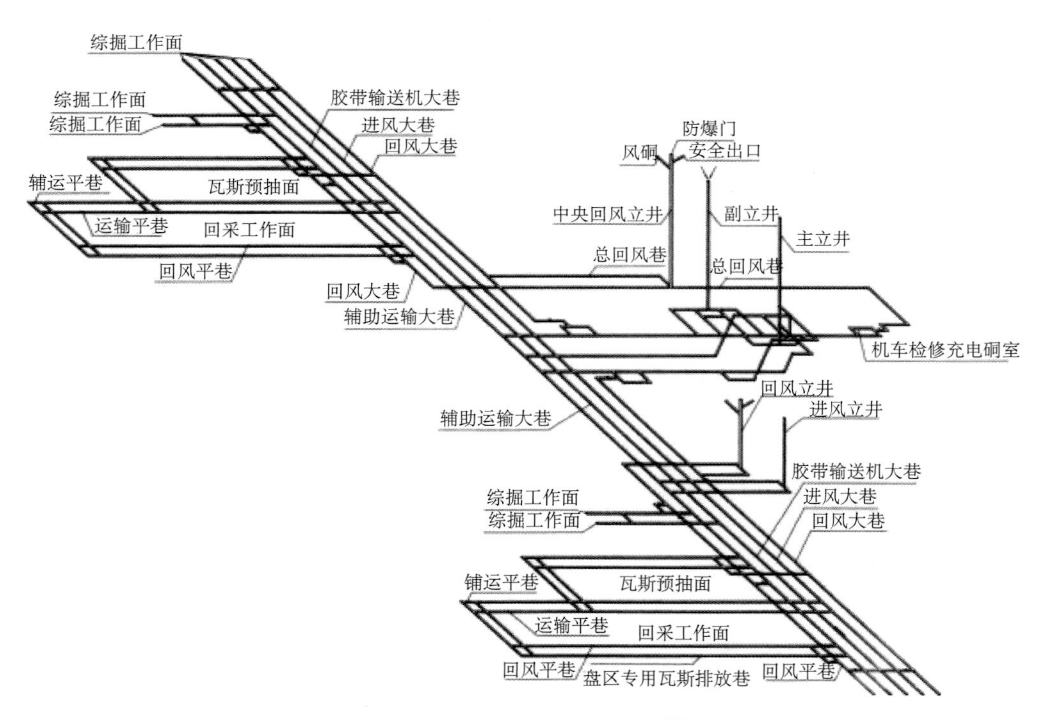

图 8-2　矿井位置布置示意图[2]

3. 硐室

井下硐室是井底车场的重要组成部分，井下各种硐室如水泵房、变电所等由于用途不同，其几何形状、规格、结构也相差很大。硐室的断面大，形状多变，长度短，难以采用大型机械设备进行施工。由于硐室在设计之初通常会采用高强度的支撑材料和特殊的结构形式，因此服务年限较长，矿井关停后，其空间利用率较高。

4. 采空区

采空区是由人为挖掘或者天然地质运动在地表下面产生的“空洞”，采空区的存在使矿山的安全生产面临很大的安全问题，人员与机械设备都可能掉入采空区内部受到伤害[5]。

由于采煤技术和采煤方法的不同所形成的采空区也不同[6]，目前可能有 4 种采空区形态：

（1）长壁工作面全部垮落所形成的采空区（倾斜或缓倾斜煤层），其特征是采空区上覆岩层的破坏具有明显的垮落带、断裂带和弯曲带；

（2）回采工作面全部充填或局部充填所形成的采空区，工作面顶板部分下沉；

（3）短壁半垮落条带回采工作面所形成的采空区，其特征是回采时顶板不垮落，过一段时间，顶板形成不充分垮落；

（4）短壁非垮落条带回采工作面所形成的采空区，其特征是顶板相当完整，煤层坚硬，采宽小，采留比小，煤柱能形成长久性支撑[7]。

8.1.3 井工开采设备

专业从事采矿、选矿、探矿的机械设备都被称为矿山机械设备，矿山机械设备包含范围很广，在化工、冶金、煤炭等行业有广泛应用。矿山机械设备包括采矿设备和选矿设备。煤矿设备分为露天煤矿机械和井下煤矿机械。露天开采设备主要分为土层剥离的连续挖掘机、机械式挖掘机、大型煤炭破碎机、大型皮带输送机、大型非公路矿用车等。井工开采设备主要包括矿山固定机械、矿山掘进机械和矿山运输设备，主要的井下设备类型如表 8-2。

表 8-2 井下设备类型

设备类型	设备	简介
矿山固定机械	排水设备	水泵、电动机、启动设备、管路及其附件和仪表
	通风设备	矿井通风系统的类型可以分为中央式、对角式和混合式 3 类
	压缩空气设备	空压机、电动机及电控设备、冷却泵站、附属设备、管路
	提升设备	工作机构、制动系统，机械传动装置、润滑系统，监测及操纵系统，拖动、控制和自动保护系统，信号系统，辅助部分
矿山掘进机械	凿岩机械	操纵机构、配气机构、转钎机构、吹洗机构
	装载机械	扒钩工作机构、转载机构、行走装置、动力装置

续表

设备类型	设备	简介
矿山掘进机械	掘进机械	截割机构、转运机构、行走机构、转载机构、液压系统、喷雾除尘系统、电气系统
	采煤机械	电动机、截割部、牵引部、附属装置
	支护设备	分为内注式和外注式
矿山运输设备	刮板输送机	机头部Ⅰ、中间部Ⅱ、机尾部Ⅲ、挡煤板、铲煤板、防滑锚固装置、液压推移装置、紧链器
	胶带输送机	输送带、托辊与机架、传动装置、拉紧装置、清扫装置、制动装置
	矿用电机车	车架、轮对、轴承和轴箱、弹簧托架、制动系统、撒砂系统、齿轮传动装置及连接缓冲装置

8.2 空间资源估算方法与实例：以朱家河煤矿为例

8.2.1 不同类型井下可用空间估算方法

回采巷道，巷道断面主要包括半圆拱形巷道、圆形拱形巷道、梯形巷道，主要形状规则如表8-3。井下不同类型巷道总可利用空间可根据式（8-1）计算：

$$V=\sum_{i=1}^{n}S\times L \quad (i=1,2,3) \tag{8-1}$$

其中，V为估算巷道可利用空间；S为估算巷道净断面积；L为估算巷道长度。

表 8-3 不同类型巷道规格

巷道类型	单位	净断面积计算公式	规则
半圆拱形巷道	mm	$S=B（0.39B+h_2）$ 式（8-2）	h_2-碴面起巷道壁高 B-巷道净宽 S-净断面面积
圆形拱形巷道		$S=B（0.24B+h_2）$ 式（8-3）	h_2-碴面起巷道壁高 B-巷道净宽 S-净断面面积
梯形巷道		$S=0.5（B_1+B_2）H$ 式（8-4）	B_1-巷道顶梁处净宽度 B_2-巷道底板处净宽度 H-碴面起巷道沉实后净高 S-净断面面积

8.2.2 矿井工业广场建筑空间估算

矿井地面资源主要是指矿井工业广场。矿井工业广场建筑主要包括办公区、生活区、生产区及辅助生产区建筑，对于工业广场建筑占地面积的可用空间计算，主要采用：

$$S = \sum_{i=1}^{n} L \times D \quad (i = 1,2,3,\cdots,n) \tag{8-5}$$

$$V = \sum_{i=1}^{n} L \times D \times H \quad (i = 1,2,3,\cdots,n) \tag{8-6}$$

其中，V 为估算建筑可用空间；D 为估算建筑物宽度；L 为估算建筑物长度；H 为建筑物高度；S 为建筑物占地面积。

8.2.3　朱家河矿区不同类型空间估算

1. 井筒可用空间估算——朱家河实例

朱家河矿区矿井主斜井净宽 4.0 m，净高 3.2 m，净断面积 11.1 m^2，斜长 820 m。副斜井净宽 4.4 m，净高 3.25 m，净断面积 12.2 m^2，斜长 561 m。由式（8-1）计算得知，朱家河矿井井筒可利用空间约为 1.6×10^4 m^3。

2. 井底车场及硐室可用空间估算

由于矿井生产的需要，在矿井主要提升井筒和井下主要运输巷道采用井底车场连接，同时还包括为井下生产服务的各类硐室。朱家河矿井采用立式车场，车场内设有 3 t 侧卸式矿车卸载站、井底煤仓、主排水泵房及变电所、井底水仓、材料库、电机车库、等候室、调度室机车修理库。主井井底设有清理撒煤硐室沉淀池。对池底车场及硐室有效空间进行估算如表 8-4 所示。

表 8-4　井底车场及主要硐室可利用空间估算

名称	长度/m	断面积/m^2	可用空间/m^3	可用空间小计/m^3
车厂巷道	887	14.60	12966	18757.8
卸载站	54	34.70	1879	
机车修理库	26	18.50	483	
材料库	55	18.10	997	
调度室	6	11.80	71	
等候室	57	7.70	439	
中央水泵房	36	16.69	601	
中央变电所	50	9.48	474	
井底煤仓	30	28.26	847.8	
井底水仓	386	5.89	2277	2528
沉淀池	22	11.41	251	
合计	1609	—	—	21285.8

由表 8-4 可知，矿井井底车场及主要硐室可利用巷道长度 1609 m 左右，井底车场及主要硐室可利用空间大约为 2.1×10^4 m^3，具有广阔的利用前景。

3. 大巷可用空间估算

根据大巷通风、运输、安全及维护费用要求，一个水平主要运输大巷和回风大巷断面净面积 12.3 m^2，掘进断面 14.3 m^2，巷道长度为 3298 m，根据式（8-1）计算可得，一个水平主要运输大巷和回风大巷可利用空间约为 8.1×10^4 m^3。

朱家河矿井井下可利用空间主要包括主副斜井井筒、井底车场、中央水泵房、通道、材料库等硐室及一个水平主要运输大巷和回风大巷，井下总体可利用空间约为 1.18×10^5 m^3。

4. 工业广场建筑空间估算

朱家河矿井工业广场地面建筑设施保存都比较完整，矿井工业广场建筑主要包括办公区、生活区、生产区及辅助生产区建筑。办公区建筑主要包括行政办公楼、车库、办公化验室等；生活区包括公寓楼、职工餐厅、活动中心、健身房等；主要建筑生产区包括主变室、机修厂、转运站、筛选车间及辅助生产的圆形储煤场、水处理沉淀池、污水处理间等建筑。

通过现场实测统计方式对工业广场办公区、生活区、生产区、辅助生产区建筑设施进行测量，根据式（8-5）、式（8-6）对建筑物占地面积及空间体积做出估算。其中，办公区建筑占地面积 2375.7 m^2，空间体积 2.2×10^4 m^3；生活区建筑占地面积 5074.8 m^2，空间体积 3.4×10^4 m^3；生产区建筑占地面积 5696.2 m^2，空间体积 3.8×10^4 m^3；辅助生产区建筑占地面积 9951.6 m^2，空间体积 1.0×10^4 m^3，整个工业广场建筑空间体积达 1.04×10^5 m^3。

8.2.4　煤矿采空区地下可利用空间计算

1. 工作面采空区地下空间计算方法

煤炭采出体积 V、地表沉陷体积 V_1、岩体卸压膨胀体积 V_2 及工作面采空区地下空间体积 V_3 存在如式（8-7）的关系：

$$V = V_1 + V_2 + V_3 \tag{8-7}$$

煤矿工作面采空区地下空间体积：

$$V_3 = V - V_1 - V_2 \tag{8-8}$$

煤炭采出体积 V 根据每年煤炭产量除以平均密度计算；地表沉陷体积 V_1 可根据地表下沉系数 η 计算；岩体卸压膨胀体积（未破坏）V_2 可按照地下空间总量与膨胀系数 K 计算。

2. 1949～2016 年煤炭采出体积

1949～2016 年共 68 年，累计生产原煤 745.01 亿 t，可根据年煤炭产量，煤炭平均密度按照 1.35 t/m^3，计算出煤炭体积。

3. 地表沉陷体积 V_1

地表沉陷体积与地表下沉系数相关，可近似为

$$V_1 = V \times \eta \tag{8-9}$$

4. 岩体卸载膨胀变形

根据“三带”理论，岩体的膨胀主要集中在垮落带、断裂带及弯曲带的底部，岩体膨胀（未破坏）体积按式（8-10）进行计算。

$$V_2 = V_3 \times K \tag{8-10}$$

其中，K 取 0.1。

5. 工作面采空区地下空间

$$V_3 = V - V \times \eta - V_3 \times K = V(1-\eta)/(1+K) \tag{8-11}$$

8.3　残留煤炭资源定量评估：以朱家河煤矿为例

8.3.1　井下残留煤炭资源量估算方法

根据《关于保安煤柱设计时采用移动角的规定》，黄土层 α，基岩上山 β，下山 γ，根据垂直剖面法计算保安煤柱，继而计算残余煤炭资源量：

$$V = \sum_{i=1}^{n} D \times L \times H \times \eta \quad (i = 1,2,3) \tag{8-12}$$

其中，V 为估算煤柱资源量；D 为估算煤柱宽度；L 为估算煤柱长度；H 为煤层厚度；η 为煤的容重。

8.3.2　工作面残留资源量估算方法

考虑到地下工作面方式的不同，根据矿井地质条件及《矿井工业设计规范》，工作面之间留设不同宽度的安全煤柱，岩层移动角按照黄土层 52°、基岩上山 70°、下山 68°，煤层按照水平煤层计算。

朱家河矿区 4 个采区共计 42 个工作面进行了开采作业，主要采用炮采及综采方式，主采煤层厚度为 2.6 m，各个工作面留设 20～40 m 的保护煤柱，煤的容重为 1.40 t/m^3，根据式（8-12）计算得知，工作面煤柱残留煤炭资源约为 144 万 t。朱家河矿区工作面残留资源估算情况如表 8-5。

表 8-5　工作面残留资源量估算

工作面	煤柱宽度/m	煤柱长度/m	资源量/万 t
A-B	20	4492	32.7
C-D	25	3948	35.9

续表

工作面	煤柱宽度/m	煤柱长度/m	资源量/万 t
E-F	30	4277	46.7
G-H	35	1052	13.4
I-J	40	1061	15.4
合计	—	—	144.1

8.3.3　井田内其余残留煤炭资源量估算

白水河、铁路及林皋水库位于朱家河矿区中央，为了矿区安全生产，白水河与铁路以河流最高洪水位线并且留有 15 m 保护煤柱为界，林皋水库以覆水面 50 m 外加 15 m 宽度保护带为界。根据《煤矿工业矿井规范设计》(GB50215—2015)，工业广场及风井广场按照二级保护，朱家河矿区设有选煤厂，工业广场占地面积 12.2 hm^2，护围带宽 10 m，村庄按照三级保护，护围带宽 15 m，井田范围内较大的村庄有安家大队、洼里村、姚家村、圣山庙、王庄新村。同时井田内含有较大断层（表 8-6）。断层煤柱根据断层断距大小留设，断距比较大的两侧各留 50 m 煤柱。朱家河煤矿内其余煤炭资源详情如表 8-7。

表 8-6　井田内大型断层特征表

序号	断层名称	倾角/(°)	落差/m	长度
1	杜康沟断层	40～55	100～300	—
2	鸭洼李家断层	70	16～60	延伸 3000 m
3	马窑断层	70	15～60	延伸 3300 m
4	白龙潭断层	70	0～325	延伸 8000 m

表 8-7　朱家河煤矿内其余煤炭资源估算表

序号	煤层	遗留煤柱量/万 t									
		铁路及河流	水库	断层	井田边界	风井	小窑采空区	工业广场	村庄		合计
									+600m 水平	+520m 水平	
1	3	65.07	—	—	—	23.04	—	120.00	—	221.44	429.55
2	5^{-1}	116.32	—	11.53	7.17	14.95	9.35	—	142.01	23.21	324.54
3	5^{-2}	735.75	45.83	143.32	86.92	203.19	78.30	90.30	907.28	180.36	2471.25
4	6^{-1}	330.20	—	48.31	20.30	363.80	10.00	68.05	242.74	491.76	1575.16
5	10	257.82	29.12	3.0	—	89.06	—	—	210.21	125.43	714.64
总计	—	1505.16	74.95	206.16	114.39	694.04	97.65	278.35	1502.24	1042.20	5515.14

在朱家河矿区井田煤界范围内，井田边界留设 20 m 宽度保护煤柱。同时，井田范围内林皋井、安家井和高阳井位于井田中部首采区和接续采区，对矿井正常开采影响较大。

由表 8-7 可知，井田内铁路及河流、水库、断层、井田边界、大巷及风井、小窑采空区、工业广场及村庄下压煤总资源量达 5515.14 万 t。

朱家河矿井遗留煤炭资源主要包括井田内铁路及河流、水库、工业广场及村庄保护煤柱，工作面保护煤柱，总残留资源量近 5600 万 t。朱家河矿区剩余资源量估算方法为类似矿区提供了可行的参考范例，其他矿区可参照此范例定量评估闭矿矿区剩余资源总量。

8.4　基于聚类分析法的关闭矿山地下资源评估

8.4.1　关闭矿区地下资源分类指标体系构建

随着煤炭去产能政策及矿产资源的日益开采，大量煤矿面临或已处于关闭状态，煤矿关闭后，将有许多房屋、设施及土地资源可以利用，特别是井下完好的开拓工程空间，对其进行保护和有效地加以开发利用，具有重要意义。通过对关闭矿井地下资源进行准确、高效、合理的评估，实现矿井转型升级，对煤炭行业的发展具有重要意义。基于聚类分析的优点，在尚未明确各个样本之间的内在联系的情况下，可以利用变量的综合信息对样本进行分类，采取系统聚类法对 15 对关闭矿井地下资源进行分类。

合理的指标体系，需要遵循真实性、科学性、全面性等原则，可以体现出矿山资源特征，表现出矿山的资源储备状况。通过对已有数据和资料的分析，确立了陕煤集团 15 对关闭矿山地下资源分类指标体系。

设论域 $U=\{x_1, x_2,\cdots, x_{15}\}$，即选择用于聚类分析的 15 个矿区作为分类样本。而每个矿区由 6 个指标加以描述，即：$x_i=\{x_{i1}, x_{i2},\cdots, x_{i6}\}$，($i$=1,2,⋯,15)。

具体指标如表 8-8 所示。

表 8-8　关闭矿山资源分类指标体系

地下容积指标	地下构造指标	地下可利用程度指标
地下空间体积	地下工程情况	区域发展排名
关闭矿山年限	地质风险	闭矿后维持人数
地表变形指标	采掘方式	区域特色

8.4.2　聚类分析模型

聚类分析法是根据“物以类聚”的道理，对样本或指标进行分类的一种多元统计分析方法，讨论的对象是大量的样本，要求能够按照各自的特性进行合理的分类，没有任何模式可供参考或依循，即在没有先验知识的情况下进行。

聚类分析的基本思想是认为研究的样本（或变量）之间存在着程度不同的相似性（亲疏关系）。根据一批样本的多个观测指标，找出一些能够度量样本（或变量）之间相似程度的统计量，以这些统计量作为分类的依据，将一些相似程度较大的样本（或变量）聚合为一类，将另外一些相似程度较大的样本（或变量）聚合为一类，直到将所有的样本

（或变量）聚合完毕，形成一个由小到大的分类系统。

聚类分析根据聚类方法的不同分为系统聚类和 K 均值聚类。系统聚类又称为层次聚类，其基本思想是：在聚类分析的开始，每个样本（或变量）自成一类；然后，按照某种方法度量所有样本（或变量）之间的亲疏程度并把最相似的样本（或变量）首先聚成一小类；接下来，度量剩余的样本（或变量）和小类间的亲疏程度，并将当前最接近的样本（或变量）与小类聚成类；再接下来，再度量剩余的样本（或变量）和小类间的亲疏程度，并将当前最接近的样本（或变量）与小类聚成一类；如此反复，直到所有样本（或变量）聚成一类为止。

系统聚类法不仅需要度量个体与个体之间的距离，还要度量类与类之间的距离。类间距离被度量出来之后，距离最小的两个小类将首先被合并成为一类。由类间距离定义的不同产生了不同的系统聚类法。

K 均值聚类法：系统首先选择 k 个聚类中心，根据其他观测值与聚类中心的距离远近，将所有的观测值分成 k 类；再将 k 个类的中心（均值）作为新的聚类中心，重新按照距离进行分类；……，这样一直迭代下去，直到达到指定的迭代次数或达到中止迭代的判据要求时，聚类过程结束。K 均值聚类也叫快速聚类，要求事先确定分类数，运算速度较快。系统聚类法是对不同的类数产生一系列的聚类结果。K 均值聚类法适合大量数据时，准确性高一些。系统聚类法则是系统自己根据数据之间的距离来自动列出类别，通过系统聚类法得出一个树状图。

8.4.3　矿山地下资源概况

根据前文对 15 对矿山各种资源的分析，得到矿山资源类型划分指标的具体数据如表 8-9。

8.4.4　矿山资源分类方法及步骤

1. *矿区分类的性状指标*

矿区分类的性状指标如表 8-10。

通过对指标体系的分析，从研究目的出发，设论域 $U=\{x_1,x_2,\cdots,x_n\}$ 为被分类的对象（关闭矿井），每个对象又由 m 个指标表示其性状，得到矿山资源类型划分指标的具体数据。

设 $x_i=\{x_{i1},x_{i2},\cdots,x_{im}\}$（$i=1,2,\cdots,n$）为具体指标层中第 i 个评价指标的值，建立矿山资源类型分类的指标矩阵：

$$\begin{bmatrix} x_{11} & x_{12} & \cdots & x_{1m} \\ x_{21} & x_{22} & \cdots & x_{2m} \\ \vdots & \vdots & & \vdots \\ x_{n1} & x_{n2} & \cdots & x_{nm} \end{bmatrix}$$

根据表中各个分类指标的具体数据，得到矿山资源类型划分的指标数据矩阵：

表 8-9　陕煤集团 15 对关闭矿山地下资源概况

矿区	位置区域	性状								
		地下容积指标			地下构造指标			地下可利用程度（潜在开发条件）		
		地表变形	地下空间体积/万 m^3	关闭矿山年限	地下工程情况	地质风险	采掘方式	区域发展排名	闭矿后维持人数	区域特色
苍村煤矿	延安市黄陵县	地表塌陷，采空区大	11.4	4.6	概念规划	高易发区	平硐开拓	37	49	16
鸭口煤矿	铜川市印台区	无形变	17.1	4.3	概念规划	高易发区	竖井开拓	108	334	20
徐家沟煤矿	铜川市印台区	无塌陷	17.1	4.8	概念规划	高易发区	斜井开拓	108	177	20
东坡煤矿	铜川市印台区	地面情况较好	19.95	3.6	概念规划	高易发区	斜井开拓	108	644	20
金华山煤矿	铜川市印台区	无塌陷	27	3.8	已有策略构想	中易发区	斜井开拓	108	798	20
王石凹煤矿	铜川市印台区	无塌陷	21.6	5.6	部分工程实施中	中易发区	竖井开拓	108	876	20
朱家河煤矿	渭南市白水县	无明显变形	32.4	3.8	完全停滞状态	低易发区	斜井开拓	81	275	34
白水煤矿	渭南市白水县	无变形	17.1	4.1	完全停滞状态	低易发区	斜井开拓	81	146	34
合阳一矿	渭南市合阳县	无明显塌陷	2.73	4.6	完全停滞状态	中易发区	斜井开拓	64	926	59
王村煤矿	渭南市合阳县	地面情况较好	37.8	3.8	完全停滞状态	中易发区	竖井开拓	64	354	59
王村斜井	渭南市合阳县	变形、塌陷不明显	27	5.6	部分工程实施中	中易发区	斜井开拓	64	302	59
澄合二矿	渭南市澄城县	无塌陷	13.11	3.3	完全停滞状态	低易发区	斜井+竖井开拓	73	416	20
权家河煤矿	渭南市澄城县	地面存在裂缝	3.15	4.3	完全停滞状态	中易发区	斜井开拓	73	60	20
桑树坪煤矿平硐	渭南市韩城市	地面无明显塌陷	29.7	2.1	概念规划	高易发区	平硐+斜井开拓	20	1647	59
象山小井	渭南市韩城市	地面塌陷地裂缝	43.2	1.5	概念规划	中易发区	平硐+暗斜井开拓	20	2042	59

数据来源：参考文献[8, 9]。

表 8-10　矿山类别划分指标体系及指标数据

矿区	位置区域	性状								
		地下容积指标			地下构造指标			地下可利用程度（潜在开发条件）		
		地表变形	地下空间体积/万 m^3	关闭矿山年限	地下工程情况	地质风险	采掘方式	区域发展排名	闭矿后维持人数	区域特色
澄合二矿	渭南市澄城县	2	13.11	3.3	1	3	2	73	416	20
合阳一矿	渭南市合阳县	2	2.73	4.6	1	2	3	64	926	59
权家河煤矿	渭南市澄城县	3	3.15	4.3	1	2	3	73	60	20
王村煤矿	渭南市合阳县	5	37.8	3.8	1	2	1	64	354	59
王村斜井	渭南市合阳县	3	27	5.6	4	2	3	64	302	59
苍村煤矿	延安市黄陵县	1	11.4	4.6	2	1	5	37	49	16
朱家河煤矿	渭南市白水县	2	32.4	3.8	1	3	3	81	275	34
白水煤矿	渭南市白水县	2	17.1	4.1	1	3	3	81	146	34
桑树坪煤矿平硐	渭南市韩城市	5	29.7	2.1	2	1	4	20	1647	59
象山小井	渭南市韩城市	5	43.2	1.5	2	2	4	20	2042	59
王石凹煤矿	铜川市印台区	4	21.6	5.6	4	2	1	108	876	20
金华山煤矿	铜川市印台区	3	27	3.8	3	2	3	108	798	20
徐家沟煤矿	铜川市印台区	3	17.1	4.8	2	1	3	108	177	20
鸭口煤矿	铜川市印台区	4	17.1	4.3	2	1	1	108	334	20
东坡煤矿	铜川市印台区	4	19.95	3.6	2	1	3	108	644	20

注：表中地表变形 1～5 分别表示：塌陷、无塌陷、裂缝、无裂缝、状况良好；地下工程情况 1～4 分别表示完全停滞状态、概念规划状态、已有策略开发、部分工程实施中；地质风险 1～4 分别表示高易发区、中易发区、低易发区、非易发区；采掘方式 1～5 分别表示竖井开拓、竖井+斜井开拓、斜井开拓、斜井+平硐开拓、平硐开拓。

$$\begin{bmatrix} 2 & 13.11 & 3.3 & 1 & 3 & 2 & 73 & 416 & 20 \\ 2 & 2.73 & 4.6 & 1 & 2 & 3 & 64 & 926 & 59 \\ 3 & 3.15 & 4.3 & 1 & 2 & 3 & 73 & 60 & 20 \\ 5 & 37.8 & 3.8 & 1 & 2 & 1 & 64 & 354 & 59 \\ 3 & 27 & 5.6 & 4 & 2 & 3 & 64 & 302 & 59 \\ 1 & 11.4 & 4.6 & 2 & 1 & 5 & 37 & 49 & 16 \\ 2 & 32.4 & 3.8 & 1 & 3 & 3 & 81 & 275 & 34 \\ 2 & 17.1 & 4.1 & 1 & 3 & 3 & 81 & 146 & 34 \\ 5 & 29.7 & 2.1 & 2 & 1 & 4 & 20 & 1647 & 59 \\ 5 & 43.2 & 1.5 & 2 & 2 & 4 & 20 & 2042 & 59 \\ 4 & 21.6 & 5.6 & 4 & 2 & 1 & 108 & 876 & 20 \\ 3 & 27 & 3.8 & 3 & 2 & 3 & 108 & 798 & 20 \\ 3 & 17.1 & 4.8 & 2 & 1 & 3 & 108 & 177 & 20 \\ 4 & 17.1 & 4.3 & 2 & 1 & 1 & 108 & 334 & 20 \\ 4 & 19.95 & 3.6 & 2 & 1 & 3 & 108 & 644 & 20 \end{bmatrix}$$

2. 数据标准化

表征矿区性状的指标数据一般具有不同的量纲，为了使数据更具有可比性，必须对其进行转化。目前，处理数据的方法大致有 3 种：标准化、极差标准化和正规化[10]。为了便于直观地比较各矿井之间相同指标的数值大小及计算方便，选用标准化转换方式：

$$X_{ik}=\frac{\max\left\{x_{1m},x_{2m},\cdots,x_{nm}\right\}}{\max\left\{x_{1m},x_{2m},\cdots,x_{nm}\right\}-\min\left\{x_{1m},x_{2m},\cdots,x_{nm}\right\}}\quad (i=1,2,3,\cdots,n;k=1,2,3,\cdots,m) \tag{8-13}$$

各个指标的值标准化后的数据如下：

$$\begin{bmatrix} -0.95 & -0.79 & -0.62 & -0.90 & 1.52 & -0.70 & -0.05 & -0.32 & -0.79 \\ -0.95 & -1.53 & 0.55 & -0.90 & 0.18 & 0.17 & -0.34 & 0.56 & 1.32 \\ -0.16 & -1.50 & 0.28 & -0.90 & 0.18 & 0.17 & -0.05 & -0.93 & -0.79 \\ 1.42 & 0.97 & -0.17 & -0.90 & 0.18 & -1.57 & -0.34 & -0.43 & 1.32 \\ -0.16 & 0.20 & 1.45 & 2.00 & 0.18 & 0.17 & -0.34 & -0.52 & 1.32 \\ -1.74 & 0.59 & 0.55 & 0.06 & -1.17 & 1.92 & -1.21 & -0.95 & -1.00 \\ -0.95 & -0.51 & -0.17 & -0.90 & 1.52 & 0.17 & 0.21 & -0.56 & -0.03 \\ -0.95 & 0.39 & 0.10 & -0.90 & 1.52 & 0.17 & 0.21 & -0.79 & -0.03 \\ 1.42 & 2.13 & -1.70 & 0.06 & -1.17 & 1.05 & -1.76 & 1.79 & 1.32 \\ 1.42 & 1.36 & -2.24 & 0.06 & 0.18 & 1.05 & -1.76 & 2.47 & 1.32 \\ 0.63 & -0.19 & 1.45 & 2.00 & 0.18 & -1.57 & 1.08 & 0.47 & -0.79 \\ -0.16 & 0.20 & -0.17 & 1.03 & 0.18 & 0.17 & 1.08 & 0.34 & -0.79 \\ -0.16 & -0.51 & 0.73 & 0.06 & -1.17 & 0.17 & 1.08 & -0.73 & -0.79 \\ 0.63 & -0.51 & 0.28 & 0.06 & -1.17 & -1.57 & 1.08 & -0.46 & -0.79 \\ 0.63 & -0.30 & -0.35 & 0.06 & -1.17 & 0.17 & 1.08 & 0.07 & -0.79 \end{bmatrix}$$

注意：矩阵中保留两位小数，矿区从上到下。

3. 建立近似值矩阵

设论域 $U=\{x_1, x_2,\cdots, x_n\}$，$x_i=\{x_{i1}, x_{i2},\cdots, x_{im}\}$，在 SPSS 软件中采用最远邻元素法，测算各个样本之间的欧氏距离平方，确定 x_i 与 x_j 间的近似系数 $r_{ij}=R$（x_i, x_j），由此建立近似值矩阵 R：

$$
\begin{bmatrix}
0.00 & 1.35 & 0.50 & 1.96 & 2.60 & 2.19 & 0.20 & 0.34 & 4.21 & 3.56 & 2.12 & 1.10 & 1.55 & 1.65 & 1.62 \\
1.35 & 0.00 & 1.09 & 1.40 & 1.44 & 2.30 & 0.85 & 1.07 & 2.74 & 2.49 & 2.77 & 1.85 & 1.72 & 2.11 & 1.88 \\
0.50 & 1.09 & 0.00 & 1.83 & 2.17 & 1.37 & 0.53 & 0.70 & 3.77 & 3.68 & 1.87 & 0.97 & 0.61 & 0.93 & 0.80 \\
1.96 & 1.40 & 1.83 & 0.00 & 1.74 & 3.53 & 1.60 & 1.48 & 1.87 & 1.97 & 2.50 & 2.11 & 2.16 & 1.67 & 1.89 \\
2.60 & 1.44 & 2.17 & 1.74 & 0.00 & 2.38 & 1.92 & 1.83 & 2.72 & 2.87 & 1.48 & 1.44 & 1.85 & 2.22 & 2.12 \\
2.19 & 2.30 & 1.37 & 3.53 & 2.38 & 0.00 & 1.99 & 1.87 & 3.29 & 3.97 & 3.19 & 1.71 & 1.26 & 2.34 & 1.68 \\
0.20 & 0.85 & 0.53 & 1.60 & 1.92 & 1.99 & 0.00 & 0.07 & 3.72 & 3.17 & 2.24 & 1.06 & 1.44 & 1.83 & 1.60 \\
0.34 & 1.07 & 0.70 & 1.48 & 1.83 & 1.87 & 0.07 & 0.00 & 3.58 & 3.18 & 2.24 & 1.07 & 1.46 & 1.88 & 1.68 \\
4.21 & 2.74 & 3.77 & 1.87 & 2.72 & 3.29 & 3.72 & 3.58 & 2.00 & 0.36 & 4.42 & 3.13 & 3.63 & 3.69 & 2.78 \\
3.56 & 2.49 & 3.68 & 1.97 & 2.87 & 3.97 & 3.29 & 3.18 & 0.36 & 0.00 & 4.41 & 3.05 & 4.17 & 4.16 & 3.16 \\
2.12 & 2.77 & 1.87 & 2.50 & 1.48 & 3.19 & 3.17 & 2.24 & 4.42 & 4.41 & 0.00 & 0.63 & 1.18 & 0.88 & 1.20 \\
1.10 & 1.85 & 0.97 & 2.11 & 1.44 & 1.71 & 2.24 & 1.07 & 3.13 & 3.05 & 0.63 & 0.00 & 0.56 & 0.78 & 0.45 \\
1.55 & 1.72 & 0.31 & 2.16 & 1.85 & 1.26 & 1.44 & 1.46 & 3.63 & 4.17 & 1.18 & 0.56 & 0.00 & 0.33 & 0.21 \\
1.65 & 2.11 & 0.93 & 1.67 & 2.22 & 2.34 & 1.83 & 1.88 & 3.69 & 4.16 & 0.88 & 0.78 & 0.31 & 0.00 & 0.31 \\
1.62 & 1.88 & 0.80 & 1.89 & 2.12 & 1.68 & 1.60 & 1.68 & 2.78 & 3.16 & 1.20 & 0.45 & 0.21 & 0.31 & 0.00
\end{bmatrix}
$$

4. 聚类分析

聚类分析结果如图 8-3。

图像较为清晰地实现了聚类的整个过程。将实际距离按比例调整为 0～25，将性质相近的个案或新类通过逐级连线的方式连接，直至不形成新的类。根据分类的需要，在该图顶端的距离刻度上选择一个划分类的距离值，然后绘制垂直线，该垂线将与水平连线相交，则交点数即为分类的类别数，与水平线对应的个案组成一类。

若选标尺值为 5，则聚类结果分为 8 类：朱家河煤矿、白水煤矿、澄合二矿、权家河煤矿为一类；合阳一矿为一类；王村煤矿为一类；徐家沟煤矿、东坡煤矿、鸭口煤矿、金华山煤矿为一类；王石凹煤矿为一类；王村斜井为一类；苍村煤矿为一类；桑树坪煤矿平硐、象山小井为一类。

若选择标尺为 10，则聚类结果分为 6 类：朱家河煤矿、白水煤矿、澄合二矿、权家河煤矿、合阳一矿为一类；王村煤矿为一类；徐家沟煤矿、东坡煤矿、鸭口煤矿、金华山煤矿、王石凹煤矿为一类；王村斜井为一类；苍村煤矿为一类；桑树坪煤矿平硐、象山小井为一类。

若选择标尺为 25，则聚类结果分为 2 类：朱家河煤矿、白水煤矿、澄合二矿、权家河煤矿、合阳一矿、王村煤矿、徐家沟煤矿、东坡煤矿、鸭口煤矿、金华山煤矿、王石凹煤矿、王村斜井、苍村煤矿为一类；桑树坪煤矿平硐、象山小井为一类。

另外，用于分类的各个变量对聚类的结果有无贡献十分重要，应该剔除掉对分类结果没有作用的变量。筛选这些无用变量的过程，需要通过单因素方差分析来判断。方差分析结果如表 8-11。

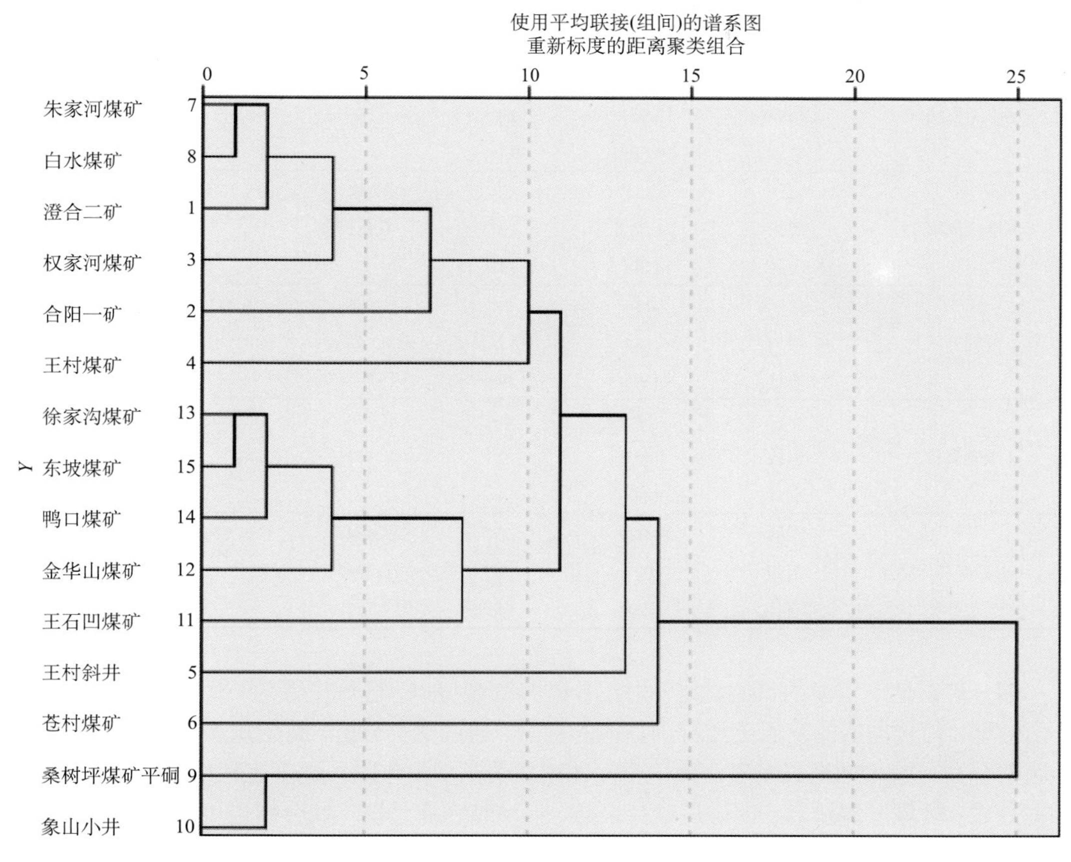

图 8-3　聚类分析图

表 8-11　各变量显著性检验

		平方和	自由度	均方	F	显著性
区域位置	组间	4.688	2	2.344	3.021	0.087
	组内	9.312	12	0.776		
	总计	14.000	14			
地表变形	组间	7.177	2	3.589	6.311	0.013
	组内	6.823	12	0.569		
	总计	14.000	14			
地下空间体积	组间	7.785	2	3.892	7.515	0.008
	组内	6.215	12	0.518		
	总计	14.000	14			

续表

		平方和	自由度	均方	F	显著性
关闭矿山年限	组间	8.998	2	4.499	10.794	0.002
	组内	5.002	12	0.417		
	总计	14.000	14			
地下工程情况	组间	0.016	2	0.008	0.007	0.993
	组内	13.984	12	1.165		
	总计	14.000	14			
地质风险	组间	2.233	2	1.116	1.138	0.353
	组内	11.767	12	0.981		
	总计	14.000	14			
采掘方式	组间	7.216	2	3.608	6.381	0.013
	组内	6.784	12	0.565		
	总计	14.000	14			
区域发展排名	组间	9.547	2	4.774	12.865	0.001
	组内	4.453	12	0.371		
	总计	14.000	14			
闭矿后维持人数	组间	10.929	2	5.464	21.353	0.000
	组内	3.071	12	0.256		
	总计	14.000	14			

划分矿山地下资源的目的，是要根据各矿井资源特点、区域位置的不同进行分类，指导矿山转型，使转型后的发展更加符合当地的实际。通过聚类分析，将资源状况相近和类似的矿区聚合在一起，如地表变形、地下空间体积、关闭矿山年限、地下工程情况、地质风险、采掘方式、区域发展排名、闭矿后维持人数、区域特色等情况，其分析也更加直观、易于观察。再次根据陕西省行政区划及矿井特征，最终将 15 对关闭矿山分为 3 个类别。

第Ⅰ类：朱家河煤矿、白水煤矿、澄合二矿、权家河煤矿、合阳一矿、王村煤矿、徐家沟煤矿、东坡煤矿、鸭口煤矿、金华山煤矿、王石凹煤矿、王村斜井为一类。这类矿区地面塌陷不明显，开发地质风险较小，可在生态修复的同时开发矿井剩余资源的经济效益。如养老院、地下污水垃圾处理系统、地下农业试验基地、地下数据中心、战略资源储备、深地实验室等。

第Ⅱ类：苍村煤矿为一类。这类矿区地表塌陷明显，采空区面积较大，煤炭开采方式对地表影响程度较大，可以生态环境保护为前提，在原有配套设施的基础上发展矿山地下博物馆、矿山文化体验中心、矿山主题公园等。

第Ⅲ类：桑树坪煤矿平硐、象山小井为一类。这类属于地下空间较大，区域经济发达。可充分利用周边村庄、城镇经济溢出效应，开发地下工业模式，如地下观光旅游、井下探秘、地下疗养中心、地下商业街、地下特色酒店等。

总体而言，聚类分析的应用基本成功，大部分分类符合实际。陕煤集团 15 对关闭矿山地下资源划分如表 8-12 所示。

表 8-12　陕煤集团 15 对关闭矿山资源评估分类表

聚类结果	资源类型	矿区名称
I	地面塌陷不明显， 开发地质风险较小	澄合二矿 权家河煤矿 朱家河煤矿 白水煤矿 金华山煤矿 徐家沟煤矿 王村斜井 鸭口煤矿 东坡煤矿 合阳一矿 王村煤矿 王石凹煤矿
II	煤炭开采方式对地表影响程度较大， 地表塌陷明显，采空区面积较大	苍村煤矿
III	地下空间较大，区域经济发达	桑树坪煤矿平硐 象山小井

8.5　不同资源的利用模式

国内外学者对矿山转型做了较多研究，通过分析总结，矿山转型大致可以分为 3 个模式：地下资源再利用模式、生态发展模式、经济开发利用模式。其中，地下资源再利用模式中包括：矿产资源再利用模式、水资源再利用模式、可再生能源利用模式、可再生能源储存模式、地热资源利用模式。生态发展模式包括：地下特种养殖、地下农业模式、生态景观模式。经济开发利用模式包括：矿业旅游开发模式、地下仓储模式、地下实验室、地下疗养中心、房地产开发模式、地下工业模式。矿区转型利用模式如表 8-13。

表 8-13　矿区转型利用模式

转型模式	可选方案	典型案例
地下资源再利用模式	矿产资源再利用模式	伴生矿资源开发
	水资源再利用模式	废弃矿井抽水蓄能发电
	可再生能源利用模式	废弃煤矿瓦斯抽采利用
	可再生能源储存模式	瓦斯储气库
	地热资源利用模式	地下地热资源利用
生态发展模式	地下特种养殖	河北峰峰矿区
	地下农业模式	安徽淮北市高新技术示范园、美国匹兹堡市郊区矿道蘑菇种植基地
	生态景观模式	日本“煤都”夕张多元化产业区

续表

转型模式	可选方案	典型案例
经济利用开发模式	矿业旅游开发模式	南威尔士布莱纳文镇附近布莱纳文工业遗产景观
	地下仓储模式	比利时 Andelrues 和 Peronnes 废弃矿井地下储气库
	地下实验室	萨德伯里中微子实验室，岐阜县神冈矿山、日本神冈（Kamioka）地下实验室
	地下疗养中心	巴特克罗伊茨纳赫汞矿
	房地产开发模式	地下井筒式停车库

每一种利用模式需要矿山满足不同的条件，如在德国的巴特克罗伊茨纳赫小城利用一个汞矿的天然放射性氡气，建立了世界上第一条地下氡气通道，使用氡气给游客治病。同时隧道内还设有不同温度的疗养区，游客可以裸体尝试“放射性蒸汽浴”。根据欧洲氡气温泉协会的负责人介绍，仅在德国和奥地利，每年就有 8 万人接收“氡疗养”。据称，目前全球已经拥有上百个氡气疗养地。而德国主打“健康旅游”招牌的景点已达 300 余个。

对 15 对矿山地下资源转型利用类型的划分。根据国内外各种模式使用条件以及目前 15 对关闭矿山资源利用状况分析，得到不同资源的主要转型模式及各个矿山在转型过程中可选择的具体方案（表 8-14）。

表 8-14　陕煤集团关闭矿山地下资源转型利用模式

聚类结果	资源类型	矿区名称	可选利用方案
I	生态与经济综合发展模式	澄合二矿	废弃物处置开发模式、地下实验室
		权家河煤矿	地下仓储模式、地下实验室
		朱家河煤矿	地下仓储模式、井下旅游
		白水煤矿	地下种植模式、地下实验室
		金华山煤矿	地下工业模式
		徐家沟煤矿	地下实验室、井下旅游
		王村斜井	地下仓储模式、地下工业模式
		鸭口煤矿	地下旅游
		东坡煤矿	地下实验室
		合阳一矿	地下仓储模式、井下种植模式
		王村煤矿	培训基地、地下仓储模式
		王石凹煤矿	井下旅游模式
II	生态发展模式	苍村煤矿	农业产业开发、井下旅游模式
III	经济利用模式	桑树坪煤矿平硐	地下农业产业园、地下工业模式
		象山小井	地下实训基地模式、地下仓储模式

8.6　陕煤集团 15 对关闭矿山地下空间转型利用路径

8.6.1　关闭矿山转型综合效益构成

矿山转型效益是指矿山企业为了寻求可持续发展，将废弃矿井资源充分利用，在因地制宜转型为其他发展模式过程后实现经济效益、生态效益和社会效益的统一[11]。

生态效益，也称环境效益[12]，主要体现在保护生物种类及生存条件[13]。生态效益是规划中的主导因素[14]。经济效益要求以较少的投入得到最大的产出。社会效益是指项目实施后对社会起到的积极作用。

8.6.2　关闭矿山转型综合效益的评估指标体系构建

结合矿区转型的目的分析，将矿区转型效益按照经济效益、生态效益和社会效益 3 个划分标准，再根据科学、可行的原则选择合适的指标，最后构建详细的评价指标体系。

8.6.3　15 对关闭矿山资源利用模式

1. 生态与经济综合发展模式

地下仓储物流模式：地下仓储物流是地下空间开发的一种重要模式，不仅节约占地、降低环境污染、安全性好，还可节省大量的前期建设投资。王村煤矿的地理位置、地质特征、开采状况以及经济社会发展状况适宜发展成农产品仓储物流模式。此类矿井的主要特征包括：①四周分布大面积优质农田，集中连片，土地资源开发限制较大。高标准农产品仓储物流建设，可大大节约地上优质耕地资源。②距离县城较远，开发为文化娱乐与生态休闲用地可能造成资源浪费，不能起到良好的经济和社会效果。③矿区地下开采已处于停产状态，空间体积大，且地表无塌陷，地质风险较低。④矿区周围有铁路、国道和省道穿过，交通极为便利，可方便大宗农产品跨境运输。⑤矿区紧邻王村火车站和合阳县火车站，交通枢纽区位优势突出，适宜发展成集商品采购、进货、储存、分拣、配送等于一体的现代化综合仓储与物流。而合阳一矿内有运煤专线通过，交通便利，同时东西部有山区包围，隐蔽性较好，可发展为地下重要物资储备中心。

地下实验室：权家河煤矿、东坡煤矿、徐家沟煤矿和白水煤矿与市区有一定距离，周围山地连接，空间较为封闭，地下利用空间较大，但地面有裂缝，开发地质风险和采掘方式对地质构造影响程度较大，因此，不适宜进一步实施大型改造项目。可利用现有井下设备发展成为地下实验室。①权家河煤矿内部土地平整，耕地面积大且集中连片，雨水较为充沛，可开发为农业生态试验基地，研究自然过程与人为活动交互作用下的土壤质量演变、坡地土壤-水-植被相互作用机理和农田生态系统结构与功能变化及其物质流、能量流、信息流传输、调控的关系，为构建高产、优质和环保健康的农作物产品生产模式，改善农村生态环境提供科学理论与技术支撑。②东坡煤矿周边有铁路运煤专线通过，交通十分便利。可在此基础上充分利用陕煤集团“国家级煤炭分质利用重点实验室”等5个国家科研平台的资源和人才优势，发展地下大数据中心。③徐家沟煤矿和白水煤矿可利用当地丹参、连翘、金银花等中药材种植基地的优势以及发达的交通条件，拓宽产业链，发展地下制药中心和生物质能源研发。

废弃物处置开发模式：利用改造后的矿井生产系统，把关闭矿井地下空间开发成放射性、危险性废弃物固体的储存和处置场地，并采用一定的防渗透措施，防止有害成分扩散，可以节约大量的地面空间，解决地面废弃物堆放场地紧缺的问题，取得较好的经济和生态效益。澄合二矿与权家河煤矿距离较近，矿区集中，属于低易发区，地质条件相对稳定。此外，该矿区与周边村庄和县城的距离适中，可将两个矿区和周边生活区生产、生活垃圾在此分类集中储存和处置。

富锶矿泉水开发：陕西省属于重度缺水区，且常年蒸发量为降水量的6倍左右。已有的矿井水处置方法是为保障井下安全，将大量矿井水进行处理后外排地表，大量外排的矿井水因蒸发损失，使本已短缺的水资源更为短缺，且造成土壤盐碱化，矿区及周边环境沙漠化、荒漠化倾向严重。金华山煤矿位于义乌江和武义江交汇处，水资源十分丰富，水质较好，可因地制宜实施水质净化与矿泉水开发工程，缓解地区水资源限制，解决当地生产、生活用水问题。

煤转气工程：煤炭地下气化就是将处于地下的煤炭进行有控制的燃烧，通过对煤的热作用及化学作用而产生可燃气体的过程。该技术不仅可以回收矿井遗弃煤炭资源，而且还可以用于开采井工难以开采或开采经济性、安全性较差的薄煤层、深部煤层；地下气化灰渣留在气化区，减少了地表下沉，无固体物质排放，煤气可以集中净化，大大减少了煤炭开采和使用过程中对环境的破坏；地下气化煤气不仅可作为燃气直接民用和发电，而且还可用于提取纯氢或作为合成油、二甲醚、氨、甲醇的合成气。因此，煤炭地下气化技术具有较好的经济效益和环境效益。王村斜井剩余煤炭资源量较大，地表变形、塌陷较小。2018年，王村斜井煤矿利用遗留的地面生产系统、设备、主要构建（筑）物成功进行地下煤气化试验，证实了王村斜井发展地下煤转气工程的可行性。

井下旅游模式：关闭矿井是保存工业记忆，记录煤炭产业发展历程的重要载体，本身具有较好的观赏价值。矿井废弃后，原本用于生产活动的巷道、通风井以及工作面等地下空间可以开发成为矿山博物馆、矿山文化体验中心和矿坑公园等井下旅游模式，用来展现不同历史阶段煤炭开采技术、开采过程和管理方式。王石凹煤矿与鸭口煤矿距离市区较近，且地表无塌陷、无变形，可进行地下旅游模式开发。通过对井下的改造，游客可直接到达回采和掘进工作面，并通过多媒体技术，生动形象地向游客展示煤炭的形成、勘探、开发、应用过程。其中，王石凹煤矿不仅是当年铜川地区的主力采矿矿区，还是西北地区第一座较大的机械化矿井。其作为典型的远郊型煤矿工业遗产，是依照苏联专家的设计进行建设，具有鲜明的时代特征，可将地上矿区工业遗址公园与地下文化探秘宫结合，让游客了解煤炭“前世”和“今生”的同时，真实体验煤矿生产过程。鸭口煤矿是路遥名著《平凡的世界》的孕育地，书中有关煤矿的描写几乎都是以鸭口为原型，其中所叙述的人、物、事都和鸭口煤矿有着千丝万缕的联系，他的文化遗产是鸭口煤矿独有的文化矿藏和宝贵的精神财富。因此可将地上路遥文化展馆与地下鸭口煤矿博物馆相结合，提升矿区旅游吸引力和影响力。朱家河煤矿目前已有生态农业综合体开发和矿业设备遗留展示基地，可在此基础上发展成为矿区井下文化旅游馆。

2. 生态发展模式

长期采矿干扰导致苍村煤矿地表塌陷严重，遗留采空区面积较大，地层稳定性差，地质风险较高。矿坑内部生态环境较脆弱，但景观资源丰富。同时，苍村煤矿周围生活区密布，缺少生态休闲场地。因此，应该在充分了解场地景观资源，承载能力的基础上，最大程度上发挥其资源优势，因地制宜开发矿坑公园模式，实现生态效益与社会效益的统一。

3. 经济利用模式

地下农业产业园：桑树坪煤矿平硐地下空间体积较大，地面无明显裂痕，但地质风险属于高易发区，不易实施井下大规模的改扩建工程。周围山区包围，且山下平原多为居住区占据，地上耕地资源限制性较大。因此，可充分利用地下资源开发农业产业园，既可以减少对土壤和水体的污染，降低干旱气候影响，节约地上土地资源，同时保障周围居民对新鲜蔬菜和粮食的需求。

采矿实景培训基地：象山小井所在县域经济发展程度高，矿区周围紧邻村庄和城镇居住区，人口集聚度较高。地下空间体积巨大但地面有裂痕，地质灾害属于中易发区。可充分利用周边县域经济辐射带动作用，最大限度的保留井下有利用价值的大型机械设备，通过 4D、5D 电影等现代化表现形式向游客再现煤炭开采过程，介绍煤炭深加工及综合利用技术，将象山小井发展成为集工业旅游科普教育、教学实习于一体的采矿实景培训基地。

15 对关闭矿山的最佳转型利用方式如表 8-15。

表 8-15 陕煤集团 15 对关闭矿山地下资源转型利用方案

聚类结果	资源类型	矿区名称	可选利用方案
I	生态与经济综合发展模式	澄合二矿	废弃物处置开发模式
		权家河煤矿	地下生态农业试验站
		朱家河煤矿	井下文化旅游馆
		白水煤矿	生物质能源研发
		金华山煤矿	富锶矿泉水开发
		徐家沟煤矿	地下制药中心
		王村斜井	煤转气工程
		鸭口煤矿	地下煤矿博物馆
		东坡煤矿	地下大数据中心
		合阳一矿	重要物资储备
		王村煤矿	综合仓储与物流
		王石凹煤矿	地下文化探秘宫
II	生态发展模式	苍村煤矿	矿坑公园模式
III	经济利用模式	桑树坪煤矿平硐	地下农业产业园
		象山小井	采矿实景培训基地

8.6.4　15 对矿井转型利用规划图

15 对矿井转型利用示意图如图 8-4～图 8-18。

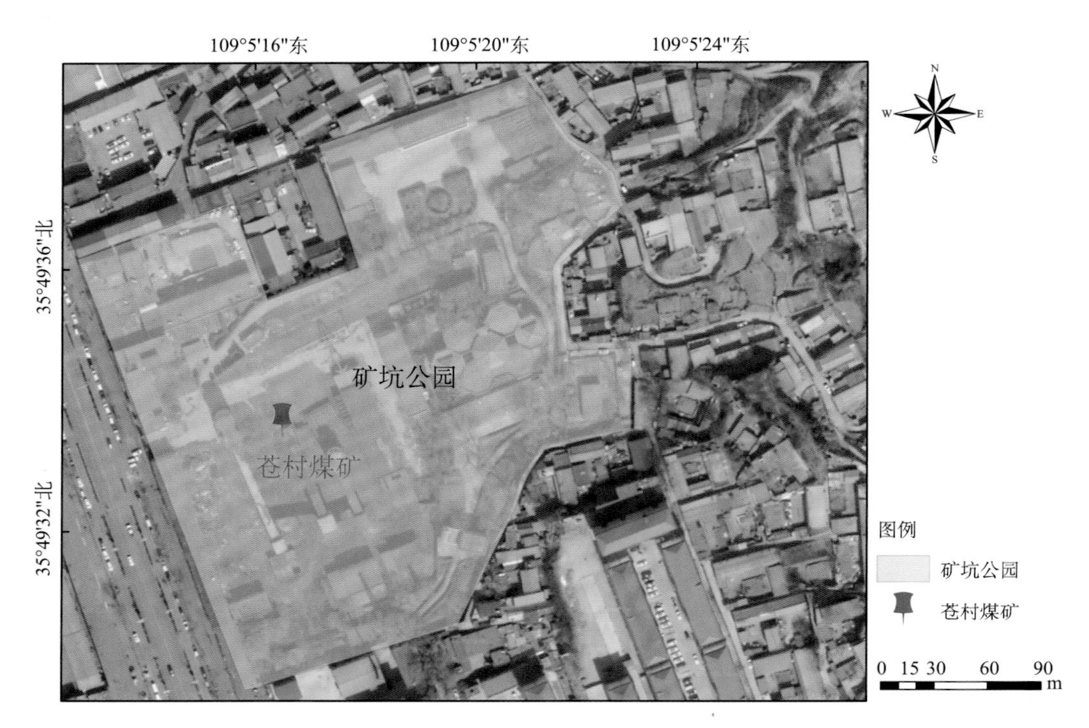

图 8-4　苍村煤矿利用规划图

图 8-5　澄合二矿利用规划图

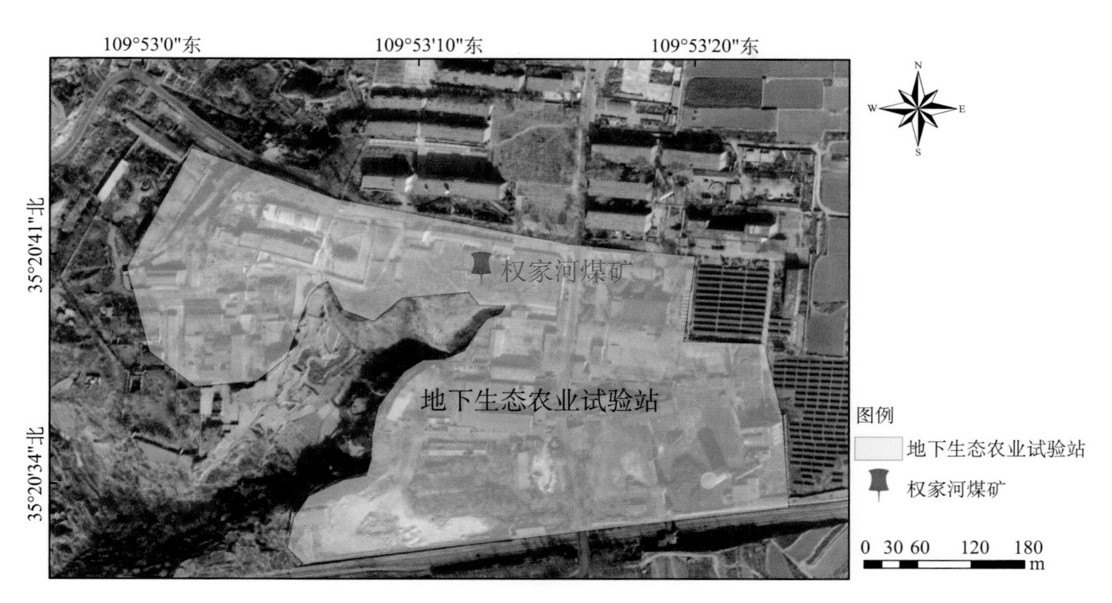

图 8-6　权家河煤矿利用规划图

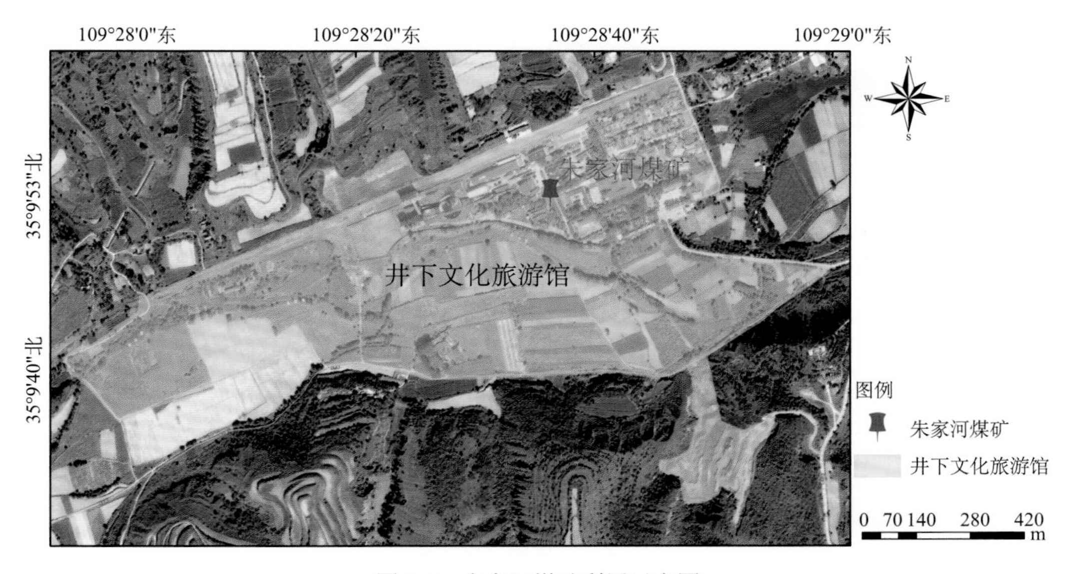

图 8-7　朱家河煤矿利用示意图

图 8-8　白水煤矿利用规划图

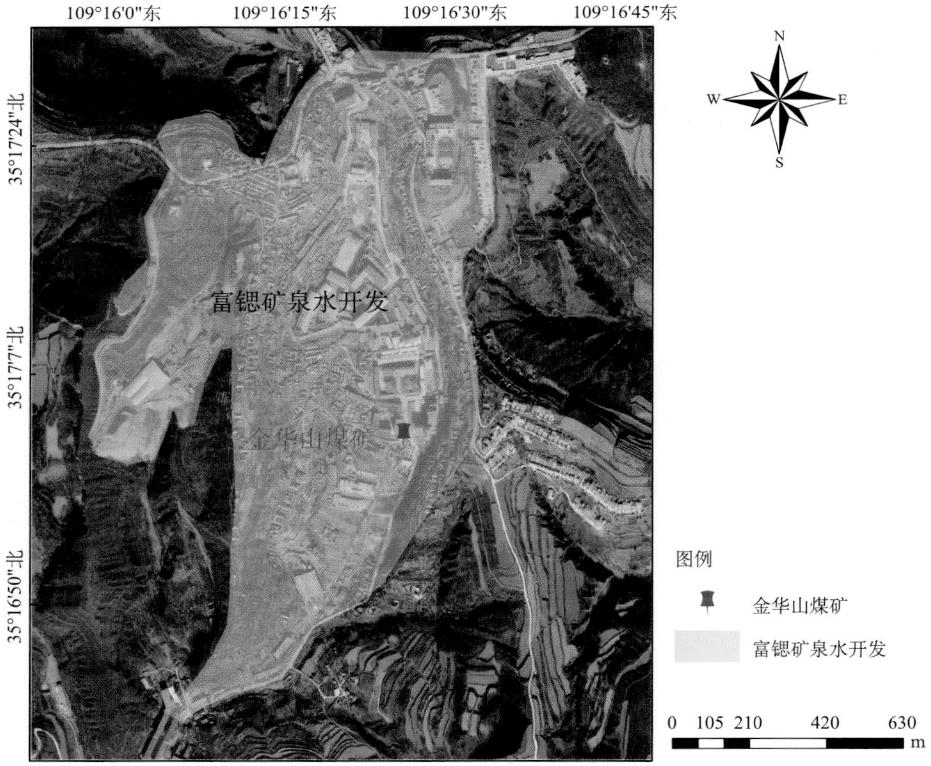

图 8-9　金华山煤矿利用规划图

图 8-10　徐家沟煤矿利用规划图

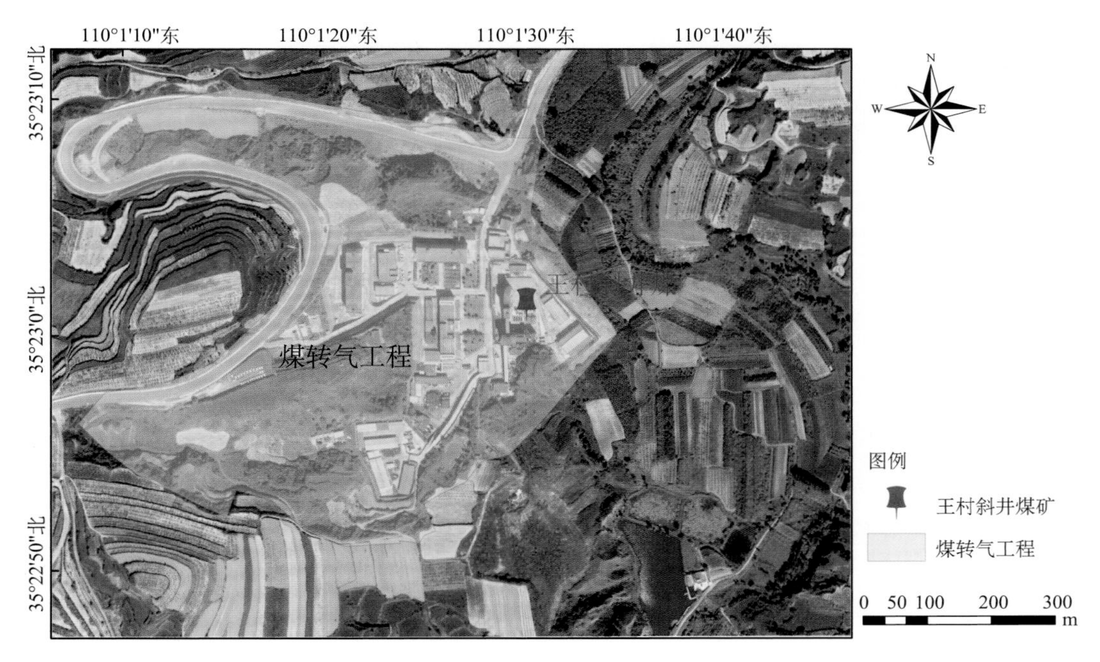

图 8-11　王村斜井利用规划图

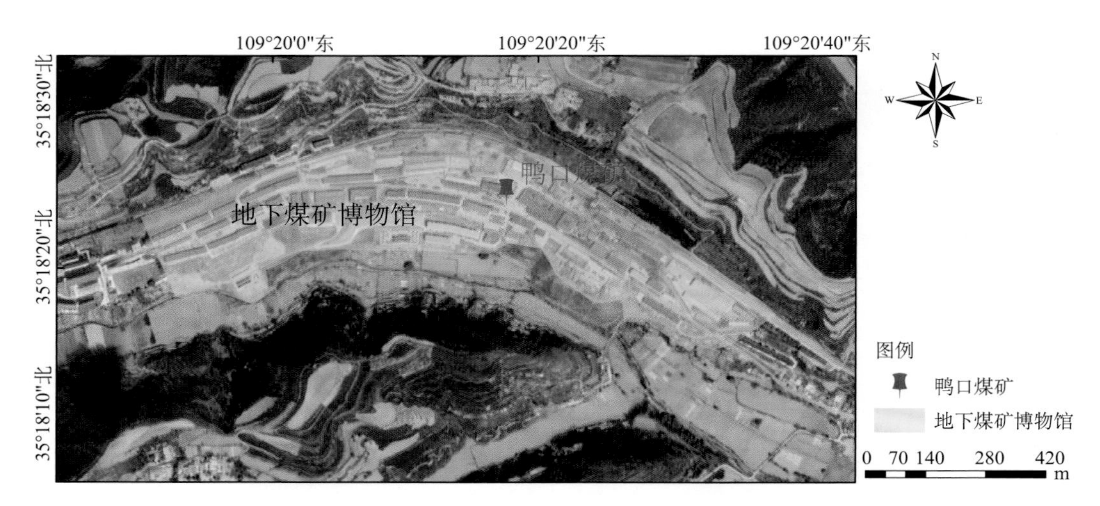

图 8-12　鸭口煤矿利用规划图

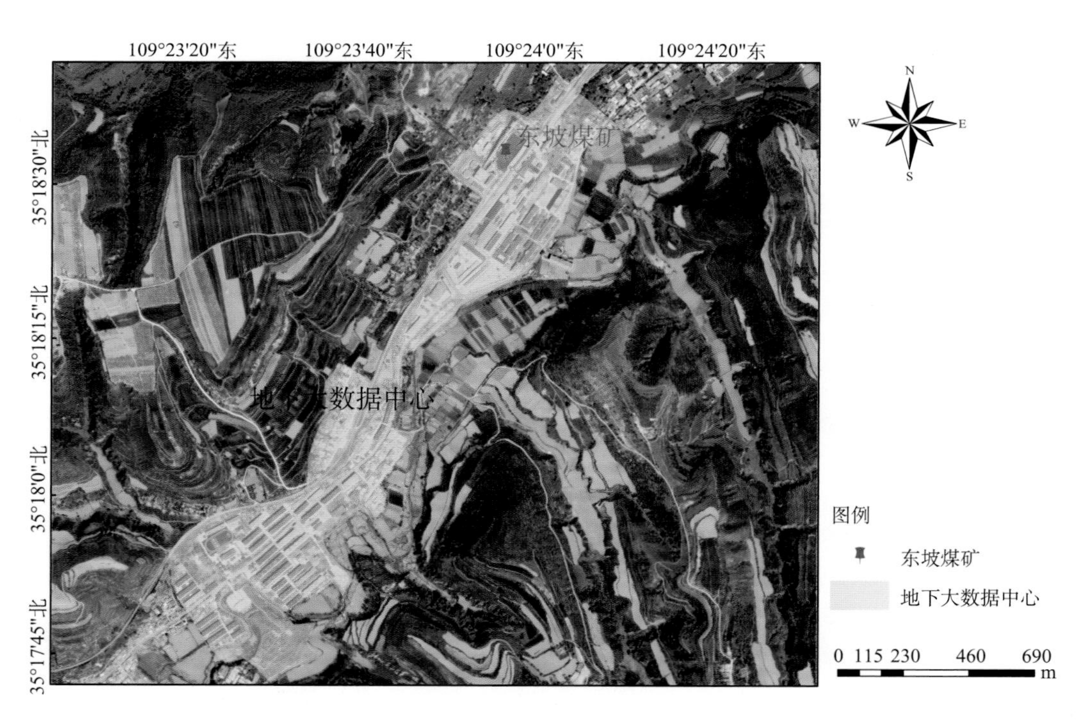

图 8-13　东坡煤矿利用规划图

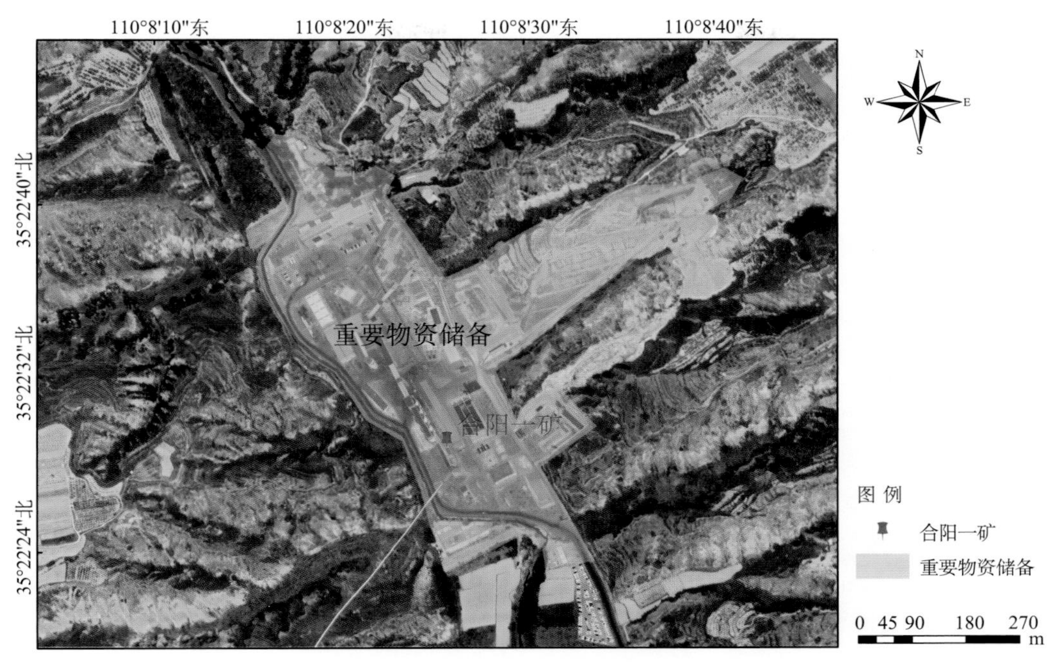

图 8-14　合阳一矿利用规划图

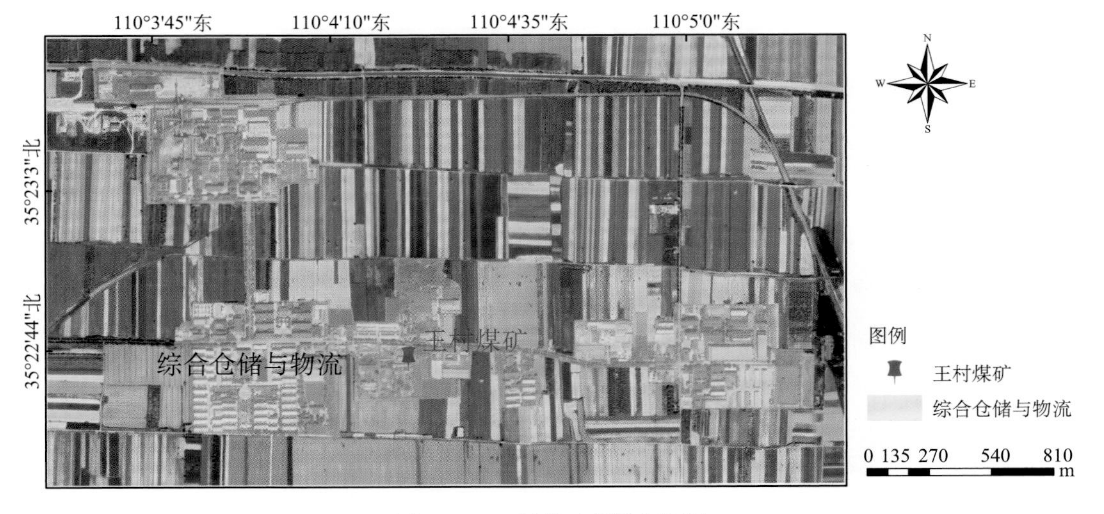

图 8-15　王村煤矿利用规划图

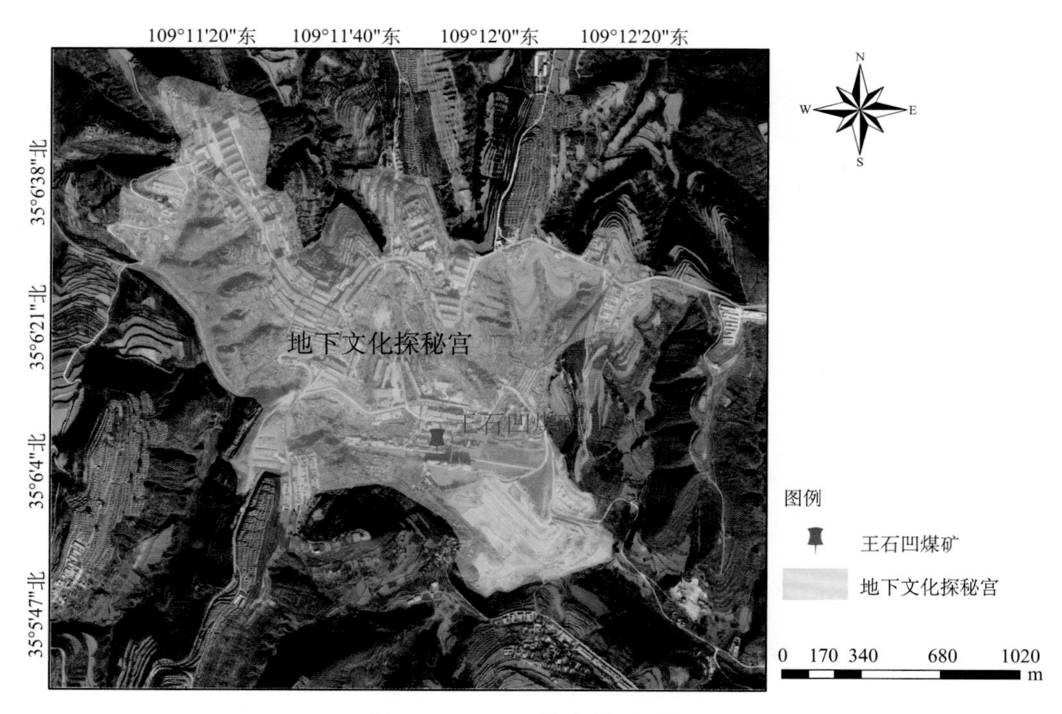

图 8-16　王石凹煤矿利用规划图

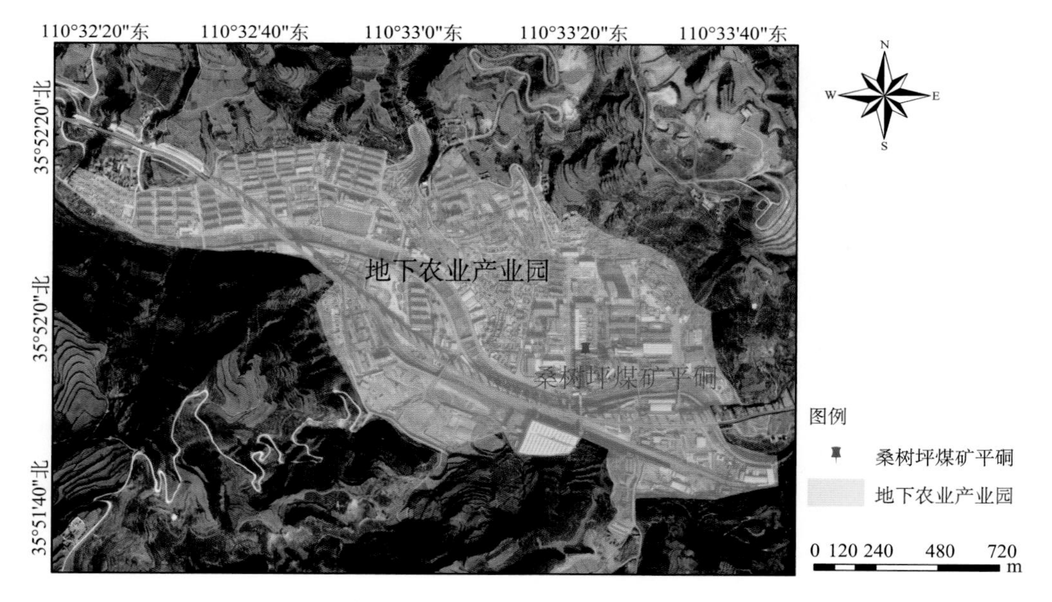

图 8-17　桑树坪煤矿平硐利用规划图

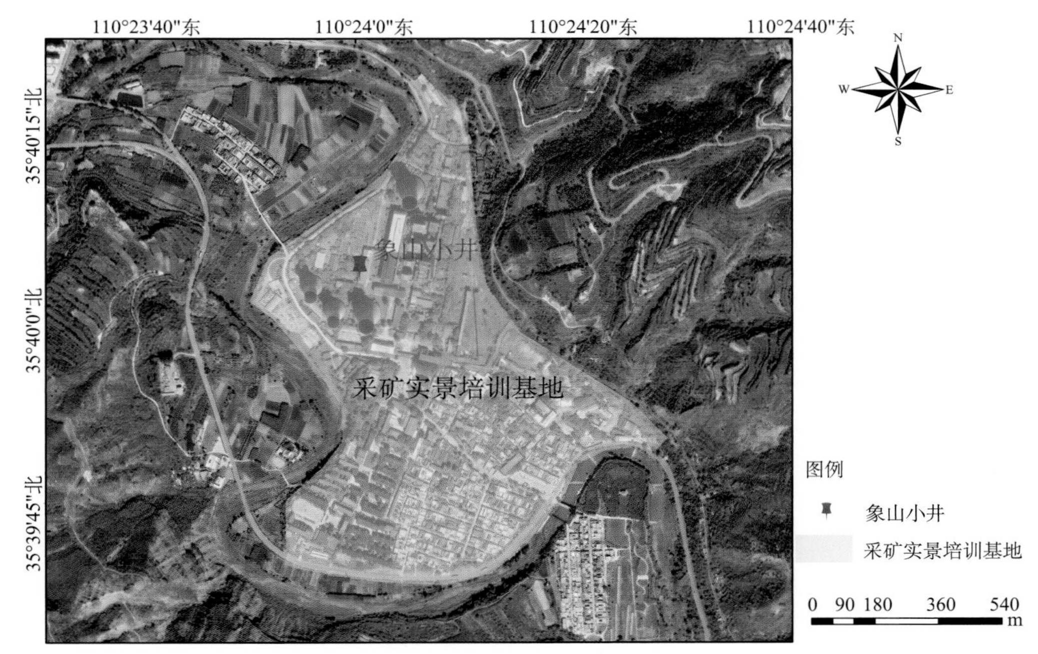

图 8-18　象山小井利用规划

参 考 文 献

[1] 李孝朋. 井筒冻结孔环形通道注浆封堵机理与应用研究[D]. 青岛: 山东科技大学, 2018.

[2] 杜计平, 孟宪锐. 采矿学[M]. 徐州: 中国矿业大学出版社, 2019.

[3] 侯朝炯, 勾攀峰. 巷道锚杆支护围岩强度强化机理研究[J]. 岩石力学与工程学报, 2000, (3): 342-345.

[4] 康红普, 王金华, 林健. 煤矿巷道支护技术的研究与应用[J]. 煤炭学报, 2010, 35(11): 1809-1814.

[5] 梁少岩. 采空区岩体稳定性分析与评价[D]. 沈阳: 沈阳建筑大学, 2018.

[6] 郑莹, 郭立稳, 毕作枝. 浅析采空区的破坏机理与处理方法[J]. 矿业工程, 2008, (04): 32-34.

[7] 袁学文. 龙潭村铁矿采空区稳定性分析及处理措施[D]. 唐山: 华北理工大学, 2018.

[8] 陕西省统计局. 陕西区域经济排行榜[EB/OL]. (2020-06-20)[2020-12-01]. http://tjj.shaanxi.gov.cn/sy/ztzl/lhfw/2019lhtjzxfw/ 202006/t20200620_215424. html.

[9] 陕西煤业化工集团有限责任公司[EB/OL]. [2020-12-21]. http: //www. shccig. com/.

[10] 吕炎, 唐韬, 张光进. 基于聚类分析的矿业经济区划分研究——以平顶山盐矿经济区划分为例[J]. 商场现代化, 2012, (11): 57-58.

[11] 周富春, 金旺, 孙阳. 矿山环境治理效益评价方法及实证分析[J]. 环境工程, 2013, 31(01): 85-88.

[12] 潘叶, 张燕. 矿山废弃地生态修复效益评价研究——以南京幕府山为例[J]. 中国水土保持, 2016, (05): 61-65.

[13] Bangian A H, Ataei M, Sayadi A, et al. Optimizing post-mining land use for pit area in open-pit mining using fuzzy decision making method[J]. International Journal of Environmental Science and Technology, 2012, 9(4): 618-628.

[14] Jackson S T, Hobbs R J. Ecological restoration in the light of ecological history[J]. Science, 2009, 325: 567-568.

第 9 章　基于聚类分析法和最小二乘回归分类法的关闭矿山地上资源评估

9.1　关闭矿山地上资源分类指标体系构建

对陕煤集团 15 对关闭矿井资源进行总结与进一步评估，有利于对该地区的资源概况和类型有更加全面的认识，对资源的合理开发利用具有重要的意义[1]。废弃矿山地上资源类型的划分需要依赖一系列合理的分类指标体系，科学设置矿山资源划分的指标体系，是客观评价和反映矿山资源类型的重要依据。这些分类指标不仅能体现出矿山转型发展所需要的资源优势，又可以体现出矿山在整个发展过程中自身资源消耗的状况。合理的地上资源分类指标体系，应根据矿山可持续发展的基础理论，运用比较全面的分类方法与手段，从多方面、多维度选取能够反映关闭矿山资源类型的相关指标，构建矿井地上资源分类指标体系。

9.1.1　构建指标体系的原则

确立矿山资源类型划分的指标体系，必须要遵循科学、实用、全面的原则，具体应该考虑 3 项原则。

1. 系统科学性原则

分类指标体系必须要依托现阶段已有的研究基础和状况，能够系统地、科学地反映不同资源类型的区别，避免指标之间的重复，且在评价时须对分类的指标采用统一的评价标准与方法，才可以做到分类的有效性，便于进行分析。

2. 层次性原则

整体上分类指标包括生产指标、生活指标与生态指标，由不同的层次和不同的要素组成，这样便于从多方面反映出分类对象的各个主要影响因素。

3. 可行性原则

这要求分类指标体系覆盖的范围广，并可以较为全面地反映矿山资源类型的各个要素。同时，这也要求指标体系内容简洁明了，相应的指标数据方便获取，便于研究工作的深入推行。

9.1.2　指标体系的构成

在确定矿山资源类型分类指标时，需要考虑各种指标因素。一方面，要以矿区的各种地上资源为主，另一方面要适当考虑其可开发利用潜在资源。另外，既要考虑矿区现在的发展状况，又要考虑其整个发展的动态过程及之后的发展方向。通过对已有的资料及数据分析，确定了陕煤集团 15 对关闭矿山分类指标。

设论域 $U=\{x_1,x_2,\cdots,x_{15}\}$，即选择用于聚类分析的 15 个矿区作为分类样本。而每个矿区由 6 个指标加以描述，即：$x_i=\{x_{i1},x_{i2},\cdots,x_{i6}\}$，（$i=1,2,\cdots,15$），具体指标如表 9-1 所示。

表 9-1　矿山资源分类指标

生产指标	生活指标	生态指标
矿山服务年限 x_1	位置（距西安市距离）x_3	矿区地表形变 x_5
建筑物新旧度 x_2	所属行政区发展程度 x_4	地下水系与地表径流 x_6

9.2　分类模型介绍

9.2.1　聚类分析模型

基于聚类分析的优点：在尚不明确各个样本之间的内在联系时，可以利用变量的综合信息对样本进行分类。聚类分析的方法较多，根据已有的资料，采用系统聚类法对 15 对关闭矿井的地上资源进行分类。

系统聚类方法也称为分层聚类法。具体步骤是：每个样本首先作为一类开始，然后把最近的样本（即距离最小的样本）分组到小类中，然后再根据类之间的距离合并已聚类的小类，不断继续下去，最终把所有子类都聚合到一个大类中。

在此过程中，选取不同的类间距离，即对应系统聚类的不同方法，常用的有最小距离法、最大距离法、组间平均法、组内平均法、离差平方和法等。不同的方法只是计算类间距离的公式不同，聚类过程完全一样。运用欧氏距离平方系统聚类之后将得到一系列分类，根据研究目的确定一个合适的分类。

9.2.2　最小二乘回归模型（LSR）

最小二乘回归模型（LSR）是一种数学优化技术。它通过最小化误差的平方和寻找数据的最佳函数匹配，进而构建具有聚集功能的分类器[2]。利用最小二乘法可以简便地求得未知的数据，并使得这些求得的数据与实际数据之间误差的平方和最小[3]。与传统的分类方法相比，最小二乘回归分类模型的优点在于能够使我们从带有大量有标记数据的源域中获得有用信息用于没有或只有很少标记数据的目标域中进行学习，从而设计出比单独使用目标域训练得到更好的模型[4]。这样可以减少为目标域收集有标记数据的工作量。如若不然，成本可能会非常昂贵。

目前，LSR 作为一种广泛使用的基于统计理论开发的方法，已经成为机器学习和模式识别领域的一个典型方法，已广泛应用于判别分析、流形学习、半监督学习、多任务学习、多标签分类等机器学习任务上，并在实际问题中显现出了较好的适应性[5, 6]。

最小二乘回归分类模型基本原理和计算步骤如下：

Input：训练样本集 $R^{m\times n}$，测试样本 y；

Output：训练样本类别 l_{test}；

Step1：标准化训练样本集 $R^{m\times n}$ 和测试样本 y 的每个样本，使每个样本具有单位 L_2 范数；

Step2：构建岭回归模型，训练目标函数 $O(w)$；

Step3：求解表示系数 w；

Step4：最近邻子空间准则进行分类，得到训练样本 l_{test}。

9.3　矿山资源分类方法及步骤

9.3.1　基于聚类分析法的关闭矿山资源分类结果

1. *矿区分类的性状指标*

矿区自然状况及成长过程是通过一系列指标进行描述和反映的。对矿区类型的合理划分，应建立在对表征矿区性状指标的准确选择基础之上[7]。从研究的目的出发，设论域 $U=\{x_1,x_2,\cdots,x_n\}$ 为被分类的对象（关闭矿井），每个对象又由 m 个指标表示其性状。

根据前文对 15 对矿山各种资源的分析，得到矿山资源类型划分指标的具体数据如表 9-2。

表 9-2　矿山资源类型划分指标体系及指标数据

矿区	评价指标					
	服务年限/年	建筑新旧度（剩余年限）/年	与西安市距离/ km	行政区发展程度（县域 GDP）/亿元	地表形变	地下水系与地表径流
澄合二矿	28	13	130.1	87.85	2	1
合阳一矿	23.6	12.6	152.4	97.18	2	1
权家河煤矿	84	34	131.1	87.85	3	3
王村煤矿	69	37	142.8	97.18	5	5
王村斜井	68	51	141.4	97.18	3	5
苍村煤矿	49	0	155.3	152.41	1	1
朱家河煤矿	62	41	145.5	77.50	2	3
白水煤矿	34	7	120.3	77.50	2	3
桑树坪煤矿平硐	58	15	215.8	368.99	5	7
象山小井	60	10	195.1	368.99	5	7
王石凹煤矿	70	11	98.3	60.58	4	5
金华山煤矿	98	41	98.6	60.58	3	5
徐家沟煤矿	80	26	105.8	60.58	3	3
鸭口煤矿	85	31	104.1	60.58	4	5
东坡煤矿	77	27	105.6	60.58	4	3

注：表中地表形变 1～5 分别表示塌陷、无塌陷、裂缝、无裂缝、状况良好，地下水系与地表径流 1、3、5、7 分别表示匮乏、较丰沛、丰沛、极其丰沛。

设 $x_i=\{x_{i1},x_{i2},\cdots,x_{im}\}$（$i=1,2,\cdots,n$）为具体指标层中第 i 个评价指标的值；建立矿山资源类型分类的指标矩阵。

$$\begin{bmatrix} x_{11} & x_{12} & \cdots & x_{1m} \\ x_{21} & x_{22} & \cdots & x_{2m} \\ \vdots & \vdots & & \vdots \\ x_{n1} & x_{n2} & \cdots & x_{nm} \end{bmatrix}$$

根据表 9-2 各个分类指标的具体数据，得到矿山资源类型划分的指标数据矩阵。

$$\begin{bmatrix} 28 & 13 & 130.1 & 87.85 & 2 & 1 \\ 23.6 & 12.6 & 152.4 & 97.18 & 2 & 1 \\ 84 & 34 & 131.1 & 87.85 & 3 & 3 \\ 69 & 37 & 142.8 & 97.18 & 5 & 5 \\ 68 & 51 & 141.4 & 97.18 & 3 & 5 \\ 49 & 0 & 155.3 & 152.41 & 1 & 1 \\ 62 & 41 & 145.5 & 77.50 & 2 & 3 \\ 34 & 7 & 120.3 & 77.50 & 2 & 3 \\ 58 & 15 & 215.8 & 368.99 & 5 & 7 \\ 60 & 10 & 195.1 & 368.99 & 5 & 7 \\ 70 & 11 & 98.3 & 60.58 & 4 & 5 \\ 98 & 41 & 98.6 & 60.58 & 3 & 5 \\ 80 & 26 & 105.8 & 60.58 & 3 & 3 \\ 85 & 31 & 104.1 & 60.58 & 4 & 5 \\ 77 & 27 & 105.6 & 60.58 & 4 & 3 \end{bmatrix}$$

2. 数据标准化

表征矿区性状的指标数据一般具有不同的量纲，为了使数据更具有可比性，必须对其进行转化[8]。目前，处理数据的方法大致有 3 种：标准化、极差标准化和正规化。为了便于直观的比较各矿井之间相同指标的数值大小及计算方便，我们选用了标准化转换方式：

$$x_{ik}=\frac{\max\{x_{1m},x_{2m},\cdots,x_{nm}\}}{\max\{x_{1m},x_{2m},\cdots,x_{nm}\}-\min\{x_{1m},x_{2m},\cdots,x_{nm}\}} \tag{9-1}$$

其中，$i=1,2,\cdots,n$；$k=1,2,\cdots,m$。

各个指标的值标准化后转换为 0～1 的数据。

$$
\begin{bmatrix}
0.94 & 0.75 & 0.73 & 0.91 & 0.75 & 1.00 \\
1.00 & 0.75 & 0.54 & 0.88 & 0.75 & 1.00 \\
0.19 & 0.33 & 0.72 & 0.91 & 0.50 & 0.67 \\
0.39 & 0.27 & 0.62 & 0.88 & 0.00 & 0.33 \\
0.40 & 0.00 & 0.63 & 0.88 & 0.50 & 0.33 \\
0.66 & 1.00 & 0.51 & 0.70 & 1.00 & 1.00 \\
0.48 & 0.20 & 0.60 & 0.95 & 0.75 & 0.67 \\
0.86 & 0.86 & 0.81 & 0.95 & 0.75 & 0.67 \\
0.54 & 0.71 & 0.00 & 0.00 & 0.00 & 0.00 \\
0.51 & 0.80 & 0.18 & 0.00 & 0.00 & 0.00 \\
0.38 & 0.78 & 1.00 & 1.00 & 0.25 & 0.33 \\
0.00 & 0.20 & 1.00 & 1.00 & 0.50 & 0.33 \\
0.24 & 0.49 & 0.55 & 1.00 & 0.50 & 0.67 \\
0.17 & 0.39 & 0.95 & 1.00 & 0.25 & 0.33 \\
0.28 & 0.47 & 0.94 & 1.00 & 0.25 & 0.67
\end{bmatrix}
$$

注：矩阵中保留两位小数，矿区从上到下。

3. 建立近似值矩阵

设论域 $U=\{x_1,x_2,\cdots,x_n\}$，$x_i=\{x_{i1},x_{i2},\cdots,x_{im}\}$，在 SPSS 软件中采用最远邻元素法，测算各个样本之间的欧氏距离平方，确定 x_i 与 x_j 间的近似系数 $r_{ij}=R$（x_i,x_j），由此建立近似值矩阵 R。

$$
\begin{bmatrix}
0.000 & 0.040 & 0.910 & 1.545 & 1.361 & 0.297 & 0.639 & 0.140 & 3.090 & 2.888 & 1.096 & 1.475 & 0.778 & 1.463 & 0.922 \\
0.040 & 0.000 & 1.043 & 1.615 & 1.439 & 0.273 & 0.695 & 0.221 & 2.846 & 2.713 & 1.310 & 1.733 & 0.989 & 1.689 & 1.129 \\
0.910 & 1.043 & 0.000 & 0.000 & 0.277 & 1.113 & 0.185 & 0.804 & 2.306 & 2.148 & 0.498 & 0.452 & 0.082 & 0.238 & 0.145 \\
1.545 & 1.615 & 0.416 & 0.416 & 0.326 & 2.086 & 0.693 & 1.282 & 1.482 & 2.381 & 0.480 & 0.838 & 0.543 & 0.245 & 0.338 \\
1.361 & 1.439 & 0.277 & 0.326 & 0.000 & 1.806 & 0.224 & 1.163 & 2.055 & 2.005 & 0.827 & 0.956 & 0.483 & 0.383 & 0.517 \\
0.297 & 0.273 & 1.113 & 2.086 & 1.806 & 0.000 & 0.917 & 0381 & 2.859 & 2.668 & 1.457 & 1.488 & 1.061 & 1.889 & 1.363 \\
0.639 & 0.695 & 0.185 & 0.693 & 0.224 & 0.917 & 0.000 & 0.631 & 2.523 & 2.450 & 0.882 & 1.938 & 0.324 & 0.621 & 1.483 \\
0.140 & 0.221 & 0.804 & 1.282 & 1.163 & 0.381 & 0.631 & 0.000 & 2.689 & 2.431 & 0.639 & 1.954 & 0.602 & 1.074 & 0.756 \\
3.090 & 2.846 & 2.306 & 1.482 & 2.055 & 2.859 & 0.523 & 2.689 & 0.000 & 0.041 & 2.206 & 2.655 & 2.705 & 2.307 & 2.507 \\
2.888 & 2.713 & 2.148 & 1.381 & 2.005 & 2.668 & 2.450 & 2.431 & 0.041 & 0.000 & 1.871 & 2.296 & 2.443 & 2.056 & 2.250 \\
1.096 & 1.310 & 0.498 & 0.480 & 0.827 & 1.457 & 0.882 & 0.693 & 2.206 & 1.871 & 0.000 & 0.205 & 0.282 & 0.197 & 0.222 \\
1.475 & 1.733 & 0.452 & 0.838 & 0.956 & 1.488 & 0.938 & 0.954 & 2.655 & 2.296 & 0.205 & 0.000 & 0.272 & 0.265 & 0.368 \\
0.788 & 0.989 & 0.082 & 0.543 & 0.483 & 1.061 & 0.324 & 0.602 & 2.705 & 2.443 & 0.282 & 0.272 & 0.000 & 0.188 & 0.065 \\
1.463 & 1.689 & 0.238 & 0.245 & 0.383 & 1.889 & 0.621 & 1.074 & 2.307 & 2.056 & 0.197 & 0.265 & 0.188 & 0.000 & 0.129 \\
0.922 & 1.129 & 0.145 & 0.338 & 0.517 & 1.363 & 0.483 & 0.756 & 2.507 & 2.250 & 0.222 & 0.368 & 0.065 & 0.129 & 0.000
\end{bmatrix}
$$

4. 聚类分析

聚类分析结果如图 9-1。

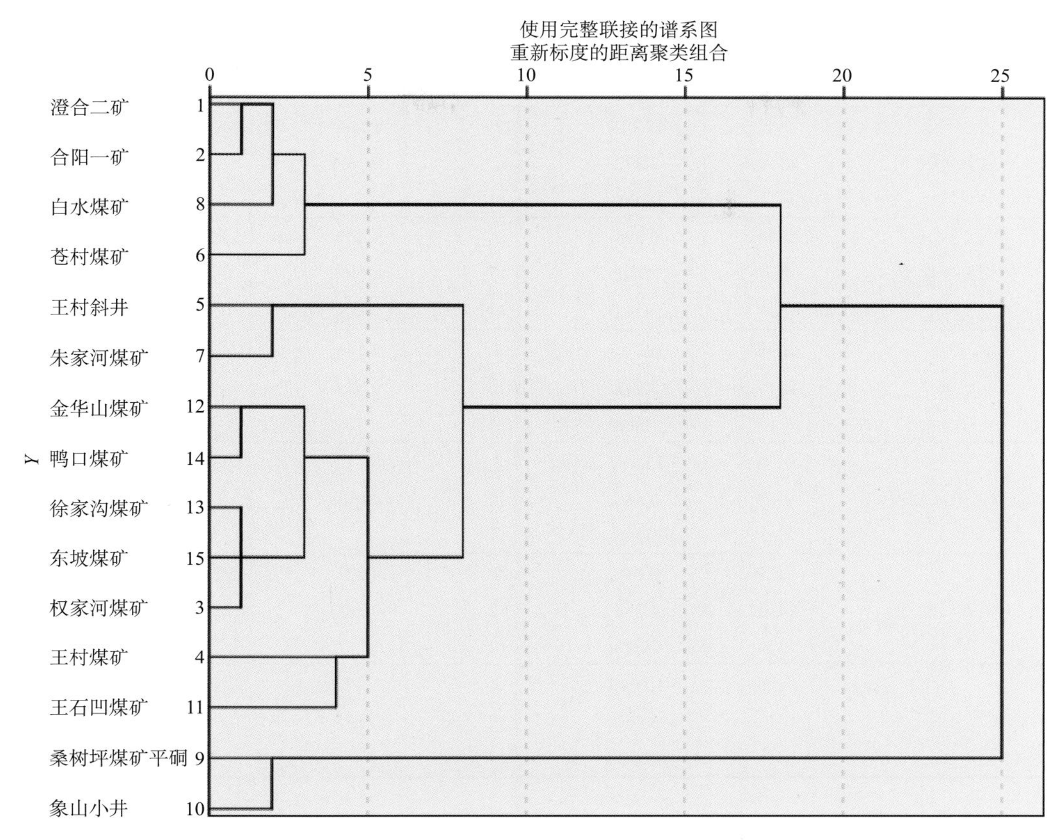

图 9-1　聚类分析结果图

图像清晰地显示了聚类的整个过程。将实际距离按比例调整为 0～25，将性质相近的个案或新类通过逐级连线的方式连接，直至不形成新的类。根据分类的需要，在该图顶端的距离刻度上选择一个划分类的距离值，然后绘制垂直线，该垂直线将与水平连线相交，则交点数即为分类的类别数，与水平线对应的个案组成一类。

若选标尺值为 5，则聚类结果分为 5 类：澄合二矿、合阳一矿、苍村煤矿、白水煤矿为一类；王村斜井、朱家河煤矿为一类；金华山煤矿、徐家沟煤矿、鸭口煤矿、东坡煤矿、权家河煤矿为一类；王村煤矿和王石凹煤矿为一类；桑树坪煤矿平硐和象山小井为一类。

若选标尺值为 10，则聚类结果分为 3 类：澄合二矿、合阳一矿、苍村煤矿、白水煤矿为一类；王村斜井、朱家河煤矿、金华山煤矿、徐家沟煤矿、鸭口煤矿、东坡煤矿、权家河煤矿、王村煤矿和王石凹煤矿为一类；桑树坪煤矿平硐和象山小井为一类。

方差分析结果如表 9-3 所示。

对陕煤集团 15 对矿山进行分类，究竟划分为几个类别合适，既不是越多越好，也不是越少越好。划分矿山地上资源类别的目的，就是要根据各矿井资源特点、区域位置的不同，进而分类指导转型方式，使转型后的发展更加符合当地的实际。这样，各个矿区都能够充分利用自身的优势，避免劣势，达到投入少、产出多的目标，创造良好的环境、

表 9-3　各变量显著性检验

		平方和	自由度	均方	F	显著性
服务年限	组间	11.128	2	5.564	23.250	0.000
	组内	2.872	12	0.239		
	总计	14.000	14			
建筑新旧程度	组间	6.893	2	3.447	5.820	0.017
	组内	7.107	12	0.592		
	总计	14.000	14			
位置	组间	10.287	2	5.144	16.625	0.000
	组内	3.713	12	0.309		
	总计	14.000	14			
行政区发展程度	组间	13.484	2	6.742	156.642	0.000
	组内	0.516	12	0.043		
	总计	14.000	14			
地表形变	组间	9.642	2	4.821	13.276	0.001
	组内	4.358	12	0.363		
	总计	14.000	14			
地表水与地下水	组间	10.940	2	5.470	21.454	0.000
	组内	3.060	12	0.255		
	总计	14.000	14			

社会、经济综合效益。如果分类太多，就失去了分类的意义，如果分类太少，则很难根据类别进行有针对地开发利用。聚类分析的目的是将资源状况相近和类似的矿区聚合在一起，如矿井服务年限、建筑新旧度、地理位置、行政区发展程度、地表形变、地下水系与地表径流等情况，其分析结果也直观、易于观察。在此根据陕西省行政区划及矿井特征，最终决定将 15 对关闭矿井划分为 4 个类别，使其理论与实际更紧密地结合起来，从而更好地指导实践。

第Ⅰ类：澄合二矿、合阳一矿、苍村煤矿、白水煤矿为一类，这一类与西安市平均距离 139.5 km，平均人口 2.7 万人。

第Ⅱ类：王村斜井、朱家河煤矿为一类，这一类属于矿区内地表形变不明显，地表水系与地下水较为丰沛，与西安市平均距离 143.45 km。

第Ⅲ类：金华山煤矿、徐家沟煤矿、鸭口煤矿、东坡煤矿、权家河煤矿、王村煤矿和王石凹煤矿为一类，这一类平均服务年限 80 年，地面无明显塌陷、土地利用状况较好，地面水系和地下水丰沛。

第Ⅳ类：桑树坪煤矿平硐和象山小井为一类，这一类属于经济发展水平较高，地表状况及水资源状况良好，与西安市平均距离 205.45 km，故其有区别于其他三类。

总体而言，聚类分析的应用基本成功，大部分分类符合实际。陕煤集团 15 对关闭矿山地上资源划分如表 9-4。

表 9-4　陕煤集团 15 对关闭矿山资源评估分类

聚类结果	矿区名称	资源特征
I	澄合二矿 合阳一矿 苍村煤矿 白水煤矿	与西安市平均距离 139.5 km，平均人口 2.7 万人
II	王村斜井 朱家河煤矿	地表形变不明显，地表水系与地下水较为丰沛，与西安市平均距离 143.45 km
III	金华山煤矿 徐家沟煤矿 鸭口煤矿 东坡煤矿 权家河煤矿 王村煤矿 王石凹煤矿	平均服务年限 80 年，地面无明显塌陷、土地利用状况较好，地面水系和地下水丰沛
IV	桑树坪煤矿平硐 象山小井	经济发展水平较高，地表状况及水资源状况良好，与西安市平均距离 205.45 km

9.3.2　基于最小二乘回归分类法的关闭矿山资源分类结果

为了保持分类样本选取的一致性，基于最小二乘回归模型的分类过程仍然选择矿山服务年限（x_1）、建筑物新旧度（x_2）、距西安市距离（x_3）、所属行政区发展程度（x_4）、矿区地表形变（x_5）和地下水系与地表径流（x_6）6 个训练样本，陕煤 15 个矿区为测试样本，则最小二乘法回归分类的计算步骤为：

Step1：假设 $X=\{x_1,x_2,\cdots,x_n\}\in R^{m\times n}$ 是训练样本集，其中 $x_i\in R^{m\times 1}$ 表示第 i 个训练样本，$y\in R^{m\times 1}$ 是一个测试样本，利用训练样本集 X 的一个线性组合近似表示测试样本 $y\approx\sum_{i=1}^{n}X_iw_i$ 。通过数学方法求解表示系数 w，并利用表示系数按类别重构测试样本得到测试样本 y 的所属类别。

Step2：利用岭回归模型求解表示系数。经典的岭回归模型为 $\min\limits_{w}\|y-Xw\|_2^2$ 。

Step3：求解表示系数 w 。先假设 $O(w)$ 为 $\min\limits_{w}\|y-Xw\|_2^2$ 的目标函数，则 $O(w)=\mathrm{tr}((y-Xw)^{\mathrm{T}}(y-Xw))=\mathrm{tr}(y^{\mathrm{T}}y)+\mathrm{tr}(w^{\mathrm{T}}X^{\mathrm{T}}Xw)-2\mathrm{tr}(w^{\mathrm{T}}X^{\mathrm{T}}y)$，其中 $\mathrm{tr}(X)$ 表示求迹，这里应用了 $\mathrm{tr}(X)=\mathrm{tr}(X^{\mathrm{T}})$ 和 $\mathrm{tr}(XY)=\mathrm{tr}(YX)$，对 X 求导得到：$\dfrac{\partial O(w)}{\partial(w)}=2X^{\mathrm{T}}Xw-2X^{\mathrm{T}}y$，令该公式等于 0，可得到 $w=(X^{\mathrm{T}}X)^{-1}X^{\mathrm{T}}y$ 。

Step4：最近邻子空间准则。假设数据样本集有 K 个类别 $\{l_1,l_2,\cdots,l_k\}$，对一个表达数据样本 y 求解系数向量 w，对每一个类计算如下的度量余量：$r_k(y)=\|y-X\delta_k(w)\|_2^2$，

其中 $\delta_k(w): R^n \to R^n$ 计算得到类 l_k 的系数，其第 j 个元素定义为 $(\delta_k(w))_j = \begin{cases} w_j & (x_j \in l_k) \\ 0 & (x_j \notin l_k) \end{cases}$，最后，样本 y 所属的类为 $l = \arg\min_{1 \leqslant k \leqslant K} r_k(y)$。

基于以上步骤分析，研究采用最小二乘回归专业分析软件 SIMCA-P11.5 构建 LSR 模型，将训练样本 $X=\{x_1, x_2, x_3, x_4, x_5, x_6\}$ 与测试样本 $Y=\{y_1, y_2,\cdots, y_{15}\}$ 代入模型计算，得到以下分类结果（图 9-2）。

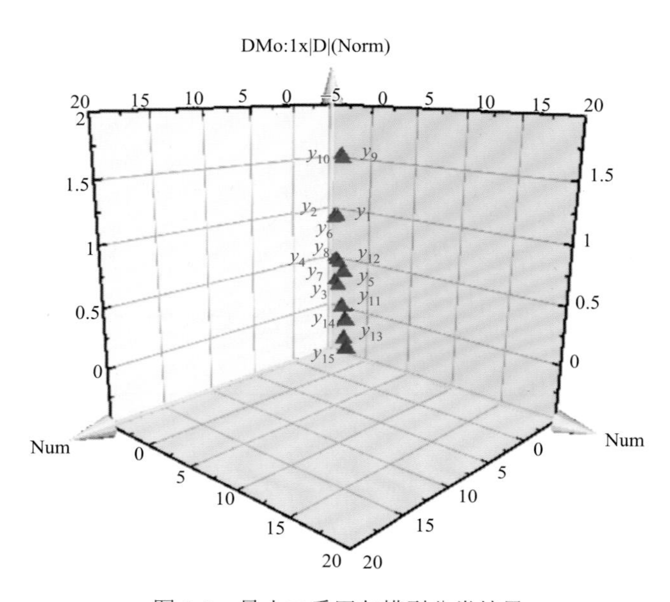

图 9-2　最小二乘回归模型分类结果

从图中可以看出，最小二乘回归模型分类结果与聚类分析结果一致，进一步表明采用聚类分析方法对陕煤集团 15 对矿井的聚类结果能够达到科学分类的精度要求和现实需要。依据图中分类结果，可将陕煤集团 15 对矿井划分为以下 4 个类别：

第Ⅰ类：澄合二矿（y_1）、合阳一矿（y_2）、苍村煤矿（y_6）、白水煤矿（y_8）。

第Ⅱ类：王村斜井（y_5）、朱家河煤矿（y_7）。

第Ⅲ类：金华山煤矿（y_{12}）、徐家沟煤矿（y_{13}）、鸭口煤矿（y_{14}）、东坡煤矿（y_{15}）、权家河煤矿（y_3）、王村煤矿（y_4）和王石凹煤矿（y_{11}）。

第Ⅳ类：桑树坪煤矿平硐（y_9）和象山小井（y_{10}）。

9.4　陕煤集团关闭矿山地上资源情况

9.4.1　地上资源范围

陕煤集团 15 对矿山均处于陕西省中北部，位置较为集中。从地理位置上来看，15 对关闭矿山主要分布在：韩城市（象山小井、桑树坪矿平硐）、白水县（朱家河煤矿、白水煤矿）、印台区（王石凹煤矿、金华山煤矿、徐家沟煤矿、鸭口煤矿、东坡煤矿）、黄陵县（苍村煤矿）、澄城县（澄合二矿、权家河煤业）、合阳县（王村煤矿、合阳一矿、王村斜井）；其地上资源从类型上来看，涉及矿区附近的水资源、土地资源、建筑物资源、地理交通条件、人口资源、历史文化资源等。

9.4.2 地上资源概况

陕煤集团 15 对关闭矿山地上资源概况如表 9-5。

表 9-5 陕煤集团 15 对关闭矿山地上资源概况

矿区	性状								
	生产			生活			生态（地面情况）		
	井田规模/km^2	服务年限/年	剩余年限/年	人口/万人	与西安市距离/km	县域 GDP/亿元	地表形变	矿区土地利用情况	地表水系与地下水
苍村煤矿	9.31	49	49	3.5	155.3	152.41	地表塌陷，采空区大	煤矸石堆积	水源匮乏
鸭口煤矿	21.9	85	54	2.7	104.1	60.58	无形变	绿化程度好	丰沛
徐家沟煤矿	10	80	54	2.7	105.8	60.58	无塌陷	植树种花栽草，绿化高	较为丰沛
东坡煤矿	32.3	77	50	2.7	105.6	60.58	地面情况较好	种花草树木和农作物	较为丰沛
金华山煤矿	23.2	98	57	2.2	98.6	60.58	无塌陷	土地、房屋闲置面积大	丰沛
王石凹煤矿	24.5	70	59	2.9	98.3	60.58	无塌陷	种植农作物	丰沛
朱家河煤矿	12.5	62	21	1.9	145.5	77.50	无明显形变	采掘设备、矸石山积多	较为丰沛
白水煤矿	28.3	34	27	1.8	120.3	77.50	无形变	采掘设备地面堆积较多	较为丰沛
合阳一矿	4.7	23.6	11	4	152.4	97.18	无明显塌陷	植树种草	水源匮乏
王村煤矿	27.4	69	32	2.4	142.8	97.18	地面情况较好	环境好、绿化率高	丰沛
王村斜井	13.9	68	17	2.4	141.4	97.18	形变、塌陷不明显	高标准楼，利用程度高	丰沛
澄合二矿	20.9	28	15	1.6	130.1	87.85	无塌陷	矸石堆积	水源匮乏
权家河煤矿	11	84	50	1.6	131.1	87.85	地面存在裂缝	部分土地面积闲置	较为丰沛
桑树坪煤矿平硐	63.3	58	43	4	215.8	368.99	地面无明显塌陷	土地利用程度高	极其丰沛
象山小井	27.2	60	50	7.9	195.1	368.99	地面塌陷、地裂缝	土地利用程度高	极其丰沛

资料来源：参考文献[9-13]。

9.4.3 不同资源的利用方式

国内外学者在矿山转型利用方面做了很多研究，通过分析总结，矿山转型大概可以分为 3 个模式：矿业旅游开发模式、自然生态修复模式和地下空间利用模式。其中，矿业旅游开发模式中包含矿山公园模式、地质公园模式、工业旅游模式、博物馆模式、休闲度假模式及综合开发模式；自然生态修复模式包括湿地模式和植被恢复模式；地下空间利用模式包含：科学实验及特色疗养型开发模式、存储库、废弃物处置场地、伴生资源开发型利用模式。矿山地上资源转型利用模式如表 9-6。

表 9-6　矿山地上资源转型利用模式

转型利用模式	可选利用方案	典型代表案例
矿业旅游开发模式	矿山公园模式	四川乐山嘉阳国家矿山公园、太原西山国家矿山公园
	地质公园模式	南京冶山国家矿山公园、大同晋华宫国家矿山公园
	工业旅游模式	美国蒙大拿州 Anaconda 铜矿工业旅游区、德国莱比锡市工业景观
	博物馆模式	扎赉诺尔国家矿山博物馆、白银火焰山国家矿山公园博物馆
	休闲度假模式	德国科特布斯地区工业景观、徐州君悦国际温泉旅游度假中心
自然生态修复模式	湿地模式	徐州潘安湖国家湿地公园、吉林辽源国家湿地公园
	植被恢复模式	上海辰山植物园矿坑花园
地下空间利用模式	科学实验模式	阿塞（Asse）及不伦瑞克盐矿放射性废物实验室、亚拉巴马州地下气化实验
	特色疗养型开发模式	奥地利萨尔茨堡“佳斯坦治疗隧道”
	存储库模式	德国深部煤层二氧化碳封存
	废弃物处置场地模式	康沃尔郡“伊甸园工程”

每一种模式需要矿山满足不同的资源要求，如：对矿区内环境质量较好、交通便利、基础设施完善并且附近有许多已成型的成熟景区的关闭矿山应以休闲度假模式为主要利用方向；煤矿经开采后形成了较大的采空区，受地表水和地下水位的影响，采煤塌陷区容易造成积水的废弃矿区应以湿地恢复为主；对地理区位差，复垦对土地资源数量的改善有限，开采面基本没有特殊的景观价值，新景观资源也无法拓展的废弃矿区应首选植被恢复模式。

通过对 15 对矿山资源类型的划分及各种模式使用条件的分析，得到不同矿山资源的主要转型模式及各个矿山在转型过程中可选择的具体方案（表 9-7）。

表 9-7　陕煤集团 15 对关闭矿山资源评估分类

聚类结果	主要转型模式	矿区名称	可选利用方案
I	自然生态修复模式	澄合二矿	植被恢复
		合阳一矿	生态农业、植被恢复
		苍村煤矿	湿地公园、水上发电
		白水煤矿	绿色植被恢复
II	修复与开发综合	王村斜井	植被修复
		朱家河煤矿	休闲度假区、工业旅游

续表

聚类结果	主要转型模式	矿区名称	可选利用方案
III	矿业旅游开发模式	金华山煤矿	富锶矿泉水开发
		徐家沟煤矿	老年疗养中心、教育培训基地
		鸭口煤矿	工业旅游、矿山公园
		东坡煤矿	博物馆、工业旅游
		权家河煤矿	工业旅游
		王村煤矿	工业旅游
		王石凹煤矿	综合性旅游景区、矿山公园
IV	地下空间利用模式	桑树坪煤矿平硐	种植蘑菇、储存文物资料
		象山小井	井下工业旅游、矿山公园

参考文献

[1] 马喆, 韩凤清, 易磊, 等. 柴达木盆地昆特依盐湖沉积特征及其盐类资源评价[J]. 盐湖研究, 2020, 28(01): 86-95.

[2] 翟嘉, 胡毅庆, 徐尔. 用于多分类问题的最小二乘支持向量分类-回归机[J]. 计算机应用, 2013, 33(07): 1894-1897, 1911.

[3] 曹连江. 电子信息测量及其误差分析校正的研究[M]. 长春: 东北师范大学出版社, 2017.

[4] 简彩仁, 陈晓云. 基于稀疏表示和最小二乘回归的基因表达数据分类方法[J]. 福州大学学报(自然科学版), 2015, 43(06): 738-741.

[5] 林智鹏, 简彩仁, 吕书龙. 基于两阶段最小二乘回归的分类方法[J]. 福州大学学报(自然科学版), 2019, 47(05): 586-591.

[6] 姜志彬. 基于多视角学习和迁移学习的分类方法及应用研究[D]. 无锡: 江南大学, 2019.

[7] Dianming G, Fuxing J. Research on classification of mining areas by means of fuzzy clustering[J]. China Mining Magazine, 2003.

[8] 吕炎, 唐韬, 张光进. 基于聚类分析的矿业经济区划分研究——以平顶山盐矿经济区划分为例[J]. 商场现代化, 2012, (11): 57-58.

[9] 陕西省统计局. 陕西县域经济排行榜[EB/OL]. (2020-06-20)[2020-12-01]. http://tjj.shaanxi.gov.cn/sy/ztzl/lhfw/ 2019lhtjzxfw/ 202006/t20200620_215424. html.

[10] 象山矿井. 陕煤集团韩城矿业有限公司[EB/OL]. (2016-06-04)[2020-12-01]. http://www.hckwj.com/info/1014/17235. htm.

[11] 陕煤集团铜川矿业有限公司[EB/OL]. [2020-12-10]. http://www.tckwj com/gsgk/jcdw. htm.

[12] 陕煤集团蒲白矿业有限公司[EB/OL]. [2020-12-21]. http://www.pbkygs.com.

[13] 澄合网. 王村斜井[EB/OL]. (2010-01-08)[2020-12-21]. http://www.chkygs.com/html/chzl/dwjj/201708/26761.html.

第 10 章　陕煤集团 15 对关闭矿山的转型利用路径

10.1　关闭矿山转型综合效益

矿山转型效益是指矿山企业为了寻求可持续发展，将废弃矿井资源充分利用，在因地制宜转型为其他发展模式过程后产生的多种效益，具体可划分为经济效益、生态效益和社会效益这三部分[1]。

本书通过简单定义矿山转型的生态效益、社会效益和经济效益进一步得到矿山转型的综合效益，以此作为实证研究的基础。

10.1.1　生态方面

矿井转型的生态效益是指废弃矿井通过开发利用带来的生态环境质量的改善情况[2]。从可持续发展的方面来看，环境恢复是矿产资源开发的一个重要部分[3]。废弃矿山无论以何种方式转型发展，都应该在保证矿区生态环境良好的前提之下进行。我国对关闭矿山的生态修复始于 20 世纪 80 年代，近年来积累了大量生态修复实践项目[4-7]。生态修复的目标不仅是植树种草、恢复植被，也应通过修复的技术手段重构一个能够自我维护、良性循环的生态服务系统[8]。因此带来的生态效益主要表现在涵养水源、保持水土、净化环境等方面[9]。

10.1.2　生产方面

矿山转型的生产效益作为最易获取数据和进行量化的效益，定义相对而言较为清晰和明确。广义上来讲，生产效益是指企业在生产活动以劳动消耗为变量，在控制变量尽可能小的情况下，获取更多的经营成果。矿山转型带来的生产效益主要是来自工业文化旅游，因此，本书将经济效益的衡量指标主要定为：矿山转型投产初期政府的补贴、发展工业旅游后各景点门票收入、旅游业带动当地餐饮业发展的餐饮收入。

10.1.3　社会方面

矿井转型的社会效益是一个间接的效益，并且这种效益不能直接衡量，是一种间接的社会效果和影响。与经济效益、生态效益这两类可以通过指标直接衡量、概念相对清晰、由经济活动直接产生不同的是，矿井转型带来的社会效益需要借助中间变量即社会活动，才能反馈于社会，所以社会效益的定义与社会活动密不可分。社会效益是某种社会活动所产生的社会效果和影响，是一种间接效益，不能直接量化。本书衡量社会效益主要有 3 个方面：扩大就业、提升城市形象、提高发展水平。

10.2　关闭矿山转型综合效益的评估指标体系构建

对关闭矿山转型带来的综合效益的评估需要依赖于一系列合理的评价指标体系。科学设置矿山转型综合效益的评估指标体系，是客观评价和反映矿山转型综合效益好坏的重要依据。这些评估指标不仅能反映矿区在转型过程中对经济效益、生态效益和社会效益的重视，而且也能反映矿区在转型时的多目标特征，如追求综合效益最大化。

合理的关闭矿山转型利用综合效益评估指标体系，就是基于关闭矿山转型发展的基础理论，运用全面的评价方法与手段，从多维度、多方面选取一系列能够反映关闭矿山转型带来的综合效益真正水平的相关指标，构建的矿山转型效益综合评价指标体系。

10.2.1　指标体系的构成

构建矿山转型综合效益评估指标体系的方法为：在坚持指标体系构建原则的基础上，广泛参考国内外各研究机构及学者的相关研究，并结合我国矿山转型应用实践选择典型的、具有代表性的矿山转型项目，挑选并逐步细分指标。在此基础上，大量阅读、分析、整理相关资料并反复修改、补充与完善，设计并构建矿山转型综合效益评估指标体系。

首先，按经济效益、生态效益和社会效益 3 个划分标准，再根据科学、可行的原则选择合适的指标，最后构建详细的评价指标体系（表 10-1）。

表 10-1　矿山转型综合效益评价指标体系

目标层（D）	准则层（P）	指标层（A）
矿山转型综合效益	生态效益（P1）	涵养水源（a11）
		保持水土（a12）
		净化环境（a13）
	社会效益（P2）	扩大就业（a21）
		提升城市形象（a22）
		提高发展水平（a23）
	经济效益（P3）	政府补贴（a31）
		门票收入（a32）
		餐饮业发展（a33）

10.2.2　指标体系的权重确定

基于上文提出的关闭矿山转型综合效益评估指标体系（表 10-1）中既包含评估性指标又包含描述性指标，而其中的描述性指标不能完全量化，使得评估效果可能不够完善；为了弥补这一方面的缺憾，需要进一步构建关闭矿山转型综合效益评估指标体系评价模型。此时，为评估指标体系中的每一个指标进行赋权对准确评价关闭矿山转型综合效益显得尤其重要。

层次分析法作为一种定性与定量相结合的决策方法与废弃矿山转型综合效益的评估指标体系的特点相吻合，能够较好地对评估指标进行合理赋权，显示各指标对关闭矿井转型综合效益评估体系的贡献值，因此，采用层次分析法计算各类指标的权重[10]。

用层次分析法来确定各个指标所占的权重时，通过对每一层次中各元素两两比较来判断元素的相对重要性，构造判断矩阵。通过计算，确定评价指标相对重要性的总体排序。应用层次分析法的主要步骤有 4 步。

（1）分析综合效益评价指标系统中各因素之间的相互关系，构造层次分析结构模型。

本书研究的问题是关闭矿山转型综合效益评估指标体系的权重。评估指标体系一共包括三个部分，第一个部分是目标层，只有一个因素，反映关闭矿山转型综合效益的水平。第二层是准则层，是为了实现目标层而必需的中间环节，这里的准则层包含三个层次：经济效益、生态效益和社会效益。第三层是指标层，具体包含 9 个指标（图 10-1）。

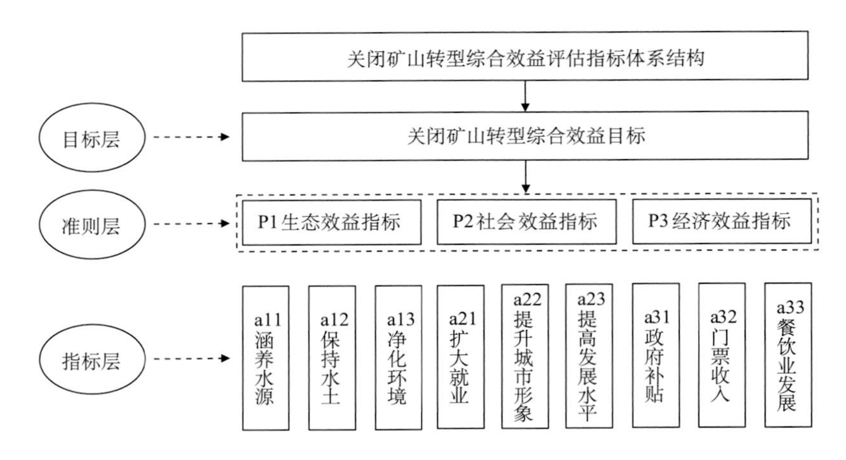

图 10-1 矿山转型综合效益评价指标体系层次结构图

（2）两两比较同一个层次中要素与上一个层次中某一准则的重要性，写成矩阵形式进行判断。

（3）被比较的因素对某一准则的相对权重通过判断矩阵来计算。n 个因素对准则 P 的相对权重 C，并通过一致性检验。

（4）通过调查问卷获得各指标值，最后，利用效益指标所占权重与其具体数值相乘来实现评价指标值与权重的叠加，进而得到转型方案的综合效益评分，最终来达到方案选择的目的。

10.2.3 矿山转型综合效益评价模型设计

1. 层次结构模型设计思路

根据朱家河煤矿的资源特点，参考国内外有关指标的设计，结合第 4 章指标体系模型的构成，设计目标层、准则层及指标层。其中，具体评价指标层反映准则层，准则层反映目标层。实际上，准则层与具体指标的综合概括体现目标层。

1）目标层（D）

将关闭矿山转型综合效益作为目标层，用来衡量转型发展的效果，评价转型利用结果，需要选择描述性指标和评估性指标。从多方面和角度来描述矿山转型利用的发展变化和布局结构，进而体现环保投资的效果。

2）准则层（P）

从生态、社会和经济三方面将关闭矿山转型综合效益评估指标体系准则层分为 3 类：生态效益指标 P1、社会效益指标 P2、经济效益指标 P3。

3）指标层（A）

包括涵养水土 a11、净化水源 a12、……、餐饮业发展 a33 在内的 9 个描述性和评估性指标。

2. 建立判断矩阵及确定权重

根据关闭矿山转型综合效益评价层次结构模型，建立判断矩阵；利用层次分析法根据已有的知识经验求得各指标的权重分配，结果如图 10-2、图 10-3、表 10-2（随机一致性指标 CR<0.1，满足检验）。

矿山转型综合效益评价（一致性比例：0.0584；对"矿山转型综合效益评价"的权重：1.0000；λmax：9.6821）

判断矩阵

矿山转型综合...	涵养水源	保持水土	净化环境	扩大就业	提升城市形...	提高发展水...	政府补贴	门票收入	餐饮业发展	Wi
涵养水源	1	1	1	1/2	1/3	1/3	1/3	1/2	1/3	0.0516
保持水土	1	1	1	1/2	1/3	1/3	1/3	1/2	1/3	0.0516
净化环境	1	1	1	1	1/3	1/2	1/2	1/2	1/3	0.0627
扩大就业	2	2	1	1	2	1	3	1/2	1	0.1360
提升城市形象	3	3	3	1/2	1	1/2	1/2	1/2	1/2	0.0996
提高发展水平	3	3	2	1	2	1	2	1/3	1/2	0.1303
政府补贴	3	3	2	1/3	2	1/2	1	1/2	1/2	0.1066
门票收入	2	2	2	2	2	3	2	1	2	0.1994
餐饮业发展	3	3	3	1	2	2	2	1/2	1	0.1620

图 10-2　准则层评价指标判断矩阵

要素	权重	CI	RI(阶数)
▲ 方案层			
经济效益	0.4121		
社会效益	0.3943		
生态效益	0.1936		
▲ 第 1 准则层　组合一致性比例：0.0241			
门票收入	0.1994	0.0018	0.5200 (3)
餐饮业发展	0.1620	0.0091	0.5200 (3)
扩大就业	0.1360	0.0091	0.5200 (3)
提高发展水平	0.1303	0.0429	0.5200 (3)
政府补贴	0.1066	0.0123	0.5200 (3)
提升城市形象	0.0996	0.0018	0.5200 (3)
净化环境	0.0627	0.0000	0.5200 (3)
涵养水源	0.0516	0.0091	0.5200 (3)
保持水土	0.0516	0.0368	0.5200 (3)

图 10-3　准则层组合一致性比例

表 10-2　矿山转型综合效益评价指标权重汇总

目标层（D）	准则层（P）	权重	指标层（A）	权重	综合权重
矿山转型综合效益	生态效益（P1）	0.1936	涵养水源（a11）	0.0516	0.0100
			保持水土（a12）	0.0516	0.0100
			净化环境（a13）	0.0627	0.0121
	社会效益（P2）	0.3943	扩大就业（a21）	0.1360	0.0536
			提升城市形象（a22）	0.0996	0.0393
			提高发展水平（a23）	0.1303	0.0514
	经济效益（P3）	0.4121	政府补贴（a31）	0.1066	0.0439
			门票收入（a32）	0.1994	0.0822
			餐饮业发展（a33）	0.1620	0.0668

3. 确定评价因素集合

根据构建的废弃矿山转型综合效益评价指标体系，设：

Z=（P1，P2，P3）=（生态效益指标，社会效益指标，经济效益指标）

其中，Z 为废弃矿山转型综合效益；

P1=（a11，a12，a13）=（涵养水源，保持水土，净化环境）；

P2=（a21，a22，a23）=（扩大就业，提升城市形象，提高发展水平）；

P3=（a31，a32，a33）=（政府补贴，门票收入，餐饮业发展）。

10.3　15 对关闭矿山具体转型方式

15 对关闭矿山中有些矿山可选择的转型利用方案并不单一，综合效益最大化是方案选择的标准。通过层次分析法，分析各个效益指标的权重，并结合问卷调查打分，量化每种利用方案下各效益指标，最终得到陕煤集团 15 对关闭矿山的最佳转型利用方式。15 对矿山可选择的利用方案均不同，且各矿山在不同方案下的效益值不同。因此，本书第 11 章以朱家河煤矿为例展开具体分析。15 对关闭矿山的最佳转型利用方式如表 10-3。

表 10-3　陕煤集团 15 对关闭矿山转型利用方案

矿山名称	转型具体方案
澄合二矿	植被绿化
合阳一矿	生态农业
权家河煤矿	工业旅游
王村煤矿	工业旅游
王村斜井	植被复绿
苍村煤矿	湿地公园
朱家河煤矿	休闲度假景区
白水煤矿	绿色植被恢复

续表

矿山名称	转型具体方案
桑树坪煤矿平硐	储存文物及数据资料等
象山小井	井下参观旅游
王石凹煤矿	综合性旅游景区
金华山煤矿	富锶矿泉水开发
徐家沟煤矿	老年人疗养中心
鸭口煤矿	工业旅游观光
东坡煤矿	博物馆

10.4　关闭矿山转型未来可能与创新方向

未来关闭矿山资源化利用需要进行跨学科和跨领域的理论研究和大数据技术应用，在遵循生态圈构建与自循环原则，废旧利用、开发与保护统一原则，地上与地下协调、系统化立体开发原则，平战、平灾结合和远期与近期呼应原则，可持续发展原则 5 大原则下构建多元化的转型模式，满足当前及未来社会经济发展和国家战略需求。基于此，中国工程院谢和平团队[11]和袁亮团队[12]等在充分考虑地下丰富的矿井水、地热和空间等资源赋存，以及独特的环境条件，如清洁、隔音隔震、天然抗灾、低本底无辐射、恒温恒湿等，从不同阶段、不同层次提出了深地发展 5.0 时代开发构想及深地发展战略蓝图（图 10-4），为实现关闭/废弃矿井资源精准、立体开发提供了新的实践构想和理论支撑。

1. ＜50 m

地下轨道交通系统及避难设施。作为地面城市的补充，构建地下立体交通网络，与地面车行交通道路相联系，通过“空中步道系统”将人行道互相连接，形成了“多层城市”的立体模式，实现城市规模的竖向延伸，解放地面交通压力。构筑地下停车库、商城、医院，设计地下避难设施，在火灾、地震、战事等特殊条件下确保人类安全。

2. 50～100 m

地下医疗、娱乐场所。突破深地大气循环、能源供应、生态重构等瓶颈，建设地下房地产、矿山博物馆、地下疗养院、体育馆、游乐场等。引入模拟阳光、深地地热转换与空气循环系统、地下储能与水电调蓄系统、地下水库及地下生态植被系统和通信网络，形成独立的深地自循环生态系统。

3. 100～500 m

地下生态圈及战略物资储备。探索地下农业、地下畜牧业等地下生态带构建技术，形成非生物部分、生产者、消费者、分解者的全链条生态系统，实现生物群落与无机环

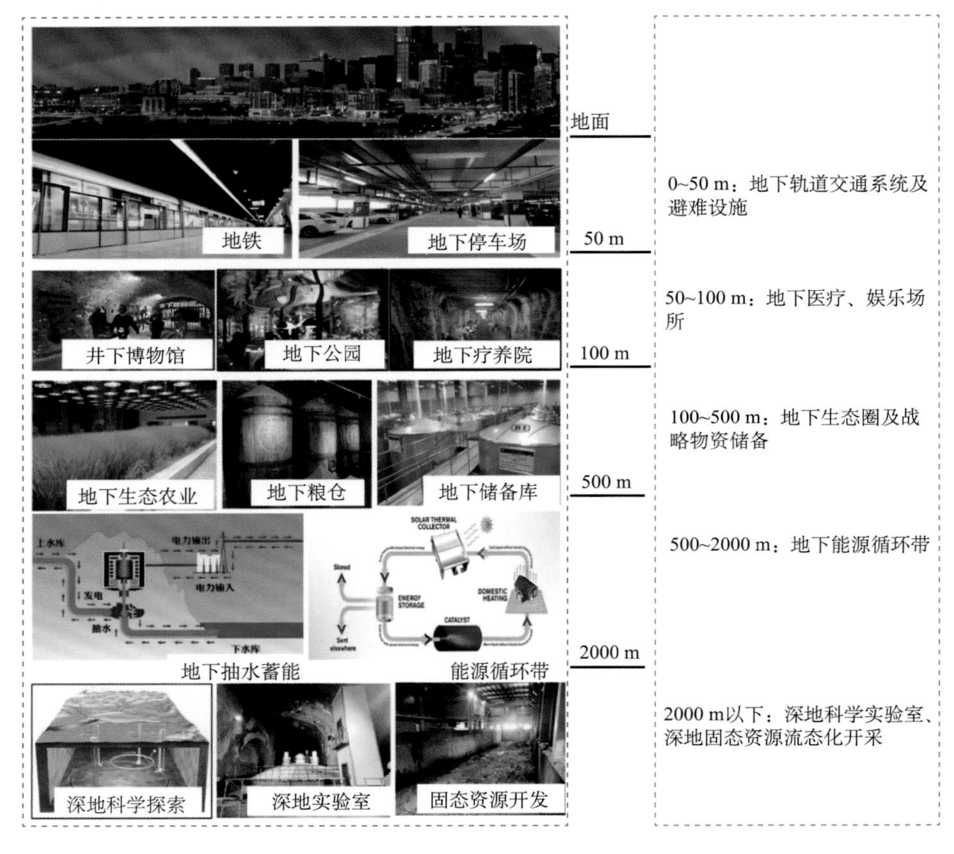

图 10-4　废弃矿山地上/下立体、精准开发利用构想

境的统一，作为地上城市空间的补充与扩展。同时，充分利用深地较高抵御自然灾害能力特性，开发深地储油库、深地种子库及粮仓、深地水库、深地数据中心等，从能源安全、信息安全角度确保深地实验室的可持续运行与国家安全。

4. 500～2000 m

地下能源循环带。地下生态城市与地面存在高落差，蕴含丰富的水能资源，利用原有井下设备修建深地抽水蓄能发电站，将深部地下水在电能过剩时抽取到高处的抽水蓄能电站蓄水池，电能紧缺时利用水头差进行水力发电，实现深地空间的储水、蓄能、发电，最大程度利用深地可再生水利资源，缓解城市的能源供给压力。

5. ＞2000 m

深地科学实验室、深地固态资源流态化开采。针对深地特殊环境，构建深地科学实验室，进行大规模深地科学探索研究，如深地岩石力学、深地地震学以及能源储存、地热利用等一系列科学前沿探索性研究。探索深地固态资源流态化开采新技术。

参考文献

[1] 周富春, 金旺, 孙阳. 矿山环境治理效益评价方法及实证分析[J]. 环境工程, 2013, 31(01): 85-88.

[2] 赵阳. 典型矿山生态恢复效果与生态效益评价[D]. 焦作: 河南理工大学, 2017.

[3] Good R, Johnston S. Rehabilitation and revegetation of the Kosciuszko summit area, following the removal of grazing—an historic review[J]. Ecological Management & Restoration, 2019, 20(1): 13-20.

[4] 张进德, 郗富瑞. 我国废弃矿山生态修复研究[J]. 生态学报, 2020, 40(21): 7921-7930.

[5] 闻彩焕, 王文栋. 基于无人机倾斜摄影测量技术的露天矿生态修复研究[J]. 煤炭科学技术, 2020, 48(10): 212-217.

[6] 王蕾. 矿区修复不能止于回填[N]. 中国自然资源报, 2020-07-23(006).

[7] 李富平, 贾淯斐, 夏冬, 等. 石矿迹地生态修复技术研究现状与发展趋势[J]. 金属矿山, 2021, (01): 168-184.

[8] 郭伟龙, 彭冰, 邓乐娟, 等. 陕西省矿山生态修复的思考[J]. 国土资源情报, 2020, (08): 24-27.

[9] 陈晶, 余振国, 孙晓玲, 等. 基于山水林田湖草统筹视角的矿山生态损害及生态修复指标研究[J]. 环境保护, 2020, 48(12): 58-63.

[10] Kulakowski K. Understanding the Analytic Hierarchy Process[M]. Florida: CRC Press, 2020.

[11] 谢和平, 高明忠, 张茹, 等. 地下生态城市与深地生态圈战略构想及其关键技术展望[J]. 岩石力学与工程学报, 2017, 36(6): 1301-1313.

[12] 袁亮, 姜耀东, 王凯, 等. 我国关闭/废弃矿井资源精准开发利用的科学思考[J]. 煤炭学报, 2018, 43(01): 14-20.

第 11 章　关闭矿山资源评估与利用路径详细方案：以朱家河煤矿为例

11.1　特 征 分 析

陕西陕煤蒲白矿业公司朱家河煤矿位于白水县杜康镇（蒲白矿区西部），地处蒲城、白水、铜川三县、市交界处（图 11-1），地理区位条件优越，地形平坦，交通状况良好，整体通达度高，并且矿区内环境优美，建筑物比较完整，附近成熟的旅游资源丰富，满足矿山公园旅游开发模式的要求。朱家河煤矿转型利用方案较多，既可以发展为休闲度假景区，又可以作为工业旅游场地，具有代表性。在可持续发展理念的指导下，追求生态效益、社会效益、经济效益等综合效益最大化是矿山在转型中的立足点。因此，分析具有多种转型方案的朱家河煤矿的最佳利用路径可以对其他类似矿山在具体转型时方案选择提供参考。

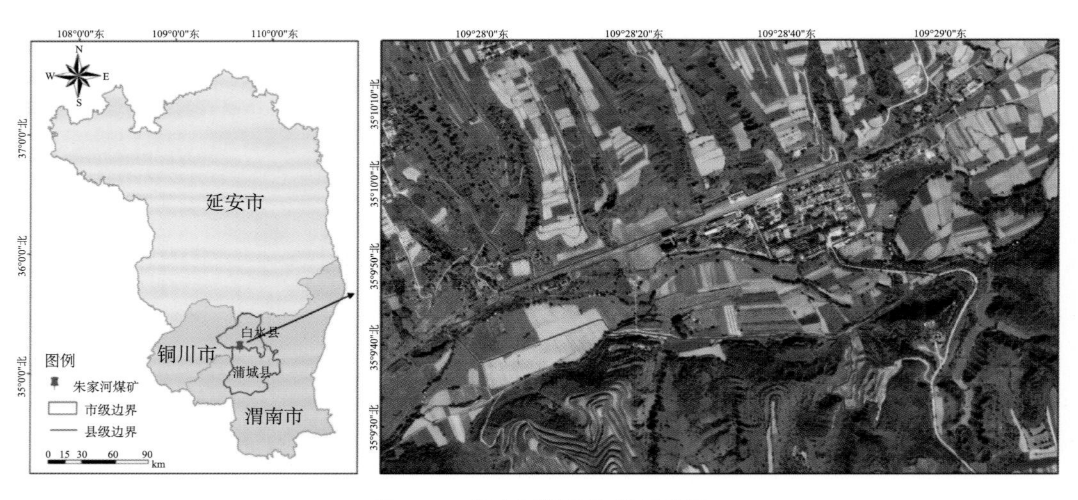

图 11-1　朱家河煤矿位置示意图

11.2　区 域 概 况

11.2.1　朱家河煤矿概况

朱家河煤矿于 1992 年 12 月 28 日正式开工建设，位于渭北黄土高原上白水县杜康镇，隶属于陕西煤业化工集团公司蒲白矿务局。朱家河煤矿是经原煤炭部批准建设的渭北重点建设项目，也是陕西省“八五”重点建设工程，矿井于 1999 年 11 月建成投产。矿井原设计生产能力 90 万 t/a，随后经过多次技术升级改造，最终于 2012 年 12 月经陕西省煤安局审批核定生产能力为 180 万 t/a。2014 年，中国煤炭消费量出现 15 年来的首次负增长，煤炭销售呈现持续下降态势，朱家河煤矿受大环境影响亏损严重。2016 年，为了响应国家供给侧结构性改革“去产能”号召，按照《煤矿生产能力管理办法》和《陕西煤业化工集团有限责任公司关于明确王村等 5 处矿井关闭时间等相关事宜的通知》相关规定，朱家河煤矿提前 1 年于 2016 年 11 月 30 日安全顺利地完成了关闭回收工作。

矿区内水井的水位埋深一般在 60～100 m，水质为重碳酸钠、钙、镁水，pH 7.2～7.8，属于弱碱性水；水害类型为周边小煤窑采空区积水对生产的影响。矿区内部建筑设施齐全，生产、生活极为方便。矿内生产设施有办公楼、公寓楼、区队办公楼、停车场、机修车间等，能满足正常生产所需。多功能会议厅、员工运动中心场地面积大、设备齐全，能满足人们所需的各项娱乐活动。

朱家河煤矿地处的白水县交通十分便利，是连接关中与陕北的关键点。白水县拥有丰富的历史文化资源，是著名的“四圣”文明发源地。仓颉造字、杜康造酒、雷公制陶、蔡伦造纸在中国享有盛名，其中仓颉是世界性历史人物和东方文明的守护神，仓颉庙是国内唯一集庙、墓、碑、树、字等于一体的国家级文物保护单位；酒祖杜康墓为陕西省文物保护单位，现有众多保存完整的遗址，有杜康庙、杜康泉、杜康字等；制陶遗址、蔡伦造纸池等保留至今，都具有很高的历史文化价值。此外，白水县拥有仓颉传说等 16 项国家级、省级、市级非物质文化遗产，永垣陵等 11 家国家级、省级文物保护单位。白水县可充分利用深厚的文化底蕴，促进社会经济的发展。同时，白水县也是全国最大的有机苹果生产基地，朱家河煤矿西有白水县林皋湖慢城旅游区，北有万亩苹果种植基地。

11.2.2　朱家河煤矿地下资源概况

朱家河煤矿矿井设计生产能力 90 万 t/a，服务年限 62 年，矿井自上而下为 3#煤、5^{-1}#煤、5^{-2}#煤、11^{-1}#煤、10#煤。其中，5^{-2}#煤为中厚煤层，其余煤层均为薄煤层，煤层倾角不大于 10°，根据煤层赋存状况，矿井划分两个水平开采。第一水平标高+600 m，一水平主要运输大巷和回风大巷，相互平行布置，两巷间距 30 m；第二水平标高+520 m，用于集中下山开采第二水平，二水平运输大巷和回风大巷基本布置在 11^{-1}#煤层中。2016 年 8 月 15 日，停止原煤生产，开始回撤，矿井关闭前，二水平工作还未进行，于 2016 年 11 月 30 日彻底关闭。矿井关闭后，井上下资源种类众多，其中，井下可用空间主要包括：主副斜井井筒、井底车场及中央水泵房及通道、材料库等硐室及一水平主要运输大巷和回风大巷，及底下残留煤炭资源。根据计算可得蒲白矿务局朱家河煤矿井下可利用空间是 1.18×10^5 m^3。包括：

（1）矿井井筒可利用空间约为 1.6×10^4 m^3。

（2）井底车场及主要硐室可利用空间约为 2.1×10^4 m^3。

（3）一水平主要运输大巷和回风大巷可利用空间约为 8.1×10^4 m^3。

此外，朱家河矿区遗留煤炭资源主要包括井田内铁路及河流、水库、工业广场及村庄保护煤柱，工作面保护煤柱，计算可得总残留资源量达 5600 万 t。

11.2.3 朱家河煤矿地上资源详情

朱家河矿井工业广场地面建筑设施保存比较完整，主要包括东部办公生活区和配套设施区，西部生产区和南部休闲绿地（图 11-2）。办公生活区建筑主要包括行政办公楼、车库、化验室、公寓楼、联建楼、职工餐厅、活动中心、健身房等；主要建筑生产区包括预制场、排矸场、圆形储煤场、西风井、机修车间、支架车间等；此外，矿区配套设施完善，有供水、供电及排水系统，供电来自自备矸石电厂，用水有每小时可供 50 m^3 的深水机井，矿内建有污水处理站，每天最大处理水量可达 480 m^3。

图 11-2　朱家河矿区现状图

通过现场实测统计方式对工业广场办公区、生活区、生产区建筑设施进行测量，根据式（8-5）、式（8-6）对建筑物占地面积及空间体积计算可得，整个工业广场建筑占地面积 23098.3 m^2，空间体积 1.04×10^5 m^3。包括：

（1）办公区建筑占地面积 2375.7 m^2，空间体积 2.2×10^4 m^3；

（2）生活区建筑占地面积 5074.8 m^2，空间体积 3.4×10^4 m^3；

（3）生产区建筑占地面积 5696.2 m^2，空间体积 3.8×10^4 m^3；

（4）辅助生产区建筑占地面积 9951.6 m^2，空间体积 1.0×10^4 m^3。

朱家河矿区地上/下资源概况如表 11-1。

表 11-1　朱家河矿区地上/下资源概况

资源类型		空间体积/m^3	合计/m^3
地上资源	办公区	2.2×10^4	1.04×10^5
	生活区	3.4×10^4	
	生产区	3.8×10^4	
	辅助生产区	1.0×10^4	
地下资源	井筒	1.6×10^4	1.18×10^5
	井底车场及主要硐室	2.1×10^4	
	一水平主要运输大巷和回风大巷	8.1×10^4	
	矿区遗留资源	5600 万 t	5600 万 t

11.3　资源定量评估

11.3.1　矿山转型综合效益评价模型设计

矿山转型效益是指矿山企业为了寻求可持续发展，将废弃矿井资源充分利用，在因地制宜转型为其他发展模式过程后产生的多种效益，具体可划分为经济效益、生态效益和社会效益三部分[1]。矿井转型的生态效益是指废弃矿井通过开发利用带来的生态环境质量的改善情况[2]。经济效益是指企业在生产活动以劳动消耗为变量，在控制变量尽可能小的情况下，获取更多的经营成果。社会效益是某种社会活动所产生的社会效果和影响。

按照 10.2 节建立的指标体系，确定评价因素。

11.3.2　转型方案效益评价

根据朱家河矿区的特征，提出 3 种转型方案。

1. 矿山公园+度假村模式

矿山公园是保护工业遗迹的重要手段，结合朱家河矿区自身资源开发的历史和特点，将朱家河矿山打造成为矿山公园或者旅游度假村，进行旅游资源的开发。朱家河矿区环境优美，内部配套设施完善，地理位置优越，交通便利，加上周边已有景区，这些丰富的工业遗迹和人文历史，可以发展成一套完备的旅游体系，体现矿业发展史内涵，可供人们进行游览观赏，将其改造成为一个与地方文化特色密切相关，集多种功能为一体的活动中心，促进朱家河矿区的转型发展和三效益的和谐统一。

2. 矿山公园+矿山博物馆

朱家河矿区自 1999 年开始投产，经过长期开采，形成了丰富的工业遗迹和人文历史，矿区内设施设备保存完备。将朱家河矿区转型成为一个集矿山公园和矿山博物馆为一体的模式，具备研究价值和教育功能，可供人们游览观赏、进行科学考察和科学知识普及。朱家河矿区地理位置优越，交通发达，可以从矿业遗迹展示、公园综合服务、特色景观游览及科教互动体验等功能出发，建立国家矿山公园和矿山博物馆。

3. 矿山博物馆+地下物资储备

朱家河矿区地下空间资源丰富，可以对地下空间进行保护和利用。利用矿井的特殊性质，可以将矿井地下空间作为地下温室，用来储存保鲜蔬菜和水果、特种动植物的种植和养殖（如适合在阴暗潮湿的环境中生长的动植物），或者用于储藏特种物质。也可以进行地下水库的建设和矿井地下水储存利用，解决西部地区实际难题。将地上利用与地下空间利用进行有机结合，同时发展矿山博物馆模式，有效推动朱家河矿区的转型。

根据对朱家河煤矿的资源概况分析可知：朱家河矿区环境优美、地理区位条件优越、基础配套设施完善，并且周边有许多已经发展成熟的景区；综上所述，其转型利用符合矿业旅游开发的要求，把矿业旅游作为矿区新的经济增长方向，对矿业城镇的经济多元化和可持续发展具有重要的意义。依托周边的成熟旅游景区，朱家河煤矿既可以做矿山公园，丰富当地的文化旅游内涵；也可以利用矿区闲置建筑改建为休闲度假场所，但不同开发利用模式其带来的综合效益不同。综合效益最大化是具体利用方案选择的关键，鉴于矿区可持续发展的重要性，有必要对其具体方案进行针对性的筛选。利用层次分析法来分析三种模式下带来的综合效益，以寻求朱家河煤矿最佳的转型方案。因各个效益指标较难量化，所以采用专家打分法进行数据分析，数据如表 11-2 所示。

表 11-2　指标结果描述

指标	样本量	平均值	标准差	平均值±标准差
a1	5	3.31	1.236	3.31±1.236
a2	5	3.20	1.136	3.20±1.136
a3	5	3.25	0.999	3.25±0.999
a4	5	3.92	1.208	3.92±1.208
a5	5	3.81	0.995	3.81±0.995
a6	5	3.63	1.139	3.63±1.139
a7	5	3.42	1.367	3.42±1.367
a8	5	3.65	1.257	3.65±1.257
a9	5	3.73	1.268	3.73±1.268
b1	5	3.39	1.168	3.39±1.168
b2	5	3.33	1.323	3.33±1.323
b3	5	3.50	1.249	3.50±1.249
b4	5	4.01	0.995	4.01±0.995
b5	5	3.92	1.101	3.92±1.101
b6	5	3.88	1.076	3.88±1.076
b7	5	3.53	1.350	3.53±1.350
b8	5	3.71	1.175	3.71±1.175
b9	5	3.85	1.011	3.85±1.011
c1	5	3.52	1.087	3.52±1.087
c2	5	3.47	1.110	3.47±1.110
c3	5	3.52	1.123	3.52±1.123
c4	5	3.63	1.162	3.63±1.162
c5	5	3.75	1.070	3.75±1.070
c6	5	3.59	1.128	3.59±1.128
c7	5	3.92	1.215	3.92±1.215
c8	5	3.41	1.130	3.41±1.130
c9	5	3.31	1.232	3.31±1.232

各个指标效益值柱状图如图 11-3 所示。

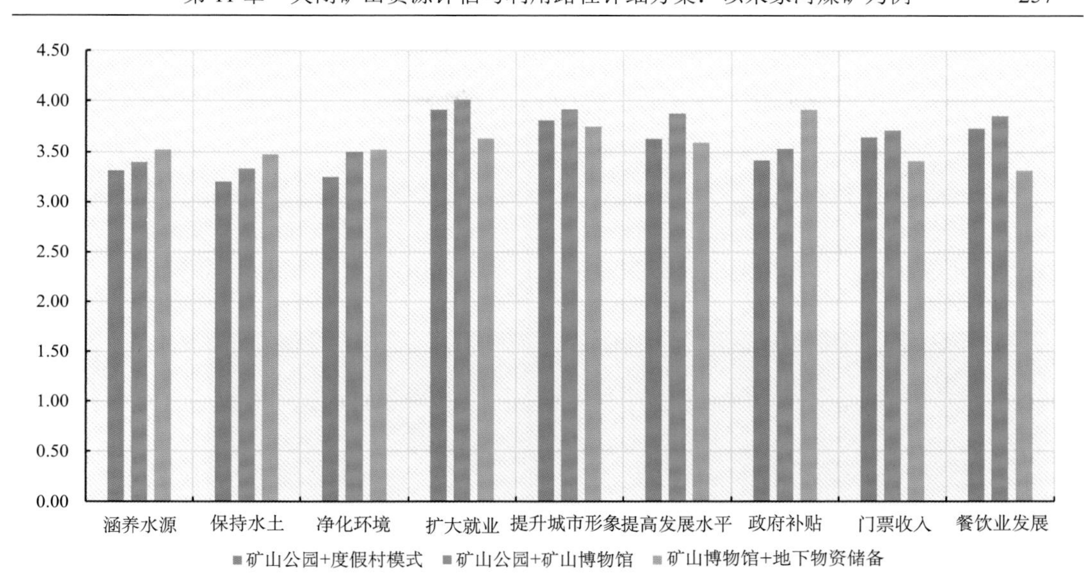

图 11-3　朱家河煤矿不同转型方案下各效益指标数据

从柱状图中可以直观看出，朱家河煤矿转型为矿山博物馆+地下物资储备带来的环境方面的效益更高；转型为矿山公园+矿山博物馆带来的经济方面的效益更高。

这里采用平均值描述各个效益指标的具体数值。朱家河煤矿不同转型方案下各效益指标数值如表 11-3。

表 11-3　不同效益指标表

指标	a 矿山公园+度假村模式	b 矿山公园+矿山博物馆	c 矿山博物馆+地下物资储备
涵养水源	3.31	3.39	3.52
保持水土	3.20	3.33	3.47
净化环境	3.25	3.50	3.52
扩大就业	3.92	4.01	3.63
提升城市形象	3.81	3.92	3.75
提高发展水平	3.63	3.88	3.59
政府补贴	3.42	3.53	3.92
门票收入	3.65	3.71	3.41
餐饮业发展	3.73	3.85	3.31

根据表得到各个指标效益值与其所占权重，可以计算出不同方案下的综合效益。综合效益 Z=（a11，a12，a13，…，a33）T·D，因此，得到矿山公园+度假村模式的综合效益 Z1=3.623；矿山公园+矿山博物馆的综合效益 Z2=3.748；矿山博物馆+地下物资储备库的综合效益 Z3=3.551。通过比较 Z3<Z1<Z2，可知朱家河煤矿转型为矿山公园+矿山博物馆带来的综合效益更大。

11.4　转型利用方案

通过分析矿山转型的综合效益构成（生态效益、社会效益、经济效益），建立评价指标体系，构造判断矩阵，综合朱家河矿区资源定量评估的结果，确定朱家河矿区的利用方案为矿山公园+矿山博物馆模式。朱家河矿区转型利用示意图如图 11-4 所示。

图 11-4　朱家河煤矿规划利用图

A 区：该区域是煤矿生活区，该区域南部片区临近道路，且紧邻停车场、办公区和生态绿地，能够满足居民出行、工作和生活需求，因此可在原有职工宿舍楼基础上进行升级改造，提高职工居住环境；联建楼内功能较多，有医务室、洗衣房，保留其原使用功能；食堂和职工活动中心仍使用功能完好，保留使用。

B 区：该区域是煤矿办公区，各种建筑设施完好，比如行政办公楼、区队办公楼等。煤矿原有行政办公楼层高六层，区队办公楼高两层，四面围合，环境较好，仍可用来做拓展训练基地的办公楼。

C 区：该区域位于煤矿南门入口右侧，原为停车场，并建有车库，仍保留其功能，但对车库需改造处理。

D 区：该区域林地覆盖高，原有绿化基础较好，中间有一整片树林，林下空地可作为帐篷野营区。临近办公区和职工生活居住区，因此，可在原有绿植的基础上丰富植物种类，增加绿化面积，可就近满足职工生活需求。

E 区：该区域是煤矿的生产辅助区，主要建筑有机修车间、库房、综机维修车间等。综机维修车间需进行拆除处理，仅留混凝土钢结构骨架，作为工厂景观元素。机修厂也可作为重要的设计元素用于建筑设计中，其靠近训练场地，可改造为仓库，放置训练器材等。

F 区：该区域主要是配套基础设施，如配电变压站和污水处理站，由于污水处理工艺的需要，基地内有一些方形水槽，可以在池中种植不同种类的水生植物，如香蒲、千屈菜等。区内现状绿化较好，植物种类丰富，长势较好，可改造为公园。污水处理沉淀池旁有鹤趣园，整个 F 区可以连通起来改造为一个矿山公园。

G、H 区：矿区关闭后除了废弃建筑外，还遗留有一些大尺度的废弃设施设备，这些设施设备保留着原场地的历史生产气息，可进行改造后重新利用。该区为煤场和排矸场，场地内建筑有选煤楼、输煤廊道和煤仓，是整个厂区内最具工业特色、最壮观的，尤其是选煤楼和输煤廊道，是煤矿的标志性建筑物，在改造设计中可结合多媒体等现代形式，全面展示朱家河矿山百年的沧桑历史以及独特的矿山文化。

I 区：场地开阔，可整体开发。在对场地土壤污染处理后，可将此场地建设为训练场地。原场地的原有工业建筑选煤楼可改造为攀岩墙，输煤廊道可改造为空中走廊。排矸场建设成为真人 CS 场地，旁边是各种训练器械。

参 考 文 献

[1] 周富春, 金旺, 孙阳. 矿山环境治理效益评价方法及实证分析[J]. 环境工程, 2013, 31(01): 85-88.
[2] 王晶晶. 磷矿山废弃地生态修复的生态效益评价[D]. 武汉: 武汉工程大学, 2014.

关闭矿山 GIS 综合数据库平台

第 12 章　陕煤集团关闭矿井 GIS 综合数据库平台构建

本章首先说明构建陕煤集团关闭矿井 GIS 综合数据库平台（V1.0）的背景和意义，然后进行构建该平台的需求分析和可行性分析，并详细介绍该平台的系统架构与模块构成，包括系统架构设计、场景设计以及功能设计，并以朱家河煤矿为例详细阐述了整个平台的实现过程，同时对该平台的推广与应用进行了说明，为矿业集团对关闭煤矿精准开发利用提供了辅助决策支持。

12.1　背景与意义

12.1.1　项目背景

随着我国对煤炭资源的长期、高强度开采，煤矿可采储量急剧下降，导致许多煤矿成为资源衰竭煤矿，最后进入关闭行列。煤矿关闭之后，仍赋存煤、煤层气（瓦斯）、矿井水、地热、地下空间以及土地等资源。随着人们对关闭煤矿剩余资源的进一步认识，如何高效管理和利用关闭煤矿剩余资源成为国内外研究热点。目前陕煤集团的象山小井、朱家河煤矿、白水煤矿、王石凹煤矿等 15 对矿井均处于闭井状态，这 15 对关闭矿井有许多研究成果和开采资料数据，资料数据大多是纸质资料，容易损毁和丢失，且使用不方便。随着矿井的关闭、相关人员的变动，这些资料数据往往得不到很好的保存，难以发挥对关闭矿井进行资源管理和利用的作用。

12.1.2　平台构建意义

为实现对陕煤集团关闭煤矿资源的高效管理，充分利用关闭煤矿的研究成果和各种资料数据，为矿业集团对关闭煤矿精准开发利用提供辅助决策支持，研究并构建了陕煤集团关闭矿井 GIS 综合数据库平台（V1.0），包括系统架构设计、场景设计以及功能设计。陕煤集团关闭矿井 GIS 综合数据库平台（V1.0）实现了陕煤集团 15 对关闭矿井的评估、规划与可视化管理，为关闭煤矿的井上/下资源转型利用提供了新的技术方法与实践案例。

12.2　需 求 分 析

12.2.1　功能需求

陕煤集团关闭矿井 GIS 综合数据库平台（V1.0）应完成三维场景加载与展示、关闭煤矿地上/下空间资源查询与管理、关闭煤矿相关信息查询的主体功能以及量测、绘制等辅助功能。

1. 三维场景操作

平台三维场景操作功能应能够实现在三维场景中进行旋转、缩放和拖拽等。

2. 关闭煤矿地上/下空间资源管理

该部分应包括地上空间资源管理和地下空间资源管理两个模块。其中，地上空间资源包含工业广场的各类建筑、机器设备以及土地资源等，地下空间资源包括煤炭、水资源以及井巷空间等。平台能够实现对矿区的地上/下资源进行可视化统一管理、便捷查询。

3. 关闭煤矿相关信息查询

数字化煤矿的各类开采数据、人员信息数据以及各类生产报告等，将数据进行图表化，实现煤矿相关信息的 Web 端查询与管理。另外，平台应实现量测、绘制、标记等系统辅助性功能。

12.2.2 非功能需求

平台的非功能需求主要包括数据需求和质量需求。

1. 数据需求

平台所需要的数据包含基础地理信息数据、模型数据以及属性数据。其中，基础地理信息数据由矿区的二维地图、实景三维场景、数字高程模型以及卫星影像组成；模型数据主要是矿道三维模型数据；属性数据包含煤矿相关的统计数据、文档资料数据和图片等。

2. 质量需求

1）软硬件环境

硬件环境：CPU 2.4 GHz 以上，内存 2 G 以上，磁盘空间 256 GB 以上。

软件环境：操作系统 Windows7 或以上版本，谷歌浏览器、火狐浏览器等。

2）时间性能

对于上述软硬件环境下安装该平台，平台的相应时间应控制在 5 s 以内，数据传输与显示的时间应控制在 10 s 以内，才能保障平台用户及时获取相应的信息和进行流畅操作。

12.2.3 领域需求

陕煤集团关闭矿井 GIS 综合数据库平台（V1.0）应用于矿业和 GIS 领域，主要遵从 GIS 行业相关技术规范与标准，如《地图学术语》《测绘基本术语》等规范，同时也要遵从相应的矿业领域规范，如《矿产资源法》《煤炭行业绿色矿山建设规范》等。平台必须遵从一系列领域技术规范和标准，否则无法正常运行。

12.3 可行性分析

构建陕煤集团关闭矿井 GIS 综合数据库平台（V1.0）的可行性分析主要包括技术可行性分析、经济可行性分析和社会因素可行性分析。

1. 技术可行性分析

随着 GIS 技术的发展，传统的二维 GIS 技术已经不能满足各行各业对于地理信息的需求，于是三维 GIS 应运而生，而基于倾斜摄影测量的实景三维 GIS 技术相比于一般三维 GIS，给用户呈现出一个真实的三维地理信息场景，视觉冲击更明显，体验效果也更好。

陕煤集团关闭矿井 GIS 综合数据库平台（V1.0）可基于当前先进的开源三维 GIS 技术，结合无人机倾斜摄影测量以及 Web 数据库等高新技术，采用 B/S 架构开发完成，开发人员属 GIS 专业开发方向，具备基于上述技术开发的能力，技术可行性优良。

2. 经济可行性分析

平台构建所需费用主要包括系统开发费用、硬件设备费用、软件费用、耗材费、咨询和技术支持费用等。系统开发过程中还存在部分不可预见费用，按开发费用的 40%计算。所需经费均由陕西煤业化工集团有限责任公司提供，经济可行性优良。

3. 社会因素可行性分析

社会因素可行性分析包含法律因素和用户使用可行性分析。

1）法律因素

平台构建过程中所使用的软件均为购买的正版软件或开源免费软件，所有机器设备均通过正当途径购入，技术资料都由提出方保管，数据信息均可保证合法来源，不涉及任何版权与法律纠纷。因此，在法律方面是可行的。

2）用户使用

平台所开发的应用操作简单，面向用户为陕煤集团相关工作人员，文化水平相对较高，因此对于系统的操作和使用应无困难。

综上所述，社会因素可行性良好。

12.4 系统架构与模块构成

12.4.1 系统架构设计

陕煤集团关闭矿井 GIS 综合数据库平台（V1.0）主体采用 B/S 架构模式，矿井基础地理信息数据、影像数据、地形数据以及模型数据存储在数据服务器中，客户端通过浏览器在 Web 端进行场景的浏览以及系统功能的操作。本平台的服务器通过 C/S 模式实时访问各种数据，系统架构设计如图 12-1 所示。

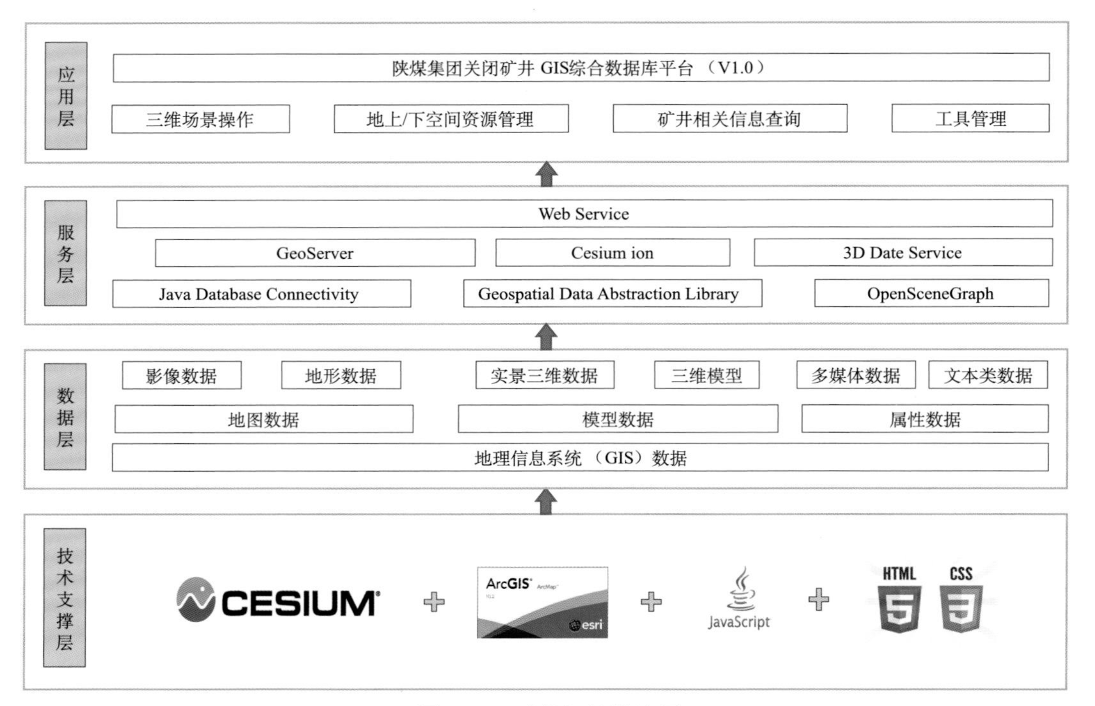

图 12-1　系统架构设计图

平台架构由技术支撑层、数据层、服务层和应用层组成。

1. 技术支撑层

技术支撑包括 Cesium 开源地图引擎，ArcGIS10.2 软件，HTML、CSS 及 JavaScript 语言。其中，利用 HTML 和 CSS 语言设计平台的主界面及相应的菜单栏；JavaScript 语言完成界面与功能之间的交互与响应式设计；采用 ArcGIS10.2 软件进行相应数据的制作与处理，为功能实现提供基础数据；Cesium 开源地图引擎是一个优秀的三维地球 GIS 引擎，能够加载各种符合标准的地图图层，瓦片图、矢量图等都支持，支持 3d Max 等建模软件生成的 obj 文件，支持通用的 GIS 计算，支持 DEM 高程图。测试中的 3D-Tiles 分支还支持倾斜摄影生成的城市三维建筑群等。通过调用 Cesium API 可以完成诸多 GIS 功能的开发。

2. 数据层

平台所用数据主要为地理信息系统（GIS）数据，分别为地图数据、模型数据和属性数据。地图数据包含影像数据和地形数据，模型数据包含实景三维数据和三维模型数据，属性数据包含多媒体数据和文本数据等。

3. 服务层

服务层主要是调用本地服务和 Web 服务。其中，GeoServer 和 Cesium ion 发布本地数据服务，通过生成的 IP 地址调用；3D Data Service 则提供本地的数据服务，通过本机地址调用。这些服务的基础由 Java Database Connectivity、Geospatial Data Abstraction Library 以及 OpenSceneGraph 提供。

4. 应用层

应用层包含平台的各个模块，分别是三维场景操作、地上/下空间资源管理、矿井相关信息查询和工具管理。每个模块对应不同的功能，以满足用户的各种需求。

12.4.2　系统场景设计

矿区实景三维场景由两部分组成：工业广场实景三维和井巷三维模型。其中，工业广场实景三维数据利用无人机进行低空倾斜摄影测量采集。井巷三维模型利用 3d Max 建模软件建成，通过地理配准，实现矿区实景三维一体化。结构如图 12-2 所示。

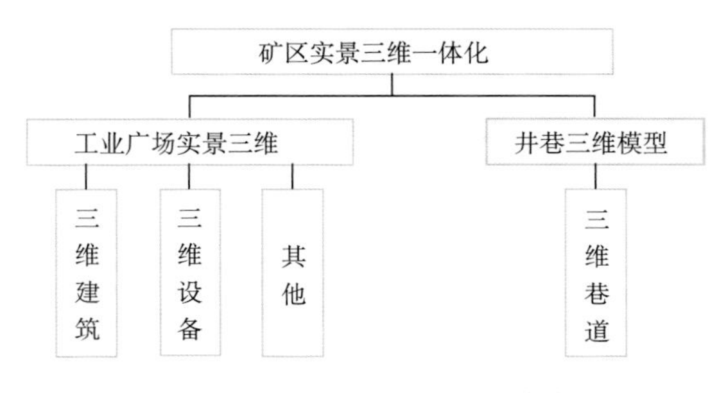

图 12-2　矿区实景三维场景结构图

12.4.3　系统功能设计

陕煤集团关闭矿井 GIS 综合数据库平台（V1.0）主要包括三维场景操作、地上/下空间资源管理、关闭矿井相关信息管理以及工具管理四个模块，系统主要功能模块如图 12-3 所示。

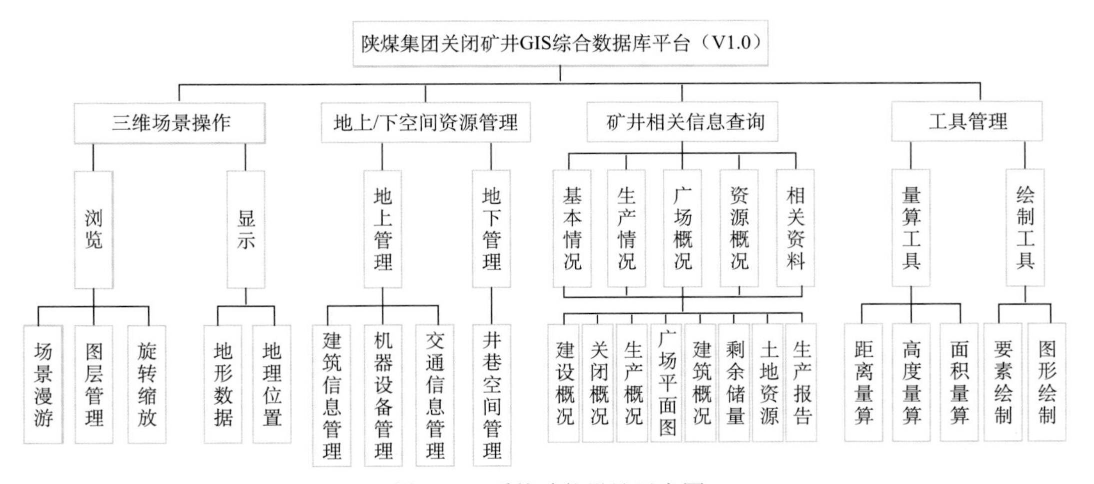

图 12-3　系统功能设计示意图

各个模块设计如下：

（1）三维场景操作。三维场景操作包括三维场景浏览和显示。其中，浏览主要包括场景漫游、旋转缩放以及多种图层的切换、管理。显示包括煤矿及周边的地形数据和地理位置。

（2）地上/下空间资源管理。该部分由地上和地下空间资源管理两部分构成。其中，地上空间资源管理包含建筑信息管理、机器设备管理、交通信息管理以及其他管理。建筑信息管理主要是对工业广场内办公大楼、实验室、车间等建筑的属性信息进行统一管理；机器设备管理包括对储煤、洗煤和运煤设备的管理；交通信息管理是对煤矿及周边地区的公路、铁路信息进行管理；其他信息管理包括矿区绿化、水资源等的管理。地下空间资源管理主要是对井巷空间的管理，包括巷道空间、井底车场等。

（3）煤矿相关信息查询。该模块主要包括煤矿的基本情况、生产情况、工业广场概况、剩余资源概况以及相关资料，上述五项又可细分为建设概况、关闭概况、生产概况、广场平面图、建筑概况、煤炭剩余储量、土地资源概况以及开采、关闭报告等。

（4）工具管理。该部分主要由量算工具和绘制工具组成。其中，量算工具包含距离量算、高度量算和面积量算。绘制工具包括点线面等要素绘制和矩形、圆形等图形绘制。

12.5　应用与推广

陕煤集团关闭矿井 GIS 综合数据库平台（V1.0）以朱家河煤矿作为典型案例进行了功能的实现。实现过程分为 3 部分：①数据准备与处理；②数据环境部署；③系统功能开发。

平台采用 GIS 二次开发的方式，使用 ArcSDE 作为系统空间数据引擎，并使用 GeoServer 以及 Cesium ion 发布地图数据，系统 B/S 部分基于 Cesium 开源地图引擎完成了系统功能的开发。

12.5.1　数据准备与处理

平台所用数据包括地图数据、模型数据以及属性数据。其中，地图数据主要包括朱家河煤矿的地形数据和影像数据。通过地理空间数据云（http://www.gscloud.cn/）下载朱家河煤矿区域的 GDEMV2 30m 分辨率数字高程数据，利用 ArcGIS10.2 以及地形切片工具进行处理，得到朱家河煤矿及周边的地形数据。对于影像数据，选择调用天地图的在线影像地图数据。模型数据主要包括矿区实景三维和矿道三维模型。利用无人机倾斜摄影测量采集朱家河煤矿的实景三维，并进行三维重建，获得矿区的实景三维模型。通过 3d Max 软件对矿道进行三维建模，将所建的矿道三维模型与矿区实景三维模型进行地理配准，使二者具有相同的空间参考。属性数据包括朱家河煤矿相关的统计数据、文档资料数据和图片等，使用之前需要对属性数据进行分类、整理以及优化。

12.5.2　数据环境部署

平台数据环境搭建主要使用 Tomcat、GeoServer 以及 Cesium ion 发布和调用相关的地图数据和模型数据。Tomcat 服务器是一个开源的轻量级 Web 应用服务器，在中小型系统和并发量小的场合下被普遍使用。GeoServer 是 OpenGIS Web 服务器规范的 J2EE 实现，利用 GeoServer 可以方便地发布地图数据，允许用户对特征数据进行更新、删除、插入等操作。Cesium ion 是一个提供瓦片图和 3D 地理空间数据的平台，并且支持把数据添加到用户自己的 CesiumJS 应用中。本系统将部分地图数据在 Tomcat 服务器下发布，通过 IP 地址链接访问。对于一些二维地图和模型数据，则使用 GeoServer 进行发布，同样通过 IP 地址完成调用。Cesium 开源地图引擎提供的地图数据和模型数据则通过 Cesium ion 直接访问。

12.5.3　系统功能开发

本平台开发的主要方式为网页开发，核心部分是基于 Cesium 开源地图引擎所开发的三维平台的展现与交互。利用 Cesium API 实现了浏览、显示实景三维景观，对煤矿及周边地区的地上下空间资源进行统一管理，并且实现了煤矿相关信息的查询，最后完成了工具管理的开发。

1. 三维场景操作

本系统通过调用 Tomcat 服务器发布的矿区实景三维数据，利用 Cesium API 实现三维场景的加载、漫游功能，同时实现场景的旋转缩放等功能。另外，根据 Cesium ion 中提供的地形及影像数据，结合天地图等其他影像数据，实现了矿区地形、地理位置的显示以及多种影像及地形图层之间的切换、管理（图 12-4）。

图 12-4　矿区实景三维影像图

2. 地上/下空间资源管理

地上空间资源主要包括建筑、机器设备、土地等。平台实现了对建筑的单体化以及分层单体化查询，单体化查询可以查询每栋建筑的名称、楼层和面积等属性信息，分层单体化查询可以详细查询建筑每层的房间信息，包括房间号、房间名称等。平台还实现了机器设备的属性信息管理，通过系统可以查询储煤、洗煤和运煤设备的各种参数信息。另外，平台还实现了矿区周边土地资源的查询与管理，按土地利用类型分为绿地、耕地以及工业用地等，在系统中可以查询土地的面积、种植以及灌溉信息等。最后，平台还实现了矿区及其周边地区的交通信息管理，可以基于天地图的矢量地图对矿区及周边的铁路、公路等交通信息进行查询。地下空间资源主要是井巷空间，对建立的矿道三维模型进行地理配准后，实现矿道长度、面积信息的查询与管理。图 12-5 为建筑信息查询功能展示图。

图 12-5　建筑信息查询功能展示图

3. 煤矿相关信息查询

煤矿相关信息主要包括朱家河煤矿的建设概况、关闭概况、生产概况、广场概况、资源概况以及开采、关闭报告等。本平台将朱家河煤矿建设的历程以网页的形式展现，向用户展示朱家河煤矿的建设和关闭概况。建设概况主要是煤矿自建立以来的风雨历程；关闭概况主要说明煤矿关闭的原因；对于朱家河煤矿的生产概况，则利用 Echarts.js 插件以图表的形式在客户端展示，主要包括朱家河煤矿历年的产量、可采煤层以及涌水量等；广场概况包括广场平面图以及广场所有建筑的名称、长宽和面积属性信息，通过平台均能便捷查询并进行管理；资源概况主要是剩余煤炭储量、土地资源以及井巷空间资源的基本情况，通过统计图表的样式展现；开采、关闭报告则以 PDF 文件的形式提供在线浏览、下载以及打印。图 12-6 所示为朱家河煤矿剩余资源估算信息查询结果。

图 12-6　朱家河煤矿剩余资源估算信息查询结果

4. 工具管理

工具管理包含量算工具和绘制工具的管理。量算工具实现了距离量算、高度量算和面积量算，其中，距离量算又分为直线距离和贴地距离的量算，高度量算包含垂直高度测量和三角高度测量。绘制工具中包括点线面要素的绘制以及矩形、圆等几何图形的绘制。该模块很好地实现了用户与平台之间的交互，对于用户来说，能够非常便捷的获取相应的数据信息，十分实用。

12.5.4　平台推广

随着时代的发展，能源科技创新的进步，由于各方面因素而关闭的矿井会越来越多，矿井关闭后，产生大量的可利用资源，如果不妥善利用和处理这些资源，无论对于矿业集团还是对于国家来说，都是一种巨大的损失，同时也会对环境产生相应的影响。因此，如何对关闭矿井资源进行管理和再次开发利用成为一个亟须解决的问题。陕煤集团关闭矿井 GIS 综合数据库平台（V1.0）基于当前先进的开源三维 GIS 技术，结合无人机倾斜摄影测量以及 Web 数据库等高新技术，采用 B/S 架构开发完成。本平台具备完善的三维场景操作、资源管理、煤矿信息查询管理以及量算、绘制功能，实现了朱家河煤矿资源的可视化查询与管理，提高了朱家河煤矿资料数据的可用性及查找使用的便捷性，并为朱家河煤矿的再次开发利用提供了良好的辅助决策支持。因此，对于已经关闭和即将关闭的矿井，可以开发类似的系统，实现煤矿资源的可视化查询与管理，这也说明陕煤集团关闭矿井 GIS 综合数据库平台（V1.0）具有推广使用价值和应用前景。

本章介绍了陕煤集团关闭矿井 GIS 综合数据库平台（V1.0）的设计与构建思路，并以朱家河煤矿为典型案例进行了平台各项设计功能的实现，最后为平台的应用价值和可推广性做了相关说明。在国家政策、煤矿自身原因以及其他各方面因素的影响下，煤矿关闭成为一种趋势，陕煤集团关闭矿井 GIS 综合数据库平台（V1.0）能够实现关闭煤矿资源的高效、可视化查询与管理，为矿业领域提供了关闭煤矿资源管理和再开发利用的新思路、新方法。

附录1　陕煤集团15矿调研方案与资料清单

第一阶段初步调研方案（2019.05.19～2019.05.26）

陕煤集团井上/下空间资源定量评估调研方案

一、调研行程及人员安排

1. 调研时间：2019. 05. 19～2019. 05. 26

2. 参加人员：董霁红、黄艳利、高华东、郭亚超、王鹏（陕煤）等

时间	人数	调研地点	调研内容	备注
5.19	4	出发		
5.20	4	陕煤集团	项目启动，集团对接	
5.21～5.25	5	澄合矿业	关闭矿井原始资料收集、矿区现场踏勘，进行问卷调查	
5.26	调研结束返回			

二、调研方案

1. 调研目的

对陕煤关闭矿井原始数据资料进行收集，包括矿井建设、水文地质、人员分布、区域政策等，完成矿区现场踏勘。

2. 实验材料

序号	材料名称	规格	数量
1	调查底图	各调研矿井一张	9张
2	水样瓶	100 mL	
3	GPS	—	2个
4	记录本	—	2本
5	卷尺	—	1卷
6	中性笔	—	2支
7	标签	—	2包
8	草帽	—	8顶
9	防晒衣	—	8套
10	口罩	一次性	4包
11	无人机	—	2台

三、矿区介绍

1. 韩城矿

韩城矿区位于陕西渭北煤田东北段，煤炭储量丰富，总面积为 1115.7 km^2，煤炭总储量 103 亿 t，可采储量 26.8 亿 t。现有 3 矿 4 井，总设计年生产能力 780 万 t（http://www.hckwj.com/info/1012/1281.htm）。

2. 澄合矿

澄合矿区地处陕西澄城、合阳两县，位于渭北煤田东部，东西长约 67 km，南北宽约 30 km，总面积约 1718 km^2。矿区煤炭资源储量丰富，预测煤炭资源量 85.6 亿 t，2016 年底探明可采储量约 40.5 亿 t，国家发改委 2013 年批复澄合矿区总体规划总规模为 1676 万 t/a。公司目前下属 20 个二级单位。其中关闭矿井 4 对；生产及资源整合矿井 4 对（产能 420 万 t）；建设矿井 2 对（产能 600 万 t）；非煤单位 10 个（http://www.shccig.com/detail/107206）。

3. 蒲白矿

陕西陕煤蒲白矿业有限公司由原成立于 1959 年 1 月的蒲白矿务局改制成立，属国有大二型企业，现隶属陕西煤业化工集团。公司下辖 12 个单位：7 对原煤生产矿井、4 个非煤生产单位（http://www.shccig.com/detail/107207）。

4. 铜川矿

铜川矿业公司现有 4 对生产矿井，托管运营 3 对矿井，生产辅助单位 5 个。矿井保有地质储量 4.18 亿 t，可采储量 2.5 亿 t（http://www.tckwj.com/gsgk/gsjj.htm）。

5. 黄陵矿

陕煤集团黄陵矿业公司始建于 1989 年，位于中国革命圣地延安，坐落在桥山脚下沮水河畔。该公司是中国能源投资和基本建设体制改革四个试点单位之一，是陕西煤业化工集团所属的大型现代化骨干企业。公司现有 18 个二级单位，其中 4 对生产矿井，年总产能 1550 万 t（http://www.hlkyjt.com.cn/gsgk/gsjj.htm）。

<table>
<tr><th colspan="6">陕煤集团 24 对矿井基本情况</th></tr>
<tr><th></th><th>数量</th><th>名称</th><th>类型</th><th>关闭时间</th><th>经纬度</th></tr>
<tr><td rowspan="5">韩城矿</td><td rowspan="5">3 矿 4 井</td><td></td><td></td><td></td><td></td></tr>
<tr><td></td><td></td><td></td><td></td></tr>
<tr><td></td><td></td><td></td><td></td></tr>
<tr><td></td><td></td><td></td><td></td></tr>
<tr><td></td><td></td><td></td><td></td></tr>
<tr><td rowspan="5">澄合矿</td><td rowspan="2">关闭矿井 2 对</td><td></td><td></td><td></td><td></td></tr>
<tr><td></td><td></td><td></td><td></td></tr>
<tr><td rowspan="2">生产矿井 2 对</td><td></td><td></td><td></td><td></td></tr>
<tr><td></td><td></td><td></td><td></td></tr>
<tr><td>建设矿井 1 对</td><td></td><td></td><td></td><td></td></tr>
</table>

续表

陕煤集团 24 对矿井基本情况					
	数量	名称	类型	关闭时间	经纬度
蒲白矿	生产矿井 7 对				
铜川矿	生产矿井 4 对				
黄陵矿	生产矿井 4 对				

6. 24 对矿井位置图

（1）韩城煤矿

（2）澄合矿业

新城花园
澄城县
气象局
时代公馆
建业小区
北院
北串业
仁和医院
澄城县
清真寺
新西环路
朝阳
北村小区
澄合煤矿
董家河
石府
南村小区
东家河社区
中业小区

（3）蒲白矿业

马坡
清渭线
蒲白煤矿
西方里
两仙庙
王家村
弥家村
罕井镇
尉家山
罕井村
上姚家
下姚家洼
麻渠
西半山
东半山
清渭线
任家山
南头
桃山
王庄村

（4）铜川矿业

玉华煤矿
下石阶煤矿
徐家沟煤矿
陈家山煤矿
鸭口煤矿
东坡煤矿
王石凹煤矿
金华山煤矿

（5）黄陵煤矿

五一矿
隆坊矿
双龙矿
新城二矿
曹家峪三矿
店头三矿
厚子坪矿
福音矿

总分布图

24 对关闭矿井基本情况

名称	巷道类型	稳定期	生产周期	年产量/平均产量	煤炭价格/煤炭收益	从业职工数量

________煤炭企业经营生产基础数据调研问卷

一、矿山基本情况

稳定期	初期	稳定期	最终状态		
生产周期	5 年规划	10 年达产	15～25 年丰产稳产	30～40 年转型衰退	50～70 年闭矿处置
不同周期的年产量/平均产量					
不同周期的年煤炭价格/煤炭收益					

二、土地方面

土地利用现状	农用地	工矿用地	废弃地
土地权属	国有	集体所有	

三、水方面

矿区生活水质	优	良	差
工业用水	充足	较充足	缺乏
工业废水			
井下水质	优	良	差
地下水位	＜100 cm	100～200 cm	＞200 cm

四、设备及建筑物

井下设备			
地面风机			
地面主要建筑物			

五、人员

年龄分布	20～30 岁	30～40 岁	40～50 岁	
工种	原煤生产工人	管理人员	服务人员	其他人员
学历构成	高中及以下	大专	本科	本科以上
工资薪酬	＜2000 元	2000～4000 元	4000～6000 元	＞6000 元

六、井巷

巷道类型	失修	采空区	报废		
巷道长度					
巷道尺寸					
维护状态					

七、灾害

区域灾害	地震	滑坡	沙尘暴	干旱	地面塌陷
矿井主要灾害	地震	滑坡	沙尘暴	干旱	地面塌陷
开采沉陷治理					

八、交通及管网

铁路、公路					
电网					
其他管网					

九、区域经济及规划

距离旅游区距离	<5 km	5～10 km	10～20 km	20～40 km	>40 km

第一阶段初步调研数据清单

陕煤集团转型矿山资源的开发利用调研评估收集资料清单

一、矿山基本情况

（1）矿井地质勘探报告

（2）矿井初步设计

（3）矿井开拓系统图（井上井下对照图、剖面图）

（4）通风运输系统图

（5）工业广场布置图

（6）矿井闭井报告（包括闭井时间、闭井方式）

（7）采区与工作面开采设计报告（采区设计生产能力、储量等）

（8）采区接续、工作面接替方案（矿井开采详细历史记录）

（9）回采期间工作面矿压显现监测记录

（10）井下运输方式及设备情况

（11）采煤方法、工作面支护及顶板管理

（12）采区运输、通风及排水

（13）巷道掘进及装备

（14）矿井通风与安全（矿井瓦斯、煤尘等）

（15）工业场地总平面布置（竖向设计及场内排水、地面运输方式）

（16）矿井地面、井下供电系统设计以及现状

（17）矿井综合安全管理信息系统（矿井安全监测监控系统、矿井工业电视监视系统、矿井人员定位管理系统、矿井火灾束管监测系统、矿井无轨胶轮车运输监控系统）

（18）井下、地面给水排水

（19）采暖、通风及供热（井筒防冻、室外供热管道）

（20）矿井储量报告（图）、保护煤柱留设情况等

（21）工作面设备回撤报告、闭井规范（各井筒服务时间：从开拓运行至封堵、井筒支护形式、井筒维护历史）

（22）临近矿井开拓计划、服务年限等

二、矿井水文地质及用水方面

（1）矿井水文地质报告（含隔水层组合结构，含水层埋深、厚度等）

（2）开采期间水文观测及分析资料

（3）矿井地下水位监测报告

（4）井下探放水报告、涌水量长期监测资料

（5）矿井水质检测报告

（6）矿井钻探工程报告

（7）矿区生活水源、水质情况

（8）工业用水、废水情况（洗煤厂废水、矿井排水、矿井水处理情况）

（9）生活污水处理情况

三、土地方面

（1）矿区建设征用土地情况、租用土地情况

（2）矿井开采塌陷及损毁土地情况

（3）土地复垦方案及实际复垦情况

（4）矸石山占用土地情况、矸石山复垦方案及规划

（5）闭井后土地利用规划报告及当前土地规划情况

（6）国家关于工矿用地相关政策

（7）采煤塌陷土地开发利用政策

（8）所在地土地利用趋势

（9）矿区土地所有权及占用情况

（10）地表沉陷观测数据

（11）矿山环境影响报告（含水土保持方案）

（12）矿山地质环境恢复治理方案

（13）矿区（工业广场）周边地形地貌

（14）地面沉陷区土地所有权、经济赔偿情况

四、设备及建筑物

（1）地面风机、绞车、井架

（2）地面主要建筑及保护情况

（3）提升、通风、排水、压风、防灭火设备及其现状

（4）工业广场平面设计及建筑布局

（5）矿区建筑改造再利用计划或意向

五、人员

（1）年龄分布、工种、学历构成

（2）工资薪酬（技术人员、工人）

（3）闭井后人员安置情况、人员现状

六、井巷布置

（1）地下剩余空间探测

（2）井巷布置、巷道类型、巷道支护方案、巷道规格

（3）维护状态、巷道变形监测数据（两帮移近量、顶底板移近量监测、锚杆、锚索受力情况）

七、灾害

（1）区域灾害情况

（2）矿井主要灾害及防治情况

（3）开采沉陷及治理情况

八、交通及管网

（1）铁路、公路及辐射情况

（2）电网、设施及分布

（3）重要管路及状况

（4）矿区周边交通情况

九、区域经济及规划

（1）周边旅游资源状况

（2）县域规划或矿井所在区域规划

（3）当地经济情况及主要经济支柱产业

第二阶段全面调研方案（2019. 07. 24～2019. 07. 31）

2019 年 7 月 24 日～31 日陕煤集团十矿调研方案

一、项目名称

陕煤集团关闭矿井地上/下空间资源定量评估与转型发展路径研究

二、调研时间

2019 年 7 月 24 日～2019 年 7 月 31 日

三、调研目的和任务

1. 调研目的

收集汇总陕煤集团 10 对关闭矿井原始资料；查明关闭矿井工业广场可利用建筑空间、大型采掘设备存放情况；采集地下或地表水体，评估矿区水资源质量；进行典型矿区无人机航拍，为下一步研究工作的开展提供资料与数据支撑。

2. 调研任务

（1）陕煤集团 10 对关闭矿井原始资料收集整理。

（2）调查工业广场建筑物用途、楼层数、分布等情况，核算建筑物可用空间。

（3）调查矿区大型采掘设备名称、型号、用途、数量、吨位等。

（4）根据现场具体情况，选择 1～2 个典型矿井，进行水样采集与水质检测。

（5）根据现场具体情况，选择 1～2 个典型矿井，进行矿区无人机航拍。

四、调研地点及材料仪器

1. 调研地点

（1）韩城：象山小井、桑树坪矿平硐。

（2）蒲白：朱家河煤矿、白水煤矿。

（3）铜川：王石凹煤矿、金华山煤矿、徐家沟煤矿、鸭口煤矿、东坡煤矿。

（4）黄陵：仓村煤矿。

2. 材料仪器

调研所需的材料仪器及数量如下：

序号	材料名称	规格	数量
1	调查底图	各调研矿井三张	30 张
2	水样瓶	100 mL	50 个
3	GPS	—	2 个
4	卷尺	—	2 卷
5	标签纸	—	2 包
6	草帽	—	7 顶
7	防晒衣	—	7 套
8	无人机	—	2 架
9	胶带	—	2 卷
10	土壤 pH 检测仪	检测范围 0～14	1 台
11	自封袋（土壤样品）	8 号	50 只

续表

序号	材料名称	规格	数量
12	编织袋	—	4个
13	中性笔	—	6支
14	记录本	—	2本

五、调研内容

1. 收集整理陕煤集团10对关闭矿井原始资料，资料收集清单

2. 调查工业广场建筑物用途、楼层数、分布等情况

序号	建筑物名称	位置	建成年份	现状	平面面积/m^2	层数	可用空间/m^3

3. 调查矿区大型采掘设备名称、型号、用途、数量、吨位等

序号	设备名称型号	尺寸	重量	数量	出厂日期	技术参数

4. 根据现场具体情况，选择1～2个典型矿井，进行水样采集与水质检测

（1）地下水采集：选择地下水观测井、水井等，每个钻井采集100 mL水样5瓶，做好标记后，送往试验室进行水质检测。

（2）地表水采集：选择河流、湖泊、蓄水池等，矿区内布置3个样区，每个样区内设置5个样点，每个样点采集100 mL水样3瓶，做好标记后，送往试验室进行水质检测。

预计取样：5+3×5×3=50。

5. 根据现场具体情况，选择1～2个典型矿井，进行矿区无人机航拍

六、主要人员与任务分配

本次调研共计7人，具体任务分配如下：

姓名	单位	主要任务
王　鹏	陕西煤业化工技术研究院	现场调研
董霁红	中国矿业大学	总体负责
张　华	中国矿业大学	现场指导
闫庆武	中国矿业大学	现场指导
高华东	中国矿业大学	现场记录、采样
郭亚超	中国矿业大学	现场测绘、采样
王　蕾	中国煤炭工业协会	顾问

七、矿井位置图

1. 铜川

（1）王石凹煤矿

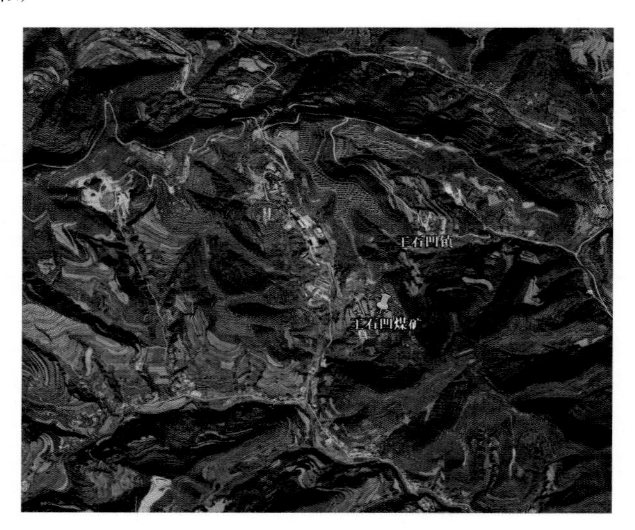

（2）金华山煤矿

（3）徐家沟煤矿

（4）鸭口煤矿

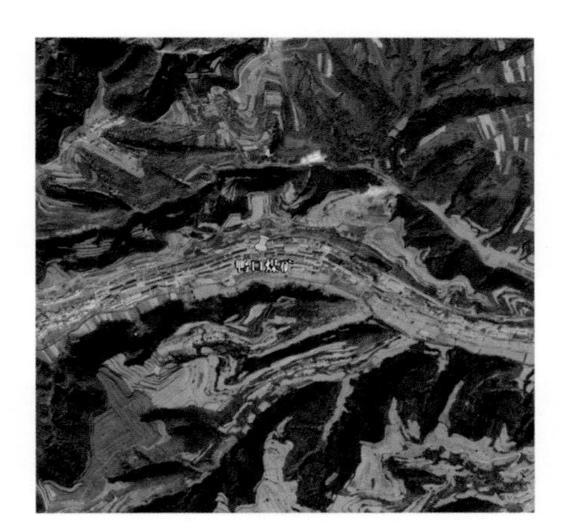

（5）东坡煤矿

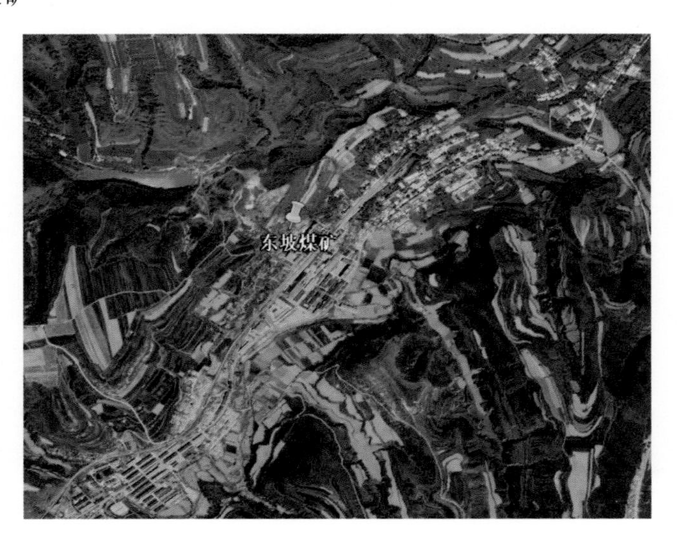

2. 韩城

（1）象山小井

（2）桑树坪煤矿平硐

3. 蒲白

（1）朱家河煤矿

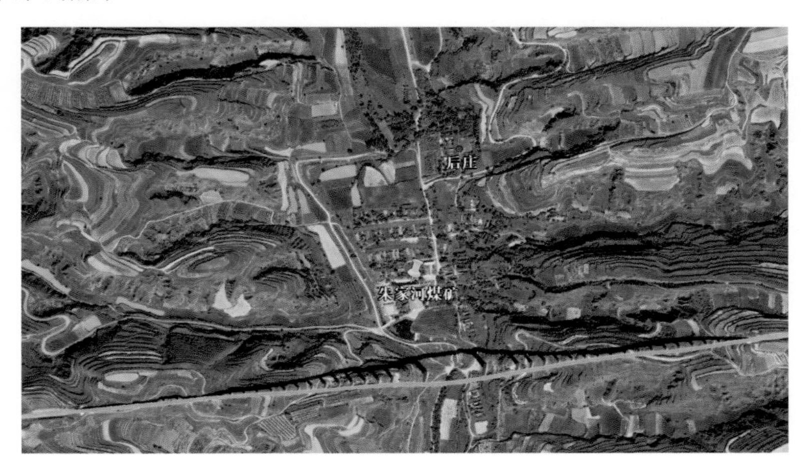

（2）白水煤矿

4. 黄陵

苍村煤矿

第二阶段全面调研数据清单

2019 年 7 月 24 日～31 日陕煤集团十矿调研收集资料清单

一、矿山基本情况

（1）矿井地质勘探报告

（2）矿井初步设计

（3）矿井开拓系统图（井上井下对照图、剖面图）

（4）通风运输系统图、矿井通风与安全（矿井瓦斯、煤尘等）
（5）工业广场布置图、工业场地总平面布置（竖向设计及场内排水、地面运输方式）
（6）采区与工作面开采设计报告（采区设计生产能力、储量等）
（7）采区接续、工作面接替方案（矿井开采详细历史记录）
（8）回采期间工作面矿压显现监测记录
（9）井下运输方式及设备情况
（10）采煤方法、工作面支护及顶板管理
（11）巷道掘进及装备
（12）矿井地面、井下供电系统设计以及现状
（13）矿井综合安全管理信息系统（矿井安全监测监控系统、矿井工业电视监视系统、矿井人员定位管理系统、矿井火灾束管监测系统、矿井无轨胶轮车运输监控系统）
（14）井下、地面给水排水
（15）采暖、通风及供热（井筒防冻、室外供热管道）
（16）矿井储量报告（图）、保护煤柱留设情况等
（17）工作面设备回撤报告、闭井报告（各井筒服务时间：从开拓运行至封堵、井筒支护形式、井筒维护历史）
（18）临近矿井开拓计划、服务年限等

二、矿井水文地质及用水方面

（1）矿井水文地质报告（含隔水层组合结构，含水层埋深、厚度等）
（2）开采期间水文观测及分析资料
（3）矿井历史地下水位观测数据（从开采到闭井的全过程）
（4）井下探放水报告、涌水量长期监测资料
（5）矿井水质检测报告
（6）矿井钻探工程报告
（7）矿区生活水源、水质情况
（8）工业用水、废水情况（洗煤厂废水、矿井排水、矿井水处理情况）
（9）生活污水处理情况

三、土地方面

（1）矿区建设征用土地情况、租用土地情况
（2）矿井开采塌陷及损毁土地情况
（3）土地复垦方案及实际复垦情况
（4）矸石山占用土地情况、矸石山复垦方案及规划
（5）闭井后土地利用规划报告及当前土地规划情况
（6）国家关于工矿用地相关政策
（7）采煤塌陷土地开发利用政策
（8）所在地土地利用趋势
（9）矿区土地所有权及占用情况
（10）地表沉陷测站布置及观测数据、地表裂缝数据及相关实拍图、沉陷治理方案

（11）矿山环境影响报告（含水土保持方案）

（12）矿山地质环境恢复治理方案

（13）矿区（工业广场）周边地形地貌

（14）地面沉陷区土地所有权、经济赔偿情况

四、设备及建筑物

（1）地面风机、绞车、井架

（2）地面主要建筑及保护情况

（3）提升、通风、排水、压风、防灭火设备及其现状

（4）工业广场平面设计及建筑布局

（5）矿区建筑改造再利用计划或意向

五、人员

（1）年龄分布、工种、学历构成

（2）工资薪酬（技术人员、工人）

（3）闭井后人员安置情况、人员现状

六、井巷布置

（1）地下剩余空间探测

（2）井巷布置、巷道类型、巷道支护方案、巷道规格

（3）维护状态、巷道变形监测数据（两帮移近量、顶底板移近量监测、锚杆、锚索受力情况）

七、灾害

（1）区域灾害情况

（2）矿井主要灾害及防治情况

八、交通及管网

（1）铁路、公路及辐射情况

（2）电网、设施及分布

（3）重要管路及状况

（4）矿区周边交通情况

九、区域经济及规划

（1）周边旅游资源状况

（2）县域规划或矿井所在区域规划

（3）当地经济情况及主要经济支柱产业

第三阶段补充调研方案（2020.10.18～2020.10.23）

陕煤集团井上/下空间资源定量评估调研方案

一、调研目的

1. 进行项目进展阶段性汇报，沟通探讨关闭矿井转型方案的可行性
2. 补充完善矿井基础资料，进行矿区地表无人机航拍，确保数据库资料完整性

二、调研行程及人员安排

1. 计划调研时间：2020.10.18～2020.10.23
2. 计划参加人员：董霁红、郭亚超、邹剑波等5人
3. 调研内容与行程安排

时间	人数	调研地点	调研内容	备注
10.18	5	徐州—陕煤集团	出发	
10.19	5	陕煤集团—澄合矿务局	汇报项目进展及下阶段工作计划； 无人机航拍王村煤矿、澄合二矿	
10.20	5	蒲白矿务局	无人机航拍朱家河煤矿	
10.21～10.22	5	铜川矿务局	无人机航拍鸭口、徐家沟、王石凹煤矿	
10.23		调研结束返回		

三、天气情况

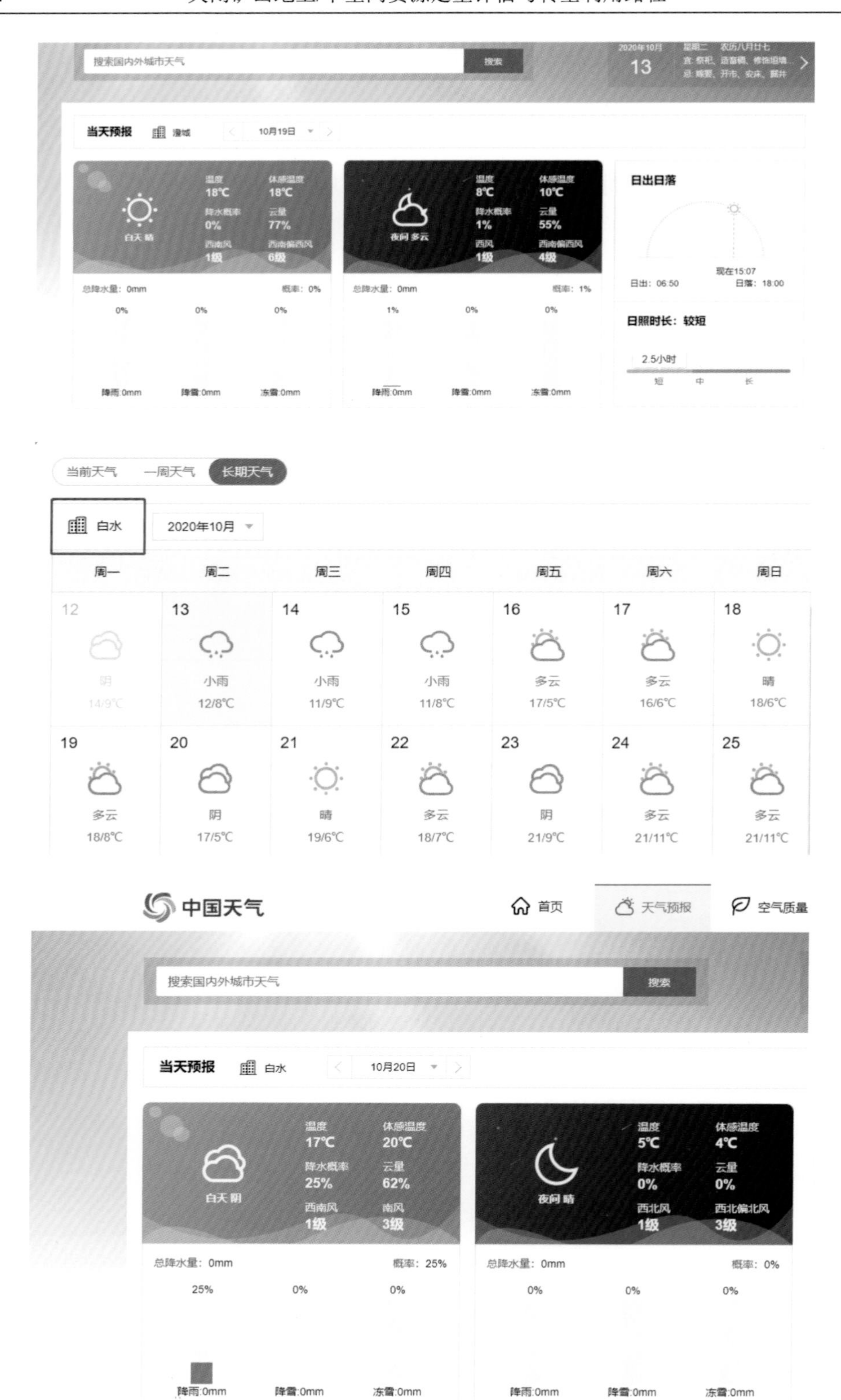
搜索国内外城市天气
搜索
当天预报
10月19日
日出日落
日照时长：较短
当前天气
一周天气
长期天气
白水
2020年10月
周一
周二
周三
周四
周五
周六
周日
小雨
多云
晴
阴
中国天气
首页
天气预报
空气质量
10月20日
白天 阴
夜间 晴
总降水量：0mm
概率：25%
概率：0%
降雨:0mm
降雪:0mm
冻雪:0mm

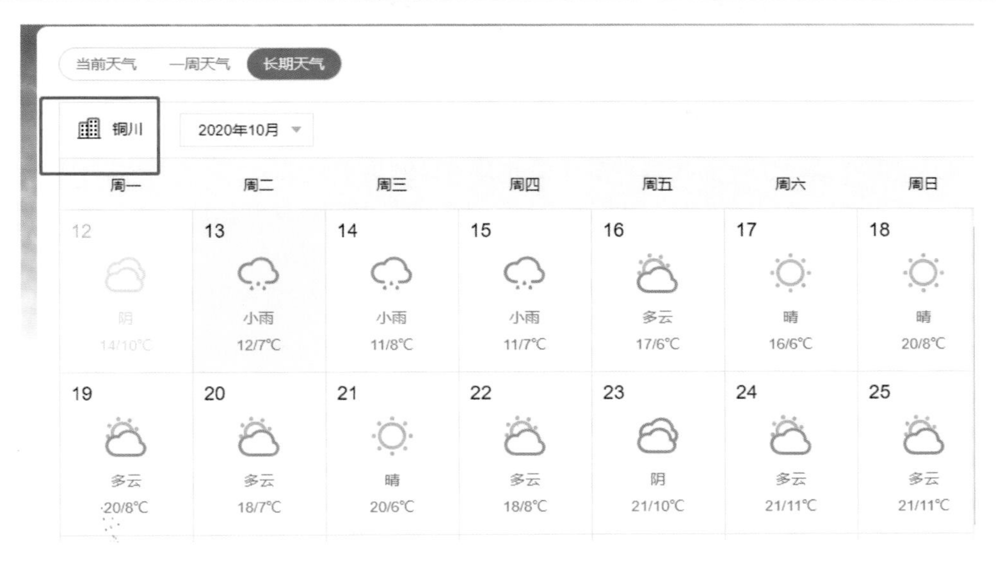

第三阶段补充资料清单

陕煤集团关闭矿井调研有待完善补充资料清单

一、铜川矿业

1. 东坡煤矿

（1）矿井地质勘探报告

（2）广场建筑信息（厂房等设计）

（3）矿井初步设计

（4）矿井开拓系统图（井上井下对照图、剖面图）

（5）通风运输系统图、矿井通风与安全

（6）工业广场布置图、工业场地总平面布置（竖向设计及场内排水、地面运输方式）

（7）采区与工作面开采设计报告（采区设计生产能力、储量等）

（8）采区接续、工作面接替方案（矿井开采详细历史记录）

（9）工作面设备回撤报告、闭井报告（各井筒服务时间：从开拓运行至封堵、井筒支护形式、井筒维护历史），闭井固定资产盘点清单（设备折旧清单，包括生产区和生活区）

（10）矿井生产期间从建井至闭井年耗电量等（生产、生活等用电量）

2. 鸭口煤矿

（1）工作面设备回撤报告、闭井报告（各井筒服务时间：从开拓运行至封堵、井筒支护形式、井筒维护历史），闭井固定资产盘点清单（设备折旧清单，包括生产区和生活区）

（2）采区接续、工作面接替方案（矿井开采详细历史记录）

（3）矿井地质勘探报告

（4）闭井后工业广场建筑信息（厂房等设计）

（5）矿井初步设计

（6）工业广场布置图、工业场地总平面布置（竖向设计及场内排水、地面运输方式）

（7）采区与工作面开采设计报告（采区设计生产能力、储量等）

（8）矿井水文地质报告（含隔水层组合结构，含水层埋深、厚度等）

（9）开采期间水文观测及分析资料

（10）井下探放水报告、涌水量长期监测资料

（11）矿井水质检测报告

（12）矿井生产期间从建井至闭井年耗电量等（生产、生活等用电量）

3. 徐家沟煤矿

（1）工作面设备回撤报告、闭井报告（各井筒服务时间：从开拓运行至封堵、井筒支护形式、井筒维护历史），闭井固定资产盘点清单（设备折旧清单，包括生产区和生活区）

（2）采区接续、工作面接替方案（矿井开采详细历史记录）

（3）矿井地质勘探报告

（4）工业广场布置图、工业场地总平面布置（竖向设计及场内排水、地面运输方式）

（5）矿井初步设计

（6）采区与工作面开采设计报告（采区设计生产能力、储量等）

（7）开采期间水文观测及分析资料

（8）闭井后工业广场建筑信息（厂房等设计）

（9）矿井生产期间从建井至闭井年耗电量等（生产、生活等用电量）

4. 金华山煤矿

（1）工作面设备回撤报告、闭井报告（各井筒服务时间：从开拓运行至封堵、井筒支护形式、井筒维护历史），闭井固定资产盘点清单（设备折旧清单，包括生产区和生活区）

（2）采区接续、工作面接替方案（矿井开采详细历史记录）

（3）矿井地质勘探报告

（4）工业广场布置图、工业场地总平面布置（竖向设计及场内排水、地面运输方式）

（5）矿井初步设计

（6）采区与工作面开采设计报告（采区设计生产能力、储量等）

（7）矿井水文地质报告（含隔水层组合结构，含水层埋深、厚度等）

（8）开采期间水文观测及分析资料

（9）闭井后工业广场建筑信息（厂房等设计）

（10）矿井生产期间从建井至闭井年耗电量等（生产、生活等用电量）

5. 王石凹煤矿

（1）工作面设备回撤报告、闭井报告（各井筒服务时间：从开拓运行至封堵、井筒支护形式、井筒维护历史），闭井固定资产盘点清单（设备折旧清单，包括生产区和生活区）

（2）采区接续、工作面接替方案（矿井开采详细历史记录）

（3）矿井地质勘探报告

（4）工业广场布置图、工业场地总平面布置（竖向设计及场内排水、地面运输方式）

（5）矿井初步设计

（6）采区与工作面开采设计报告（采区设计生产能力、储量等）

（7）矿井水文地质报告（含隔水层组合结构，含水层埋深、厚度等）

（8）开采期间水文观测及分析资料

（9）闭井后工业广场建筑信息（厂房等设计）

（10）矿井生产期间从建井至闭井年耗电量等（生产、生活等用电量）

二、澄合矿业

1. 王村煤矿

（1）工作面设备回撤报告、闭井报告，闭井固定资产盘点清单（设备折旧清单，包括生产区和生活区）

（2）采区接续、工作面接替方案（矿井开采详细历史记录）

（3）矿井地质勘探报告

（4）采区与工作面开采设计报告（采区设计生产能力、储量等）

（5）开采期间水文观测及分析资料

（6）闭井后人员概况

（7）闭井后工业广场建筑信息（厂房等设计）

（8）矿井生产期间从建井至闭井年耗电量等（生产、生活等用电量）

2. 澄合二矿

（1）闭井固定资产盘点清单（设备折旧清单，包括生产区和生活区）

（2）采区接续、工作面接替方案（矿井开采详细历史记录）

（3）矿井地质勘探报告

（4）工业广场布置图、工业场地总平面布置（竖向设计及场内排水、地面运输方式）

（5）采区与工作面开采设计报告（采区设计生产能力、储量等）
（6）开采期间水文观测及分析资料
（7）闭井后人员概况
（8）闭井后工业广场建筑信息（厂房等设计）
（9）矿井生产期间从建井至闭井年耗电量等（生产、生活等用电量）
3. 合阳一矿
（1）闭井固定资产盘点清单（设备折旧清单，包括生产区和生活区）
（2）矿井地质勘探报告
（3）工业广场布置图、工业场地总平面布置（竖向设计及场内排水、地面运输方式）
（4）采区与工作面开采设计报告（采区设计生产能力、储量等）
（5）开采期间水文观测及分析资料
（6）闭井后人员概况
（7）闭井后工业广场建筑信息（厂房等设计）
（8）矿井生产期间从建井至闭井年耗电量等（生产、生活等用电量）
4. 权家河煤矿
（1）闭井固定资产盘点清单（设备折旧清单，包括生产区和生活区）
（2）采区接续、工作面接替方案（矿井开采详细历史记录）
（3）矿井地质勘探报告
（4）工业广场布置图、工业场地总平面布置（竖向设计及场内排水、地面运输方式）
（5）矿井初步设计
（6）采区与工作面开采设计报告（采区设计生产能力、储量等）
（7）矿井水文地质报告（含隔水层组合结构，含水层埋深、厚度等）
（8）开采期间水文观测及分析资料
（9）闭井后工业广场建筑信息（厂房等设计）
（10）闭井后人员概况
（11）矿井生产期间从建井至闭井年耗电量等（生产、生活等用电量）

三、韩城矿业

1. 桑树坪煤矿平硐
（1）工作面设备回撤报告、闭井报告（各井筒服务时间：从开拓运行至封堵、井筒支护形式、井筒维护历史），闭井固定资产盘点清单（设备折旧清单，包括生产区和生活区）
（2）采区接续、工作面接替方案（矿井开采详细历史记录）
（3）矿井地质勘探报告
（4）采区与工作面开采设计报告（采区设计生产能力、储量等）
（5）开采期间水文观测及分析资料
（6）闭井后人员概况
（7）矿井生产期间从建井至闭井年耗电量等（生产、生活等用电量）

2. 象山小井

（1）闭井固定资产盘点清单（设备折旧清单，包括生产区和生活区）

（2）闭井后人员概况

（3）闭井后工业广场建筑信息（厂房等设计）

（4）矿井生产期间从建井至闭井年耗电量等（生产、生活等用电量）

附录 2　陕煤集团关闭矿山现场调研情况记录

陕煤集团十对关闭矿井初步调研情况记录

一、象山小井基本情况

象山小井位于韩城市区西 2 km，南邻沮水，有韩宜公路、韩电铁路专线经过，交通便利，矿区西面有韩城电厂、竹园村。

因矿区距离韩城市区较近，工业广场建筑保存较完好，有转型发展井下参观旅游的意向。

开采期间，井下奥灰水较大。闭井后，每日抽水量达 1000 m^3，水质检测显示污染较小，可用于农田灌溉、矿区洗浴等，矿区内有 2 个生活用水取水点。

二、桑树坪平硐基本情况

桑树坪平硐北面有蒙华铁路经过，蒙华铁路是国内最长运煤专线，规划设计输送能力为 2 亿 t/a，2019 年 8 月，线路命名为浩吉铁路。2019 年 9 月 28 日，全线通车投入运营，桑树坪附近设有车站。

桑树坪平硐井口封闭工程自 2018 年 4 月 20 日实施，6 月 20 日结束，工业广场建筑物大部分已拆除。

平硐为拱形，长宽高为 1500 m×4.5 m×3.5 m，平硐在 100 m 厚山体覆盖下，可考虑种蘑菇、储存文物及数据资料等。桑树坪斜井在生产中，可在斜井底打通密闭墙解决平硐通风问题。

三、朱家河煤矿基本情况

朱家河煤矿 2016 年 8 月 15 日停止原煤生产，开始回撤，于 2016 年 11 月 30 日彻底关闭。朱家河煤矿有渭南—清涧二级公路经蒲城县城通过，罕（井）东（坡）铁路（运煤专线）横穿煤矿中部，并建有朱家河铁路车站，乡级公路四通八达，煤矿区内及周边公路及铁路交通极为方便。

朱家河煤矿距白水县城 15 km，白水县历史文化底蕴深厚，是知名的“四圣”文明发源地。朱家河矿西有白水县林皋湖慢城旅游区，北有万亩苹果种植基地。矿区内环境优美，建筑物较完整，采掘设备地面堆积较多。

针对煤矸石山堆积现状，采用摊矸放坡、浇筑挡墙、黄土覆盖、植被绿化等方法对场地进行复垦利用。

四、白水煤矿基本情况

白水煤矿距白水县城仅 4 km，渭南—清涧二级公路经蒲城、白水县城通过，白

（水）—澄（城）公路（独宜路）横穿矿区，乡级公路四通八达。

白水煤矿经过三次改扩建，1993 年 3 月投产，2014 年年底停止原煤生产，2016 年 6 月 30 日彻底关闭。主要建筑物完好，部分需要维修，满足使用条件。采掘设备地面堆积较多。

在矸石堆积场治理方面，已完成的工作主要有：对弃渣堆体进行整形、压实和覆盖，降水及地表水的控制和导排，填埋堆体气体导排，封库覆盖系统设计，恢复植被，改善景观等。封场完后的场地可用作绿化场地，种花植树，不允许种植农作物及蔬菜。

五、王石凹煤矿基本情况

王石凹煤矿区内交通方便，铜川至罕井铁路、公路通过该矿，有煤炭运输专用线（12 km）与陇海铁路咸（阳）铜（川）支线相接，2015 年正式关闭。王石凹煤矿坐落于铜川市东郊 12.5 km 处的鳌背山下，三面环山，南临陈炉古镇，北望玉华宫，传统的民居、苏式建筑是这里的特色。

当年由苏联专家设计的主副井、选煤楼、办公楼、亚洲最长的单边楼以及能反映不同时期采煤工艺的炮采、高档普采、综采等一系列工艺都保存完好，是中国煤炭工业发展的一个缩影。

现规划建设王石凹煤矿工业遗址公园，以煤炭工业遗址为核心，建设王石凹小镇居住区、特色旅游示范区、鳌背山生态文化区、现代农业示范区、山林生态涵养休闲区，打造集工业旅游、文化旅游、休闲度假、培训教育为一体的综合性旅游景区。王石凹煤矿周边半小时车程内有陈炉古镇、云梦鬼谷子庙、姜女祠、金锁关石林等景点。

六、金华山煤矿基本情况

金华山煤矿 1963 年 11 月投产，2016 年 9 月关闭。土地、房屋闲置面积大，设备闲置量大。

存在问题主要有：留守人员年龄偏大、文化程度较低，重要岗位缺员；职工用水、用电、就医存在难题；闲置设备、厂房多，利用率低。

矿职工家属生活用水主要靠王石凹水厂和矿山顶水源井，矿山顶水源井于 2019 年 3 月出现故障停用。现职工家属生活用水每天只有半小时供水时间，矿区居民生活非常不便。

转型发展意向：金华牌富锶矿泉水开发。通过对矿主斜井腰泵房向上 15 m 处涌水的水质检测，确定该处水为富锶水，且水质符合饮用矿泉水标准。该处涌水量达 90 m^3/h，据调查红土镇目前人口需要的供水量仅 30 m^3/h，还剩 60 m^3/h 等待开发。拟建立红土供水公司，创造利润的同时安置部分职工。

七、鸭口煤矿基本情况

鸭口煤矿曾是铜川矿务局的一个重要煤矿，1958 年破土动工，1966 年建成投产，2007 年因资源枯竭政策性破产，2016 年在国家煤炭行业“去产能”宏观调控中关闭。

矿区受北高南低地形的限制，矿工业区、生活区的分布大体由三个台阶组合而成。一台阶以办公大楼、福利楼为中心，员工洗澡堂、招待所、员工文化活动中心、文化广场、职工公寓、住宅单元楼、商场超市、锅炉房、库房辐射四周。铜白公路从矿区通过。二台阶以主、副绞车房为中心，3.5 万 kW 变电站、员工食堂、机修厂、一类库房、二类库房、坑木厂分布左右。三台阶以选煤楼、储煤厂为中心，东有火车站，西有医院，铜白铁路横穿东西。整个矿区生产、工业系统集中，生活、文化、娱乐场所布局合理。

现在成为旅游观光地，建有路遥文化展览馆。游客在此可看到原来煤矿生产和矿工生活的众多遗址遗迹，可全面了解路遥当年的创作历程，可欣赏现在优美的矿区“樱花社区”。路遥文化展馆共分为企业文化和路遥文化两大部分。企业文化部分由企业简介、鸭口煤矿赋、领导给予亲切关怀、荣誉墙、企业发展史等十一个部分组成，路遥部分由平凡的诞生、困难的日子、挫折的青春、辉煌的成就、巨星的陨落、采撷、静思、勤恳、文坛名家题词等九个板块组成。每年慕名而来的游客多达万余人次。

八、徐家沟煤矿基本情况

徐家沟煤矿井田东与鸭口矿接壤，西与金华山矿毗邻，交通较为便利。矿井于 1966 年 3 月建成投产，从 2015 年 1 月起矿井进行关闭回收，9 月底回收结束。

2017 年，徐家沟煤矿与社区管理中心联合积极与印台区政府联系，争取项目资金 300 余万元，用于改善矿区环境，打造美丽矿区。开办了老年人日间照料中心、老年人活动中心及医疗所、便民客户服务中心。先后对东区和西区棚户区及危房处进行绿化工程改造，平整土地，植树种草栽花，绿化总面积达 2.5 万 m^2。修建了休闲亭，配置健身器材，安装休闲座椅。

九、东坡煤矿基本情况

东坡煤矿 1970 年投产，2016 年 12 月井口封闭。东坡煤矿西邻铜川矿业心口煤矿，东邻蒲白矿业朱家河煤矿。有铁路运煤专线及铜蒲、铜白公路自该井田经过，另外在井田北部有 305 省道经过。矿区北邻井勿幕故居，东邻林皋湖国际慢城景区，南邻阳河小溪。近年来，按照硬化、绿化、净化、美化、亮化的五化要求，打造出了东坡瓜果蔬菜采摘园、矿部大院凝翠园、长廊亭榭怡心园、二号风井桃花园以及健身娱乐的欣悦广场。

矿区一半以上土地处于闲置状态，曾对矸石山上平台 30 亩土地面积进行综合治理，种植了柳树、花椒树、香槐、葡萄、油菜、格桑花等树木花草及农作物。

矿井关停以后，污水处理厂主要处理生活区和办公区所产生的生活污水，日处理量为 200 m^3 左右，处理后的污水一小部分达标排放，剩余的水经深度处理后复用于矸石山综合治理。

大量地面建筑闲置，特别是建于 2014 年 12 月的钢混结构信息化办公大楼，面积达 13899 m^2，净值 3000 多万元，造成了极大浪费。井下设备大部分已盘活出售，剩余小部分需合理处置。

十、苍村煤业基本情况

苍村煤业公司始建于 1970 年，2015 年 3 月停止生产，2015 年 12 月封闭工作全部结束。2016 年，黄陵矿业已将部分升井设备调拨至生产服务分公司和瑞能煤业公司用于井下生产。

人员安置情况：合同工已分流到黄陵矿业生产服务分公司和鑫桥公司工作，绝大部分农合工已办理了离矿清退手续。

苍村煤业公司矿井关闭，涉及土地复垦共 2 处：主井口工业广场和 3 号风井。以上两处土地均未复垦，其主要原因如下：

（1）主井口工业广场翻罐笼已拆除。黄陵县人民政府有意在原苍村煤业旧址上建设矿山公园，但无具体计划，故未开展土地复垦。

（2）3 号风井占地为租赁性质，原签有土地租赁合同，矿井关闭后不再续签租赁合同。3 号风井设备撤出后，由于当地村民有意于此处搞家庭养殖，所以苍村公司与当地村委会签订了复垦协议，由当地村委会自行完成此处土地复垦，恢复原貌。

环境保护方面：2016 年 12 月，经过恢复治理，矿井开采过程中造成的滑坡、地表塌陷、地下水、地形地貌等问题得到了遏制。

附录 3　中外关闭矿山主要转型利用方式对比表

国家	转型类型	位置/名称	主要矿山类型	矿山图片	资料来源
美国	地下存储	堪萨斯城 Sub Tropolis 地下数据中心	石灰矿		世界上最大的地下企业综合体 Sub Tropolis http://www.360doc.com/content/20/0403/18/42073224_903644460. shtml
	地下实验	南达科他州的桑福德地下实验室	金矿		刘伯英.美国桑福德地下实验室工程(SURF)[J].建筑, 2017,(01): 59-60
德国	地上工业景观	波鸿市鲁尔区工业景观	煤矿		刘抚英,邹涛,栗德祥.后工业景观公园的典范——德国鲁尔区北杜伊斯堡景观公园考察研究[J].华中建筑, 2007,(11):77-86
	地上工业景观	北戈尔帕工业景观	煤矿		丁一巨,罗华.铁城景观述记——德国北戈尔帕地区露天煤矿废弃地景观重建[J].园林, 2003(10):11, 42-43
	地上工业景观	科特布斯地区工业景观	煤矿		王向荣,任京燕.从工业废弃地到绿色公园——景观设计与工业废弃地的更新[J].中国园林,2003(03):11-18

续表

国家	转型类型	位置/名称	主要矿山类型	矿山图片	资料来源
德国	地下能源开发	北莱茵-威斯特法伦废弃煤矿瓦斯发电厂	煤矿		中国煤炭网："关闭退出煤矿煤层气再利用前景广阔" http://www.ccoalnews.com/201710/12/c42159.html
澳大利亚	地上工业景观	墨尔本北部巴拉腊特镇索佛仑金山公园	金矿		肖静蕾. 矿山公园景观规划设计研究[D].武汉：湖北工业大学,2012
加拿大	地下实验室	加拿大安大略省斯诺（SNO）深地下实验室	镍矿		中科院地质地球所："世界知名的地下实验室" http://baijiahao.baidu.com/s?id=1643156030244168662&wfr=spider&for=pc
比利时	地上工业旅游	Limburgian-Flanders 区域 be-MINE 游乐场	煤矿		杰伦·海斯曼斯,尚晋.be-MINE:贝灵恩的后矿业设计,林堡省,比利时[J].世界建筑,2019,(09):26-31
英国	地上工业旅游	英国康沃尔郡"伊甸园工程"	锡矿		段明非.建在废弃矿山上的世界最大温室植物园[J].地球,2017,(10):48-51
	地下工业旅游	南威尔士布莱纳文镇附近布莱纳文工业遗产景观	煤矿		刘伯英.世界文化遗产名录中的工业遗产(7)[J].工业建筑,2013,43(08):173-180

续表

国家	转型类型	位置/名称	主要矿山类型	矿山图片	资料来源
日本	地下实验室	岐阜县神冈矿山日本神冈（Kamioka）地下实验室	砷矿		中科院地质地球所：“世界知名的地下实验室”http://baijiahao.baidu.com/s?id=1643156030244168662&wfr=spider&for=pc
中国	工业旅游	四川嘉阳国家矿山公园	煤矿		詹瑜,顾玉民,陆宝明.四川嘉阳:蒸汽小火车拖来的国家矿山公园[J].地球,2020,(12):62-65
	工业旅游	徐州徐矿集团采煤塌陷地综合整治	煤矿		扬子晚报网：“朝着高质量发展笃定前行”https://www.yangtse.com/content/729988.html
	地下存储	神东矿区地下水库	煤矿		榆林网：“神东环境保护与生态再造启示录（中）”http://www.ylrb.com/2016/0127/313312.shtml
	地下实验	徐州马庄矿、徐州新河二号井、唐山刘庄煤炭地下气化实验	煤矿		科普中国：“唐山刘庄煤矿地下气化炉点火成功”http://www.xinhuanet.com/science/2017-05/18/c_136293555.htm

续表

国家	转型类型	位置/名称	主要矿山类型	矿山图片	资料来源
中国	地下养殖	河北峰峰矿区五矿	煤矿		谢和平. 特殊地下空间的开发利用[M]. 北京：科学出版社, 2018
	地下能源再开发	安徽淮南市潘集区田集街道采煤塌陷地浮动太阳能发电	煤矿		索比光伏网：“为填补废弃矿坑 安徽造出世界最大浮动太阳能电站” https://news.solarbe.com/201706/29/137946.htmL
	地下能源再开发	山西晋煤集团寺河矿井下瓦斯抽取利用	煤矿		本质安全、创新高效、绿色人文品牌示范矿山——晋城煤业集团寺河矿[J].中国煤炭工业,2019(10):2-3

附录 4　陕煤集团 15 对关闭矿山地上/下资源详情表

矿区	辖区	地上资源概况								地下资源概况							
		生产		生活			生态（地面情况）			地下空间体积/万 m^3	地下构造指标			地下潜在开发条件			遗留煤炭资源量/万 t
		井田规模/ km^2	关闭矿山年限	人口/万人	与西安市距离/km	县域GDP/亿元	地表变形	土地利用情况	水资源		地下工程情况	地质风险	采掘方式	区域排名	闭矿后人数	区域特色	
苍村煤矿	延安市黄陵县	9.31	4.6	3.5	155.3	152.41	地表塌陷，采空区大	煤矸石堆积	水源匮乏	11.4	概念规划	高易发区	平硐开拓	37	49	16	320
鸭口煤矿	铜川市印台区	21.9	4.3	2.7	104.1	60.58	无形变	绿化程度好	丰沛	17.1	概念规划	高易发区	竖井开拓	108	334	20	2700
徐家沟煤矿	铜川市印台区	10	4.8	2.7	105.8	60.58	无塌陷	植树种花栽草，绿化好	较丰沛	17.1	概念规划	高易发区	斜井开拓	108	177	20	2400
东坡煤矿	铜川市印台区	32.3	3.6	2.7	105.6	60.58	地面情况较好	种花草树木和农作物	较丰沛	19.95	概念规划	高易发区	斜井开拓	108	644	20	4300
金华山煤矿	铜川市印台区	23.2	3.8	2.2	98.6	60.58	无塌陷	土地、房屋闲置面积大	丰沛	27	已有策略构想	中易发区	斜井开拓	108	798	20	8800
王石凹煤矿	铜川市印台区	24.5	5.6	2.9	98.3	60.58	无塌陷	种植农作物	丰沛	21.6	部分工程实施中	中易发区	竖井开拓	108	876	20	4600
朱家河煤矿	渭南市白水县	12.5	3.8	1.9	145.5	77.50	无明显变形	采掘设备、矸石山积多	较丰沛	32.4	完全停滞状态	低易发区	斜井开拓	81	275	34	5600
白水煤矿	渭南市白水县	28.3	4.1	1.8	120.3	77.50	无变形	采掘设备地面堆积较多	较丰沛	17.1	完全停滞状态	低易发区	斜井开拓	81	146	34	1400
合阳一矿	渭南市合阳县	4.7	4.6	4	152.4	97.18	无明显塌陷	植树种草	水源匮乏	2.73	完全停滞状态	中易发区	斜井开拓	64	926	59	580

续表

矿区	辖区	地上资源概况								地下资源概况							
		生产		生活			生态（地面情况）			地下空间体积/万 m^3	地下构造指标			地下潜在开发条件			遗留煤炭资源量/万 t
		井田规模/ km^2	关闭矿山年限	人口/万人	与西安市距离/km	县域GDP/亿元	地表变形	土地利用情况	水资源		地下工程情况	地质风险	采掘方式	区域排名	闭矿后人数	区域特色	
王村煤矿	渭南市合阳县	27.4	3.8	2.4	142.8	97.18	地面情况较好	环境好绿化程度高	丰沛	37.8	完全停滞状态	中易发区	竖井开拓	64	354	59	8900
王村斜井	渭南市合阳县	13.9	5.6	2.4	141.4	97.18	变形、塌陷不明显	高标准楼，利用程度高	丰沛	27	部分工程实施中	中易发区	斜井开拓	64	302	59	2200
澄合二矿	渭南市澄城县	20.9	3.3	1.6	130.1	87.85	无塌陷	矸石堆积	水源匮乏	13.11	完全停滞状态	低易发区	斜井+竖井开拓	73	416	20	9600
权家河煤矿	渭南市澄城县	11	4.3	1.6	131.1	87.85	裂缝	部分土地面积闲置	较丰沛	3.15	完全停滞状态	中易发区	斜井开拓	73	60	20	2700
桑树坪煤矿平硐	渭南市韩城市	63.3	2.1	4	215.8	368.99	无明显塌陷	土地利用程度高	极其丰沛	29.7	概念规划	高易发区	平硐+斜井开拓	20	1647	59	43600
象山小井	渭南市韩城市	27.2	1.5	7.9	195.1	368.99	塌陷地裂缝	土地利用程度高	极其丰沛	43.2	概念规划	中易发区	平硐+暗斜井开拓	20	2042	59	—

附录 5　朱家河煤矿区转型路径实例

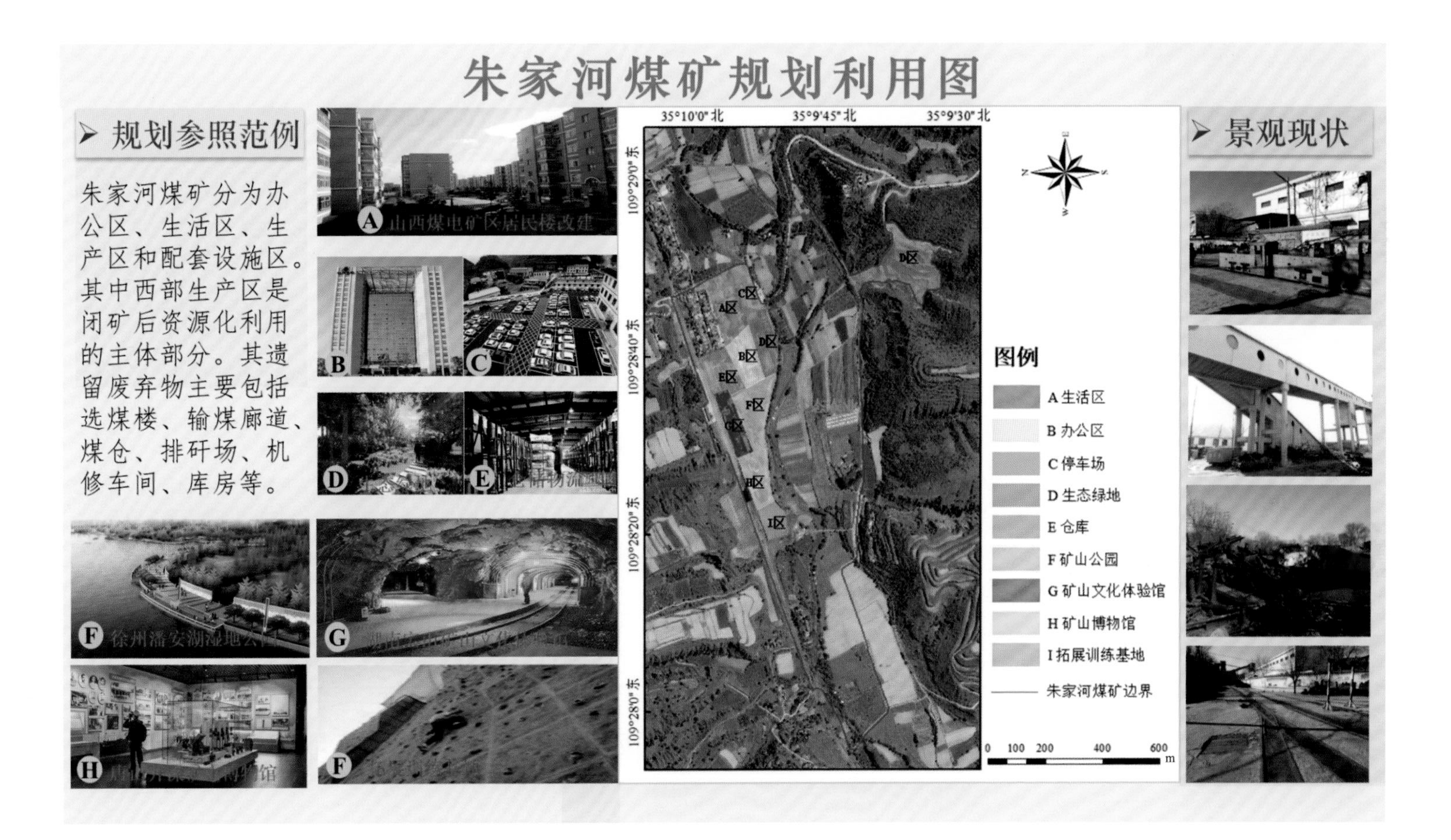

附录 6　陕煤集团关闭矿山转型利用路径汇总表

矿务局	辖区	矿区	聚类类型方案		可选类型与方案		最适利用路径		转型利用路径图
			地上资源	地下资源	地上资源	地下资源	地上资源	地下资源	
黄陵矿业有限公司	延安市黄陵县	苍村煤矿	湿地公园	井下旅游	①矿山公园 ②政企联合产业开发:复垦整治+农业养殖+湿地公园（根据原有资料）	①农业产业开发 ②地下特种养殖	政企联合开发模式	矿坑公园	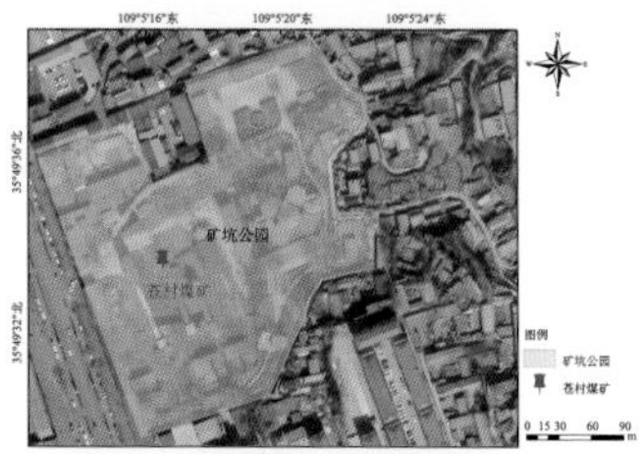
铜川矿业有限公司	铜川市印台区	鸭口煤矿	工业旅游观光	井下旅游模式	矿业历史文化基地：路遥文化馆+采矿历史展示+工业广场特色建筑（已有基础）	①地下煤矿博物馆 ②矿山实景培训基地	工业旅游观光	地下煤矿博物馆	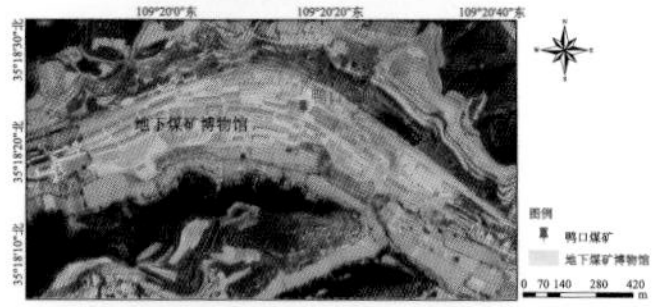
		徐家沟煤矿	老年人疗养中心	地下工业模式	①智慧小镇（特色旅游+养老+居住）（已有基础） ②老年人疗养中心	①地下医疗研究中心 ②地下制药中心	智慧小镇	地下制药中心	

续表

矿务局	辖区	矿区	聚类类型方案		可选类型与方案		最适利用路径		转型利用路径图
			地上资源	地下资源	地上资源	地下资源	地上资源	地下资源	
铜川矿业有限公司	铜川市印台区	东坡煤矿	博物馆	地下实验室	①矿山综合观光园（已有条件） ②矿业历史科普馆	地下大数据中心（已有设备利用）	矿山综合观光园	地下大数据中心	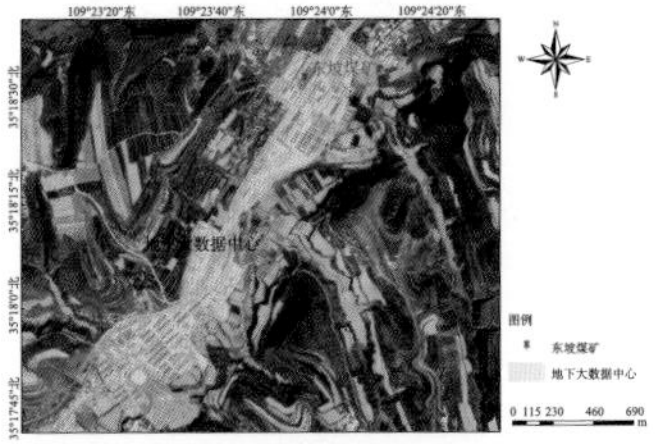
		金华山煤矿	富锶矿泉水开发	地下仓储模式	金华天然偲矿泉水源开发（已有基础）	水源地下水库	富锶矿泉水开发	水源 地下水库	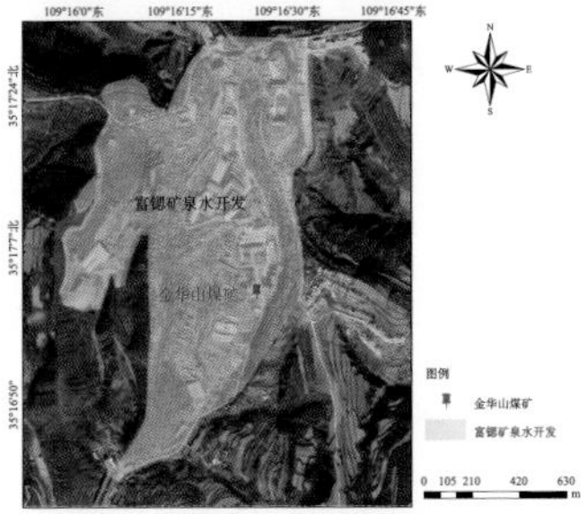
		王石凹煤矿	综合性旅游景区	井下旅游	矿业综合旅游景区 （矿业工业遗址+生态文化+现代农业+特色旅游+特色酒店）	地下文化探秘馆（在建中）	综合性旅游景区	地下文化探秘馆	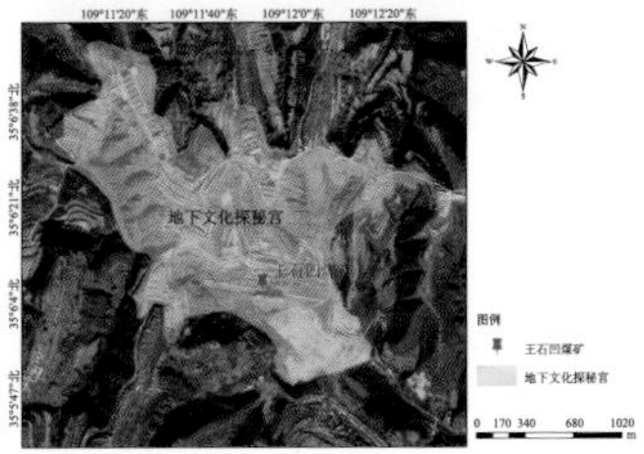

续表

矿务局	辖区	矿区	聚类类型方案		可选类型与方案		最适利用路径		转型利用路径图
			地上资源	地下资源	地上资源	地下资源	地上资源	地下资源	
蒲白矿务有限公司	渭南市白水县	朱家河煤矿	休闲度假景区	地下仓库	①生态农业综合体（已有条件） ②生态度假景区	①农产品仓储 ②矿业设备遗留展示基地（已有基础）	休闲度假景区	井下文化旅游馆	109°28'0"东 109°28'20"东 109°28'40"东 109°29'0"东 35°9'53"北 35°9'40"北 井下文化旅游馆 图例 朱家河煤矿 井下文化旅游馆 0 70 140 280 420 m
		白水煤矿	绿色植被恢复	地下工业模式	①森林氧吧 ②电子商务基地（结合当地发展） ③生态林业恢复	①中药材培育基地 ②生物质能源研发	绿色植被恢复	生物质能源研发	109°37'58"东 109°38'5"东 109°38'12"东 35°21'9"北 35°21'2"北 生物质能源研发 图例 生物质能源研发 白水煤矿 0 30 60 120 180 m
澄合矿业有限公司	渭南市合阳县	合阳一矿	生态农业	地下仓储模式	①生态农业观光园 ②现代农业示范园	①军事资源战略储备 ②重要物资储备 ③农业战略储备	生态农业示范园	重要物资储备	110°8'10"东 110°8'20"东 110°8'30"东 110°8'40"东 35°22'40"北 35°22'32"北 35°22'24"北 重要物资储备 图例 合阳一矿 重要物资储备 0 45 90 180 270 m

续表

矿务局	辖区	矿区	聚类类型方案		可选类型与方案		最适利用路径		转型利用路径图
			地上资源	地下资源	地上资源	地下资源	地上资源	地下资源	
澄合矿业有限公司	渭南市合阳县	王村煤矿	工业旅游	地下仓储模式	①矿业遗迹展示基地 ②多产业联合开发:(生态农业+生物质能源+光伏发电+矿业公园+……)(已有基础)	①矿业工程地下试验基地 ②综合仓储与物流	多产业联合开发	综合仓储与物流	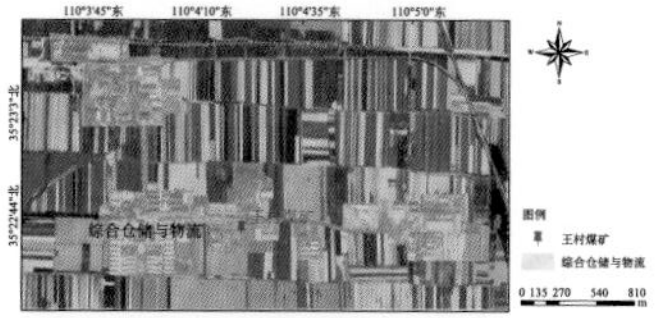
		王村斜井	植被复绿	地下工业模式	①原地貌植被恢复 ②生态林业 ③经济林业	①煤转气工程（已有基础） ②地下储能	原地貌植被恢复	煤转气工程	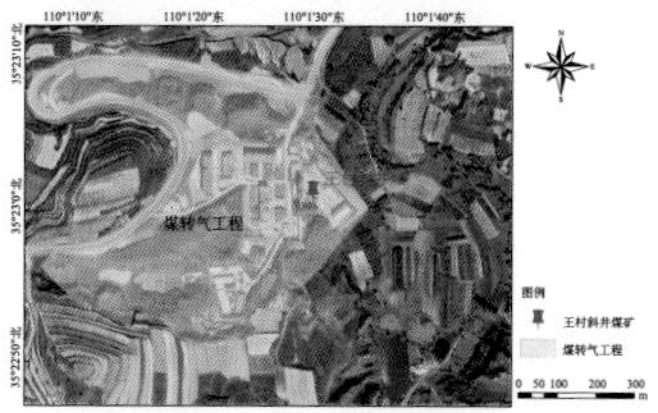
	渭南市澄城县	澄合二矿	植被绿化	废弃物处置	①森林公园 ②经济林种植 ③原地貌植被恢复	①地下文物储存馆 ②地下数据分析中心	原地貌植被恢复	废弃物处置开发	

续表

矿务局	辖区	矿区	聚类类型方案		可选类型与方案		最适利用路径		转型利用路径图
			地上资源	地下资源	地上资源	地下资源	地上资源	地下资源	
澄合矿业有限公司	渭南市澄城县	权家河煤矿	工业旅游	地下实验室	①光伏发电厂（已有基础） ②煤炭文化旅游区	农产品仓储物流	工业旅游	地下生态农业实验站	 地下生态农业试验站
韩城矿业有限公司	渭南市韩城市	桑树坪煤矿平硐	兼顾地下发展模式	地下农业模式	农业生态公园（已有条件）	地下农业产业园	农业生态公园	地下农业产业园	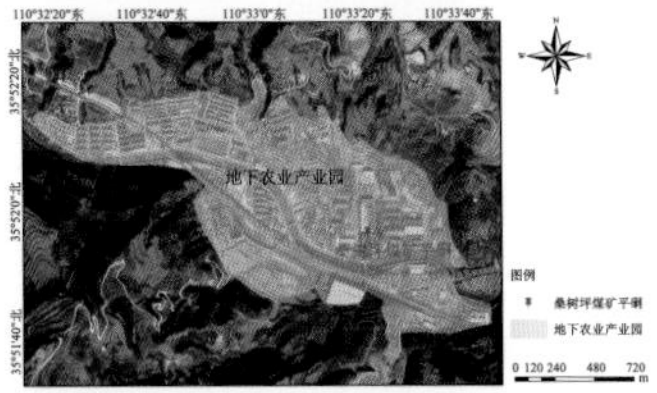 地下农业产业园
		象山小井	兼顾地下发展模式	地下实训基地模式	瓦斯发电厂（已有条件）	①井下旅游 ②采矿综合实景培训基地	瓦斯发电厂	采矿实景培训基地	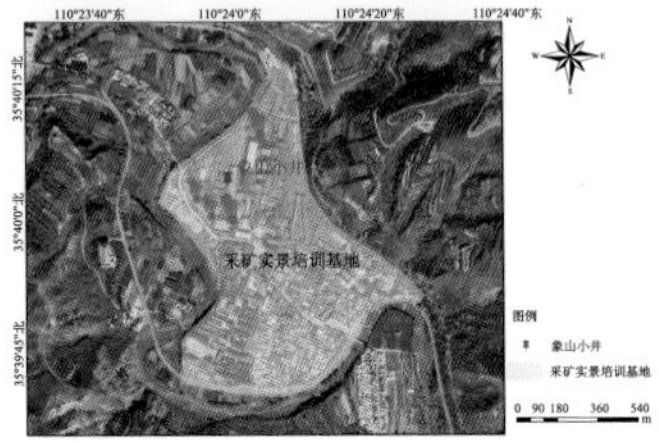 采矿实景培训基地

附录 7　陕煤集团关闭矿井 GIS 综合数据库平台用户手册

陕西煤业化工集团
关闭矿井 GIS 综合数据库平台

用户手册

陕西煤业化工集团有限责任公司
中　　国　　矿　　业　　大　　学
中国煤炭学会/中国煤炭工业协会

二〇二〇年十月

目　录

1　软件介绍

陕煤集团关闭矿井 GIS 综合数据库平台（V1.0）是基于 Cesium 三维地图引擎，采用 JavaScript、HTML、CSS 等语言开发的基于实景三维空间的对关闭矿井的资源进行查询和管理的系统。在系统中主要实现了关闭矿井（以朱家河煤矿为实例）三维场景操作、资源管理、煤矿信息查询管理以及量算、绘制功能，实现了朱家河煤矿资源的可视化查询与管理，为关闭矿井发展的决策做出辅助分析，该系统对于关闭矿井的后续开发利用评估有着重大的意义，GIS 查询分析使得系统具有实际的应用价值。

1.1　界面布局

如附图 1-1 所示，软件的主界面由以下几部分组成：

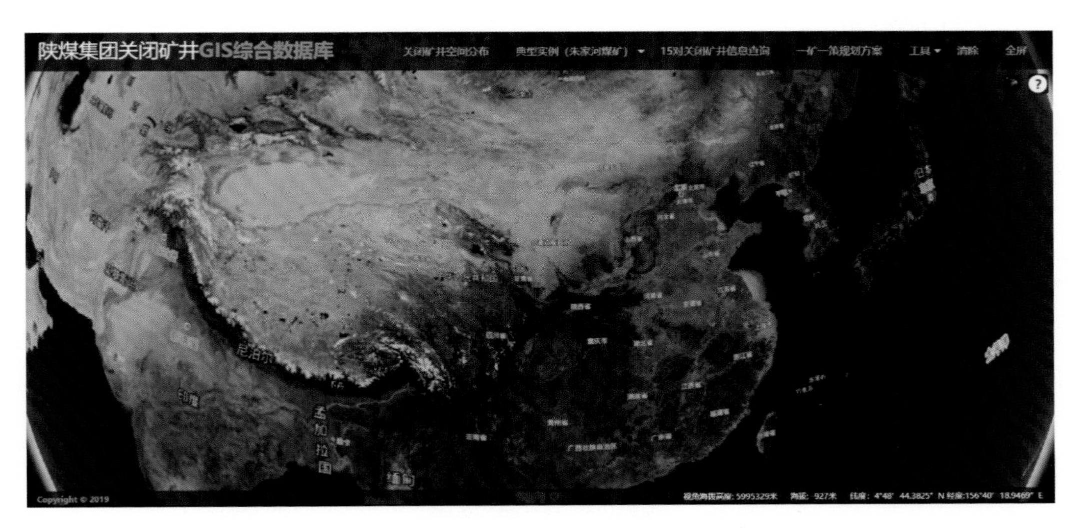

附图 1-1　平台主界面

（1）头部导航栏

主要由两大部分组成。软件名称：陕煤集团关闭矿井 GIS 综合数据库。功能区各菜单栏：关闭矿井空间分布、典型实例（朱家河煤矿）、15 对关闭矿井信息查询、工具、清除以及全屏（一矿一策规划方案可持续补充完善）。

（2）中部地图显示窗口

该部分主要用来加载各种地图数据以及显示各种查询的结果，可实现图表的加载及显示，以及完成用户与系统的交互。进入系统时显示的是三维地球、卫星影像以及中文注记图层。

（3）底部位置显示窗口

该部分主要显示鼠标悬停位置的视角海拔高度、经纬度，便于实时显示鼠标悬停位置的信息。

1.2　模块构成

如附图 1-2 所示，菜单栏主要包括关闭矿井空间分布、典型实例（朱家河煤矿）、一矿一策规划方案、15 对关闭矿井信息查询、工具、清除以及全屏。各个模块中对应相应的功能。

陕煤集团关闭矿井GIS综合数据库　关闭矿井空间分布　典型实例（朱家河煤矿）　15对关闭矿井信息查询　一矿一策规划方案　工具　清除　全屏

附图 1-2　平台菜单栏

1.3　运行环境

硬件环境：CPU 2.4 GHz 以上，内存 2 G 以上，磁盘空间 256 GB 以上。

软件环境：操作系统 Windows7 或以上版本，Tomcat 服务器、谷歌浏览器、火狐浏览器等。

2　关闭矿井空间分布

如附图 2-1 所示，该功能主要实现了陕煤集团 15 对关闭矿井的空间分布情况，点击菜单中的“关闭矿井空间分布”按钮，视角会跳转到关闭矿井在地图上具体的空间位置，并显示各个关闭矿井的名称。

附图 2-1　关闭矿井空间分布

3　关闭矿井概况查询

如附图 3-1 所示，关闭矿井信息查询模块主要包括煤矿的基本情况、生产情况、工业广场概况、资源概况以及相关报告查询。

附图 3-1　关闭矿井信息查询

3.1　基本情况

如附图 3-2 所示，朱家河煤矿的基本情况包括建设概况、从业人员概况以及关闭概况。

附图 3-2　基本情况菜单栏

点击“建设概况”按钮，如附图 3-3 所示，在窗口中显示的内容包括朱家河煤矿建设过程的图片以及对朱家河煤矿概况的介绍，同时，还将朱家河煤矿的建设进行了相关文字描述。如此，能够帮助用户了解朱家河煤矿的建设情况。

附图 3-3　建设概况查询

点击“从业人员”按钮，如附图 3-4 所示，在窗口中显示朱家河煤矿从业人员概况的统计图，主要包括朱家河煤矿人员年龄分布、学历情况、岗位情况以及薪酬情况。

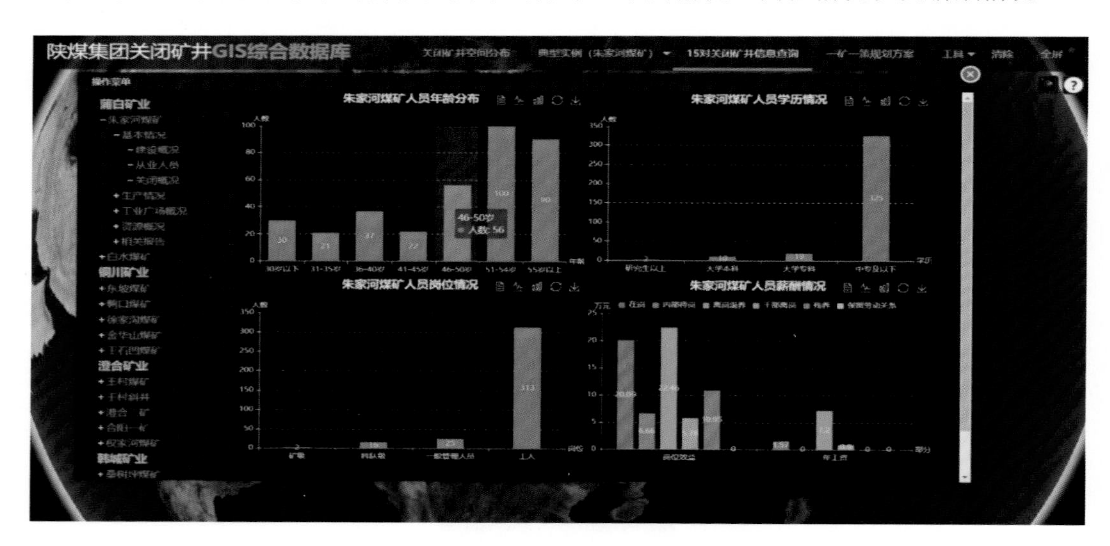

附图 3-4　人员概况查询与管理

点击图表右上角的图标，可以进行图、表切换，显示统计图对应的表数据；把图中的柱状图转换成相应的折线图；折线图转换成柱状图；还原以及将统计图保存成本地图片。

点击“关闭概况”按钮，如附图 3-5 所示，在内容显示窗口中显示朱家河煤矿井口封闭的图片、井口封闭的示意图，并在下方用文字描述矿井的闭坑原因。

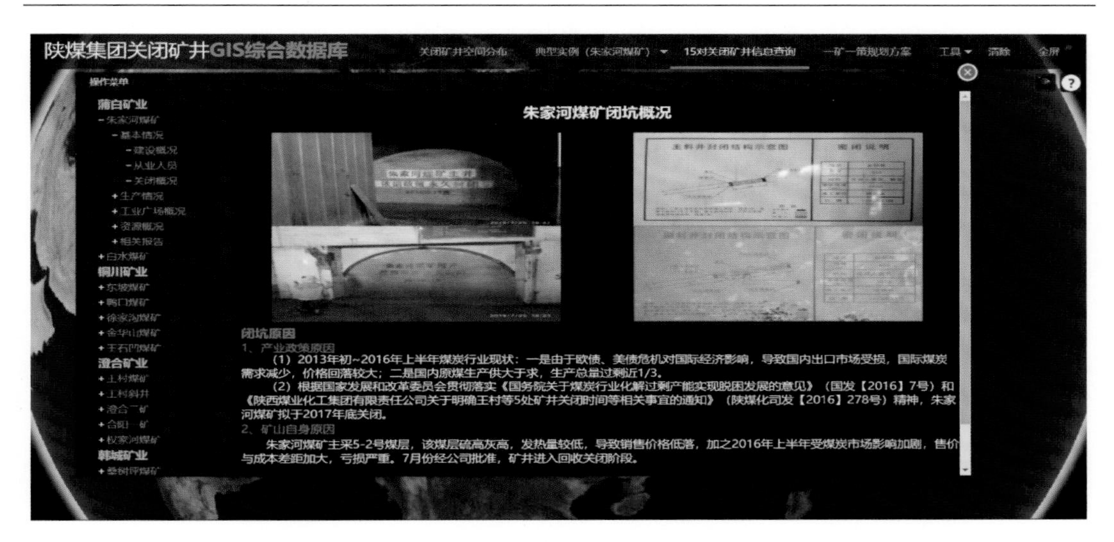

附图 3-5　关闭概况查询

3.2　生产情况

如附图 3-6 所示，朱家河煤矿生产情况包括生产概况、可采煤层概况、含水层概况以及煤产量-涌水量关系。

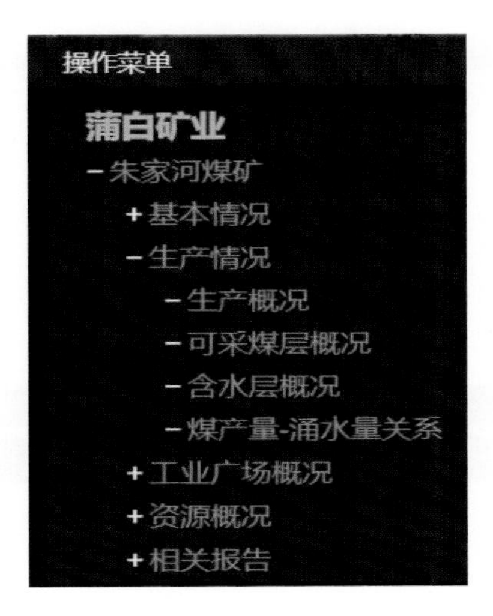

附图 3-6　生产情况菜单栏

点击“生产概况”按钮，在内容显示窗口中显示朱家河煤矿 2001～2016 年生产情况的柱状图。如附图 3-7 所示。

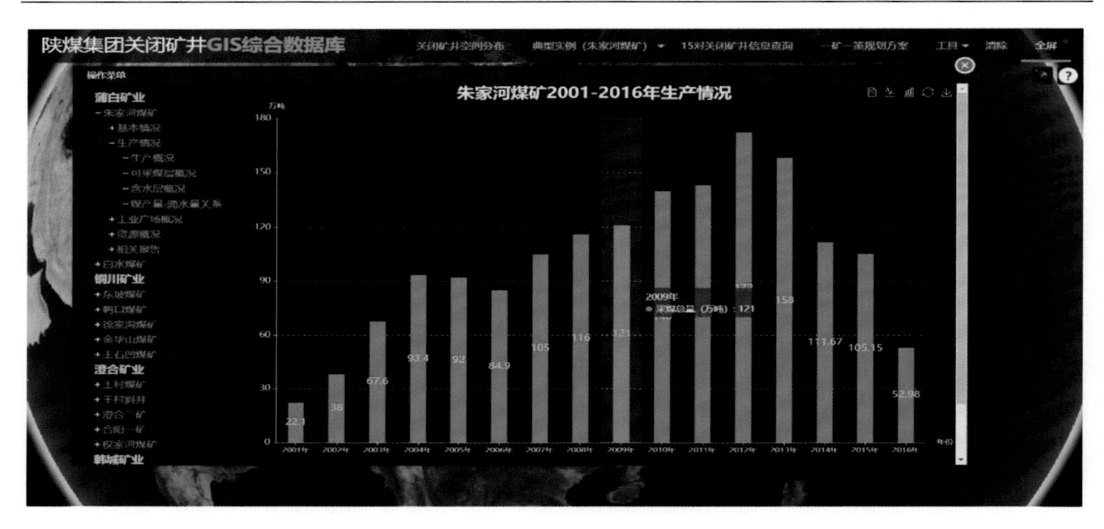

附图 3-7　生产概况查询

点击“可采煤层概况”按钮，在内容显示窗口中显示朱家河煤矿可采煤层情况表，包括每个煤层的编号、统计点数、见煤点数、两极厚度、一般厚度、钻孔见煤率和可采指数等参数的具体数据，并且支持在线导出表格保存到本地，以及在线打印功能。如附图 3-8 所示。

朱家河井田可采煤层情况一览表

编号	统计点数	见煤点数	可采点数	两极厚度¹ (m)	两极厚度² (m)	一般厚度 (m)	钻孔见煤率 (%)	可采指数 (Km)
3号	30	30	19	2.18	0.05	0.65	100	0.63
5^{-1}号	71	71	44	1.84	0.84	0.05	100	0.62
5^{-2}号	125	125	117	5.15	0.32	2.3	100	0.94
6^{-1}号	108	103	83	2.16	0.08	0.83	95	0.81
10号	56	56	37	3.47	0.05	0.75	100	0.66
合计:	390.00	385.00	300.00	14.80	1.34	4.58		

附图 3-8　可采煤层概况查询

点击“含水层概况”按钮，在内容显示窗口中显示朱家河煤矿矿井含水层统计表，包括各个含水层的编号、名称、厚度、单位涌水量以及渗透系数。同样支持在线导出表格保存到本地，以及在线打印功能。如附图 3-9 所示。

点击“煤产量-涌水量关系”按钮，在内容显示窗口中显示朱家河煤矿从开采年份到闭坑年份之间煤产量与涌水量和富水系数之间的关系。支持折线图与表之间的切换，以及与柱状图之间的转换，以及以图片形式保存到本地。如图 3-10 所示。

附图 3-9　含水层概况查询

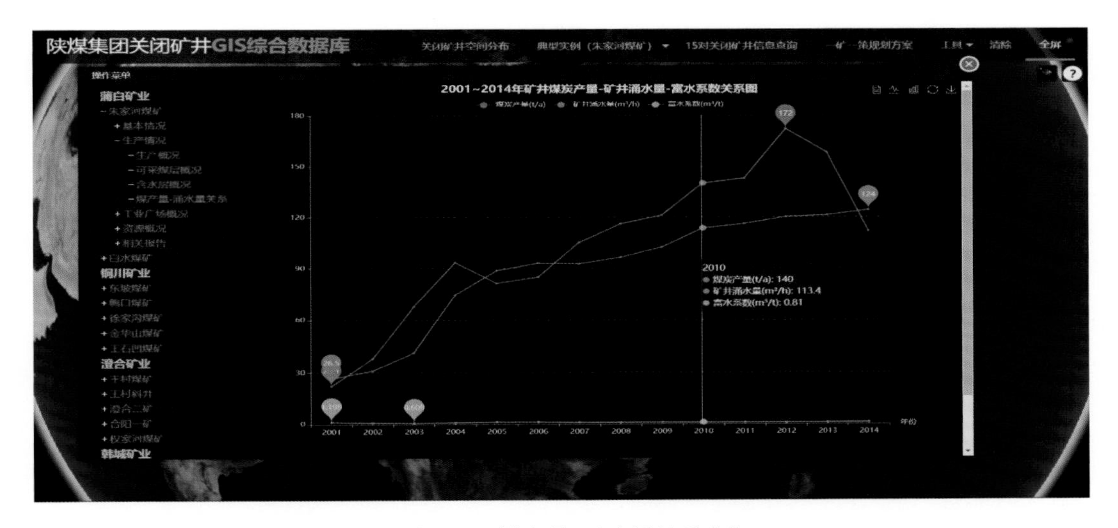

附图 3-10　煤产量-涌水量关系查询

3.3　工业广场概况

工业广场概况包括工业广场平面图和建筑设施概况。

点击“工业广场平面图”按钮，在内容显示窗口中可以清晰地获取朱家河煤矿工业广场的平面图（附图 3-11）。

点击“建筑设施概况”按钮，在内容显示窗口中可以获取朱家河煤矿工业广场地面建筑设施的名称，长、宽和面积数据，并支持跳页浏览。如附图 3-12 所示。

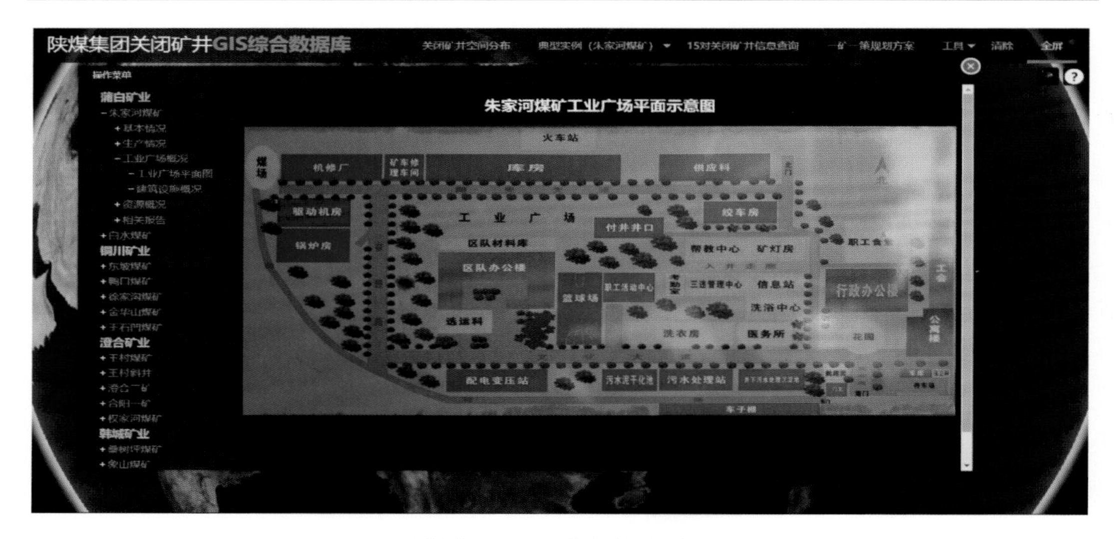

附图 3-11　工业广场平面图

附图 3-12　工业广场地面建筑查询与管理

3.4　资源概况

资源概况包括剩余储量概况、土地资源现状以及井巷空间现状。点击“剩余储量概况”按钮，在内容显示窗口中显示朱家河煤矿剩余储量的估算结果（附图 3-13），饼图明确各剩余储量的百分比，柱状图清晰地显示出剩余储量的数量。同样支持以图片形式保存到本地以及图表切换等功能。点击图例，可以隐藏其中的某个指标，再次点击为激活操作。

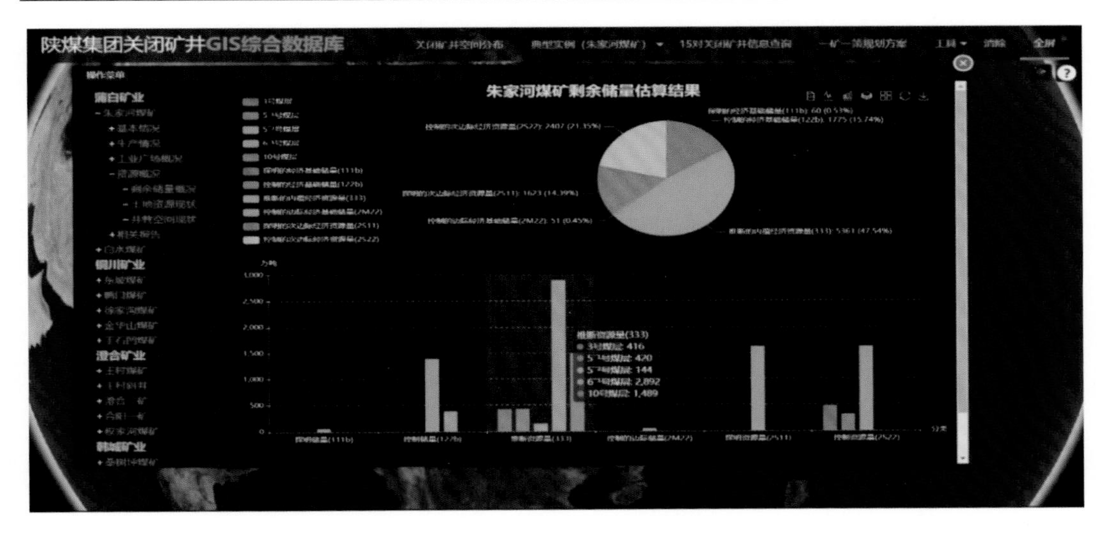

附图 3-13　剩余储量查询

点击“土地资源现状”按钮，在内容显示窗口显示朱家河煤矿的土地资源现状统计图以及相应资源的比例情况。支持图表切换以及以图片形式保存到本地。如附图 3-14 所示。

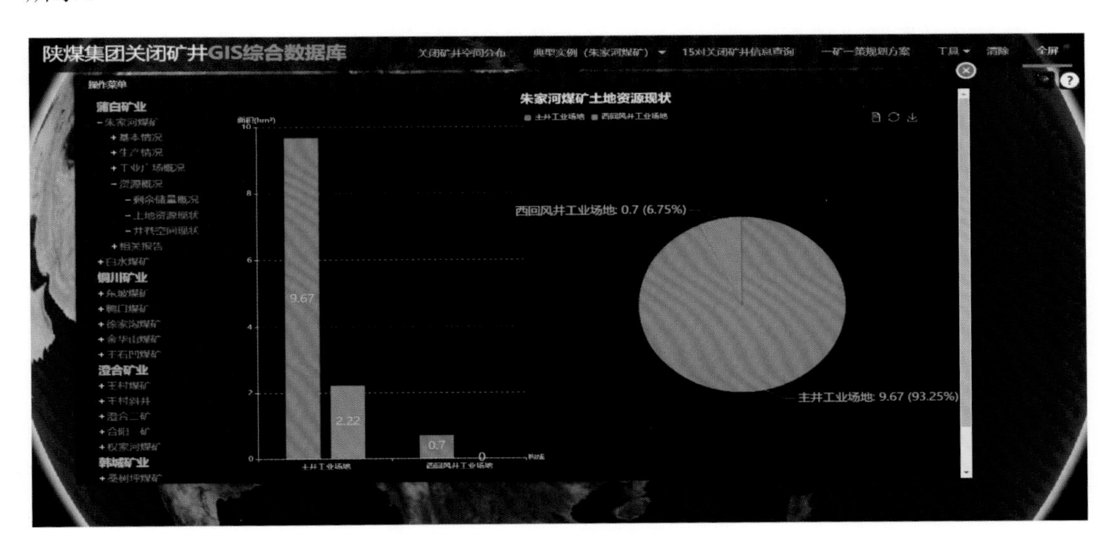

附图 3-14　土地资源查询

点击“井巷空间现状”按钮，在内容显示窗口显示朱家河煤矿主要的井巷现状以及各种井巷长度的比例。支持图表切换以及以图片形式保存到本地。如附图 3-15 所示。

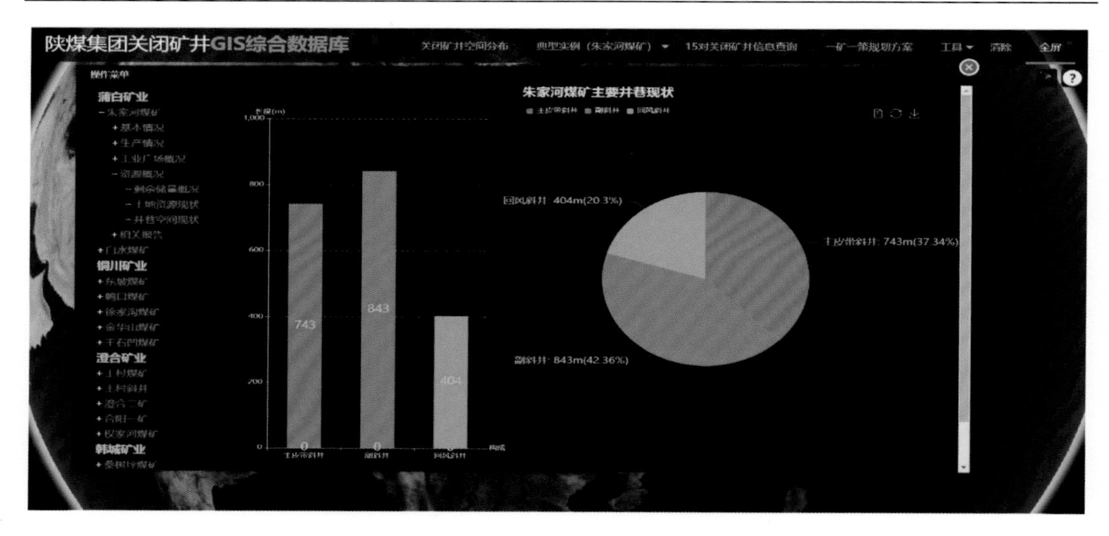

附图 3-15　井巷资源查询

3.5　相关报告

相关报告主要包括朱家河煤矿生产地质报告和闭坑报告的 PDF 文件在线浏览，方便用户了解朱家河煤矿的资源、开采以及闭坑情况。

4　典型案例：朱家河煤矿

如附图 4-1 所示，典型实例（朱家河煤矿）主要包括实景三维、地面建筑查询、地下空间资源和地理位置查询四个模块，分别实现了对朱家河煤矿的地上/下空间查询以及场景展示等。

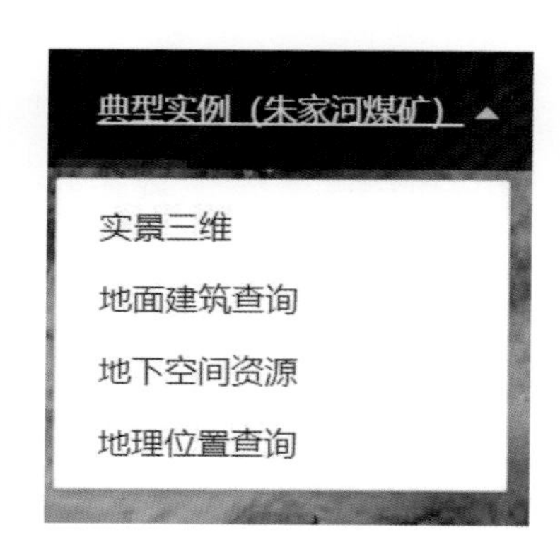

附图 4-1　典型实例（朱家河煤矿）菜单栏

4.1　地上实景三维

如附图 4-2 所示，点击“地上实景三维”按钮，则跳出相应的子菜单，包含的功能有煤矿范围、实景三维、广场漫游、暂停、继续以及退出。

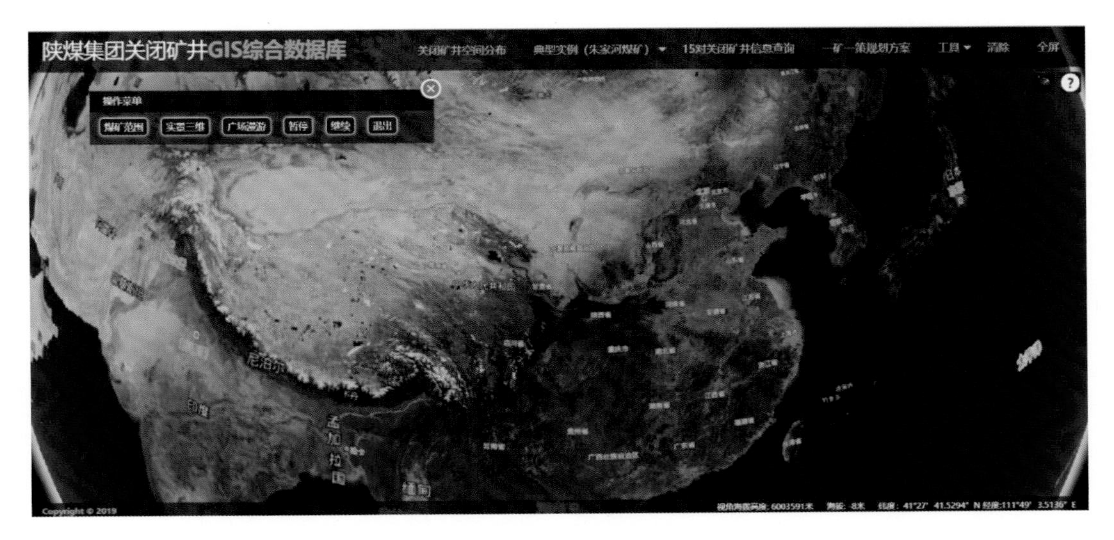

附图 4-2　地上实景三维

点击子菜单中的“实景三维”按钮，则地图会自动定位到朱家河煤矿的位置，并加载朱家河煤矿的地面广场实景三维，如附图 4-3 所示。

附图 4-3　实景三维加载

点击“广场漫游”按钮，系统的视角会按照事先设定的路线对整个地面广场及周边设施进行漫游，如若用户发现了感兴趣的地方或者需要暂停，则可以点击“暂停”按钮，视角会在当前页面暂停。当用户需要继续对地面广场进行漫游时，则点击“继续”按钮，系统将继续对整个地面广场进行浏览。浏览完毕后点击“退出”按钮，系统会退出“地上实景三维”子菜单，便于用户进行下一模块的体验和使用。

4.2　地面建筑查询

如附图 4-4 所示，点击“地面建筑查询”按钮，则跳出相应的子菜单，包括“建筑属性查询”和“退出”。

附图 4-4　地面建筑查询菜单栏

点击“建筑属性查询”按钮，则启动系统对建筑属性进行查询，单击实景三维中任何一栋建筑，则该建筑高亮，相应地会查询出该建筑的属性，包括高度、名称、层数、所属和面积等，如附图 4-5 所示。

附图 4-5　建筑属性查询

点击“退出”按钮，系统退出地面建筑查询模块。

4.3　地下空间资源

如附图 4-6 所示，点击“地下空间资源”按钮，则跳出相应的子菜单，包括“地下空间资源”和“退出”。

附图 4-6　地下空间资源菜单栏

点击“地下空间资源”按钮，则视图中加载该矿井部分地下巷道空间模型展示，如附图 4-7 所示，地下空间中主井、副井的位置及模型、井底车场的示意图。用户使用鼠标可以拖动当前视图，从不同的角度浏览关闭矿井的地下巷道空间。

点击“退出”按钮，系统退出地下空间资源模块。

附图 4-7　地下空间资源

4.4　地理位置查询

如附图 4-8 所示，点击“地理位置查询”按钮，则系统跳出朱家河煤矿在矢量地图上的地理位置，通过该功能，用户能够查询出朱家河煤矿附近的城镇、铁路以及水系。

附图 4-8　地理位置查询

5　辅助绘图工具

工具主要是绘制功能，包括点、线、面和圆的绘制。点击相应的菜单按钮，与地图进行交互，分别绘制各个要素。如附图 5-1 所示。

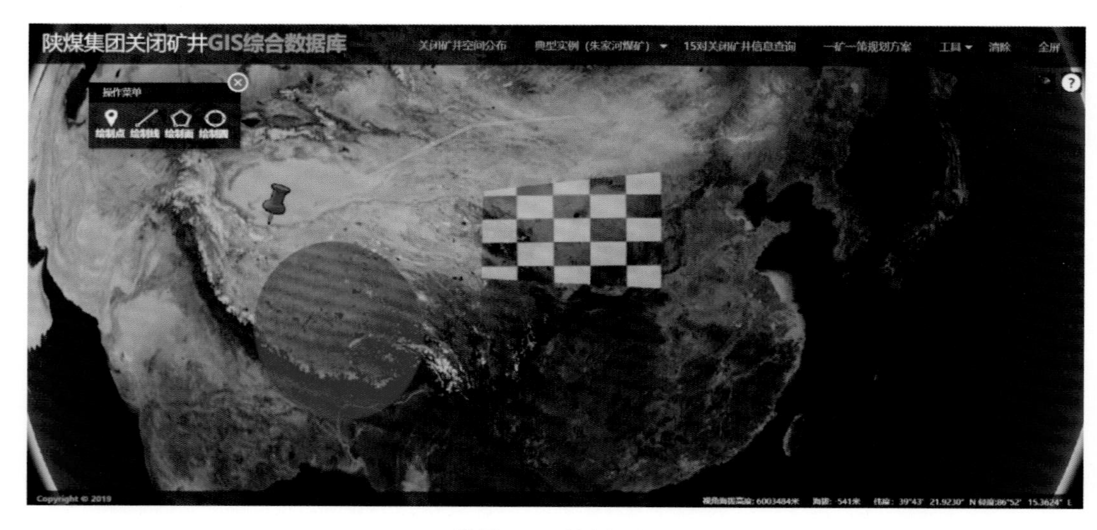

附图 5-1　绘制工具

测量模块包括长度、长度（贴地）、面积、高度以及三角高度的测量，如附图 5-2 所示。长度“长度”，在图上任选两点，双击完成距离的测量，贴地距离测量类似。点击“面积”按钮，在地图上选定三个或三个以上点，双击结束面积的测量。

附图 5-2　量测工具

高度测量和三角高度测量操作过程类似。在地图上先选定一点，再任意点击一点就可以测量出两点之间的高度差，三角测量还可以测量出两点之间的直线距离以及空间距离。点击“清除”按钮，系统将地图上的测量数据全部清除；点击“退出”按钮，系统退出测量模块。

6　其他功能说明与后续服务联络

其他功能包括初始位置的定位，点击该按钮，地图自动定位到朱家河煤矿附近；清除按钮用于清除在地图上加载的数据和所做的操作。全屏按钮可以实现全屏使用系统，使得体验感更好。

若对本软件系统感兴趣或后续需要更新维护，可直接与本平台主要开发人员联系。E-mail：zoujianbo@cumt.edu.cn；dongjihong@cumt.edu.cn。